U0265876

高等学校土木工程专业"十三五"规划教材
高校土木工程专业规划教材

BIM 技术与应用

张立茂　吴贤国　主编

中国建筑工业出版社

图书在版编目（CIP）数据

BIM 技术与应用/张立茂，吴贤国主编. —北京：
中国建筑工业出版社，2017.8（2023.4 重印）
高校土木工程专业规划教材
ISBN 978-7-112-20920-0

Ⅰ.①B… Ⅱ.①张…②吴… Ⅲ.①建筑设计-计算
机辅助设计-应用软件-高等学校-教材 Ⅳ.①TU201.4

中国版本图书馆 CIP 数据核字（2017）第 152321 号

本书对项目不同阶段、不同维度如何使用 BIM 技术进行了全面系统的介绍，紧紧围绕实际工程需要，构建 BIM 课程知识体系和课程体系，融实践教学和理论教学为一体。

本书主要内容包括：绪论、BIM 的维度、基于 BIM 的深化设计与性能分析、基于 BIM 的虚拟建造、基于 BIM 的施工进度管理、基于 BIM 的工程造价管理、基于 BIM 的施工安全管理、基于 BIM 的工程信息管理、项目运营阶段的 BIM 应用、BIM 工具与应用环境。

本书可作为高等院校建筑、土木工程、工程管理等专业师生进行专业学习的教材和参考用书，也可供建设单位、设计单位、监理单位、施工单位的工程技术人员工作和学习使用。

为了更好地支持教学，本书作者制作了教学课件，有需要的读者可以发送邮件至：jiangongkejian@163.com 免费索取。

* * *

责任编辑：聂　伟　吉万旺　王　跃
责任校对：焦　乐　刘梦然

高等学校土木工程专业"十三五"规划教材
高校土木工程专业规划教材
BIM 技术与应用
张立茂　吴贤国　主编

*

中国建筑工业出版社出版、发行（北京海淀三里河路 9 号）
各地新华书店、建筑书店经销
霸州市顺浩图文科技发展有限公司制版
北京建筑工业印刷厂印刷

*

开本：787×1092 毫米　1/16　印张：20¼　字数：493 千字
2017 年 8 月第一版　　2023 年 4 月第二次印刷
定价：**39.00** 元（赠教师课件）
ISBN 978-7-112-20920-0
（30572）

本书编写委员会

陈跃庆　杜　婷　覃亚伟　陈虹宇　陈晓阳　曹化锦

宋协清　孙　权　汪成庆　周玉峰　黄　欣　刘文黎

黄艳华　林净怡　沈梅芳　李新磊　何　云　冉连月

王彦玉　李博文　滕佳颖　李　霞　侯敬峰　方召欣

张先锋　陈悦华　周贻权　黄艳南　陈　伟　蔡黔芬

罗时明　华建民　侯敬峰　李建雄　江学良　陈向阳

张　勇　谭献良　刘　霁　王志珑　张凯南　秦文威

张文静

前　　言

本书以 BIM 概念和应用为主线，紧紧围绕工程建设项目设计、施工及运营多阶段全寿命周期进行叙述。结合实际工程的需要，融合了 BIM 建模师证书对知识、技能和素质的要求，融实践教学和理论教学为一体，培养学生在 BIM 理论与应用方面的职业能力和职业素养。

本书由 BIM 领域的高校科研团队、施工企业以及软件研发机构的一线工程师共同编写，依托丰富的工程实例，兼备理论性与实践性，促进 BIM 技术在工程设计与施工阶段的理论研究和应用实践，推动建设工程信息化建设。全书共十章，系统地涵盖了 BIM 的维度、基于 BIM 的深化设计与性能分析、基于 BIM 的虚拟建造、基于 BIM 的施工进度管理、基于 BIM 的工程造价管理、基于 BIM 的施工安全管理、基于 BIM 的工程信息管理、项目运营阶段的 BIM 应用等多个方面的知识与实践案例，最后介绍了 BIM 工具与应用环境。

该书内容新颖、系统、图文并茂、形象生动、案例翔实、通俗易懂，是国内深入贴近工程实际的 BIM 施工应用类图书。

本书在编写过程中得到了许多单位和个人的支持和帮助，在此表示诚挚的谢意，特别感谢清华斯维尔公司、武汉华胜监理公司提供的支持。本书在编写过程中参阅了许多文献，谨向有关作者表示感谢。

由于时间和水平所限，书中难免有不足之处，恳请读者批评指正。

目　录

第一章 绪 论

学习要点:

1. 了解工程信息化发展的背景及原因,了解数字建造技术的概念。
2. 了解现代管理模式的演变与革新。
3. 了解 BIM 技术概念、起源与发展,了解 BIM 技术的相关标准。

第一节 工程信息化与数字建造

一、工程信息化

1. 建设工程信息化及存在的问题

作为国民经济支柱产业的建设领域,目前正面临着大规模的基本建设。信息对于人类的影响是深刻的,建筑行业的发展趋势必将受到信息化社会的影响。为适应行业规模的迅速发展和激烈的国际竞争,信息手段的应用将成为未来建筑形式演进的动力之一。建设行业必须实现信息化,才能持续提高我国建设企业的综合竞争力。

建设工程信息化是将信息技术应用于建设工程全生命期,实现信息采集与存储的自动化、信息交换的网络化、信息利用的科学化和信息管理的系统化。这是一场综合应用高新技术对传统建设行业进行改造的重大变革。在过去的几十年中,我国建设领域的计算机应用取得了长足进展。在工程设计中,计算机辅助设计(CAD,Computer Aided Design)技术的应用比较普及,已经部分或全部取代了手工设计。大型勘察设计单位 CAD 出图率达到了 100%,全国平均水平约为 87%,大大提高了设计效率,缩短了设计周期,提高了设计质量。在工程施工中,出现了投标报价、概算预算、合同管理、网络计划、材料管理、人事工资以及财务会计等软件系统,不同程度地提高了工作效率。另外,在建筑物的日常维护、设备管理等行业和部门,计算机技术也得到了一定的发展和应用,如管线和道路设施的维护管理方面,出现了一些专业化的应用软件。

目前,建设工程项目越来越多地应用信息技术进行辅助管理,但大多数还是受限于一些局部过程。虽然信息技术已经用于改进单项任务的生产效率,尤其是在建造环境的设计方面,但是,它几乎还没有用于解决贯穿于整个建筑过程的集成与沟通这个更为基本的问题。目前的专业应用软件只是涉及工程项目生命期的某个阶段或某个专业的领域应用,例如设计阶段的建筑 CAD 软件,施工管理阶段的概预算软件等。迄今为止,国内还没有一个开发商能够提供覆盖工程建设全过程的应用系统。同时,由于缺少统一、规范的信息标准,不同开发商开发的应用系统之间不可能实现信息集成和共享。在工程项目实施的各个阶段所使用的计算机系统都是相互孤立,自成体系,信息往往需要重复录入,致使数据冗余,造成资源浪费,无法信息共享,形成"信息孤岛"现象。所以,行业中各主体(如设计方、施工方、维护管理方)之间的信息交流还是基于纸介质。这种方式形成各专业及其管理系统间的信息断层,不仅使信息难以直接再利用,而且其链状的传递难免会造成信息

1

的延误、缺损甚至是丢失。这些问题不仅使当前建设领域计算机应用的整体水平和总体效果受到很大限制，也影响了整个建设领域信息化水平的提高。

工程建设项目是一个复杂、综合的经营活动，参与方涉及众多专业和部门，工程建设项目的全生命期包括了建筑物从勘测、设计、施工，到使用、管理、维护等阶段，时间跨度长达几年、几十年甚至上百年。实现建设项目生命期各阶段的信息共享和充分利用，在项目建设过程中优化设计，合理制定计划，精确掌握施工进程，有效使用施工资源以及科学进行场地布置，以缩短工期、降低成本和提高质量，已成为业主、设计方和施工承包商的共识。

2. BIM 是建设工程信息化发展趋势

面向建设项目生命期进行信息管理，需要解决两个层面的问题。第一个层面是必须从根本上解决项目规划、设计、施工以及维护管理等各阶段应用系统之间的信息断层，实现全过程的工程信息管理。但是，现有应用系统的研究和开发都是基于几何数据模型，主要通过 DXF、DWG、IGES 等图形信息交换标准进行数据交流。这种几何信息集成即使得以实现，所能传递和共享的也只是工程的几何数据，相关的勘探、结构、材料以及施工等工程信息仍然无法直接交流。要真正实现建设项目各阶段应用系统的信息集成，关键在于探索新的信息模型理论和建模方法，在几何模型基础上建立面向建设项目全生命期的工程数据模型，并基于国际标准实现工程信息的交换、共享和管理。第二个层面是探索如何深层次利用这些信息，对建设项目生命期各阶段的工程性能进行预测，进而对各阶段的质量、安全、费用以及生命周期总成本进行分析和控制。建设项目生命周期管理能够统筹解决这两个层面的问题，已成为当前国外发达国家建设领域信息化技术的研究热点。

在信息时代，深层次挖掘信息的潜力和价值，是目前信息技术发展的总趋势。我国建设领域原有的信息基础已经不能满足这种需求，普遍存在的信息断层问题，极大限制了信息化总体效果和发展水平。建设生命期管理以及建筑信息模型（BIM，Building Information Modeling）的提出，为实现整个建筑行业内（横向），从规划、设计到施工、管理、维护等（纵向）整个建筑生命周期中的信息共享和交流，解决项目建设各阶段的信息断层和使用维护阶段的信息流失问题，以及提高建筑业生产效率提供了一个重要的途径。

BIM 技术，是信息技术应用于建筑业的必然产物。多年来，国际学术界一直在对计算机辅助建筑设计中的信息建模进行积极地探索，并获得了共识。在建筑设计中，基于BIM 技术的应用系统所创建的虚拟建筑模型，涵盖了大量建筑材料、建筑构造、工艺等信息，包含了建造一栋建筑所需要的所有组成部分。这个虚拟建筑模型是一个包含了建筑所有信息的综合数据库，不仅可以用于建筑设计，还可以用于结构设计、设备管理、工程量统计、成本计算、物业管理等，可以在整个建筑业中发挥作用，管理建筑生命周期的全部信息。

二、数字建造技术

数字时代的到来为人类的建造行为提出了新的方向，从技术到美学都带来了新的改变。这一点可以在建造技术发展上看到一条比较清晰的脉络：手工业时代，人们直接操作工具，以人力作用于工作面；工业化时代，人们可以采用动力驱动的工具完成建造，提高了工作效率与建造的准确性，从而也可以进行更好的量产；在数字化时代，人们并不直接操控建造设备，而是通过计算机控制设备，从而实现更高精确度和更复杂的建造。

在美学上，数字艺术大为流行。众多艺术家通过数字编程的方式创造生成式艺术作品（图1-1、图1-2）。各种各样丰富的视觉艺术及各种影响感官的艺术作品，为人们带来了全新的体验。面对时代的改变、技术的进步和美学的发展，数字建造顺势盛行，为整个建设领域带来了巨大的改变。

图 1-1　国家会展中心

图 1-2　凤凰国际传媒中心

数字建造（Digital Fabrication）是一种通过计算机控制机器进行制造的过程。数字建造方式通常包括增材建造和减材建造两种，比如最常见的3D打印是增材建造，而数控加工与激光切割是减材建造。它们的共同点就是这些机器可以通过程序控制，完成与数字设计一致的建造。严格意义上讲，数字建造的概念只包含建造的过程。但是在实际使用中，会发现其概念包含的意义更广泛，数字建造与数字设计及数字建模密不可分。

数字建造技术的核心理念在于创建一个建筑信息模型（BIM）。它可以记录下工程实施过程几乎所有的数据。一个工程存在海量数据，可以由成千上万个构件（梁、柱、墙、板、基础等）组成。每个构件可包括数百个数据，比如几何参数、材质、质监信息，以及施工工艺等信息。如门相关的参数有：长、宽、厚、材质、规格、型号、颜色、生产单位、安装人员、安装日期等。这些数据一旦与建筑信息模型构件相关联，可以被实时调用、统计分析、管理与共享，就将产生巨大价值。目前，有许多3D建模商用软件（如3ds MAX），能够比较容易和快捷地创建空间信息模型，但是，在工程领域因操作复杂、无法适用复杂工程而无法普及应用。近年，随着计算机软硬件技术的发展，BIM技术有了突破性进展。Autodesk的Revit、Graphisoft公司的ArchiCAD，以及Bentley公司的Microstation TriFrma等都是BIM建模与应用的典型代表。一个成熟的BIM建模工具需要有以下技术。

（1）3D建模技术

BIM建模技术必须针对建筑工程来开发，要达到非常高的易用性，否则无法推广。目前，工程技术人员普遍电脑使用水平还不高，且工程本身又十分复杂，易用性达不到高程度就会成为专家级工具，无法普遍推广到项目上。现在市场上的工程3D建模工具（如3ds MAX）就是如此，建一个工程的成本要数万乃至数十万元，普通工程技术人员难以掌握，无法普及应用。

（2）3D实体计算技术

工程管理需要的数据为实物量，工程构件纵横交错，必须计算出实物量才有意义，包括体积、面积、长度等。因此，BIM的数据首先应是可运算的系统，能像人脑一样知晓各构件之间空间关系。过去的 CAD 图纸仅是图形表达无法计算。其次，要用大规模布尔算法。由于工程规模越来越大，布尔算法对 CPU、内存资源需求十分惊人。因此，研发高效率算法、增量计算技术十分重要，否则 3D 实体计算技术无法大面积推广应用。

（3）3D 数据基于 Web 传输技术

BIM 建立在工程现场服务器（Server）中，为扩展应用价值，实行协同作业，分享 BIM 数据必须实行运程（Web）调用。3D 图形数据量巨大，如何达到较好的用户体验，成为一项重要课题。其中，3D 数据压缩与 Web 传输技术成为至关重要的技术之一。

（4）图形识别技术

虽然现行工程设计软件已形成了事实上的工业标准，AutoCAD 占据了绝对市场份额。但由于工程专业众多，设计工具软件种类仍然很多，如建筑设计以天正为主，结构设计以 PKPM 为主，而其他专业设计软件也各不相同。形成的数据格式不统一，是制约数字建造技术发展的重要瓶颈之一，为数据共享带来巨大困难。作为建造阶段的 BIM 建立工具，必须具备较强的图形识别技术，对各种设计软件输出电子文档，能够实现最大程度的数据利用。

以上几个方面一直是 BIM 软件技术的高难度领域，是数字建造技术的瓶颈。近年来有了突破性进展，进入了实用性阶段，其中 Autodesk 的 Revit 为最杰出的市场代表，产品较为成熟，成功案例较多。随着工程 3D 建模和 3D 计算技术的日臻成熟，数字建造技术将逐步走向实用，由单项走向全面集成和全过程应用。

第二节　现代项目管理模式革新

一、BIM 应用模式

无论国外还是国内，BIM 的应用主要集中在项目设计阶段，用于项目的展示、沟通与协作，或者结合 4D（3D＋时间）技术进行施工阶段的进度模拟。BIM 在施工阶段和维护管理阶段的功能没有得到充分地发挥，究其原因，主要是在建筑业界对 BIM 缺乏了解及缺少相应标准的情况下，还没有形成有效的 BIM 应用模式，导致 BIM 的应用仅限于满足应用方自身的利益。目前，面向建设项目中的应用方，其 BIM 应用模式可归纳为 3 类：即设计方驱动模式、承建商驱动模式和建设单位驱动模式。

（1）设计方驱动模式

设计方驱动模式是 BIM 在建设工程项目中应用最早的方式，应用也较为广泛，其以设计方为主导，而不受建设单位和承建商的影响。在激烈竞争的市场中，各设计单位为了更好地表达自己的设计方案，通常采用 3D 技术进行建筑设计与展示，特别是大型复杂的建设项目，以期赢得设计投标。

图 1-3 清晰地显示了某体育场馆的 3D 设计方案和效果，用于设计投标。基于此出发点，设计方驱动的 BIM 应用模式，通常只应用于项目设计的早期。在设计方案得到建设单位认可后，除非应建设单位的要求，否则设计方不会对建立的 3D 模型进行细化，也不会用于设计的相关分析，如结构分析等；并且，该 BIM 模型在施工阶段和维护阶段的应用更微乎其微。尽管设计方驱动的 BIM 应用模式在一定程度上加速了 BIM 的发展，但是，其并没有将 BIM 的主要功能应用于建设项目整个过程中，只是在项目的初期阶段利

用了 BIM 的 3D 展示功能。

图 1-3　某体育场馆的 3D 设计方案

（2）承建商驱动模式

承建商驱动模式是随着近年来 BIM 技术不断成熟及应用而产生的一种应用模式，其应用方通常为大型承建商。承建商采用 BIM 技术有两个目的：辅助投标和辅助施工管理。在竞争的压力下，承建商为了赢得建设项目投标，采用 BIM 及其模拟技术来展示施工方案的可行性及优势，从而提高自身的竞争力。图 1-4 展示了某办公楼项目的可视化施工方案，包括施工工序、资源调配、进度安排等信息，用于项目投标。由此，建设单位可以清楚地了解整个施工过程或方法。另外，在大型复杂建筑工程施工过程中，施工工序通常也比较复杂。为了保证施工的顺利进行、减少返工，承建商采用 BIM 技术进行施工方案的模拟与分析，在真实施工开始之前确定合理的施工方案，同时便于与分包商协作与沟通。

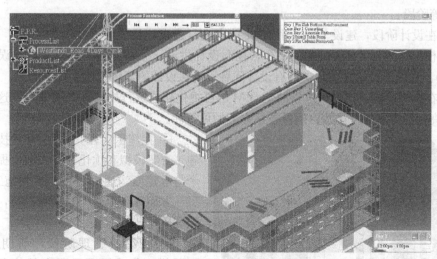

图 1-4　某办公楼项目的可视化投标施工方案

图 1-5 展示了承建商采用 BIM 技术的操作流程。承建商基于建设单位的施工招标信息，采用 BIM 技术和模拟技术将初步制定的施工方案可视化，并制定投标方案、参与投

标。中标后，承建商通常会与分包商协作将施工方案细化，并采用 BIM 技术和模拟技术进行方案模拟优化分析，经过多次模拟后提出可行的施工方案，用于指导实际施工。

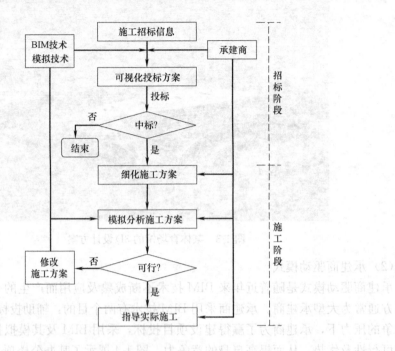

图 1-5　承建商驱动的 BIM 应用模式流程图

（3）建设单位驱动模式

建设单位采用 BIM 技术的初期，主要集中于建设项目的设计，用于项目沟通、展示与推广。随着对 BIM 技术认识的深入，BIM 的应用已开始扩展至项目招投标、施工、物业管理等阶段。

① 在设计阶段，建设单位采用 BIM 技术进行建设项目设计的展示和分析：一方面，将 BIM 模型作为与设计方沟通的平台，控制设计进度；另一方面，进行设计错误的检测（图 1-6）。在施工开始之前解决所有设计问题，确保设计的可建造性，减少返工。

② 在招标阶段，建设单位借助于 BIM 的可视化功能进行投标方案的评审。这样可以大大提高投标方案的可读性，确保投标方案的可行性。

③ 在施工阶段，采用 BIM 技术进行施工方案模拟和优化。一方面，提供了一个与承建商沟通的平台，控制施工进度；另一方面，确保施工的顺利进行，保证工期和质量。

④ 在物业管理阶段，前期建立的 BIM 模型集成了项目所有的信息，如材料型号、供应商等。这些信息可用于辅助建设项目维护与应用。

图 1-6　建设项目柱基础与地下管线之间碰撞检测

图 1-7 展示了建设单位采用 BIM 技

术的操作流程。建设单位基于设计方提供二维设计图纸，采用 BIM 技术建立 3D 建筑模型，并进行设计检测分析，直至解决发现的所有设计问题。然后，发布招标信息，要求承建商提供可视化的投标方案，并基于此进行评标和定标。中标的承建商将细化施工方案，并基于 BIM 技术和模拟技术展示和测试施工方案的可行性，以得到建设单位的认可，进而指导施工。施工结束后，建设单位将基于项目竣工图和其他相关信息，采用 BIM 技术更新已建立的 3D 模型，形成最终的 BIM 模型，以辅助物业管理。

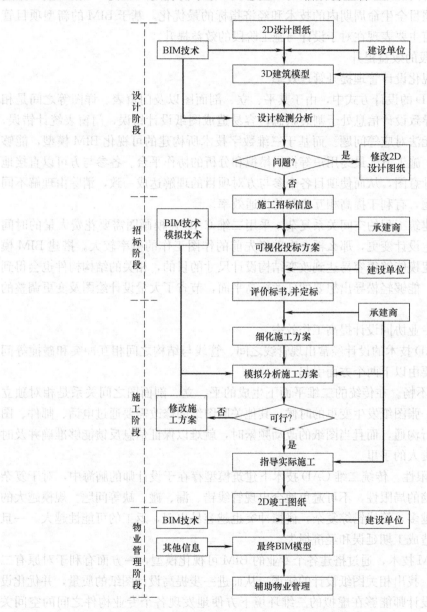

图 1-7　建设单位驱动的 BIM 应用模式流程图

二、基于 BIM 的新型项目管理模式革新

结合以上内容来看，BIM 的应用主要集中在项目设计阶段，在我国更是如此。从效

用角度来说，建设单位驱动的应用模式最为有效，这是因为该模式在某种程度上发挥了BIM 的主要功能，即基本实现 BIM 在项目全生命周期中的应用。同时，由于建设单位在整个项目实施过程中有绝对的控制权，并可要求项目各方采用 BIM 技术来辅助项目整个过程的管理。因此，该模式具有更大的推广空间。

基于 BIM 的新型项目管理模式，能够通过集成的数据模型，最大限度地整合资源，提供更好的交互协同能力，可以显著提高工程建设质量、降低建设成本、缩短工期、促进安全，从而达到项目全生命周期内的技术和经济指标的最优化。基于 BIM 的新型项目管理模式革新的价值主要表现在对于设计与施工阶段的效益提升。

1. 对设计阶段的效益提升

（1）通过可视化设计管理提升管理效率

传统二维 CAD 的设计方式中，由于其平、立、剖面图以及门窗表、详图等之间是相对独立的，这就导致设计信息处于割裂状态，容易造成图纸设计错误，门窗表统计错误，平、立、剖面图无法对应等问题。而基于三维数字技术所构建的可视化 BIM 模型，能够为业主、设计方、施工方、最终用户等提供模拟和分析的协作平台。各参与方可以直接地了解设计方的设计意图，从而使项目各个参与方对项目的理解达成一致，消除由理解不同引起的误差和问题，有利于提高相互之间的沟通效率。

此外，如果建筑工程的空间关系复杂，采用二维 CAD 建模画图需要花费大量的时间和精力。一旦发生设计变更，那么再一次重复先前的作图工作的概率较大。搭建 BIM 模型，通过参数化建模能够很容易达到改变结构设计尺寸的目的，相关的结构构件也会得到实时更新；并且，能够轻松导出想要的任意标高平面，节省了大量设计绘图及变更调整的时间。

（2）通过多专业协同设计提高工作效率

采用二维 CAD 技术的设计经常出现管线之间、管线与结构之间相互冲突和碰撞等问题。这些问题主要由以下两个方面引起：

① 信息沟通不畅。在传统的二维平面下生成的平、立、剖面图之间关系是相对独立的，当其中任何一张图纸发生变更的时候，其他关联图纸的修改需要通过电话、邮件、图纸标示等方式进行沟通，而且当图纸的改动频繁时，就难以保证信息反馈能够准确并及时到达相关图纸负责人的手里。

② 人脑的局限性。传统二维 CAD 技术下建筑模型存在于设计师的脑海中，对于复杂的建筑，由于人脑的局限性，不可避免地会出现管线错、漏、碰、缺等问题。规模越大的项目，设备管线越多，管线错综复杂，碰撞冲突也越容易出现，返工的可能性越大。一旦出现返工，就会造成工期延误和经济损失。

如果运用 BIM 技术，通过搭建各个专业的 BIM 可视化模型，一方面有利于对原有二维图纸进行审查，找出相关图纸设计的错误，从而进一步提高设计图纸的质量，并优化设计；另一方面，设计师能够在虚拟的三维环境下方便地发现各个专业构件之间的空间关系，了解施工存在碰撞冲突，并针对这些碰撞点进行设计调整与优化。这样不仅能及时排除项目施工作业中可能遇到的碰撞冲突，显著减少由此导致的设计变更，也能更大程度提高管线综合设计能力和效率。

2. 对施工阶段的效益提升

（1）通过可视化语言提升施工组织效率

通过 BIM 技术可以对项目的一些重要的施工环节或采用新施工工艺的关键部位、施工现场平面布置等进行模拟和分析，从而提高计划的可行性；也可以通过 BIM 技术结合施工组织进行预演，提高复杂建筑体系的可建造性。同时，借助 BIM 信息化 3D 技术，可对施工组织进行模拟，项目管理方能够非常直观地了解整个施工安装环节的时间节点和安装工序，把握安装过程中的难点和要点，从而提高施工效率和施工方案的安全性。

（2）通过 4D 模拟优化可缩短施工进度

建筑施工是一个高度动态的过程，随着建筑工程规模不断扩大，复杂程度不断提高，工程施工项目的进度管理变得极为复杂。目前，工程施工管理中经常采用表示进度计划的甘特图，由于其专业性强，可视化程度低，无法清晰描述施工进度以及各自复杂关系，难以准确表达工程施工的动态变化过程。如果将 BIM 技术与施工进度计划相连接，将空间信息与时间信息整合在一个可视化 4D（3D＋时间）模型中，可以直观、准确地反映整个建筑的施工过程。通过 BIM 模拟，可合理制定施工计划，精确掌握施工进度，优化使用施工资源以及科学地进行场地布置，从而缩短工期、降低成本和提高质量。

（3）利用 BIM 建模进行构件精细化制造和施工

利用传统二维 CAD 设计工具进行机电、钢结构、幕墙等深化设计时，其精度和详细程度很难满足现场施工的要求，尤其是在构件加工图中，出错率更高。而且，在加工制造环节，这种出错事件不易察觉，直到现场安装的时候才发现，这样就只能返回工厂重新加工，然后再次运输到现场进行安装。这种情况会严重影响施工的进度，造成工期延误和成本损失。基于 BIM 模型辅助进行深化设计，提供了精确的信息参数及统一的可视化环境，可有效促进设计团队对细节位置进行沟通；同时，在施工深化设计过程中，能够发现已有施工图纸上不易发现的设计盲点，找出关键位置与相应施工环节，为现场施工制定解决方案，实现工程现场大量构件的精细化工厂预制和现场安装。

第三节 BIM 技术发展与应用

一、BIM 概念的起源及定义

BIM（Building Information Modeling）是"建筑信息模型"的简称，最初发源于 20 世纪 70 年代的美国，由美国佐治亚理工大学建筑与计算机学院的查克伊士曼（Chuek Eastman）提出。其将 BIM 定义为"建筑信息模型是将一个建筑建设项目在整个生命周期内的所有几何特性、功能要求与构件的性能信息综合到一个单一的模型中。同时，这个单一模型的信息中还包括了施工进度、建造过程的过程控制信息"。从查克伊士曼博士提出 BIM 理念至今，BIM 技术的研究经历了三大阶段：萌芽阶段、产生阶段和发展阶段。BIM 理念的启蒙，受到了 1973 年全球石油危机的影响，美国全行业需要考虑提高行业效益的问题，查克伊士曼教授在其研究的课题"建筑描述系统"中提出"A Computer-based Description of a Building"，以便于实现建筑工程的可视化和量化分析，提高工程建设效率。

2002 年，Autodesk 公司正式提出 BIM 的概念，此后 BIM 这一新名词被广泛接受，但对于 BIM 的定义与解释有诸多版本。麦格劳·希尔公司（McGraw-Hill Construction

Company）认为"BIM 是利用数字模型对项目进行设计、施工和运营的过程"。

相比较，美国国家建筑科学协会（National Institute of Building Sciences，NIBS）下属的设施信息委员会（Facilities Information Council，FIC）对 BIM 的定义较为完整和准确，他们认为"BIM 是在开放的工业标准下，对设施的物理和功能特性以及相关的项目全寿命周期信息的可计算、可运算的形式表现，从而为决策提供支持，以便更好地实现项目的价值"。并在其补充说明中强调，建筑工程信息模型将所有的相关方面集成在一个连贯有序的数据组织中，相关的应用软件在被许可的情况下可以获取、修改或者增加数据。

美国国家 BIM 标准（The National Building Information Modeling Standards Committee，NBIMS）将 BIM 定义为"BIM 是建设项目的兼具物理特性与功能特性的数字化模型，且是从建设项目的最初概念设计开始的整个生命周期里做出任何决策的可靠共享信息资源。实现 BIM 的前提是在建设项目生命周期的各个阶段不同的项目参与方通过在 BIM 建模过程中插入、提取、更新及修改信息以支持和反映各参与方的职责。BIM 是基于公共标准化协同作业的共享数字化模型"。

在对 BIM 的理解和定义上，各个研究机构以及建筑软件开发商都给了自己独到的答案，但归纳起来，有以下共同特点：

（1）在对建设工程信息的理解与界定上，不仅包含三维模型几何信息，而且涵盖了构件或设施的物理属性、功能属性以及生命周期的所有信息，同时也涉及建设工程项目全生命各个阶段各个专业的信息。

（2）都支持建设工程模型的可计算与可运算形式，强调对项目信息完全数字化要求。

无论对 BIM 的定义如何，毋庸置疑的是，BIM 带给建筑业的是一次根本性的变革。它将建筑从业人员从复杂抽象的图形、表格和文字中解放出来，以形象的三维模型作为建设项目的信息载体，方便了建设项目各阶段、各专业以及相关人员之间的充分沟通和交流，减少了建设项目因为信息过载或信息流失而带来的损失，提高了从业者的工作效率，以及整个建筑业的效率。

二、BIM 技术相关标准

基于 BIM 技术的协同设计，逐渐地被证明是国际上三维建筑工程项目设计领域内最为先进的协同设计方式。要真正地实现基于 BIM 技术的协同设计，使建筑业实现数字化信息的共享，保证不同公司开发的软件产品能进行交流和共享信息，提高生产效率，这就需要遵循一些标准，实现建筑工程中设计、建造、施工、管理等信息的共享，从而实现信息的协调合作和建筑业真正的信息化。目前，国际上统一的 BIM 标准规范有以下几种：

（1）IFC 标准

为了解决信息交流和共享问题，首先要建立一些标准。这些标准可以实现不同专业之间共同语言的沟通，信息交流和共享才能顺利完成。不同开发商开发的一些软件，只要都遵守相同的数据传输标准，通过相同标准的数据接口实现信息的输入和输出，就可以直接和其他软件进行数据交换，实现信息的共享。正是由于这种思想的出现，国际协会工作联盟 IAI（International Alliance for Interoperability）为建筑业制定了建筑国际化工业标准 IFC（Industry Foundation Classes）。此标准已被接受为国际 ISO 标准，是面向对象的三维建筑模型数据标准，支持建筑物整个生命周期数据的交换和共享。IFC 标准在横向支持各个应用系统间数据的交换，纵向解决建筑工程项目全生命周期的数据管理。

国际上软件应用 IFC 标准需经过一个认证过程，此认证是面向公众开放的，这样也可以促进 IFC 标准自身的发展。IFC 数据模型不但定义了具体的建筑构件，如墙、门、窗、梁、楼板和家具等，而且也定义了一些抽象的概念，例如工程进度、工作任务、空间、组织和造价等。使用 IFC 标准不需要软件内部使用这套标准，只要求和其他系统交换信息时符合 IFC 标准。IFC 标准模型由从上到下的四个层次组成，依次是：信息资源层、信息框架层、信息共享层和领域层。其中每层都包含信息描述模块，且遵守一个原则：每个层次只能引用同层或下层的信息资源，不能引用上层资源。因此，上层信息变动时，下层资源不受影响，从而可以保证信息描述的稳定性。

　　IFC 标准最终的研究目标是让建筑工程中各参与者之间通过建筑信息模型来共享和交流信息，各参与者之间具体的工作模式如图 1-8 所示。

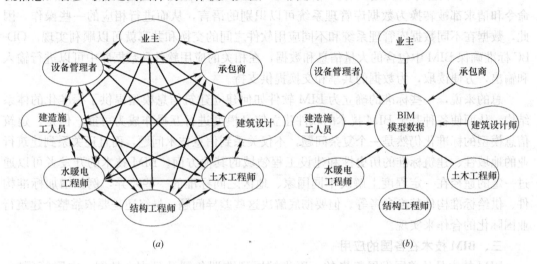

(a) *(b)*

图 1-8　各个参与方之间的工作模式
(*a*) 传统模式；(*b*) 基于 BIM 的模式

　　(2) 国家 BIM 标准 NBIMS (National BIM Standard) 的制定

　　一些知名的建筑设计公司、行业协会、咨询机构、著名的软件企业、政府组织等参与了 NBIMS 的制定。正是在这种行业的全面参与中，美国国家建筑科学协会 (National Institute of Building Sciences，NIBS) 组织的国家建筑信息模型标准委员会负责制定了国家的 BIM 标准 (National BIM Standard 1.0)。它是一个标准体系，不是我们常规理解上的标准。传统上的标准是基于某一个行业或专业，这个标准体系是基于 IT 技术，应用于建筑领域中。此标准重在使建筑工程项目活动中各个环节能够有机统一地结合在一起，从而实现协同工作。该标准中还涉及了建筑数据模型、计算机软件的协同、信息的有效存储和共享、信息的管理与最小化建筑信息模型等方面的问题。此标准中重点强调建筑信息化模型技术中的信息只需一次性录入，可供所有建筑工作人员无限制使用，实现在不同的应用软件之间无损失的交换信息数据。

　　(3) XML 语言规范

　　为了使建筑信息模型中的信息通过网络进行传输，BIM 需要支持 XML (Extensible Markup Language，即可扩展标记语言) 语言。信息具有传输性与共享性，其中最典型的实例是 gbXML（Green Building XML）。gbXML 是一种基于 XML 的简单数据传输协议，可使用此协议把 BIM 应用程序中建筑模型的数据传输到建筑性能分析的应用程序中，同时也可以精确地描述需要传输的信息。因为 BIM 技术支持 gbXML，建筑从设计优化到施工模拟分析，就可以顺利的实现互操作。

（4）开放数据库互连（ODBC）标准

ODBC（Open Database Connect），即开放数据库互连标准。此标准是由 Microsoft 公司于 1991 年提出的用于访问数据库的统一界面标准，是应用程序和数据库系统之间相互连接的纽带。不同的数据库管理系统都有不同的数据格式和数据传输方式，但各种应用软件需要满足这些要求才能和数据库进行数据和指令的交换。

ODBC 在商业中的应用具有多年的历史，它的数据传输方式已经很成熟，应用软件的命令和请求都被转换为数据库管理系统可以识别的语言，从而进行相应的一些操作。因此，数据在不同数据库管理系统和不同应用软件之间的交换和共享就可以顺利实现。ODBC 标准确保 BIM 中包含的大量信息和数据，在相关的应用软件和数据库中可以进行输入和输出，方便读取，为数据的共享和交换提供支持。

总的来说，一些标准的确立为 BIM 软件如何建立建筑信息模型提供了标准化的体系结构，从而使各种基于 BIM 技术的软件建立信息模型进行互操作成为可能。但是，建筑信息模型的标准化仍然是一个复杂问题，不仅关系到信息技术问题，而且还关系到建筑行业的地域性、建筑标准的历史性和建设工程领域的其他方面。BIM 技术的开发者可以通过一定的途径在一定程度上解决不同国家、地区之间标准的一些差异，例如增加标准构件、供给标准构件替换参考等。但要彻底解决这些差异问题，最终还是要依靠整个建筑行业国际化的合作来实现。

三、BIM 技术在各国的应用

BIM 技术是从美国发展起来的，逐步扩展到欧洲各国及日本、韩国、中国等国家，目前 BIM 在这些国家的发展正如火如荼，其应用水平也达到一定的程度。其中，以美国为代表的技术应用最为深入与广泛。

1. BIM 技术在美国的应用

在美国，关于 BIM 的研究和应用起步最早。发展至今，美国的 BIM 研究与应用都走在世界前列。目前，美国大多建筑项目已经开始应用 BIM，BIM 的应用点也种类繁多，而且存在各种 BIM 协会，并制定了各种 BIM 标准。根据相关研究显示，美国工程建设行业采用 BIM 的比例从 2007 年的 28% 增长至 2009 年的 49%，直至 2012 年的 71%。其中，74% 的承包商已经在实施 BIM 了，超过了建筑师（70%）及机电工程师（67%）。BIM 的价值在不断被认可。

美国总务署（General Service Administration，GSA）负责美国所有的联邦设施的建造和运营。早在 2003 年，为了提高建筑领域的生产效率，提升建筑业信息化水平，GSA 下属的公共建筑服务（Public Building Service）部门的首席设计师办公室（Office of the Chief Architect，OCA）推出了全国 3D-4D-BIM 计划。3D-4D-BIM 计划的目标是为所有对 3D-4D-BIM 技术感兴趣的项目团队提供"一站式"服务。虽然每个项目功能、特点各异，OCA 将为每个项目团队提供独特的战略建议与技术支持，目前 OCA 已经协助和支持的项目超过了 100 个。

美国总务署（GSA）要求，从 2007 年起，所有大型项目（招标级别）都需要应用 BIM，最低要求是空间规划验证和最终概念展示都需要提交 BIM 模型。所有 GSA 的项目都被鼓励采用 3D-4D-BIM 技术，并根据采用这些技术的项目承包商的应用程序，给予不同程度的资金支持。目前，GSA 在项目生命周期中应用的 BIM 技术包括空间规划验证、4D 模拟，在激光扫描、能耗和可持续发展模拟、安全验证等方面都做了一定的探索与努力，并陆续发布各领域的系列 BIM 指南，对于规范和 BIM 在实际项目中的应用起到了重要作用。

buildingSMART 联盟（building SMART alliance，bSa）是美国建筑科学研究院（NIBS）在信息资源和技术领域的一个专业委员会，成立于 2007 年，同时也是 buildingSMART 联盟的北美分会。bSa 的前身是国际数据互用联盟。2008 年底，原有的美国 CAD 标准和美国 BIM 标准成员正式成为 buildingSMART 联盟的成员。

据统计，建筑业设计、施工的无用功和浪费高达 57%，而制造业只有 26%。buildingSMART 联盟认为，致力于 BIM 的推广与研究，使项目所有参与者在项目生命周期阶段能共享准确的项目信息，通过改变提交、使用和维护建筑信息的流程，可以有效地节约成本、减少浪费。

2009 年 7 月，美国威斯康星州成为第一个要求州内新建大型公共建筑项目使用 BIM 的州政府。威斯康星州国家设施部门发布实施规则，要求从 2009 年 7 月 1 日起，州内预算在 500 万美元以上的所有项目和预算在 250 万美元以上的施工项目，都必须从设计开始就应用 BIM 技术。2009 年 8 月，德克萨斯州设施委员会也宣布对州政府投资的设计和施工项目提出应用 BIM 技术的要求，并计划发展详细的 BIM 导则和标准。2010 年 9 月，俄亥俄州政府颁布 BIM 协议。

2. BIM 技术在英国的应用

英国政府推广 BIM 的意愿是十分强烈的。2011 年 5 月，英国内阁办公室发布了《政府建设战略》（Government Construction Strategy）文件，其中有关于 BIM 的整个章节，并明确要求到 2016 年，政府要求全面协同 3D BIM，并将全部的文件进行信息化管理。在英国，推动 BIM 的主要是两个组织，一个是 NBS，一个是 BIM Task Group。NBS 隶属于 RIBA，即英国皇家建筑师学会，是专门发展技术规范与统计报告的组织。而 BIM Task Group 则由英国政府商业创新技能部（Department for Business, Innovation and Skills）创立，由英国建筑业委员会（Construction Industry Council）协助。

BIM Task Group 在 2011 年的一份面向政府的策略报告中，提出了 BIM 成熟度阶段的概念。他们将 BIM 产业的成熟度分为 0、1、2、3 共四个阶段：0 阶段就是依然使用纸质蓝图和 2D 手绘为主的工作方式；1 阶段则是采用 CAD 软件和 3D 模型，但是没有数据整合的意愿和工具；2 阶段则是采用数据基础的 BIM 软件，并朝 4D、5D 方向尝试（即预算模型和时间表模型）；3 阶段是建立完善的 BIM 工作流程，整合标准化的项目数据库，并且覆盖整个建筑生命周期。

为了实现 2016 年建筑业全面进入 BIM 阶段 2 的总体要求，政府制定了很多阶段性目标，如 2011 年 7 月发布 BIM 实施计划；2012 年 4 月，为政府项目设计一套强制性的 BIM 标准；2012 年夏季，BIM 中的设计、施工信息与运营阶段的资产管理信息实现结合；2012 年夏季起，分阶段为政府所有项目推行 BIM 计划；至 2012 年 7 月，在多个部门确立试点项目，运用 3D BIM 技术来协同交付项目。

英国的设计公司在 BIM 实施方面已经相当领先。伦敦是众多全球领先的设计企业的总部，如 Foster and Partners、ZahaHadid Architects、BDP 和 Arup Sports，也是很多全球领先的设计企业的欧洲总部，如 HOK、SOM 和 Gensler。在这些背景下，一个政府发布的强制使用 BIM 的文件可以得到有效执行。因此，英国的 AEC 企业与世界其他地方相比，发展速度更快。

3.BIM 技术在日本的应用

在日本，有"2009 年是日本的 BIM 元年"之说。大量的日本设计公司、施工企业开始应用 BIM，日本国土交通省在 2010 年 3 月表示，已选择一项政府建设项目作为试点，探索 BIM 在设计可视化、信息整合方面的价值及实施流程。

2010 年秋天，日经 BP 社调研了 517 位设计院、施工企业及相关建筑行业从业人士，了解他们对于 BIM 的认知度与应用情况。结果显示，BIM 的知晓度从 2007 年的 30.2%提升至 2010 年的 76.4%。2008 年的调研显示，采用 BIM 的最主要原因是 BIM 绝佳的展示效果。2010 年人们采用 BIM 主要用于提升工作效率，仅有 7%的业主要求施工企业应用 BIM，这表明日本企业应用 BIM 更多是设计与施工企业的自身选择与需求。日本 33%的施工企业已经应用 BIM 技术，在这些企业当中近 90%是在 2009 年之前开始实施的。

日本软件业较为发达，在建筑信息技术方面也拥有较多的国产软件。日本 BIM 相关软件厂商认识到，BIM 需要多个软件互相配合，而数据集成是基本前提。因此，多家日本 BIM 软件商在 IAI 日本分会的支持下，以福井计算机株式会社为主导，成立了日本国国产解决方案软件联盟。

此外，日本建筑学会于 2012 年 7 月发布了日本 BIM 指南，从 BIM 团队设计、BIM 数据处理、BIM 设计流程、BIM 预算应用、模拟等方面，为日本的设计院和施工企业应用 BIM 提供了指导。

4.BIM 技术在韩国的应用

韩国在运用 BIM 技术上十分领先。多个政府部门都致力制定 BIM 的标准，例如韩国公共采购服务中心和韩国国土交通海洋部。

韩国公共采购服务中心（Public Procurement Service，PPS）是韩国所有政府采购服务的执行部门。2010 年 4 月，PPS 发布了 BIM 路线图，内容包括：2010 年，在 1~2 个大型工程项目应用 BIM；2011 年，在 3~4 个大型工程项目应用 BIM；2012~2015 年，超过 50 亿韩元大型工程项目都采用 4D BIM 技术（3D＋成本管理）；2016 年前，全部公共工程应用 BIM 技术。2010 年 12 月，PPS 发布了《设施管理 BIM 应用指南》，针对初步设计、施工图设计、施工等阶段的 BIM 应用进行指导，并于 2012 年 4 月对其进行了更新。

2010 年 1 月，韩国国土交通海洋部发布了《建筑领域 BIM 应用指南》。该指南为开发商、建筑师和工程师在申请 4 大行政部门、16 个都市以及 6 个公共机构的项目时，提供采用 BIM 技术时必须注意的方法及要素的指导。该指南为在公共项目中系统地实施 BIM 提供参考，同时也为企业建立实用的 BIM 实施标准。

目前，韩国主要的建筑公司都在积极采用 BIM 技术，如现代建设、三星建设、空间综合建筑事务所、大宇建设、GS 建设、Daelim 建设等公司。其中，Daelim 建设公司

BIM 技术应用到桥梁的施工管理中，BMIS 公司利用 BIM 软件 Digital Project 对建筑设计以及施工阶段的一体化展开研究和实施等。

5.BIM 技术在中国的应用

我国建筑业信息化的发展历史基本可以归纳为每十年重点解决一类问题：

1981～1990 年：解决以结构计算为主要内容的工程计算问题（CAE）；

1991～2000 年：解决计算机辅助绘图问题（CAD）；

2001～2010 年：解决计算机辅助管理问题，包括电子政务（E-Government）和企业管理信息化等。

根据国家"十二五"规划，我国政府认为建筑企业需要应用先进的信息管理系统以提高企业的素质和加强企业的管理水平。国家建议建筑企业致力于加快 BIM 技术在工程项目中的应用，希望借此培育一批建筑业的领导企业。国家鼓励企业运用 BIM 的主要范畴包括以下几个方面：

（1）冲突分析方面，鼓励运用 BIM 技术，更有效地发现工程潜在的差异和冲突，以提高监测分析水准；

（2）信息管理应用方面，加快推广 BIM，将其用于虚拟实境和 4D 项目管理，借此提升企业的生产效率和管理水准；

（3）设计阶段方面，运用 BIM 的 3D 技术来实现设计整体可视化；

（4）施工阶段方面，应用 BIM 技术，以降低信息传送过程中可能出现的错误。

早在 2010 年，清华大学通过研究并结合调研提出了中国建筑信息模型标准框架（简称 CBIMS），创造性地将该标准框架分为面向 IT 的技术标准与面向用户的实施标准。

2011 年 5 月，住房城乡建设部发布的《2011～2015 建筑业信息化发展纲要》中明确指出：在施工阶段开展 BIM 技术的研究与应用，推进 BIM 技术从设计阶段向施工阶段的应用延伸，降低信息传递过程中的衰减；研究基于 BIM 技术的 4D 项目管理信息系统在大型复杂工程施工过程中的应用，实现对建筑工程有效的可视化管理等。推动和发展 BIM，是摆在我们面前的大好发展机遇。2012 年由中国建筑科学研究院等单位共同发起成立的中国 BIM 发展联盟标志着中国 BIM 标准正式启动。整个建筑行业也关注着 BIM 标准的走向，中国 BIM 标准的出台给建筑行业带来的改变和冲击，已经成为整个行业关注的焦点。BIM 标准的制定和实施必将 BIM 推向又一个高潮。

2012 年 1 月，住房城乡建设部《关于印发 2012 年工程建设标准规范制订修订计划的通知》宣告了中国 BIM 标准制定工作的正式启动，其中包含五项 BIM 相关标准：《建筑工程信息模型应用统一标准》、《建筑工程信息模型存储标准》、《建筑工程设计信息模型交付标准》、《建筑工程设计信息模型分类和编码标准》、《制造工业工程设计信息模型应用标准》。其中，《建筑工程信息模型应用统一标准》的编制采取"千人千标准"的模式，邀请行业内相关软件厂商、设计院、施工单位、科研院所等近百家单位参与标准研究项目、课题、子课题的研究。

在学术界，主要集中于 BIM 的标准化与教育培训。例如，清华大学针对 BIM 标准的研究，上海交通大学的 BIM 研究中心侧重于 BIM 在协同方面的研究。随着企业各界对 BIM 的重视，对大学的 BIM 人才培养需求渐起。2012 年 4 月 27 日，首个 BIM 工程硕士班在华中科技大学开课，随后广州大学、武汉大学也开设了专门的 BIM 工程硕士班。

在产业界，前期主要是设计院、施工单位、咨询单位等对 BIM 进行一些尝试。最近几年，业主对 BIM 的认知度也在不断提升。例如，SOHO 董事长潘石屹已将 BIM 作为 SOHO 未来三大核心竞争力之一，万达、龙湖等大型房产商也在积极探索应用 BIM，上海中心、上海迪士尼等大型项目要求在全生命周期中使用 BIM。BIM 已经是企业参与项目的门槛，其他项目也逐渐将 BIM 写入招标合同，或者将 BIM 作为技术标的重要亮点。目前来说，大中型设计企业基本上拥有了专门的 BIM 团队，有一定的 BIM 实施经验，施工企业起步略晚于设计企业，不过不少大型施工企业也开始了对 BIM 的实施与探索，也有一些成功案例。

总而言之，BIM 在中国经历了多年的市场孕育，已经开始起跑加速，一场由 BIM 引领的技术革命正在悄然开始。BIM 不仅仅是一系列软件和技术，更是一种新的思考与协同范式，它将引发建筑行业新一轮脱胎换骨的革命。

复习思考题

1. 什么是建设领域工程信息化，它为现代工程建设带来哪些好处？
2. 基于 BIM 的现代项目管理模式是如何革新的？
3. BIM 的应用模式有哪几种？阐述各自的优缺点。
4. 什么是 BIM 技术，它有哪些相关标准？
5. 总结 BIM 技术在各国的应用实践中的共性特征。

第二章　BIM 的维度

学习要点：

1. 了解工程建设中各工程实施主体的 BIM 应用。
2. 了解在工程建设各个过程中 BIM 应用的要点及方法。
3. 了解 BIM 标准体系中的各种标准，理解不同标准之间的关系。

第一节　概　　述

BIM 技术是近十年来在原有 CAD 技术基础上发展起来的一种多维（三维、四维、五维……n 维）模型信息集成技术，可以使建筑物的所有参与方（包括政府主管部门、业主、设计、施工、运营管理、用户等）都能够在模型（数字虚拟表现的真实建筑物环境）中操作信息和信息中操作模型，从而实现在建筑全生命周期内提高工作效率和质量，以及减少错误和风险的目标。美国 BIM 标准为以 BIM 技术为核心的信息化技术定义的目标，根据分析，到 2020 年，每年可以为建筑业节约 2000 亿美元。而我国近年来的固定资产的投资规模维持在 10 万亿人民币左右，其中 60% 依靠基本建设完成，生产效率与发达国家比较也还存在不小差距，如果按照美国建筑科学研究院的资料来测算，通过技术和管理水平提升，可以节约的建设投资将是十分惊人的。

导致工程建设行业效率不高的原因是多方面的，但是如果研究已经取得生产效率大幅提高的零售、汽车、电子产品和航空等领域，就会发现行业整体水平的提高和产业的升级只能来自于先进生产流程和技术的应用。BIM 正是这样一种技术、方法、机制和机会，通过集成项目信息的收集、管理、交换、更新、存储过程和项目业务流程，为建设项目生命周期中的不同阶段、不同参与方提供及时、准确、足够的信息，支持不同项目阶段之间、不同项目参与方之间以及不同应用软件之间的信息交流和共享，以实现项目设计、施工、运营、维护效率和质量的提高，以及工程建设行业持续不断的行业生产力水平提升。

认识 BIM 既简单又复杂，简单之处在于 BIM 可以概括成一句话：BIM 是利用数字模型对项目进行设计、施工和运营的过程；复杂之处在于 BIM 的应用牵涉建筑物所有的项目阶段、所有的项目参与方与利益相关方，以及相当数量其他应用于工程建设行业的技术或方法。由于 BIM 技术的实施贯穿建设工程项目的全生命周期，且涉及项目过程的各个方面，所以 BIM 具有多个维度。

本章考虑从一个项目的参与人、项目过程、项目技术与模式各个方面出发，将 BIM 在项目中的应用分为三个维度，依次介绍 BIM 与工程实施主体、BIM 与工程建造过程、BIM 标准体系。实践表明，从项目参与方、项目建造过程、项目集成交付模式以及 BIM 标准体系四个维度去理解 BIM 是一个全面、完整认识 BIM 的有效途径。本章内容也为后面章节关于 BIM 的介绍做了一些铺垫。了解 BIM 各维度方面的内容，有助于全面把握 BIM 在整个建造施工过程中的作用以及实施方法。

第二节 BIM 与工程实施主体

建设工程项目参与方很多，不同的参与方形成建设工程项目的不同工程实施主体，各实施主体的 BIM 技术应用的价值有所不同。从宏观角度而言，一个建设工程的全生命周期可划分为策划期、建设期、使用期三个阶段，每个阶段对应特定的参与方和利益相关方，根据其在建设工程中行使的职能性质，可以分为以下三种类型：

1. 行业管理职能：政府管理机构。
2. 项目执行职能：建设机构、设计机构、施工机构、项目管理机构、运营管理机构、造价咨询机构等。
3. 人才培养职能：教育机构。

本节重点讲述与 BIM 相关的工程实施主体为：政府机构、建设机构、设计机构、施工机构和运营机构。

目前，建设项目的建筑形式多样化，供应链向全球化转变，信息技术不断发展，对建设项目可持续发展的要求也越来越高。而传统工程项目交付模式下，各参与方之间的集成化程度差，存在严重的信息不对称和利益冲突，不免造成反差，导致建筑业的效率低、超预算和逾期完工等问题。根据相关资料，在建筑业中，超过 70％的项目存在超预算和工期滞后的现象。在 2007 年美国建筑师协会（AIA）的一项调查中可以看出 83％的业主要求改变传统的项目交付方式。而在 BIM 环境条件下，使用综合项目交付方式（Integrated Project Delivery，简称 IPD）能解决上述传统交付方式的问题。IPD 是在传统项目交付方式的基础上发展而来，提供了解决现有问题的方法和思路，IPD 模式可以有效地集成各参与方，实现信息共享，达到协同决策和精益建造的目的。

随着国外 IPD 项目实践经验的积累，BIM 与 IPD 项目相互融合的趋势越来越明显。IPD 模式的实施流程与传统交付模式（DBB、CM、DB、PP 模式）相比有其特殊性。IPD 模式下建设项目实施流程可以概括为：概念阶段——标准设计——详细设计——实施文件设计——机构审查——施工阶段——项目交付共 7 个阶段。图 2-1 给出了 IPD 模式与传统交付模式的实施流程以及各参与方介入时间的对比分析。从图中可以清楚地看到，在 IPD 模式下，参与各方在概念阶段介入，具有更真实的合作伙伴关系和较高的协同性，持续不断的优化设计方案，较传统模式具有更强的主动性、更高的效率、更低的成本、更多的收益。

BIM 模型作为一种新的工程信息的载体，贯穿项目全生命周期的各个阶段，是项目信息的重要纽带。它在各参与方中不断地被创建、使用、修改、更新，形成了一个完整的，同时也是巨量的工程信息集合。由于不同阶段、不同参与方其信息的传递、要求是有差异的，所以，BIM 信息的输入和输出，对于不同的参与方也不尽相同。

对于 IPD 模式，需要建立 BIM 在 IPD 项目各阶段的建模策略。

第一阶段：概念阶段-标准设计-详细设计阶段。业主明确项目策划方案，选择合作者，BIM 技术为各参与方的早期介入与沟通提供平台，促进交流。构建 3D 模型，进行项目模式模拟，使设计更加直观，便于参与各方更好地理解设计意图，并共同提出改进意见，共同分析各种设计方案的可行性和正确性，选择大家共识的最佳设计方案。根据 3D

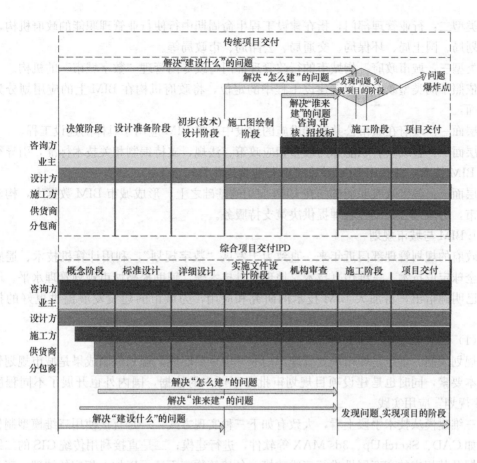

图 2-1　基于 BIM 的 IPD 模式与传统模式下各工程实施主体介入工程时间对比

模型进行投资估算，保证前期决策的正确性，确定项目设计意图，详细的施工图纸设计，包括详细的安装工程等各类细节，项目各参与方提前解决施工中可能出现的争议，这将从根本上降低投资、提高质量、缩短工期。

　　第二阶段：实施文件设计-机构审查（采购）-施工阶段。业主与各参与者制定"如何实施项目"的文件，确定后续工作文件化的规定，利用 BIM 中的 3D 模型，构建 4D、5D……nD（3D＋工期＋成本＋安全＋……）模型，即成本模型、进度模型、安全模型、质量模型等，为确定详细的工期计划、成本、安全施工方案、质量管理提供技术支持。运用 BIM 技术中的项目模型和成本模式，加快审核速度和精度，确定最终许可方案。BIM 技术建立的参数模型提供了各项工作所需人员和材料等资源，便于精益化施工，减少浪费。

　　第三阶段：项目交付阶段。BIM 模型可方便竣工验收、项目后评价、项目后续的经营以及维护工作。

　　一、政府机构的 BIM 应用

　　与建设工程相关的政府机构的三种类型：

　　类型一：建设工程主体，指作为建设工程项目的投资方、开发方、使用方等的政府机构，例如城市重点项目管理办公室等。

类型二：行业管理部门，指在建设工程生命周期中行使行业管理职能的政府机构，例如规划局、国土局、环保局、交通局、公路局、市政局等。

类型三：城市政府，指城市的行政管理部门，或专门管理"数字城市"的机构。

依照不同类型政府机构在建设工程中的定位，将政府机构在 BIM 上的应用划分为三个层面：

层面一：政府在城市公共基础设施的建设中，将 BIM 应用于具体的建设工程。

层面二：各级政府职能部门颁布相应政策、法规，支持编制相关技术标准，引导行业应用 BIM 技术，并利用 BIM 技术提升行业精细化管理水平。

层面三：各级政府职能部门在 BIM 应用的基础之上，形成城市 BIM 数据库，构建智慧城市，为城市公共设施管理提供决策支持服务。

1. BIM 与城市规划

政府的规划管理部门近年来一直致力于发展"数字规划"，利用计算机技术、遥感技术、全球定位技术、三维仿真技术、地理信息技术等，辅助提高城市规划管理水平。国家规划已明确指出，将加大 BIM 技术的研究和应用，为城市的建设发展提供更好的技术手段。

（1）BIM 与城市三维景观

规划编制、审定是城市规划管理部门的一项重要职能，规划编制成果是城市规划管理的基本要素，同时也是建设项目规划审批必不可少的依据，国内外也开展了不同程度的"数字规划"应用实践。

三维建模从技术手段上看，大致有如下三种实现方式：一是直接使用三维模型制作软件，如 CAD、SketchUp、3ds MAX 等软件，进行建模；二是直接利用传统 GIS 的二维线框数据及其相应的高度属性进行三维建模，各建筑物表面还可以加上相应的纹理；三是利用数字摄影测量技术进行三维建模。从软件平台上看，当前主流的平台软件有 Skyline、伟景行等，不少城市都在平台软件的基础上进行二次开发，形成了自己的系统。

国内一批城市已形成了城市三维景观的平台并开展了阶段性应用（如"数字武汉"，参见图 2-2）。在国际上，已有一些地区在尝试 BIM 模型与 CityGML 的集成应用，为数字景观注入新的活力。CityGML 实现了基于 XML 格式的用于存储及交换虚拟 3D 城市模型的开放数据模型，它定义了城市中的大部分地理对象的分类及其之间的关系，而且充分考虑了区域模型的几何、拓扑、语义、外观属性等，其中包括了主题分类之间的层次、聚合、对象之间的关系、空间属性等。这些专题信息不仅仅是一种图形交换格式，而且允许将虚拟 3D 城市模型部署到各种不同应用中，完成复杂分析任务。

（2）城市规划微环境模拟

随着我国城市化进程加快，以及各大中城市建设中旧城改造的逐步深入，低矮破旧的老房子逐渐被形态各异的高层建筑群所替代。与此同时，不断增多的高层和超高层建筑导致居民住宅日照和通风不足的问题越发突出。解决日照和通风问题除需进行宏观上调整规划外，改进日照与通风分析方法也是重要措施之一。

一般来说，人居环境包括了人的生活环境、工作环境和交通环境，也就是人所处空间的重要环境指标。从目前来看，基本可以概括为人的舒适度感知，即人对环境的适应度。人的舒适度感知包括自然环境下的光环境感知、温度感知、风环境感知和声环境感知等。

图 2-2 　数字武汉全景图

从城市规划角度和生态学角度，优化规划空间对人的舒适度影响，即城市规划做到了改善人居环境，也就是做到规划宜居。

城市规划微环境模拟是在建立城市规划三维信息模型的基础上，通过微环境模拟平台，对城市规划进行微环境指标模拟与评估，并以此评估结果对控制性详细规划的用地指标进行修正，对修建性详细规划的建筑空间布局进行调控，辅助城市规划管理和城市规划设计。

城市规划微环境的主要内容是模拟建筑物空间结构的日照关系、风环境、热工、空间景观的可视度和噪声分析等。

2. BIM 与城市环境保护

目前我国经济高速发展，取得了举世瞩目的成绩，同时由于环境保护规划没有与城市规划和城市建设同步落实，使城市环境遭到一定程度的破坏，环境污染日趋严重，城市环境不能进入良性发展的轨道。近年来，我国各级政府对环境保护力度不断加大，相继出台政策法规为环境保护提供依据。2000 年发布的《国民经济和社会发展"九五"计划和2010 年远景目标规划》，提出可持续发展战略，要求城市规划建设进行全方位的战略性变革，与国民经济计划相辅相成，创造可持续发展的人居环境。

BIM 技术因为具有数据库支撑三维几何模型的特性，因此可以承载大量的数据信息，环境专家们把城市环境的现状检测数据和管理控制数据集成到城市的三维数据库，然后再利用专业的分析软件进行计算，可让城市环境的主管部门及时监测环境污染对城市的影响，及时控制超标污染源，并为城市环境优化提供辅助决策。

3. BIM 与城市建设管理

城市建设行业行政主管部门，主要对城市建设领域进行政策规划、行业管理，对建筑行业的施工安全等进行有效监督。应用 BIM 技术将对建筑全生命周期进行全方位管理，是实现建筑信息化跨越式发展的必然趋势，同时，也是实现项目精细化管理、企业集约化经营的最有效途径。

采用 BIM 技术，不仅可以实现设计阶段的协同设计，施工阶段的建筑全过程一体化和运营阶段对建筑物的智能化维护和设施管理，同时打破从业主到设计、施工运营之间的隔阂和界限，实现对建筑全生命周期管理。政府主管部门通过 BIM 数据将更好的实施建设的监督和管理。

4. BIM 与城市公共资产管理

随着我国城市化的快速发展，城市政府如何有效经营和管理好城市的公共性社会资产，确保城市化顺利进行，已成为各方普遍关心的一个焦点问题。城市公共资产主要包括城市建成区范围内的国有土地以及建立在其上的城市公共基础设施。城市公共资产是城市建设投资的结果。近年来，我国各地政府大力发展"园区经济"，纷纷建设科技园、创意产业园、工业园、软件园、大学城以及城市旧区改造等。这些城市公共基础设施是政府从"管理城市"向"经营城市"观念的转变，已经开始走向市场化。如何高效管理和经营这些城市的公共资产，是当前政府公共资产管理部门面临的挑战。

BIM 技术因其在城市建设全生命周期中发挥出的优势，可以为城市的公共资产管理提供技术上的新思路。在公共资产的运营阶段，BIM 能够提供关于建筑项目的协调一致的、可计算的信息，因此该信息非常值得共享和重复使用。这样，通过在建筑生命周期中时间较长、成本较高的维护和运营阶段使用数字建筑信息，管理机构便可大大降低由于缺乏数据互操作性而导致的成本损失。

二、建设机构的 BIM 应用

工程项目建设是一个很复杂的系统工程，其中包括项目论证、项目策划、营销策划、设计管理、施工管理、销售管理、物业管理等。BIM 技术可为工程项目特别是房地产项目开发提供信息化技术管理手段，为房地产项目开发提供更科学的数据依据，从而使项目开发科学、有序、可控地顺利完成。

1. BIM 在项目开发的可行性分析中的应用

工程项目开发的前期，主要是项目论证、项目策划和营销策划，其涉及的范围最广，涉及项目定位、资金、营销、设计、建造、销售等。因此，需要企业内部多个部门共同参与，包括财务部、项目发展部、营销部、设计部、成本部、工程部、项目部、销售部、客户中心、物业公司等部门。由于参与部门较多，而各职能部门都有各自很强的专业性，从而导致各自的数据缺乏关联。但在项目开发的可行性分析阶段，反复的调整是常有的，当某部门的数据做出调整，其他部门的数据也要相应地更新，如果没有良好的信息沟通载体，这些变化将导致大量低效率的重复劳动。

BIM 的出现，可以很好地担当这一角色，成为各部门信息沟通的纽带和数据载体，为项目决策提供更有力的数据依据。

（1）项目景观分析

不论是商业地产项目还是住宅地产项目，环境景观是项目定位一个很重要的因素。电脑效果图的出现为房地产开发项目带来巨大的影响，可以说景观效果图在项目的开发前期，尤其是项目的营销阶段，起到非常重要的作用。它最形象地和直观地展示项目，但是，随着效果图的普及，特别是对于美化后的景观效果图和真实环境的差异对比，人们对于景观效果图的真实性也提出了更高的要求：不仅需要美感，也要真实。这个需求不仅来自业主客户，也来自于开发商。

BIM 技术为了达到这种既有美观，又有真实数据来表现的效果，可以从另一角度，或者说是与影响效果图的"视线"的反方向来进行分析。也就是说把项目 BIM 模型与环境场景位置精确定位后，从价值比较高的景观反算出项目各自的位置对于该景观的可视度。

根据需要，可以选择模型中任意的位置，准确地讲，就是任意的面，通常这些面就是窗户、阳台等。经过软件分析计算，从而得出景观物体在这些面的景观可视度的数据，通过颜色、数值等多种不同的、直观的表现形式，展现出景观可视度的实时动态情况。这样，可以比较全面地评估任意位置的景观可视度，从而为项目的整体评估提供全面和科学的依据。

（2）项目环境日照分析

我家已经在建筑设计相关规范中规定了日照标准。随着人们对居住品质的要求不断提高，对日照的认识和要求也提到空前的高度。日照和建筑间距信访量占总信访量比例不断升高，房屋的日照纠纷已经不容忽视。而且对于地产开发，日照情况的好坏也决定了房屋的价值。因此，如何合理利用土地资源，通过科学的手段做出日照情况良好的设计是地产开发一个重要的环节。

BIM 技术的引用，大大提高了日照计算的效率，尤其是提高体型复杂的建筑物的日照精确度。在项目方案阶段，BIM 建模可以是概念模型。它可以只有大致的尺寸和造型，但却可以提取出面积、容积率等基本数据。只要具备项目的地理位置、朝向等信息，把项目概念模型放入该地形图中，就可以计算出任意时间的日照情况。

（3）项目环境噪声分析

项目环境噪声分析，就是把项目周边已存在的、无法改变的现状，诸如道路、人群活动比较多的广场、娱乐场所等产生噪声比较大的噪声源放入到项目模型中进行分析模拟。通过分析模拟，对噪声影响比较多的户型，选择双层玻璃、隔声楼板、隔声墙体、吸声材料、调整窗户方向，避免噪声直线传播等措施。或者可通过增加挡声墙、种植隔声效果较好的树木等，改善整体项目噪声环境。

（4）项目环境温度分析

项目环境温度分析，主要有两项工作：一是项目小区域的温度分析；二是室内温度分析。

对于项目区域的温度分析，通过建立项目区域 BIM 模型，结合相关气候数据属性，分析模拟项目区域的热环境情况，如图 2-3 所示不同颜色区域表示不同温度分布。根据分析结果，调整环境设计，譬如调整建筑物布局，改善自然通风路线，增加水景、绿化等措施，以降低局部区域温度。

对于室内温度分析，在 BIM 模型里，加入建筑围护结构的热特征值，诸如导热系数、比热、热扩散率、热容量、密度等数据，除了通常的冷热负荷计算，也就是室内设定的温度范围内，冬季的供暖和夏季的制冷最大值计算外，还能进行全年的室内温度分析，优化室内温度的设定值。

2. BIM 在项目施工管理的应用

（1）虚拟建造

随着建设项目复杂度的增加，从传统的二维图纸理解复杂的三维造型越来越困难。使用 BIM 技术，可以在加工之前模拟出复杂构件的虚拟造型，并任意转动观察，甚至剖切、

图 2-3　某项目区域温度分析云图

分解等操作，让加工、安装和施工管理人员都可以清晰地知道其构成，这样就可以大大降低二维图纸可能带来的偏差，确保从加工到安装顺利进行。图 2-4 为某幕墙结构的三维动态模拟图。

同样，如果在施工前建立了 BIM 模型，项目相关管理人员就可以"深入"虚拟的施工现场进行观察，可以非常直观地了解将要建成的项目情况，脑海里已经形成了非常清晰的概念，这样在实际施工时就可以很清楚地知道施工的正确与否。

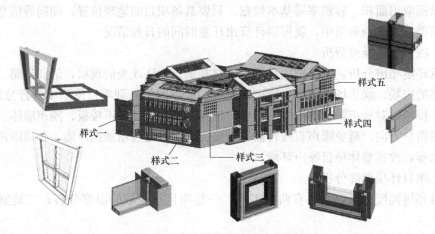

图 2-4　某幕墙结构的三维动态模拟图

（2）4D 模拟

项目计划进度表是几乎每个项目都要做的，是项目开发的核心时间表，也是每个项目参与者都非常关注的，并与自己的工作密不可分。只有每个参与方都按项目计划进行工作，并按时完成，最后项目的总进度才能在预定的时间内完成。但是除了比较专业人士，并不是所有项目管理者都能看得懂专业的项目计划进度表。

直观的三维模型效果图是大部分人都能看懂的，但以往的三维效果图都是静态的，它不会按项目的计划和实际的完成情况来变化，它只是一个完成后的结果。BIM 技术的引入，可以在原有 3D 模型的基础上，增加一个时间轴，也就是俗称的"4D 施工模拟"。加入这个时间维度后，3D 模型可以根据计划、完成情况分别表示"已建"、"在建"、"延误"等形象进度，从而直观对施工工期计划进行模拟。同时，在施工过程中，每周按照施工实际进度更新模拟的进度，在实际进度与计划进度偏差过大时，及时采取相应的措施，以保证工程在规定工期内完成。如图 2-5 为从某项目场地平整施工到砌体施工过程的 4D 模拟过程。"4D 施工模拟"形象的项目计划进度表达方式，是"清晰"沟通的一个有效的方法。对于项目的高层管理者，他们更关注的是大的、整体性的进度，因此，直观清晰的形象项目表达更有效。

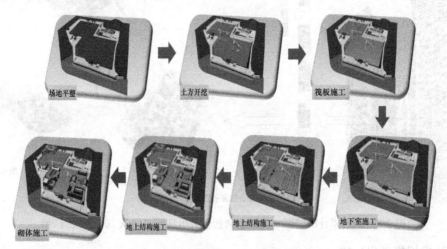

图 2-5　某项目 4D 模拟施工进展过程

3. BIM 在项目销售的应用

项目销售是商业项目开发最重要的环节，任何人都知道没有销售就没有商业项目开发。商业地产项目销售本身就有一套方法，也包含很多学问。这里不是讨论如何进行商业地产项目的销售，而是就如何利用 BIM 技术，为地产项目的销售提供辅助的工具，最终促进销售。

（1）景观可视度辅助户型定价

基于 BIM 技术的景观可视度分析，就是建立项目自身的 BIM 模型，同时还要把对本项目有影响的周边建筑、道路、景观模型等建立起来，尤其是价值较大的、对售价有影响的景观（包括城市标志性建筑物、风景优美的公园、海面、江面等）。而且景观可视度并不是传统的效果图，它是从分析的角度去计算，所以这些项目周边的模型只需要体量，也就是只需要位置、尺寸正确即可，而不像效果图那样需要很精细漂亮的模型。

有了这些模型，就可以对任意需要考虑景观因素户型的窗户、阳台进行景观可视度计算。可以挑选主要的景观，通过软件计算，通常得出这些景观投射到要定价的户型的窗户、阳台上的景观目标可视面积和可视率。

（2）能耗分析辅助户型定价

对于买楼或租房的客户，在没有入住之前是无从知道其采暖和空调的费用，尤其是那些采用绿色技术打造的建筑，客户无法从更具体的数据得知购买或租用的绿色建筑会带来多少能耗的节约。所以，需要有具体的数据作为参考。

能耗模拟分析是在 BIM 模型基础上，加入了建筑围护结构的热特征值和项目所在地区的气候参数，如图 2-6 所示。经过分析模拟，计算出全年的能耗情况。有了这些参数作为基础，尤其是采用了节能技术的建筑物，可以将能耗减少的数据提供给买楼或租房的客户。开发商有具体的数据，可展示其项目的价值和优势。

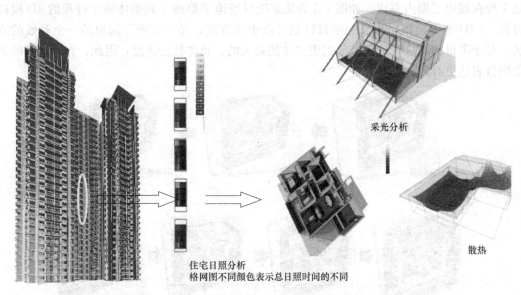

采光分析

住宅日照分析
格网图不同颜色表示总日照时间的不同

散热

图 2-6　日照累计时间图（从红色到蓝色表示日照时间从 10h 递减到 0h）

（3）虚拟售（租）楼

BIM 虚拟看楼给物业销售租赁提供了一个新的手段。通过计算机虚拟技术，以 BIM 的真实模型为基础，让客户在虚拟的空间随意漫游观看（图 2-7）。这里之所以强调的是以 BIM 的真实模型为基础，是因为目前大多数的电脑效果图或动画都是以漂亮的视觉来吸引眼球，但其真实性往往与实际有差距，甚至是有相当的差距。而 BIM 模型是设计、施工使用的实际模型，换句话说，设计、施工是按该模型进行的，与最终的实际效果是一致的。这样，客户看到的虚拟场景就比较真实可靠。

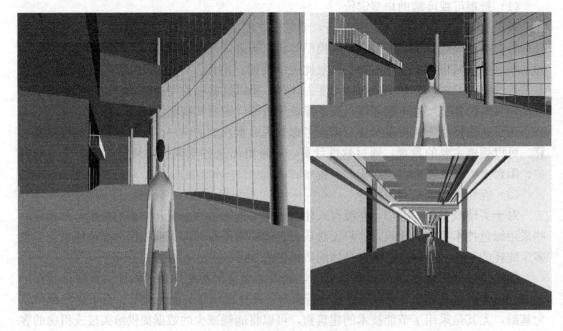

图 2-7　建筑虚拟空间实时漫游图

三、设计机构的 BIM 应用

长期以来，设计概念只能通过手绘线条转换为图纸和相关的设计文档。随着 CAD（Computer Aided Design）技术的进步，电脑取代手绘，通过二维图像表达建筑的设计信息，逐渐演变为通过三维图像或实体模型表达建筑的三维空间。二维、三维图像或实体模型有助于建筑师与业主交流沟通。然而，这些基于二维、三维的图像或实体模型并不智能，也不带有与建筑设计相关的参数信息。信息技术虽然已经提高了单项任务的生产效率，但它几乎还没有用于解决贯穿整个过程的信息传递与沟通。

信息技术革命以来，特别是网络时代的到来，建筑及建筑设计正发生着一个质的飞跃。其一，建筑师可以借助计算机进行思维和推导，得到传统方法无法得到的成果，极大地拓展了设计的深度和广度；其二，设计信息的集成化改进了设计过程，极大地提高了设计效率和设计质量。三维虚拟模型（在三维空间使用参数信息定义物体属性智能三维模型及文档）的发展最终产生了建筑信息模型 BIM，一个能协助建筑师建立基于三维的虚拟模型，综合了建筑设施全生命周期数据信息的建筑设计信息模型。

1. BIM 在建筑设计中的应用

（1）从形式与功能相分离到整体化的空间设计

传统的设计方法大致可分为两种：一种是先设计二维的平面功能布局，然后结合平面布局设计二维立面，最后再建立三维模型进一步调整造型；另一种是先从三维造型出发确定形体之后，再使用二维 CAD 绘制相应的平、立面。这两种设计方法都有一个共同的缺陷，那就是建筑空间被设计者从设计过程中剥离出去，成为概念设计阶段并不重要的内容，建筑关注的只是平面功能和形象。

目前较多的建筑师仍然在用"立面"的方法控制建筑。建筑信息模型的出现为我们改变这种状况提供了可能性。在建筑信息模型中，建筑室内空间、室外空间、建筑表皮、平面功能都可以被整合成一个相互关联的逻辑系统。当在布置平面时，已经在同步设计建筑空间，而空间又可以被直观地反映在表皮上，这样空间与表皮可以共同形成建筑的立面。

（2）从传统空间组合到参数化设计

在现代建筑设计中，空间设计一直是作为形式设计的主导。然而，由于能力和工具的限制，在千变万化、错综复杂的空间组合形式中，建筑师往往只能概括出如通过交通组织空间、空间互相嵌套等典型性组合方式，来达到合理的布局，直到参数化设计与算法生成设计的出现。

参数化几何控制技术可以充分结合设计者与数字技术的智能力量来实现对集合符号的生成、测评、修正和优化，从而得到更加符合设计者、使用者和环境要求的建筑形态。引入参数对建筑设计思维的意义还表现在可变参数造成的开放的设计成果，满足了建筑师对多种可预见因素的参与，并使设计的客观性加强，使几何形态的生成成为参数控制的结果。通过设计程序的作用，输入参数控制值就可以在变化中生成形态，甚至生成可控制但不可预见的几何形态。在建造方面，它解决了标准化与单独定制的矛盾，借助智能工具，利用参数化手段提高了异形构件的生产效率并降低造价，图 2-8 为使用 BIM 模型直接提交制造商加工异形钢构件而实现无纸化建造示意图。

2. BIM 在结构设计中的应用

传统的建筑结构设计主要采取二维 CAD 绘图的方式，其设计一般在建筑初步设计过

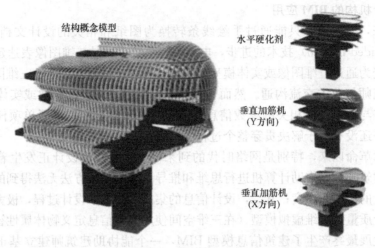

结构概念模型

水平硬化剂

垂直加筋机
（Y方向）

垂直加筋机
（X方向）

图 2-8　基于 BIM 模型直接提交制造商加工异形钢构件

程中介入。设计师在建筑设计基础上，根据总体设计方案及规范规定进行结构选型，梁柱布置，分析计算并优化调整结构设计后，再深化节点及梁、板、柱配筋，绘制施工图文档，有时还需要统计结构材料用料。

将 BIM 模型引入结构设计后，BIM 模型作为一个信息平台能将上述过程中的各种数据统筹管理，BIM 模型中的结构构件同样也具有真实构件的属性和特性，记录了工程实施过程中的数据信息，可以被实时调用、统计分析、管理与共享。结构工程的 BIM 模型应用主要包括结构建模和计算、规范校核、三维可视化辅助设计、工程造价信息统计、施工图（加工图）文档、其他有关的信息明细表，涵盖了包括结构构件和整体结构两个层次的相关附属信息。

四、施工机构的 BIM 应用

随着我国经济建设的不断发展，项目建设的市场规模也在不断扩大。在近三十年的项目管理实践中，以施工单位为主体的总承包模式已经成为我国很多大型建设项目上工程项目管理的一种主流模式。当前项目管理的专业化要求不断提高，作为项目的主要执行者，施工单位发挥了非常重要的作用，特别是承担设计、采购以及施工管理的施工单位，是工程项目的实体构造者、项目管理的执行者和项目最终目标的实现者。因此，如何利用先进技术提升施工单位的整体实力，是当前整个建筑行业面临的一项核心问题。

1. BIM 在施工企业投标过程中的应用

（1）标前评价

标前评价是提高投标质量的重要工作之一。利用 BIM 的数据库，结合相关软件完成数据整理工作，通过核算人、材、机用量，分析施工环境和施工难点，结合企业实际施工能力，综合判断选择项目投标，做好投标的前期准备和筛选工作，进而提高中标率和投标质量。

（2）风险控制

扬长避短、避险趋利是施工企业投标的原则。在技术上，通过 BIM 模型的应用，可根据模型，结合现场实际预先了解施工难点和重点，采用风险转移或创新技术等方式积极应对，编制具有针对性、可靠性好的施工组织设计，为技术标评审争取技术分。在经济上，成本核算是投标工作的重点，传统工作方式中，该部分工作经常由人工操作，耗时，准确率又不高，成本估算的偏大偏小都给投标报价的定位带来不利影响。在 BIM 技术支持下，工程量统计将变得简单易行，只需操作计算机就可完成投标项目的工程量统计，数据可靠精确，为之后的经济成本估算带来极大的便利。

（3）优化建议

优化建议是技术标中的重点，也是突显企业实力和施工能力的重要组成部分。BIM 可以提供多种工序的优化方案，并且让其有良好的可操作性和可建性，如管路长度的优化，建筑配筋的优化以及外立装饰面块尺寸优化等。

2. BIM 在施工企业深化设计中的应用

（1）碰撞检测

目前在施工单位中，BIM 技术在深化设计过程中应用较为广泛的还是碰撞检测。确定施工图纸阶段，如果相关行业没有进行充分的协调，可能直接导致施工图出图进度的延后，甚至影响到整个项目的施工进度。BIM 技术建立起的模型能够直观反应碰撞位置，同时由于是三维可视化的模型，因此，在碰撞发生处可以实时变换角度进行全方位、多角度的观察，便于讨论修改，是提高工作效率的一大突破。其次，当对碰撞处进行调整后，如果缺乏各专业间的协调沟通、同步调整，则会产生新的碰撞位置，导致了无休止的讨论、修改。BIM 使各专业在统一的建筑模型平台上进行修改，各专业的调整是实时显现，同样也是实时反馈。

（2）参数检测与核算

BIM 技术所具备的实时性还体现在对设备参数检测以及自动计算上，在建立 BIM 模型过程中已经输入了许多设备参数信息，包括构件、设备、管线的材质、型号、安装高度、安装方式等。因此，有别于利用二维平面进行管线综合，无需再从设计说明、设备手册等文件资料中查找所需要的信息。

实时反映的数据能进一步对变更后的参数进行校核。在深化设计工作中往往通过管线的上、下翻转来进行管线综合的调整，若未对调整变更后的设备参数进行复核，并与原设计参数进行比较，则可能造成实际运行中出现运行效果不理想。传统方法下对设计参数进行复核是一项很复杂的工作，而通过 BIM 技术进行实时的参数检测，则能提高调整后设计的准确性。

3. BIM 在企业施工管理过程中的应用

（1）安全管理

① 施工场地布置、现场材料堆放

传统的施工中，施工场地的布置遵循总体规划，但在施工现场还是可能会由于各专业作业时间的交错、施工界面的交错，使得物料堆放混乱，各专业物料交错，使得工作效率降低，甚至还可能发生安全隐患。

BIM 的应用对现场起到了指导的作用。BIM 模型表现的是施工现场的实际情况，BIM 根据进度安排和各专业施工工作的交错关系，通过软件平台合理规划物料的进场时间、堆放空间，并规划取料路径，有针对性地布置临时用水、用电位置，在各个阶段确保现场施工整齐有序，提高施工效率。即使出现施工顺序变动或各工种工作时间拖延，BIM 仍可根据信息模型实时分析调整。通过对现场情况的模拟，还可以有针对性的编写安全管理措施。比如，根据各专业施工情况规划易燃易爆材料区，针对各种材料的不同性质进行专项安全措施保障，使安全措施切实可行。

② 施工现场防火布置、动火作业监管

现场防火设备的布置多着眼于平面，以覆盖直径范围为依据，对于实时动态的情况考虑并不完善，一方面由于图纸只能表现平面，另一方面立面的建造是由时间的推进逐步展开的，使得在制定方案的时候无法实时全面动态的考虑变化过程。通过 BIM 的软件平台模拟，可根据各阶段的建筑模型模拟火灾逃生情况，在火灾逃生路径上有针对性的布置临时消防装置，以使在火灾发生时人员安全撤离现场，减少人员和物料的损失。

施工作业时现场需要进行电焊、切割、气割等动火作业。传统方式上通过开具"施工现场动火证"来对现场动火工作进行控制，同时由专人监管负责操作过程的安全管控。构建起 BIM 模型后，能使这部分工作的成效在传统方式上进一步提升。在 BIM 模型中，通过安全管理与进度控制的配合，能够实现在动火作业开始前便提前知晓当日需要进行动火作业的工作面，把握即时状态下项目各个工作面上动火作用点的分布，从而将"施工现场动火证"开具的数目、期限等方面严格管控，同时也方便了监理等人员在抽查时随时查询现场位置。

③ BIM 建模与虚拟施工技术解决碰撞冲突

利用 BIM 建模与虚拟施工技术，建立 3D 模型，进行 4D 施工模拟和碰撞检测，可以提前发现施工过程中潜在的安全风险，为施工方案的优化和安全施工组织设计的编制提供依据和技术支持。结合施工进度计划进行 4D 动态施工模拟，形成可视化的管理平台。通过直观、动态的现场环境和施工过程的模拟，可以对不同施工方案的实施效果进行比较，来优化施工方案。在实际施工之前发现并解决施工过程和现场的安全隐患和碰撞冲突，提高工程施工过程中的安全性。3D、4D 模型的可视化特性，便于不同参与方对安全计划和应急预案的交流沟通，可加强施工安全管理效果。

关于基于 BIM 的施工安全管理，详细内容请参见第七章的相关内容。

（2）进度控制

① 进度规划

进度规划的依据除了各方对里程碑时间点的要求和总进度要求外，就是工程量。以往一般该工作手工完成，繁琐、复杂且不精确。通过应用 BIM 软件平台，这项工作简单易行。利用信息模型，通过软件平台将数据整理统计，可精确核算出各阶段所需的材料用量，结合定额规范及企业实际施工水平就可计算出各阶段所需的人员、材料、机械用量，通过与各方充分沟通和交流建立 4D 可视化模型和施工进度计划，方便物资采购部门及施工管理部门为各阶段工作做好充分的准备。

② 进度掌控

在 BIM 的施工管理中，把经过各方充分沟通和交流后建立的 4D 可视化模型和施工进度计划作为施工阶段工程实施的指导性文件。在施工阶段，各专业分包商都以 4D 可视化模型和施工进度为依据进行施工的组织和安排，了解下一步的工作时间和工作内容，合理安排各专业材料设备的供货和施工的时间，严格要求各施工单位按图施工，防止返工、进度拖延的情况发生。

③ 进度调整

在项目施工过程中，由于业主、设计等原因造成的变更时有发生。工程变更的直接结果会造成投资增加、进度延误，此时必须对进度做适当的调整。BIM 的 4D 模型是进度调整工作有力的工具。当变更发生时，可通过对 BIM 模型的调整，形成变更方案的工程量，管理者以变更的工程量为依据，及时调整人员物资的分配，将由此产生的进度变化控制在可控范围内。

关于基于 BIM 的施工进度管理，详细内容请参见第五章的相关内容。

（3）质量管理

① 材料设备质量管理

材料质量是工程质量的源头，根据法规的材料管理要求，需要由施工单位对材料的质量资料进行整理，报监理单位进行审核，并按规定进行材料送样检测。在基于 BIM 的质量管理中，可以由施工单位将材料管理的全过程信息进行记录，包括各项材料的合格证、质保书、原厂检测报告等信息的录入，并与构件部位进行关联。监理单位同样可以通过 BIM 开展材料信息的审核工作，并将所抽样送检的材料部位在模型中进行标注，使材料管理信息更准确、有追溯性。

② 施工技术质量管理

施工技术质量是保证整个建筑产品合格的基础，工艺流程的标准化是企业施工能力的表现，尤其当面对新工艺、新材料、新技术时，正确的施工顺序和工法、合理的施工用料将对施工质量起决定性的作用。BIM 的标准化模型为技术标准的建立提供了平台，通过 BIM 的软件平台可动态模拟施工技术流程。标准化工艺流程的建立由各方专业工程师合作，通过讨论及精确计算确立，保证专项施工技术在实施细节上的可靠性，再由施工人员按仿真施工流程施工，确保施工技术信息的传递不会出现偏差，避免实际做法和计划做法不一样的情况出现，减少一些不可预见情况的发生。

③ 施工过程质量管理

将 BIM 模型与现场实际施工情况相对比，将相关检查信息关联到构件，有助于明确记录内容，便于统计与日后复查。隐蔽工程、分部分项工程和单位工程质量报验、审核与签认过程中的相关数据均为可结构化的 BIM 数据。引入 BIM 技术，报验申请方将相关数据输入系统后可自动生成报验申请表，应用平台上可设置相应责任者审核、签认实时短信提醒，审核后及时签认。该模式下，实现标准化、流程化信息录入与流转，提高报验审核信息流转效率。

五、运营机构的 BIM 应用

项目的运营和维护阶段，是项目生命周期中时间最长的阶段，也是项目经历了策划、设计、施工后，在项目竣工时信息积累最多的时刻。这些信息将为今后几十年的项目运营维护管理提供必不可少的信息。但传统的项目开发和建设手段，由于在项目的不同阶段、不同的参与方仅仅关注自身使用的信息。所以，在项目的不同阶段，信息的建立、丢失、再建立、再丢失是在不断地重复。

BIM 技术的引入，在很大程度上就是要解决项目在不同阶段信息重复建立和丢失的问题。虽然在项目的不同阶段，不同的参与方仅需关注自身使用的信息，但承载信息的载体与传统极大的不同，BIM 实现项目信息在项目的不同阶段依然是不断地创建、使用，但它被积累、沉淀、丰富和完善，BIM 信息与项目实体同步。

1.BIM 在设备维护管理中的应用

基于 BIM 的设备维护管理系统可以帮助物业管理公司实现如下功能：

（1）可视化模型实现对物业管理对象设备基本信息的有效管理

设备基本信息包括设备的型号、生产厂家、安装时间等，在没有应用 BIM 技术之前，设备基本信息也是存在的，只是以文本、图片或者电子文档等各种形式存在不同的地方，所以这些信息经常是凌乱的、成堆的，当真正需要的时候发现很难有效找到完整的、准确的信息。

在 BIM 设备维护管理系统中，通过更新维护平台，将设备基本信息存储于 BIM 数据库中，并与 BIM 模型对象完全对应。当设备基本信息与模型对象之间产生关联，就意味着在 BIM 模型中点击设备对象即可获取与该设备相关的基本信息，同样在 BIM 数据库查询到某个设备也可将其定位于 BIM 模型中。当然也可将设备常用参数（规格）以及使用说明等信息存储于 BIM 数据库中。利用 BIM 技术进行物业设备维护管理比传统的方式更为形象，可实现对设备基本信息的有效准确管理。

（2）根据设备运行状况及时安排设备维护保养与更换计划

传统的物业管理模式会对所管理的设备进行日常巡检维护，或者定期会对设备做检修维护，但是这种方式是松散的，不具备科学的计划性，不能在设备出现故障之前对其进行维护保养，无法有效地避免设备故障发生。

BIM 技术可通过专门接口与设备进行连接，可将设备的运行参数信息直接反应在 BIM 模型上。根据设备的运行参数指标来建立设备的运行健康指标，通过 BIM 模型来实时监控设备的运行参数，从而判断设备的运行状况，判断其运行是否健康，根据健康状况来及时安排设备维护保养的时间以及更换计划。并且通过 BIM 设备维护管理系统对设备维护保养时间和更换计划进行自动提醒，避免设备未能按时维护保养或更换而造成的问题甚至事故。

（3）记录维护保养过程，规范设备维护保养的步骤和流程

从业主的角度来说，项目的不同阶段中运营和维护阶段是项目时间最长的阶段，也是业主最为关心的阶段。设备的维护保养是一个长期的过程，只有规范的设备维护保养步骤和流程才能保证设备长期有效的维护保养，节省维护保养费用。

每次设备维护保养的过程都记录在 BIM 数据库中，包括维护保养日期，实际操作人，维护保养详细过程等信息。设备维护保养过程的信息数据长期积累与总结可以形成规范的维护保养步骤和流程，每次维护保养时，都可依据规范步骤和流程进行操作，从而提高效率，减少错误发生。长期积累循环改进维护保养步骤和流程，可以形成物业公司设备维护保养管理的知识库。

2.BIM 在物业租赁管理中的应用

物业租赁管理的重点是要将物业出租好，为客户提供优质的租赁服务。通过 BIM 技术和模型，利用三维互动和关联数据等手段，客户能从物业的不同角度和方位了解其物业的状态。也是就说在现实建筑物交付使用之前，客户可以通过 BIM 三维模型了解物业不同空间的基本情况，并提前进行个性化空间设计，从而确定需求以及相应的预算。

物业管理公司应用 BIM 技术之后，可以利用 BIM 模型进行可视化管理，可以高效便捷地查询到设备信息和物业租赁信息，可以更从容面对设备突发状况，进一步提高物业管

理公司管理水平。

关于运营机构的 BIM 应用，详细内容请参见第九章的相关内容。

第三节　BIM 与工程建造过程

工程建造涉及从规划、设计、施工到交付使用全过程的各个阶段。BIM 技术对工程建造过程的支持主要体现为以下两个方面。

一方面，BIM 技术降低了工程建造各阶段的信息损失，成为解决信息孤岛问题的重要支撑。在传统信息创建和管理方式下，工程建造全生命周期信息在各个阶段的传递过程中不断地流失，形成各个阶段的信息孤岛。有研究者指出了工程各阶段信息损失问题，如图 2-9 所示，横轴代表建设阶段，纵轴代表信息以及信息蕴含的知识。一个原本应该平滑递增的信息曲线，由于信息在各阶段向下一阶段传递时的损失而变得曲折。

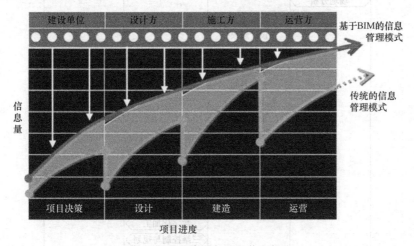

图 2-9　工程建设各阶段信息损失

BIM 遵循着"一次创建，多次使用"的原则，随着工程建造过程的推进，BIM 中的信息不断补充和完善，并形成一个最具时效性的、最为合理的虚拟建筑。因此，基于 BIM 的数字建造，既包含着对前一阶段信息的无损利用，也包含着新信息的创建、补充和完善，这些过程体现为一个增值的过程。BIM 模型一经建立，将为整个生命周期提供服务，并产生极大的价值，如：设计阶段的方案论证、业主决策、多专业协调、结构分析、造价估算、能量分析、光照分析等建筑物理分析和设计文档生成等；施工阶段的可施工性分析、施工深化设计、工程量计算、施工预算、进度分析和施工平面布置等；运营阶段的设施管理、布局分析（产品家具等）和用户管理等。

另一方面，BIM 技术成为支撑工程施工中的深化设计、预制加工、安装等主要环节的关键技术。

BIM 在工程建造中的应用领域非常广泛，如图 2-10 所示。BIM 支持从策划到运营的工程建造各阶段。其中，在施工阶段的应用主要有 3D 协调、场地使用规划、施工系统设计、数字化加工、3D 控制规划和记录模型等。

目前国内 BIM 技术的工程应用主要集中在施工前的 BIM 应用策划与准备，面向施工阶段的深化设计与数字化加工、虚拟施工、施工现场规划以及施工过程中进度、成本控制等方面。本节以对数字建造的认识为基础，分别简单介绍了BIM应用的策划与准备、基于BIM的深化设计与数字化加工、基于BIM的虚拟建造、基于BIM的施工现场临时设施规划，以及两项重要的管控业务，即基于BIM的施工进度管理和工程造价管理，还包括基于BIM的信息模型集成交付。

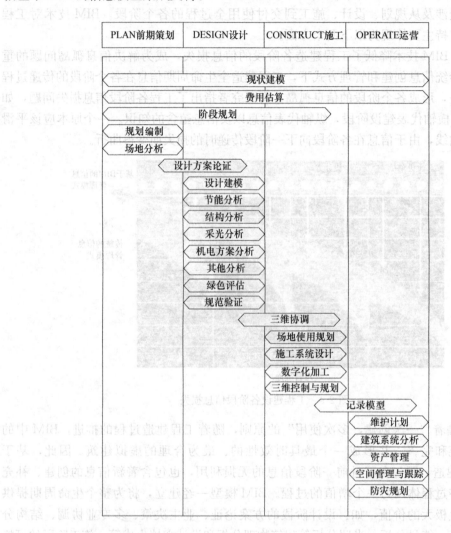

图 2-10 BIM 在工程建造过程中的应用领域

一、BIM 应用的策划与准备

策划的作用是以最低的投入或最小的代价达到预期目的，让策划对象得到更高的效益。策划人为实现上述目标在科学调查研究的基础上，对现有资源进行优化整合，并进行全面、细致的构思谋划，从而制定详细、可操作性强的并在执行中可以进行完善的方案。在一个项目中引入 BIM 技术，需要在应用前根据项目的特点和情况，进行详细周密的策划，开展准备工作。BIM 应用策划包括确定 BIM 应用目标、约定 BIM 模型标准、确定 BIM 应用范围、构建 BIM 组织构架、确定信息交互方式等内容。

1. BIM 实施目标确定

(1) 技术应用层面

从技术应用层面实现 BIM 目标一般指为提高技术水平,采用一项或几项 BIM 技术,利用 BIM 的强大功能完成某项工作。从技术应用层面达到某种程度的 BIM 目标,是目前国内 BIM 工作开展的主要内容,以建筑设计、施工两阶段为例,采用先进的 BIM 技术,改变传统的技术手段,达到更好地为工程服务的目的,传统技术手段与 BIM 技术辅助对比见表 2-1。

传统技术手段与 BIM 技术辅助对比　　　　　　　　　　表 2-1

编号	所属阶段	技术工作	传统技术手段	BIM 技术辅助
1	设计阶段	建筑方案分析	文档描述,计算	3D 演示
2		结构受力分析	公式计算	模型受力计算
3		设计结果交付	2D 出图,效果图	3D 建模,模型
4		深化设计与加工	2D 图纸	3D 协调,自动生产
5	施工阶段	施工方案	文档、图片描述	3D 模拟
6		施工进度	进度计划文本	4D 模拟
7		材料管理	文档管理	结构化模型管理
8		成本分析	事后分析,事后管理	过程控制
9		施工现场	静态描述	动态模拟

(2) 项目管理层面

为提高项目管理水平,采用 BIM 技术,按照 BIM"全过程、全寿命"辅助工程建设的原则,改变原有的工作模式和管理流程,建立以 BIM 为中心的项目管理模式,涵盖项目的投资、规划、设计、施工、运营各个阶段。BIM 技术必须和项目管理紧密结合在一起,BIM 应当成为建筑领域工程师手中的工具,通过其强大功能的示范作用,逐渐代替传统工具,为项目管理发挥巨大的作用。

基于 BIM 技术的工程项目管理信息系统,在多个方面对工程项目进行管理,具体包括项目前期管理模块、招投标管理模块、进度管理模块、质量管理模块、投资控制管理模块、合同管理模块、物资设备管理模块和后期运行评价管理模块,以充分发挥基于 BIM 的项目管理理念与价值。

(3) 企业管理层面

建筑企业正在加快从职能化管理向流程化管理模式的转变。在向流程化管理转型时,信息系统承担了重要的信息传递和固化流程的任务。基于 BIM 技术的信息化管理平台将促进业务标准化和流程化,成为管理创新的驱动力。除模型管理外,信息化平台还应包括以下五部分:OA (Office Automation) 办公系统、企业运营管理系统、决策支持系统、预算管理系统、远程接入系统。

2. BIM 模型约定及策划

在 BIM 应用过程中,BIM 模型是最基础的技术资料,所有的操作和应用都是在模型基础上进行的。一般情况下,BIM 模型是建设过程之初,由设计单位进行构建,并完成在此模型基础之上的建筑设计、结构设计;在随后的施工阶段,该模型移交给施工承包单位，施工单位在此基础上，完成深化设计的内容，完成施工过程中信息的添加，完成运维阶段所需信息的添加，最终作为竣工资料的一部分，将该模型提交给业主；到了运维阶段，业主或运维单位在该模型基础上，制定项目运营维护计划和空间管理方案，进行应急预案制定和人流疏散分析，查阅检索机电设备信息等。

然而，在现实操作中，BIM 模型的来源不尽相同。有设计单位提供的设计模型，也有 BIM 咨询单位为责任人构建模型，更多的情况是施工单位自行建模。模型的质量直接决定 BIM 应用的优劣。无论以上哪种渠道的模型，都需要在 BIM 建模规则和操作标准上事先达成统一的约定，以执行手册的形式确定下来，在建模过程中贯彻执行，建模完成后严格审核。

3. BIM 实施总体安排思路

有什么样的 BIM 目标就对应什么样的 BIM 实施总体安排，并由目标衍生出对应的 BIM 应用，再根据 BIM 应用制定相应的 BIM 流程。由 BIM 目标、应用及流程确定 BIM 信息交换要求和基础设施要求。BIM 实施前的评估流程如图 2-11 所示。在实际操作过程中，根据项目的特点，结合参建各方对 BIM 系统的实际操控能力，对比 BIM 主导单位制定的目标，可在施工过程中实施的 BIM 应用有：模型维护、深化设计——三维协调、施工方案模拟、施工总流程演示、工程量统计、材料管理、现场管理。

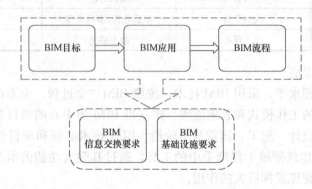

图 2-11　BIM 实施前评估

根据上述列举的 BIM 应用，明确项目实施 BIM 的总体思路：在一个建设项目中计划实施的不同 BIM 应用之间的关系，包括在这个过程中主要的信息交换要求，如图 2-12 所示。

二、基于 BIM 的深化设计与加工

随着 BIM 技术的高速发展，BIM 在企业整体规划中的应用日趋成熟，不仅从项目级上升到了企业级，更从设计企业延伸至施工企业。作为连接两大阶段的关键阶段，基于 BIM 的深化设计和数字化加工在日益大型化、复杂化的建筑项目中显露出相对于传统深化设计、加工技术无可比拟的优越性。有别于传统的平面二维深化设计和加工技术，基于 BIM 的深化设计更能提高施工图的深度、效率、准确性。基于 BIM 的数字化加工更是一个颠覆性的突破，基于 BIM 的预制加工技术、现场测绘放样技术、数字物流技术等的综合应用为数字化加工打下了坚实基础。

1. 基于 BIM 的深化设计

深化设计的类型可以分为专业性深化设计和综合性深化设计。专业性深化设计基于专

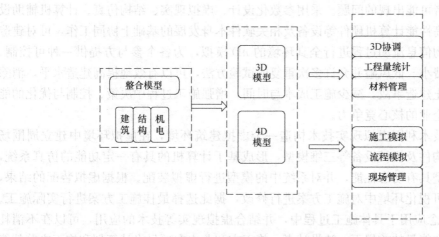

图 2-12　项目 BIM 实施总体思路

业的 BIM 模型，主要涵盖土建结构、钢结构、幕墙、机电各专业、精装修的深化设计等。综合性深化设计基于综合的 BIM 模型，主要对各个专业深化设计初步成果进行校核、集成、协调、修正及优化，并形成综合平面图、综合剖面图。

传统设计沟通通过平面图，立体空间的想象需要靠设计者的知识及经验积累。即使在讨论阶段获得了共识，在实际执行时也经常会发现有认知不一的情形。通过 BIM 技术的引入，每个专业角色可以很容易通过模型来沟通，从虚拟现实中浏览空间设计，在立体空间所见即所得，快速明确地锁定症结点，通过软件更有效地检查出视觉上的盲点。

BIM 模型在建筑项目中已经变成业务沟通的关键媒介，即使是不具备工程专业背景的人员，都能参与其中。工程团队各方均能给予较多正面的需求意见，减少设计变更次数。除了实时可视化的沟通，BIM 模型的深化设计，加之即时数据集成，可获得一个最具时效性的、最为合理的虚拟建筑。因此，导出的施工图可以帮助各专业施工有序合理地进行，提供施工安装成功率，进而减少人力、材料以及时间上的浪费，从一定程度上降低施工成本。

关于基于 BIM 的深化设计，详细内容请参见第三章的相关内容。

2. 基于 BIM 的数字化加工

BIM 是建筑信息化大革命的产物，能贯穿建筑全生命周期，保证建筑信息的延续性，也包括从深化设计到数字化加工的信息传递。基于 BIM 的数字化加工将包含在 BIM 模型里的构件信息准确地、不遗漏地传递给构件加工单位，这个信息传递方式可以是直接以 BIM 模型传递，也可以是 BIM 模型加上二维及详图的方式，由于数据的准确性和不遗漏性，BIM 模型的应用不仅解决了信息创建、管理与传递的问题，而且 BIM 模型、三维图纸、装配模拟、加工制造、运输、存放、测绘、安装的全程跟踪等手段为数字化建造奠定了坚实的基础。所以，基于 BIM 的数字化加工建造技术是一项能够帮助施工单位实现高质量、高精度、高效率施工的技术。通过发挥更多的 BIM 数字化的优势，将大大提高建造施工的生产效率，推动建造行业的快速发展。

三、基于 BIM 的虚拟建造施工

基于 BIM 的虚拟建造是实际建造过程在计算机上的虚拟仿真实现，以便发现实际建造中存在的或者可能出现的问题。采用参数化设计、虚拟现实、结构仿真、计算机辅助设计等技术，在高性能计算机硬件等设备及相关软件本身发展的基础上协同工作，可对建造中的人、财、物信息流动过程进行全真环境的 nD 模拟，为各个参与方提供一种可控制、无破坏性、耗费小、低风险并允许多次重复的试验方法，可以有效地提高建造水平，消除建造隐患，防止建造事故，减少施工成本与时间，增强施工过程中决策、控制与优化的能力，增强施工企业的核心竞争力。

虚拟建筑技术利用虚拟现实技术构造一个虚拟建筑环境，在虚拟环境中建立周围场景、建筑结构构件及机械设备等三维模型，形成基于计算机的具有一定功能的仿真系统，让系统中的模型具有动态性能，并对系统中的模型进行虚拟装配。根据虚拟装配的结果，在人机交互的可视化环境中对施工方案进行修改，据此选择最佳施工方案进行实际施工。通过将 BIM 理念应用于具体施工过程中，并结合虚拟现实等技术的应用，可以在不消耗现实材料资源和能量的前提下，让设计者、施工方和业主在项目设计策划和施工之前就能看到并了解施工的详细过程和结果，避免不必要的返工所带来的人力和物力消耗，为实际工程项目施工提供经验和最优的可行性方案。

1. 基于 BIM 的构件虚拟拼装

对混凝土构件进行虚拟拼装时，在预制构件生产完成后，其相关的实际数据（如预埋件的实际位置、窗框的实际位置等参数）需要反馈到 BIM 模型中，对预制构件的 BIM 模型进行修正。对于钢构件的虚拟拼装，要实现钢构件的虚拟预拼装，首先要实现实物结构的虚拟化，采集数据后就需要分析实物产品模型与设计模型之间的差距；然后，分别计算每个控制点是否在规定的偏差范围内，并在三维模型里逐个体现。其他还有对于幕墙工程虚拟拼装和机电设备工程虚拟拼装。总之，构件虚拟拼装可实现各专业均以 4D 可视化虚拟拼装模型为依据进行施工的组织和安排，防止返工的情况发生。借助 BIM 技术在施工进行中对方案进行模拟，可找寻出问题并给予优化，同时进一步加强施工管理对项目施工进行动态控制。

2. 基于 BIM 的施工方案模拟

随着信息技术和建筑行业的飞速发展，当前传统的施工水平和施工工艺已经无法满足建筑施工要求，迫切需要一种新的技术理念，来彻底改变当前施工领域的困境，由此应运而生的虚拟施工技术，即可通过虚拟仿真等多种先进技术，在建筑施工前对施工的全过程或者关键过程进行模拟，以验证施工方案的可行性或对施工方案进行优化，提高工程质量、可控性管理和施工安全。

通过 BIM 技术建立建筑物的几何模型和施工过程模型，可以实现对施工方案进行实时、交互和逼真的模拟，进而对已有的施工方案进行验证、优化和完善，逐步代替传统的施工方案编制方式和方案操作流程。在对施工过程进行三维模拟操作中，能预知在实际施工过程中可能碰到的问题，提前避免和减少返工以及资源浪费的现象，优化施工方案，合理配置施工资源，节省施工成本，加快施工进度，控制施工质量，达到提高建筑施工效率的目的。

虚拟施工技术体系流程如图 2-13 所示。从体系架构中可以看出，在建筑工程项目中使用虚拟施工技术，将会是个庞杂繁复的系统工程，其中包括了建立建筑结构三维模型、搭建虚拟施工环境、定义建筑构件的先后顺序、对施工过程进行虚拟仿真、管线综合碰撞检测以及最优方案判定等不同阶段。同时也涉及了建筑、结构、水暖电、安装、装饰等不同专业、不同人员之间的信息共享和协同工作。

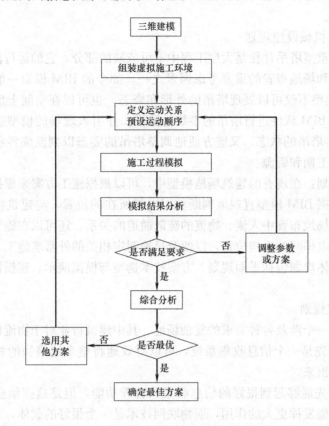

图 2-13　基于 BIM 的虚拟施工体系流程

将虚拟施工技术应用于建筑工程实践中，首先需要应用 BIM 软件 Revit 创建三维数字化建筑模型，然后，可从该模型中自动生成二维图形信息及大量相关的非图形化的工程项目数据信息。借助于 Revit 强大的三维模型立体化效果和参数化设计能力，可以协调整个建筑工程项目信息管理，增强与客户的沟通能力，及时获得项目设计、工作量、进度和运算等方面的信息反馈，在很大程度上减少协调文档和数据信息不一致所造成的资源浪费。同样用 Revit 根据所创建的 BIM 模型，可方便地转换为具有真实属性的建筑构件，促使视觉形体研究与真实的建筑构件相关联，从而实现 BIM 中的虚拟施工技术。

关于基于 BIM 的虚拟施工，详细内容请参见第四章的相关内容。

四、基于 BIM 的施工临时设施规划

随着 BIM 技术在国内施工应用的推进，目前已经从原先的利用 BIM 技术做一些简单的静态碰撞分析，发展到了利用 BIM 技术来对整个项目进行全生命周期应用的阶段。

一个项目从施工进场开始，首先要面对的是如何对将来整个项目的施工现场进行合理的场地布置。要尽可能地减少将来大型机械和临时设施反复地调整平面位置，尽可能最大限度地利用大型机械设施的性能。以往进行临时场地布置时，是将一张张平面图叠起来看，考虑的因素难免有缺漏，往往等施工开始时才发现不是这里影响了垂直风管安装的施工，就是那里影响了幕墙结构的施工。如今，将 BIM 技术提前应用到施工现场临时设施规划阶段就是为了避免上述可能发生的问题，从而更好地指导施工，为施工企业降低施工风险与运营成本。

1. 大型施工机械设施规划

塔吊规划：重型塔吊往往是大型工程中不可或缺的部分，它的运行范围和位置一直都是工程项目计划和场地布置的重要考虑因素之一。如今的 BIM 模型一般都是参数化的模型，利用 BIM 模型不仅可以展现塔吊的外形和姿态，也可以在空间上反映塔吊的占位及相互影响。利用 BIM 软件进行塔吊的参数化建模，并引入现场的模型进行分析，既可以3D 的视角来观察塔吊的状态，又能方便地调整塔吊的姿态以判断临界状态，同时不影响现场施工，节约工期和资源。

施工电梯规划：在现有的建筑场地模型中，可以根据施工方案来虚拟布置施工电梯的平面位置，并根据 BIM 模型直观地判断施工电梯所在的位置，与建筑物主体结构的连接关系，以及今后场地布置中人流、物流的疏散通道的关系。还可以在施工前就了解将来外幕墙施工与施工电梯间的碰撞位置，以便及早地制定相关的外幕墙施工方案以及施工电梯的拆除方案。具体规划包括平面规划、方案技术选型与模拟演示、建模标准以及与施工进度的协调规划。

2. 现场物流规划

施工现场是一个涉及各种需求的复杂场地，其中建筑行业对于物流也有自己特殊的需求。BIM 技术首先是一个信息收集系统，可以有效地将整个建筑物的相关信息录入并以直观的方式表现出来。

BIM 技术首先能够起到很好的信息收集和管理功能，但是这些信息的收集一定是和现场密切结合才能发挥更大的作用，而物联网技术是一个很好的载体，它能够很好地将物体与网络信息关联，再与 BIM 技术进行信息对接，则 BIM 技术能真正地用于物流的管理与规划。

物联网是利用 RFID 或条形码、激光扫描器、传感器、全球定位系统等数据采集设备，按照约定的协议，通过互联网将任何人、物、空间相互连接，进行数据交换与信息共享，以实现智能化识别、定位、跟踪、监控和管理的一种网络应用。目前常用的是基于 BIM 与 RFID 技术的物流管理及规划，RFID 技术，又称电子标签、无线射频识别，是一种通信技术，可通过无线电信号识别特定目标并读写相关数据，而无须在识别系统与特定目标之间建立机械或光学接触。

3. 现场总平面人流规划

现场总平面人流规划需要考虑现场正常的进出安全通道和应急时的逃生通道，施工现场和生活区之间的通道连接等。现场总平面人流规划又分为平面和竖向，生活区主要是平面。在生活区需要按照总体策划的人数规划办公区，宿舍、食堂等生活区设施之间的人流。在施工区，要考虑进出办公区通道、生活区通道、安全区通道设施、现场人流安全设施等，以及不同施工阶段工况的改变，相应地调整安全通道。

利用工程项目信息集成化管理系统来分配和管理各种建筑物的人流模拟，采用三维模型来表现效果、检查碰撞、调整布局，最终形成可以直观展示的报告。这个过程是建立在技术方案基础上，并在拥有比较完整的模型后，以现行的规范文件为标准进行的。模拟采用动画形式，相关人员来观察产生的问题，并适时地更新、修改方案和模型。

关于基于 BIM 的临时设施规划，详细内容请参见第四章的相关内容。

五、基于 BIM 的施工进度管理

工程项目进度管理，是指全面分析工程项目的目标、各项工作内容、工作程序、持续时间和逻辑关系，力求拟定具体可行、经济合理的计划，并在计划实施过程中，通过采取各种有效的组织、指挥、协调和控制等措施，确保预定进度目标实现。一般情况下，工程项目进度管理的内容主要包括进度计划和进度控制两大部分。工程项目进度计划的主要方式是依据工程项目的目标，结合工程所处特定环境，通过工程分解、作业时间估计和工序逻辑关系建立等一系列步骤，形成符合工程目标要求和实际约束的工程项目计划方案。进度控制的主要方式是通过收集进度实际进展情况，将其与基准进度计划进行比对分析，发现偏差并及时采取应对措施，确保工程项目总体进度目标的实现。

施工进度管理属于工程进度管理的一部分，是指根据施工合同规定的工期等要求编制工程项目施工进度计划，并依此作为管理的依据，开展施工的全过程持续检查、对比、分析，及时发现工程施工过程中出现的偏差，有针对性地采取有效应对措施，调整工程建设施工作业安排，排除干扰，保证工期目标实现的全部活动。

1. BIM 在施工进度管理中的价值

传统施工进度管理存在许多问题，比如项目信息丢失现象严重、无法有效发现施工进度计划中的潜在冲突、工程施工进度跟踪分析困难、在处理工程施工进度偏差时缺乏整体性等。这些不足之处，在本质上是由于工程项目施工进度管理主体信息获取不足和处理效率低下所导致的。

BIM 技术可以支持工程项目进度管理相关信息在规划、设计、建造和运营维护全过程无损传递和充分共享。BIM 技术支持项目所有参建方在工程的全生命周期内以统一基准点进行协同工作，包括工程项目施工进度计划编制与控制。BIM 技术的应用无疑拓宽了施工进度管理思路，可以有效解决传统施工进度管理方式中的弊病，并发挥巨大的作用。其包括减少沟通障碍和信息丢失、支持施工主体实现"先试后建"、为工程参建主体提供有效的进度信息共享与协作环境、支持工程进度管理与资源管理的有机集成等。

2. 基于 BIM 的施工进度管理流程

基于 BIM 的工程项目施工进度管理应以业主对进度的要求为目标，基于设计单位提供的模型，将业主及相关利益主体的需求信息集成于 BIM 模型成果中，施工总包单位以此为基础进行工程分解、进度计划编制、实际进度跟踪记录、进度分析及纠偏工作。BIM为工程项目施工进度管理提供了一个直观的信息共享和业务协作平台，在进度计划编制过程中打破各参建方之间的界限，使参建各方各司其职，支持相关主体系统制定进度计划，提前发现并解决施工过程中可能出现的问题，从而使工程项目施工进度管理达到最优状态，更好地指导具体施工过程，确保工程高质量、准时完工。

运用 BIM 技术编制进度计划的原理是利用仿真程序进行多次模拟，在虚拟建造中事前添加对不确定事件的预判，制定预防措施优化计划，从而更合理、精确的安排施工作业，其编制过程具有以下特点：

（1）从项目前期设计开始，项目各参与方、各专业工程师即介入 BIM 平台构建，能够从各个方面深入了解项目建设目标，为施工阶段的通力合作打下基础，方便各单位提前做好准备，从费用、人力、设备和建材多个层面确保项目按预定计划顺利开展。基于BIM的工程施工进度计划及实施控制流程主要包括以下四个方面：图纸会审、施工组织过程、施工动态管理和施工协调。

（2）建筑信息模型为不同专业的工程师提供了一个快捷方便的协同工作的平台，负责现场施工的工程师可以利用该平台及时发现现场施工存在的交叉冲突问题，反映给其他专业工程师，使其调整原有施工安排，这就大大减少了现场施工时出现问题相互推诿的情况。凝聚各参与方、各专业工程师围绕 BIM 平台组成一个信息对称的项目进度团队。

（3）通过虚拟设计施工技术与增强现实技术实现了进度计划的可视化表达。项目BIM团队能以视频投影的形式向各参建单位或公众从各个角度展示项目预期目标，使不同文化程度的项目建设参与人员更形象准确的理解共同的进度目标和具体计划，从而更高效地指导协调具体施工。

3. 基于 BIM 的里程碑进度计划分析

一般在对大型项目进行进度计划安排时，需要设置项目的里程碑节点。在对项目设置里程碑节点时，首先可将该项目进行分解，分解方法一般是按照项目分部工程来划分。分解过程中，可以将那些相对独立且重要功能的分部工程设定为项目的里程碑事件。根据以上所确定的里程碑事件划分的原则，结合工程项目自身特点，可以在对工程项目编制进度计划之前或之后设置项目里程碑节点，并且确定各节点之间的逻辑顺序和搭接顺序，从而对项目整体上起到宏观的掌控作用，以此作为大型施工项目进度控制的依据。一个完整的里程碑目标应该包括三个要素：要达到的阶段、要达到预想阶段的具体而可衡量的必要的准则、预测的完成日期。

里程碑进度计划作为整个建设项目的战略计划，应该完全按照建设合同及建设项目的要求来制定，建设项目的里程碑节点更是要在项目总进度计划中得到体现。总进度计划的编制数据应该由项目 BIM 计划团队根据 BIM 模型中进度计划相关数据进行研究分析，合理地将建设项目工作任务进行分解，根据各个参与单位的工作能力，制定合理可行的进度控制目标，确定主要里程碑节点的开始和完成时间。

4. 基于 BIM 的项目进度控制方法

BIM 技术下的进度控制模式与过去的进度控制模式的相似之处是采用相同的进度表达方式对比实际进度与计划进度是否存在偏差，若存在偏差则由各参建单位组建的 BIM进度管理团队分析发现的偏差，分辨偏差类型及成因，从而有针对性地制定经济、组织、管理、技术措施进行调整，分析现场状态调整进度计划并更新进度控制平台数据，并重复此过程进行即时进度实时控制。BIM 技术下的进度控制方法为管理者提供了多种便捷的技术工具来完成现场的进度计划测量工作。

关于基于 BIM 的施工进度管理，详细内容请参见第五章的相关内容。

六、基于 BIM 的工程造价管理

工程造价管理经过了多年的发展，已经从最初单纯地进行工程造价的确定，逐步发展成为工程造价的控制乃至全过程管理。工程造价管理理论和实践的研究范围逐步覆盖工程建造全过程的各个阶段，研究内容涵盖了不同业务之间的综合应用和数据集成应用。从建设工程的投资者来说，面对市场经济条件下的工程造价就是项目投资，是"购买"项目要付出的价格。对于承包商、供应商和规划、设计机构而言，工程造价是作为市场供给主体，出售商品和劳务的价格的综合，或者特定范围内的工程造价，如建筑安装工程造价。

"工程造价"是工程建设项目管理的核心指标之一，工程造价管理依托于两个基本工作：工程量统计和工程计价。BIM技术的成熟推动了工程软件的发展，尤其是工程造价相关软件的发展。传统的工程造价软件是静态的、二维的，处理的只是预算和结算部分的工作，对于工程造价过程管控几乎不起任何作用。BIM技术的引入使工程造价软件发生了根本性的改变。第一是从2D工程量计算进入3D模型工程量计算阶段，完成了工程量统计的BIM化；第二是逐渐由BIM4D（3D＋时间/进度）建造模型发展到了BIM5D（3D＋进度＋成本）全过程造价管理，实现工程建设全过程造价管理BIM化。

1.BIM在工程造价管理中的应用价值

使用BIM技术对工程造价进行管理，首先需要集成三维模型、施工进度、成本造价三个部分于一体，形成BIM5D模型，实现成本费用的实时模拟和核算，也能够为后续施工阶段的组织、协调、监督等工作提供有效的信息。项目管理人员通过BIM5D模型在开始正式施工之前就可以确定不同时间节点的施工进度与施工成本，可以直观地按月、周、日观看项目的具体实施情况，即形象进度，并得到各时间节点的造价数据，很好地避免设计与造价控制脱节、设计与施工脱节、变更频繁等问题，使造价管理与控制更加有效。

BIM在工程造价管理中的应用价值主要包括以下几点：

（1）提高工程量计算准确性；

（2）更好地控制设计变更；

（3）提高项目策划的准确性和可行性；

（4）造价数据的积累与共享；

（5）提高项目造价数据的时效性；

（6）支持不同阶段的成本控制；

（7）支撑不同维度多算对比分析。

2.基于BIM工程造价管理的流程框架

对施工企业来讲，工程造价管理业务涵盖了整个施工项目全生命周期。因此，BIM在造价管理中的应用也将涉及不同的项目阶段、不同的项目参与方、不同的BIM应用点三个维度的多个方面，复杂程度可想而知。所以，如果想保证BIM在工程造价管理中的顺利应用和实施，仅仅完成孤立的单个BIM任务是无法实现BIM效益最大化的。这就需要BIM各应用之间按照一定的流程进行集成应用，集成程度是影响整个建设项目BIM技术应用效益的重要因素。图2-14是BIM在工程造价管理中的流程框架。

关于基于BIM的工程造价管理，详细内容请参见第六章的相关内容。

七、基于BIM的工程信息管理

在基于BIM的混凝土、钢结构、玻璃幕墙等各种构件的施工，以及相关构件的预制加工后，需要对施工阶段与构件相关的BIM数据进行最终处理。信息其实是物理的，数字化集成交付即是在机电工程三维图形文件的基础上，以建筑及其产品的数字化表达为手段，集成了规划、设计、施工和运营各阶段工程信息的建筑信息模型文件传递。施工阶段及此前阶段积累的BIM数据最终是需要为建筑物、构筑物增加附加价值的，需要在交付后的运营阶段再现或再处理交付前的各种数据信息，以便更好地服务于项目运营管理。

建筑行业工程竣工档案的交付目前主要采用纸质档案，其缺点是档案文件堆积如山，

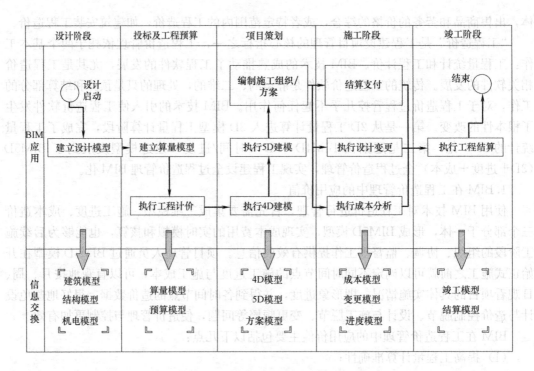

图 2-14　基于 BIM 的造价管理流程

数据信息保存困难，容易损坏、丢失，查找使用麻烦。在集成应用了 BIM 技术、计算机辅助工程（Computer Aided Engineering，CAE）技术、虚拟现实、人工智能、工程数据库、移动网络、物联网以及计算机软件集成技术的基础上，引入建筑业国际标准《工艺基础类》（Industry Foundation Classes，IFC），通过建立机电设备信息模型（Machine Electric Plumbing-Building Information Modeling，MEP-BIM），可形成一个面向建筑、机电设备的全信息数据库，实现信息模型的综合数字化集成。

集成交付需要一个基于 BIM 的数据库平台，通过这样一个平台提供网络环境下多维图形的操作，构件的图形显示效果不限于二维 XY 图形，也包括三维 XYZ 图形不同方向的显示效果。建筑、机电工程系统图、平面图均可实现立体显示，施工方案、设备运输路线、安装后的整体情况等均可进行三维动态模拟演示、漫游。数字化集成交付具有以下特点：

（1）智能化

智能化要求建筑、机电工程三维图形与施工工程信息高度相关，可快速对构件信息、模型进行提取、加工，利用二维码、智能手机、无线射频等移动终端实现信息的检索交换，快速识别构件系统属性、技术参数，定位构件现场位置，实现现场高效管理。

（2）结构化

数值化集成交付系统在网络化的基础上，对信息在异构环境进行集成、统一管理，通过构件编码和构件成组编码，将构件及其关键信息提取出来，实现数据的高效交换和共享。

（3）集成化

规划、设计信息、施工信息、运维信息在工程各阶段通常是孤立的，这使得同一项目各专业信息传达极为不便。通过对各阶段信息进行综合，并与模型集成，可达到工程数据信息的集成管理。

关于基于 BIM 的工程信息管理，详细内容请参见第八章的相关内容。

八、BIM 与工程建造过程的集成

随着建筑业的不断发展，工程项目的规模不断增长，工程建设领域的分工越来越精细。精细化的分工促使了建造过程中各个管理业务系统的不断发展。在工程设计领域，则有有限元分析、参数化工程设计等技术；在施工管理领域，则有面向进度管理和面向成本控制的系列产品。但是，这些系统或产品的开发仅面向工程建设中特定领域的特定问题，没有从建筑业的角度考虑各个专业系统之间的信息传递与共享的需求。因此，这些系统之间是孤立的，彼此之间很难进行有效的信息沟通和集成。正因为如此，以上各个专业系统如同各个孤立的"岛屿"，形成分离割裂的状态，也就是所谓的"自动化孤岛"（Islands of Automation）或"信息孤岛"（Islands of Information）。

BIM 技术的应用则能够解决建筑业信息化孤岛的问题。事实上，BIM 本身就是一个集成了工程建造过程中的各个阶段、各个参与主体、各个业务系统的集成化技术。BIM 可以理解为一个连接各个信息孤岛之间的桥梁，可从根本上解决建筑全生命周期各阶段和各专业系统间的信息断层难题。

基于 BIM 的工程建造过程的集成事实上是一个从 3D 模型到 nD 模型的扩展过程。以进度控制为例，将 BIM 的 3D 模型与进度计划建立关联，则形成了基于 BIM 的 4D 模型。基于 4D 的进度控制能够将 BIM 模型和施工方案集成，在虚拟环境中对项目的重点或难点进行可建性模拟，譬如对场地、工序或安装等进行模拟，进而优化施工方案。通过模拟来实现虚拟的施工过程，在一个虚拟的施工过程中可以发现不同专业需要配合的地方。以便真正施工时及早做出相应的布置，避免等待其余相关专业或承包商进行现场协调，提高了工作效率。

在基于 BIM 的项目管理中，以 4D 模型为各建造过程业务系统集成的主线，不仅在理论上为建筑业的施工管理提出了新的集成管理思路，在实际工程中也已证明了其合理性和可行性。近年来，有学者提出的 nD 的概念，将是未来 BIM 技术发展的方向。在 nD 概念下，BIM 将对所有的业务系统进行有机整合与集成，从根本上解决传统项目管埋中业务要素之间的"信息孤岛"、"应用孤岛"和"资源孤岛"问题。

第四节　BIM 标准体系

BIM 模型中的信息随着建筑全生命周期各阶段（包含规划、设计、施工、运营等阶段）的展开，逐步累积。例如，在规划阶段，规划信息被累积，在设计阶段，设计信息被累积。建筑数据模型中的信息由来自不同的参与方（例如设计方、施工方）、不同专业（例如设计方包含建筑专业、结构专业、给水排水专业、采暖通风专业、电气专业等）的技术或管理人员采用不同的应用软件（例如设计软件、施工项目管理软件）获得。按照 BIM 技术的理念，这些信息一旦被累积，就可以被后来的技术或管理人员所共享，即可以直接通过计算机读取，不需要重新录入。例如，施工方可以直接利用设计方产生的建筑设计模型信息，利用应用软件自动生成施工计划。为便于信息共享，这些信息还需要集成为一个有机的整体，以保证信息的完整性和一致性。

考虑到这些信息横跨建筑全生命周期各个阶段，由大量的技术或管理人员使用不同的应用软件产生并共享，为了更好地进行信息共享，有必要制定和应用与 BIM 技术相关的标准，相关的技术、管理人员及相关的应用软件只要遵循这些标准，就可以高效地进行信息管理和信息共享。

一、BIM 标准概述

为了在建筑全生命周期的技术及管理工作中有效地利用 BIM 技术，便于有关的技术或管理人员更好地进行信息共享，有必要建立 BIM 标准，用于规定：

（1）什么人在什么阶段产生什么信息。例如，在设计阶段，建筑师最开始应该建立什么信息，分发给结构工程师等其他参加者进行初步会签，然后他应该建立什么信息，用于和结构师等其他参加者进行正式会签。

（2）信息应该采用什么格式。例如，建筑师在利用应用软件建立用于初步会签的建筑信息后，他需要将这些信息保存为某种应用软件提供的格式，还是保存为某种标准化的中性格式，然后分发给结构工程师等其他参加者。

（3）信息应该如何分类。一方面，在计算机中保存非数值信息（例如材料类型）往往需要将其代码化，因此需要信息分类；另一方面，为了有序地管理大量建筑信息，也需要遵循一定的信息分类模式。

在这里，BIM 标准被定义为可以直接应用在 BIM 技术应用过程中的标准。BIM 标准可以分为三类，即分类编码标准、数据模型标准、过程标准。其中，分类编码标准直接规定建筑信息的分类，对应于上文的第（3）项；数据模型标准规定 BIM 数据交换格式，对应于上文的第（2）项；而过程标准规定用于交换的 BIM 数据的内容，对应于上文的第（1）项。值得说明的是，在 BIM 标准中，不同类型的应用标准存在交叉使用的情况。例如，在过程标准中，需要使用数据模型标准，以便规定在某一过程中提交的数据必须包含数据模型中规定类型的数据。

二、BIM 基础标准

在现存的 BIM 标准的编制过程中，主要利用了三类基础标准，即建筑信息组织标准、BIM 信息交付手册标准、数据模型表示标准。在这三类标准中，建筑信息组织标准用于分类编码标准和过程标准的编制，BIM 信息交付手册标准用于过程标准的编制，而数据模型表示标准则用于数据模型标准的编制。

1. 建筑信息组织基础标准

该类基础标准规定用于组织建筑信息的框架。主要体现为国际标准化组织（International Standard Organization，以下简称 ISO）颁布的两个标准，即《建筑工程—建筑工程信息结构—第 2 分册：信息分类框架》ISO 12006-2：2001 和《建筑工程—建筑工程信息结构—第 3 分册：面向对象的信息框架》ISO 12006-3：2007。

一般来说，ISO 给出 BIM 方法标准，供各国遵循使用，形成内容不同但形式统一的具体标准。例如，建筑信息分类与编码具有较强的本地化倾向，ISO 12006—2 给出分类方法，各国可遵循该方法，编制各自的分类编码标准。这样做的好处是，只要是基于该标准建立的分类编码标准，容易建立不同标准之间的分类编码的映射关系，从而便于实现编码数据的在不同分类编码标准之间的自动转化。

ISO 12006-2 定义了建筑信息分类框架和一些分类表，而不是分类本身。它适用于有关机构（例如各国的标准机构）编制建筑全生命周期各阶段（包括设计、制造、运维及拆除等）的建筑和土木工程信息分类标准。该基础标准的主要用户是建筑信息分类编码标准的编制者，建筑信息分类编码标准的用户也可以参考。

ISO 12006-3 定义了与语言无关的数据模型，该数据模型对开发用于保存和提供建筑信息的字典是十分必要的。例如对于中文"混凝土"这个概念，在实际应用中，英文是"Concrete"。也就是说，对于同一个概念，不同的语言有不同的表达。而即使同一种语言，也可能因为存在同义词，而有一种以上的表达。如果把一个概念在某种语言中的某一种表达作为基准表达，字典的作用就是能够明确一个概念的一种表达对应的基准表达是什么。从而克服信息交流过程中由不同语言和统一语言的同义词引起的沟通障碍。该基础标准的主要用户是 IFD（International Framework for Dictionaries，国际字典框架）库的编制者，IFD 库的用户也可以参考使用。

2. BIM 信息交付手册基础标准

在建筑全生命周期的各阶段存在多个参与方。按照 BIM 技术的理念，这些参与者可以共享建筑数据模型中的信息。为了支持各参与方在必要的时候得到必要的信息，有必要规定有关过程，通过每个过程各参与方交付的信息内容，以及各参与方可获得的信息内容。信息交付手册（Information Delivery Manual，IDM）标准对此进行了具体的规定。

作为基础标准，《建筑信息模型—信息交付手册 第 1 分册：方法和格式》ISO 29481-1：2010 规定了 BIM 信息交付手册标准的编制方法和格式。ISO 29481-1 介绍了识别和描述建设阶段所开展的过程、这些过程执行所需要的信息以及产生的结果。该标准还描述，这些信息如何被细化，以便支持建筑信息系统提供商提供的解决方案。ISO 29481-1 规定（信息交付手册）IDM 标准的整体架构如图 2-15 所示，共包含 5 部分内容：

（1）过程图（Process Map）：描述特定主题涉及的各活动的开展顺序，参与者的角色，需要的信息，使用的信息以及产生的信息。

（2）信息交换需求（Exchange Requirements，ER）：以建筑师、结构工程师等终端用户能够理解的语言，描述支持主题对应的业务需要交换的信息。

（3）功能部件（Functional Parts）：用于组成信息交换需求的"积木"，每一个信息交换需求都是由若干功能部件组成，每个功能部件均对应于过程中的一个活动，具体地规定了开展该活动需要交换的信息。一般可以用信息表达大纲（Schema）来表示，但从概念上不依赖于特定的大纲形式。

（4）业务规则（Business Rules）：描述对特定过程或活动相关信息的限制，如信息的详略程度、精确度、取值范围等。

（5）验证试验（Verification Tests）：用以验证特定的信息系统对 IDM 中规定的信息交换过程的支持程度。

可以看出在信息交付手册（IDM）标准中，过程图是根基，其他部分都以前一部分为基础，呈现出对信息交换过程的支持程度。

3. 数据模型表示标准

用于 BIM 数据模型标准表示的标准主要有 EXPRESS 语言和 XML。

EXPRESS 语言是由国际标准 ISO 10303-11 规定的一种形式化的产品数据描述语言，

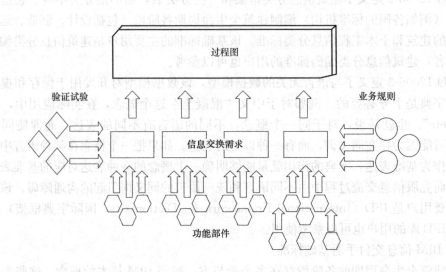

图 2-15　信息交付手册（IDM）标准整体架构

它提供了对产品数据进行按面向对象方法进行描述的机制。在数据交换过程中，中性文件中的数据交换模型和标准数据存取界面实现方式中的数据模型都采用 EXPRESS 语言进行描述。应用 EXPRESS 语言，可以定义或说明数据类型、实体、常量、算法、规则、界面等。其中，实体即面向对象方法中的类，是生成对象使用的模板；而实体说明是应用 EXPRESS 语言的核心内容。

XML 是 eXtensible Markup Language（可扩展标记语言）的缩写，是一种用于标记电子文件使其具有结构性的语言。XML 于 1998 年成为 W3C（World Wide Web Consortium，万维网联盟）的标准。XML 的核心特征是将内容与对内容的描述分离，在这里，对内容的描述是指 XML 通过使用标记实现对内容进行规范化的描述，在 XML 文件中，标记是成对使用的，形如＜×××＞表示一个标记的开始，形如＜/×××＞表示该标记的结束。

三、分类编码标准

建筑全生命周期涉及大量的信息，有效地存储与利用这些信息是相关参与方降低成本、提高工作效率的关键，而实现信息有效地存储与利用的基础是信息分类和代码化。鉴于建筑全生命周期的信息量非常大。种类也非常多，分类编码标准是开展信息分类和代码化工作不可缺少的工具。

信息分类编码包含分类和编码两部分。分类的目的是甄别具体的信息属于哪个类别。一般来说，分类结果取决于分类角度。例如，对建筑信息可以按材料、构件、使用者分类。编码是给分类后的条目赋予的一个唯一代码，其目的是便于计算机处理。因为与实际名称相比，代码更适合于计算机处理。在 BIM 技术应用中信息分类编码标准的重要性体现在：它不仅可以用于 BIM 信息的管理，而且可以用于 BIM 信息的表示。例如，用分类编码表示建筑构件所采用的材料或施工方法。

建筑信息分类编码标准的编制可以追溯到 20 世纪 60 年代。1963 年，美国施工规范协会（Construction Specifications Institute，CSI）开发的 MasterFormat 标准在北美地区一直以来都有较大的影响。1989 年，美国建筑师协会（American Institute of Architects，AIA）和美国政府总务管理局（General Services Administration，GSA）联合开发了 UniFormat 标准，采用了与 MasterFormat 标准不同的分类角度。国际标准 ISO 12006—2 颁布后，美国和加拿大共同开发了 OmniClass 标准，力求涵盖建设项目全方位信息，OmniClass 标准已被列入美国国家 BIM 标准，作为参考标准。

1. OmniClass 标准

OmniClass 标准是参考国际标准 ISO 12006-2 与 ISO/PAS 12006-3 开发的建筑信息分类与编码标准，涵盖了建筑专业全生命周期（包含规划、设计、施工、运维等阶段）的所有信息（例如建筑原料、建筑过程、建筑产品、建筑专业等）的建筑信息分类与编码方法。它具有 4 个主要特征：

（1）依据国际标准化组织制定的基础标准 ISO 12006-2 与 ISO/PAS 12006-3，并且借鉴了很多已有的分类体系与标准。

（2）涵盖建筑全生命周期的各类信息，主要分为建造资源、建造过程和建造结果三方面，依据描述角度的不同划分为 15 张表。

（3）针对不同的表格，依据分类对象的属性和特征建立不同的分类规则，对表格内容进行多层次细分。但由于不同表格对建筑项目描述的角度有所差异，各角度涉及的内容划分层次也并不相同，因此 OmniClass 标准中对象的编码层次并非统一。

（4）可以通过不同条目的组合来描述更加复杂的对象。

2. 我国的相关分类编码标准

参考国际已有的分类编码标准，结合我国基本国情，我国先后颁布了针对建筑产品的建筑产品分类和编码标准与用于成本预算的工程量清单计价规范，作为我国的建筑专业分类编码标准。这两个标准的现行标准分别是《建筑产品分类和编码》JG/T 151—2015 与《建设工程工程量清单计价规范》GB 50500—2013。

（1）建筑产品分类和编码标准

建筑产品分类和编码标准，规定了建筑产品分类和编码的基本方法，并给出了编码结构类目组成及其应用规则。主要适用于建筑产品设计和使用全过程中所涉及的各种建筑产品的信息管理和交流，可作为各类建筑产品数据库建库和档案管理中分类和编码的依据。其主要具有 3 个特征：

①在 MasterFormat 分类标准的基础上，考虑了我国建筑业特点，按专业划分产品的习惯，将建筑产品分为通用、结构、建筑和设备四大类型，对应形成 4 个代码种类，分别以其汉语拼音作为编码标识，即 T（通用）、G（结构）、J（建筑）和 S（设备）4 种类型。

②该标准对每一个建筑产品按大类类目、中类类目、小类类目和细类类目，依据产品的特点进行细分。大类类目表示建筑产品分专业信息，其中通用性资料归为 1 个大类，结构专业产品按施工及材料分为 5 个大类，建筑专业产品按功能类别分为 6 个大类，设备专业产品按功能类别分为 4 个大类，共分为 16 个大类。大类类目的编码方法采用字母与数字相结合的方式表示，其中字母表示代码种类编码，数字表示该大类序号。例如，从 G

结构划分出的 5 个大类包括 G1 室外工程、G2 混凝土、G3 砌体、G4 金属、G5 木和塑料。

中类类目通常是对大类类目的逻辑性类推或者依据固有习惯的细分分类，一般作为建筑信息单元的最高级别，可作为编制所有建筑信息系统的基础。中类类目的编码方式采用纯数字编码，由大类类目代码后面的三位数字表示，原则上以 00 结尾。例如 G2 混凝土又可以划分为 G2100 混凝土模板和配件、G2300 现浇混凝土、G2400 预制混凝土等（其中 G2 是大类类目，表示混凝土，400 表示 G2 混凝土大类类目下的中类类目预制混凝土制品）。小类类目是对中类类目的不同属性特点和特征按照逻辑性进行的细分，编码方式采用纯数字编码，由中类类目代码中后两位数字表示，原则上以 0 或 5 结尾。例如 G2300现浇混凝土又可以分为 G2310 普通混凝土、G2330 特种混凝土、G2340 轻质混凝土（G2340 中 40 是轻质混凝土的小类类目）等，如图 2-16 所示。

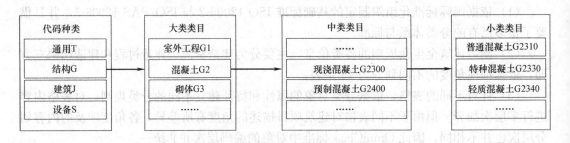

图 2-16　建筑产品分类和编码标准分类结果示意

细类类目是对小类类目的细分，编码方式采用纯数字编码，由小类代码的最后一位数字表示。

③ 该标准充分考虑到分类和编码的扩延性。标准中给出的建筑产品的大类与中类的类目名称和代码宜直接使用，小类类目名称和代码可参考使用，也可根据单位自身需要依据标准分类和编码原则制定小类和细类类目与代码。

（2）建设工程清单计价规范

2013 年 7 月 1 日，我国颁布实施了《建设工程工程量清单计价规范》GB 50500—2013。工程量清单计价是一种"量价分离"的计价模式，建设单位先统一编制工程量清单，招投标单位再依据工程量清单结合单位自身能力进行综合报价。《建设工程工程量清单计价规范》是在工程量计算时的依据，规定了建筑项目工程量计算对象的分类方法与编码标准。

该规范根据我国建设项目实际情况从材料、工种等的角度对建筑工程进行了分部分项划分，将其划分至可以作为独立计价单元的层次，即清单项目。而且该规范依据建筑工程对象的特点不同，分别从 5 个层次对工程项目进行了细分和编码，即专业工程层（比如房屋建筑与装饰工程、通用安装工程等）、分部工程层（比如土石方工程、混凝土与钢筋混凝土工程等）、分项工程层（比如现浇混凝土柱、基础等）、清单项目层（比如带形基础、独立基础等）和细化分类层，并定义了 12 位编码对各层次进行分类编码，如图 2-17 所示。

四、数据模型标准

数据模型标准规定用以交换的建筑信息的内容及其结构，是建筑工程软件交换和共享

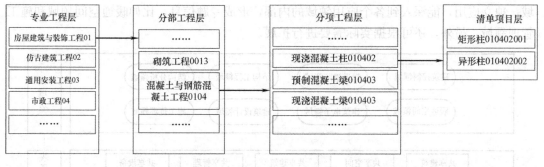

图 2-17 《建设工程工程量清单计价规范》分类结构示意

信息的基础。目前国际上获得广泛认可的数据模型标准包括 IFC 标准、CIS/2 标准和 gbXML 标准。我国已经采用 IFC 标准的平台部分作为数据模型标准。

1. IFC 标准

IFC 标准是开放的建筑产品数据表达与交换的国际标准，其中，IFC 是 Industry Foundation Classes（工业基础类）的缩写。IFC 标准由国际组织 IAI（International Alliance for Interoperability，国际互用联盟）制定并维护。该组织目前已改名为 building SMART International（bSI）。IFC 标准可被应用在从勘察、设计、施工到运营的工程项目全生命周期中，迄今为止在每个项目阶段中都有支持 IFC 标准的应用软件。所有宣布支持 IFC 标准并已经通过 bSI 组织的认证程序的商业软件的名单已经公布在该组织的官方网站上。

IFC 标准采用面向对象方法进行描述，其中类被称作实体，其他概念的含义与在面向对象设计方法中相同。IFC 标准的体系架构如图 2-18 所示。IFC 标准的体系架构由 4 个层次构成，从下到上分别是资源层（Resource Layer）、核心层（Core Layer）、共享层（Interoperability Layer）和领域层（Domain Layer）。每层都包含一系列信息描述模块（图中的几何形状），每个信息描述模块包含了对实体、类型及属性集等的定义。在定义中遵循如下规则：每个层次只能引用同层次和下层的信息资源，而不能引用上层资源；当上层资源发生变动时，下层资源不受影响。IFC 4 版包含 766 个实体，391 个类型（59 个选择类型，206 个枚举类型，126 个定义类型），以及 408 个预定义属性集（相当于预定义属性集，IFC 标准允许用户自己定义属性集）。IFC 标准体系架构的 4 个层次如下：

（1）资源层。IFC 标准体系架构中的最低层，可以被其他 3 层引用。主要描述 IFC 标准需要使用的基本信息，不针对具体专业。这些信息是无整体结构的分散信息，主要包括材料资源信息、几何约束资源信息和成本资源信息等。

（2）核心层。IFC 标准体系架构的第 2 层，可以被共享层与领域层引用。主要提供数据模型的基础结构与基本概念。将资源层信息组织起成一个整体，用来反映建筑物的实际结构。该层包括核心、控制扩展、产品扩展和过程扩展 4 个部分。

（3）共享层。IFC 标准体系架构的第 3 层，主要为领域层服务，使领域层中的数据模型可以通过该层进行信息交换。它用以表示不同领域的共性信息，便于领域之间的信息共享。共享层主要由共享空间元素、共享建筑元素、共享管理元素、共享设备元素和共享建筑服务元素等 5 部分组成。

（4）领域层。IFC 标准体系架构的最高层，其中的每个数据模型分别对应于不同领域，独立应用，能深入到各个应用领域的内部，形成专题信息，比如暖通空间领域和施工管理领域，另外，还可根据实际需要进行扩展。

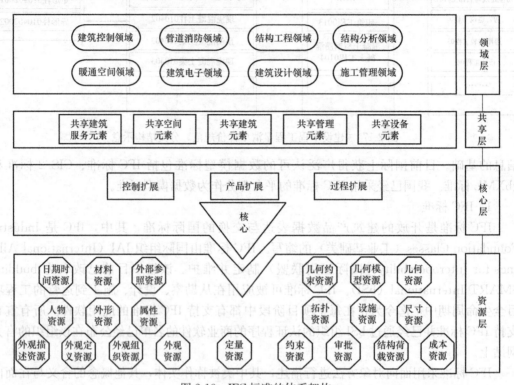

图 2-18　IFC 标准的体系架构

2. CIS/2 标准

CIS/2 标准是针对钢结构工程建立的一个集设计、计算、施工管理及钢材加工为一体的数据标准。它是欧盟"尤里卡"项目中编号 EU130 的工程 CIMsteel 项目（钢结构计算机集成设计）最重要的成果之一。1987 年，欧洲钢结构联盟启动 CIMsteel 项目，经过近十年的努力，终于在 1996 年推出了 CIS 标准的第一个版本 CIS/1.0。在 2002 年，又推出该标准的第二个版本 CIS/2.0，简写为 CIS/2。

CIS/2 标准是在 ISO 组织的产品数据标准——STEP 标准的基础上建立起来的。它对应于 STEP 标准应用层，满足钢结构工程需求，因此，它也可被视为 STEP 标准的一个子集。同基于 STEP 标准的其他标准一样，该标准采用 EXPRESS 语言作为描述钢结构数据模型的方式。

3. gbXML 标准

gbXML 是 The Green Building XML 的缩写，它基于 XML 标准，定义了绿色建筑数据交换所需的大纲。gbXML 标准的目的是方便在不同 CAD 系统的、基于私有数据格式的数据模型之间传递建筑信息，尤其是为了方便针对建筑设计的数据模型与针对建筑性能分析的应用软件及其对应的私有数据模型之间的信息交换。

目前，gbXML 标准已经得到了建筑业的广泛支持，成为事实上的行业标准。主要的CAD 软件开发商，如 Autodesk、Graphisoft、Bentley 等都已经在其发布的应用软件中提供了符合 gbXML0 标准的数据模型导入和导出功能。所有宣布支持 gbXML0 标准的软件开发商及其发布的应用软件的名单发布在 gbXML 标准的官方网站（http：//www.gbxml.org）上。

gbXML 标准由受到美国加州能源委员会（California Energy Commission）资助的 Green Building Studio Inc. 于 1999 年开始制定。2000 年 7 月，gbXML 标准的第一版作为 aecXML0（TM）技术手册中关于绿色建筑的数据子集正式发布。为了更好地推广 gbXML 标准，2002 年，推广 gbXML 标准的官方网站建立。2009 年，成立新的 gbXML 标准咨询委员会负责运营总部设在美国加州的非营利组织 Open Green Building XML Schema Inc.。2012 年，gbXML 标准咨询委员会更新成员，并发布了新版 gbXMLⅠ标准，即 gbXML Version 5.01。2013 年，该组织发布了最新版 gbXML 标准，即 gbXMI Version 5.10，同时发布了检查数据模型是否符合 gbXML 标准的检查程序。

gbXML 标准使用 XSD（XML Schemas Definition，XML 架构定义）语言定义数据模型的大纲，使用 XML 格式文件存储数据模型中各对象的取值。

五、过程标准

在建筑工程项目中，BIM 信息的传递分为横向传递（不同专业间）与纵向传递（不同阶段间）两种。若要保证信息传递的准确性与完整性，需对传递过程中涉及的信息内容、传递流程、参与方等进行严格的规定。过程标准就用于满足这一要求，以便提高各参与方、各阶段间的 BIM 信息传递的效率与可靠性。过程标准主要包括以下三类标准，即 IDM 标准、MVD 标准、IFD 库。

1. 信息交付手册（IDM）标准

（1）IDM 概述

如前所述，数据模型标准用于对建筑工程项目全生命周期涉及的所有信息进行详细描述。然而，在建筑工程项目的具体阶段，参与方使用一定的应用软件进行业务活动时，其信息交换需求是具体而有限的。如果对信息交换需求没有规定，即使两个应用软件支持同一数据模型标准（如 IFC 标准），在二者之间进行信息交换时，很可能出现提供的信息非对方所需的情况，从而无法保证信息交互的完整性与协调性。IDM 标准可以用于解决这个问题。

建筑工程项目包含规划、设计、施工、运营维护等多个阶段，每个阶段以及阶段之间都包含很多不同主题，究竟 IDM 标准应该涵盖哪些主题，特别是，考虑目前 BIM 技术的成熟度，先针对哪些主题建立 IDM 标准，是编制 IDM 标准时必须考虑的问题。

为引导 IDM 健康有序的发展，bSI 组织于 2011 年提出了 IDM 发展路线图。该路线图将项目过程划分为 10 个阶段，这 10 个阶段分为项目前（Pre-Project）、施工前（Pre-Construction）、施工期（Construction）、施工后（Post-Construction）4 个组，并以矩阵的形式对各阶段有待开发的 IDM 标准进行了总结。该路线图共涉及 44 个 IDM 项目，其中优先项目有 9 项，见表 2-2。

（2）IDM 标准对 BIM 用户的作用

IDM 标准对建筑工程项目的过程、信息交换需求进行了详细规定，从而使该活动对应的信息交换有据可依，保证了信息交换的完整性与协调性。具体来讲，对于 BIM 用户，IDM 标准可以明确以下内容：

IDM 项目	阶段	活动
能耗分析	总体可行性	性能分析
建立建筑专业 BIM 模型	总体概念设计 详细概念设计 协调设计	建模
建立电气专业 BIM 模型	概念设计概述 详细概念设计 协调设计	建模
建立暖通专业 BIM 模型	概念设计概述 详细概念设计 协调设计	建模
建立结构专业 BIM 模型	协调设计	建模
算量	协调设计	成本计算
计价	协调设计	成本计算
设备信息建档	协调设计	建档
一致性控制	协调设计	协调

① 以通俗易懂的语言与形式对建筑工程项目的实施过程进行了明确描述，促使工作流程实现标准化。

② 明确用户在不同阶段进行不同工作时需要的信息，便于用户确认接收信息的完整性与正确性。

③ 明确用户在不同阶段进行不同工作时需提交的信息，使相关的工作更具有针对性。

（3）IDM 标准对 BIM 应用软件开发者的作用

对于 BIM 应用软件开发者，IDM 标准的作用如下：

① 识别并描述对建筑工程项目实施过程的详细分解，为 BIM 应用软件中相关工作流程的建立提供参考。

② 对各任务涉及的相关信息的类型、属性等进行详细描述，为基于数据标准（如IFC 标准）建立相应的数据模型提供了依据。

2. 模型视图定义（MVD）标准

上文提到在 IDM 标准中，信息交换需求是用自然语言定义的。对于计算机，只有将这些自然语言基于数据模型标准"翻译"成机器能读懂的语言才具有实际应用价值。模型视图定义（Model View Definition，MVD）就是对应于这些信息交换需求的、机器能读懂的"语言"。

bSI 组织对其描述是：MVD 标准是将信息交换需求映射至 IFC 大纲形成的基于 IFC标准的概念集（IFC—specific concepts）。该概念集定义了利用 IFC 标准描述交换的 BIM模型中数据元素（Data Element）与数据约束（Data Constraints）的方法。

MVD 标准的特征可归结为以下两点：

（1）基于 IFC 标准，是 IFC 大纲的子集。

（2）对应于 IDM 标准中的信息交换需求，是它在 IFC 标准中的映射。

因为 MVD 标准是 IDM 标准在 IFC 标准中的映射，对于普通 BIM 用户来说，通常不需要涉及。对于 BIM 应用软件开发者来说，MVD 具有以下两个作用：其一是确定在软件开发过程中采用哪些 IFC 数据元素（Element）；其二是确定如何基于这些 IFC 数据元素实现信息交换。

3. 国际字典框架（IFD）库

（1）IFD 的组成

在信息交换过程中会碰到这样的情形：基于某数据标准（如 IFC 标准）描述某事情时，需用自然语言为一些属性赋值，但这一自然语言能否被另一个 BIM 应用软件理解是不能确定的。为解决这个问题，IFD（International Framework for Dictionaries，国际字典框架）的概念应运而生，它以 ISO 12006-3 为基础，由以下三部分组成：

① 概念（Concept）。每一个概念包含 GUID（Globally Unique Identifier，全局唯一标识符）、名字（Name）、描述（Description）三个部分。其中一个概念只对应一个全球唯一的 GUID；对应多种名字，如混凝土这个概念可对应"混凝土"、"Concrete"等；对应多种描述，对混凝土可描述其材料组成、力学性质等。在信息交换时，各计算机系统只需交换 GUID 便完成了该概念涉及信息的交换。

② 关系（Relationship）。概念与概念间存在各种关系，如组成关系、父子类关系等。

③ 过滤（Filtering）。对概念体系的过滤是基于一定标准的，即背景（Context）。背景是一系列关系的集合，用以表示整个概念体系的一部分。例如基于某背景过滤 IFD 形成的概念体系可与前面介绍的 OmniClass 相对应。

（2）IFD 的内涵

虽然 IFD 字面意思为"字典"，但其意义不仅限于此。可以从三个层面上对其进行理解：

① 字典。IFD 中每一个概念都有一个 GUID，都对应多个名字与描述方式。就像查字典一样，计算机或用户通过查找 GUID 就能找到该概念对应多个名字或描述方式。

② 概念体系（或本体）。IFD 中各概念并不是孤立存在的，其间存在着关系，利用该关系概念之间可以互相描述。例如，对"门"的描述可以为"门"由"门扇"与"门框"组成；对"门框"的描述可以为"门框"是"门"的组成部分。对于具体某用户或工程项目的某阶段，可能不需要该概念体系的所有概念，可基于背景（Context）对其进行过滤，从而获得符合需要的子概念体系（或视图）。

③ 映射机制。IFD 字典集合了窗的概念及与其关联的所有属性概念（Property Concept，概念的一种），从而形成了一个包含所有窗的属性的一个最一般意义上的"窗"的概念。基于不同的背景，如"In a CAD system"，只有部分属性用于描述"窗"。在不同的背景中，有些属性可以共享，有些则不一样，这些属性都与 IFB 字典中的属性相映射。这样带来的好处是，当某背景下的 BIM 数据传送到另一背景下时，两背景共享的属性概念能在新的背景下得到识别与应用，保证了信息传递的准确性与可靠性。

六、BIM 标准体系框架

在上述介绍的各标准中，BIM 基础标准作为"标准的标准"，对各类应用标准的制定起指导作用，这些标准是需要标准制定人员了解掌握的。而真正应用于工程实际的是分类编码标准、过程标准、数据模型标准。各类 BIM 软件、应用都是在其基础上建立的。在这里总结各标准间关系，其形成的 BIM 标准体系框架如图 2-19 所示。

（1）建筑信息组织基础标准 ISO 12006-2 与 ISO 12006-3，分别对分类编码标准与 IFD 库的建立进行规定。

（2）BIM 信息交付手册基础标准 ISO 29481-1 为 IDM 标准的制定打下了基础。

（3）数据模型表示标准 EXPRESS 与 XML 为数据模型标准的建立提供了"语言"，在此"语言"基础上，针对不同应用融合不同的"语法"形成了各类数据模型标准。

（4）作为过程标准的 IDM 标准是基于自然语言的，不能为计算机所利用，因此将其与 IFC 标准结合构成了计算机可以理解的 MVD 标准。

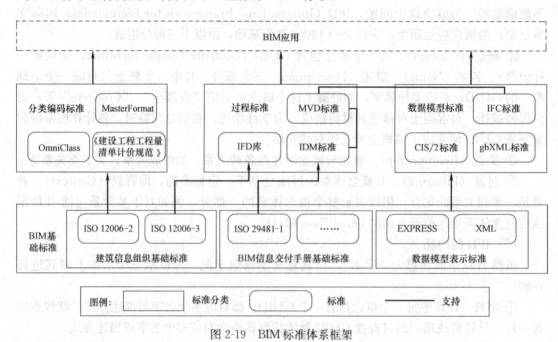

图 2-19　BIM 标准体系框架

复习思考题

1. 在运用 BIM 的工程建设中，各工程实施主体之间有什么联系，这些主体对 BIM 又有什么具体要求？

2. 试说明 BIM 在工程建造过程中的核心应用。

3. 基于 BIM 的施工进度管理与传统施工进度管理的差别体现在哪些方面？请举例说明。

4. 基于 BIM 的工程造价管理在工程建设全生命周期中具有什么样的流程？请详细介绍流程每个步骤的内容。

5. 如何利用 BIM 解决工程建设"信息孤岛"的现象？请举例说明。

6. IFC 标准属于哪种类型的标准？IFC 标准体系架构包含哪几个层次？

7. BIM 的各种标准之间有什么联系？

第三章 基于 BIM 的深化设计与性能分析

学习要点：

1. 了解基于 BIM 的建筑参数化设计与集成化设计。

2. 了解基于 BIM 的建筑性能分析。

3. 掌握基于 BIM 的设计优化与实现过程。

4. 了解 BIM 设计交付物的类型与内容。

第一节 概 述

随着 BIM 技术的高速发展，BIM 在企业整体规划中的应用也日趋成熟，不仅从项目级上升到了企业级，更从设计企业延伸至施工企业。作为连接两大阶段的关键阶段，基于 BIM 的深化设计与性能分析在日益大型化、复杂化的建筑项目中显露出相对于传统深化设计、性能分析无可比拟的优越性。有别于传统的平面二维设计与性能分析，基于 BIM 的深化设计更能提高施工图的深度、效率及准确性。基于 BIM 的建筑性能分析通过综合建筑各单项性能的分析结果，对参数化模型进行调整，寻找建筑物综合性能平衡点，提高建筑整体性能，构建了真正意义上的可持续性建筑。

BIM 深化设计的类型可以分为专业性深化设计和综合性深化设计。专业性深化设计基于专业的 BIM 模型，主要涵盖土建结构、钢结构、幕墙、机电各专业、精装修的深化设计等。综合性深化设计基于综合的 BIM 模型，主要对各个专业深化设计初步成果进行校核、集成、协调、修正及优化，并形成综合平面图、综合剖面图。

BIM 性能分析主要包括建筑的力学性能分析、生态性能分析及其他防灾性能分析等。进行性能分析的最终目的是为了确保建筑结构安全、环境舒适、节能环保。与传统的建筑性能分析相比，基于 BIM 的性能分析可通过创建结构分析模型对一些复杂结构进行非线性分析，包括重力二阶效应分析、塑性铰分析、索单元分析、单向拉、压杆和约束分析等。同时还可通过模拟建筑所处环境，对建筑物进行生态性能分析及其他防灾性能分析等。

BIM 技术的应用使性能分析与深化设计有效结合，可实现性能分析与深化设计间的信息传递，在两者间构建了一种动态关联性。同时还可有效改善建设工程项目的整体质量，提高建筑工程设计的技术、管理水平，实现以创新的理念驱动行业间的交流与协作，充分发挥各自领域内的技术优势。基于 BIM 的深化设计与性能分析主要包括建筑参数化设计、建筑集成化设计、建筑性能分析、基于 BIM 的设计优化与实现、BIM 设计成果交付等内容。

第二节 基于 BIM 的建筑参数化设计

一、参数化设计

1. 基础概念

参数化设计是对目前新兴的设计方法的抽象描述，包括生成设计、算法几何、关联性模型等核心概念。参数化设计的核心思想是把建筑设计模型化、对象化，即把设计的限制条件，通过相关数字化设计建模软件，与设计的形式输出之间建立参数关联，生成或形成可以灵活调控、有限变化的虚拟建筑模型。

不同于传统的建筑设计，很多现代建筑都面临着一个对建筑几何进行理性描述的难题。与传统的方盒形建筑相比，创新型建筑的形体往往非常复杂，涉及诸多自由曲面的变化，仅仅借助于传统的工作流程，很难高效准确的完成设计图纸。现在借助 BIM 技术的数字化设计平台，可以对这些复杂的几何变化进行理性的分析和设定，包括从几何学的角度对异形建筑的平面以及三维空间的生成进行准确的定义和呈现。

参数化设计的核心是生成算法（Generative Algorithms），是对平面或立体的几何生成过程的描述。生成算法的最终目标是以最快的速度和最少的步骤生成海量的包括建筑几何在内的各种数据，而实现这一目标的手段则是根据设定的算法在参数化软件中建立关联性模型（Associative Model）。模型由不同的模块化单元组成，其结构表述为参数输入模块、调节控制模块、逻辑计算模块以及数据输出模块。关联模型一旦建立，通过参数输入和调节，计算机将自动完成复杂的运算，并实时输出设计成果。

2. 参数化设计的作用与原则

与传统的设计模式相比，BIM 技术的运用可以让建筑设计更加的多元化，形体的逻辑性也得到加强。通过参数的改变，建筑的形态相应的也发生改变，因此可以对不同的方案进行性能对比分析，从而选择最优方案进行下一步的深化设计。一些复杂、重复的工作都交予程序来解决，大大节省了设计师的时间和精力，从而把更多的时间放在选择和优化方案上面，提高了设计效率和质量。

参数化设计方法被应用于方案设计的各个阶段，从定义建筑基本形体到建立高度关联的复杂关系，借助参数化软件建立逻辑模型。借助参数化设计方法，设计团队可以进行迭代式操作和定义项目的复杂几何结构。整个设计过程遵循由简入繁、参数化、数据化和设计可视化紧密结合的原则，基于多层级的高度信息化模型为多专业的协同设计提供了良好的基础。

二、基于 BIM 的建筑参数化设计

1. 设计优势

BIM 的出现使得整个建筑和整套设计文件保存在一个集成的数据库中，所有内容之间都是相互关联的。参数化建模产生协调、内部一致并且可运算的建筑信息，这正是 BIM 的核心。总的来说，基于 BIM 的建筑参数化设计的优势主要体现在以下几个方面：

（1）BIM 能够协调图形和非图形数据，如视图、图纸、表格。如果其中任何构件进行移动，其他相连的建筑构件将进行实时更新。参数化建模固有的双向联系性，传递变动的特性，带来高质、协调一致、可靠的模型，使得以数据为基础的分析过程更加便利。

（2）可以充分结合设计者与数字技术的智能力量来实现对集合符号的生成、测评、修正和优化，从而得到更加符合设计者、使用者和环境要求的建筑形态。

（3）可变参数带来的开放设计成果满足了建筑师对多种可预见因素的考虑，并使设计的客观性加强，使几何形态的生成成为参数控制的结果。通过设计程序的作用，输入参数控制值就可以在变化中生成相应的形态，甚至生成可控制但不可预见的几何形态。

（4）在建造方面，它解决了标准化与单独定制的矛盾。借助智能工具，利用参数化手段使得重复性的标准化结构和量身定做的异形构件的生产代价之间的差别减小，同时也弱化了通过重复生产相同几何信息的构件以提高生产效率和降低造价的经济原则的重要性。

2. 参数化模型的特点

参数化建模是根据真实物理世界中的行为和属性建模，用电脑设计物体。在建筑设计中，参数化建模需要设计师充分理解构件的特性以及彼此间的互动关系。设计师可以随意操作改变模型，但元素之间的参数关系在模型中是稳定的。总的来说，基于BIM的参数化模型的特点可以归纳为以下三点：

（1）面向关联的建筑对象。它是通过具有一定规则形状的几何构件和相关参数进行模型搭建的，软件操作的对象是建筑的墙体、门、窗、梁、柱等建筑构件，而不再是以前绘图所面对的简单的点、线、面等几何对象。在电脑上建立和编辑的不再是一些毫无关联的点和线，而是能够代表建筑构件的物理参数属性。因此，面向对象的参数化设计使得基于BIM的建筑设计更加清晰、直观。

（2）交互式编辑。使用BIM进行建筑设计就是不断设置和修改建筑构件的属性的过程。BIM建筑信息模型是由真实的建筑元素构件（墙、板、柱），并附加上非三维数据（数量、材料、描述、价格等）构成的。随着项目的不断深入，可以将设计到施工的所有工程相关信息如建筑材料、结构类型等设计信息；施工进度、施工节点成本、工程量、项目成本、工程质量以及材料、人力、机械等施工信息；建筑维修管理、材料强度和耐久性等运营维护信息逐渐加入到模型中，不断丰富模型的信息，最终形成一个完整的建筑信息模型。一个能够链接、管理、使用建筑工程项目全寿命周期内不同阶段的数据、资源的过程，能够完整描述工程项目信息，可被各个建设的参与方使用的信息化模型。在传统CAD设计过程中，只能对建筑进行简单的文字注释，而在参数化建筑模型设计过程中，可以对建筑构件的所有信息进行注释和编辑，并且这些信息相互关联。当对图纸的某一部分进行改动时，其对应的立面、剖面以及各种报表等也将立即更新。BIM的参数化建模的特点，使得所建立的模型包含了建筑物的所有信息，为建筑信息模型的进一步应用创造了条件。

（3）数据库共用。在整个设计过程中使用单一数据库可以提高数据的协同性和关联性，有利于设计变更时的图纸修改和信息追踪，提高图纸的准确性，减少错误的产生。这种基于同一数据库的设计方法在工程后期同样具有重要的意义和价值。比如，根据建筑信息模型中的信息可直接与建筑构件制造商联系，提前在工厂生产所需构件。这样可以保证产品的订购及时有效，确保施工进度严格按照计划进行，避免出现窝工等情况。在运营管理阶段，建立的模型数据库与物业管理系统及其他楼宇自动化系统集成，可以实现基于BIM的物业管理和设备自动化管理。

三、建筑参数化设计的方法及建造技术

（一）"一个特性"与"一个平台"

1. 建筑参数化模型关联性

建筑参数化模型与普通的数字化建筑模型最大的区别在于普通的数字化建筑模型是一个由各种不同的几何组件构成的形态结果，其建立的过程就像是搭积木，不过是借助计算机平台来完成这个"搭积木"的过程，而建筑参数化模型除了能体现建筑的空间形态之

外，它的组成元素之间还存在关联性。所谓的关联性是指在参数化模型中，元素与元素或者元素与整体之间存在着逻辑上的关联特性，当对参数化模型中的参数做修改时，在逻辑关联下的其他部分也会按照事先建立的参数关系发生相应的变动。

上文所说的"元素"即为参数化模型中的参数，这些参数的指代对象可以分为两种不同的类型：（1）代表构成建筑模型的组件，例如柱子、楼板、墙、窗、门等；（2）代表会对建筑设计产生影响的相关事件，例如功能分布、场地条件、人的行为模式等。当这些"元素"中包含的信息都被数理化之后，就成了参数化模型中的参数。而在利用这些被数理化的"元素"来建构参数化模型时，还需要建立这些数理信息之间的关联，这个建立关联性的过程就是建立参数化模型过程中的关联性设计。建立关联性的具体方法因各个参数化软件设计平台的不同而存在着较大的差异。

关联性设计相当于传统模型建构过程的衍生部分，而建筑参数化模型的设计可以理解为由普通建筑模型设计与关联性设计两部分组成。

2. 基于信息模型技术的参数化设计平台

在信息化时代，一切都随着信息技术的发展而发生改变，建筑行业也不例外。建筑设计是一个需要多方人员共同配合参与的过程，不同的人各司其职，负责各自的专业领域。在这个过程中，所有参与设计的人员之间的信息交换和共享就变得尤为重要，它决定了整个团队的工作效率与设计质量。在传统的工作模式中，各个专业领域人员工作配合的集成度并不高，而 BIM 的出现改变了这一点，它提供了一个良好的建模平台供各种不同专业领域的技术人员实现信息的交换和共享。

BIM 是由完整和充足的信息构成，以支持建筑生命周期管理，并可由计算机应用程序直接解释的建筑工程信息模型。它综合了几何模型所有的信息、功能要求和构件性能，将一个建筑项目整个生命周期内的所有信息整合到一个单独的建筑模型中，而且还包括施工进度、建造过程、维护管理等过程信息。

(二) 数控技术下的复杂形体建造

1. 无纸化设计与建造

建筑的常规诞生过程是从确立设计理念开始，然后推敲设计方案、绘制图纸，最后是现场施工。建筑师构思过程中的设计概念往往是三维的空间关系，而工作过程中他们需要通过二维的图纸表达三维的空间关系，并且在施工阶段再将二维图纸所蕴含的信息还原为三维的建筑。但随着生产力的发展与科技的进步，人们开始意识到以图纸作为信息传递媒介的局限性与弊端，最主要的体现在二维图纸给建筑师对三维空间和形体关系的描述造成了局限性，同时也限制了建筑师对三维空间与形体关系探索的可能性。因此，若舍弃图纸这一道信息的传递媒介，将设计概念与施工建造直接挂钩，将大大拓展设计的可能性。建筑的无纸化设计与建造便在这样一种背景下应运而生。

概括而言，无纸化设计就是一种从文件到工厂的设计与建造方式。即将在计算机中建立的设计对象的电子模型发给建筑部件的加工工厂，工厂将模型分解为不同的建筑构件并利用数控机床等设备进行加工，最后将构建成品运送至施工现场进行安装。此外，这个过程中还需要大量的其他技术的支持与配合，例如能够满足全方位需求的建模软件、能精确加工复杂形体的数控机床、三维数字测量技术等。

需要指出的是，在应用于建筑设计领域之前，无纸化设计已经在汽车、飞机、船舶等交通工具制造领域有了较为成熟的应用体系。设计对象形体的复杂程度促使这些行业舍弃了传统图纸，较早地进行了无纸化设计和建造的改革。参数化设计是兴起于此类行业后才逐步开始应用于建筑设计的。可以看出，参数化设计与无纸化设计这两者的发展相辅相成。

2. 复杂形体的制造加工技术

解决了设计问题之后，复杂形体的建造问题成了此类建筑能否得以实现的关键。建筑的巨大体量决定了它不能完全由工厂制造，现场施工建造的环节仍然必不可少，而工厂中只完成复杂建筑构件的加工。

目前，常用于建筑领域的数字化制造方法主要有两种：

(1) 数控机床技术（Computer Numerical Control）。数控机床是指可以通过事先编辑的精确指令进行自动加工的机床。目前大多数的数控机床为计算机数值控制机床，即由计算机扮演整合控制的角色。计算机会根据设计模型来设置切削加工的路径，并将指令传达给控制系统，控制系统通过驱动铣床上的马达来完成切削工作。

(2) 快速原型技术（Rapid Prototyping）。快速原型技术是一系列通过计算机辅助设计的三维数据来快速生成或装配成比例实体模型的技术。生成或者装配通常通过打印或者逐层叠加制造的方式来实现。快速原型技术其实就是利用特殊的材料，通过一种"编织"的方式将实物制作出来，简而言之就是"立体打印"。快速原型技术对制造材料、精确度、控制系统等的要求都比较高，而且受制于设备尺寸和制造材料。因此，该技术并不适用于建筑本身的建造，但对于制作复杂形态的建筑模型确是一项重要的技术，特别是包含大量空间曲面形态的模型，传统的工具完全无法进行精确加工，而利用该技术可以直接利用计算机模型的相关数据生成实体模型。

四、基于 BIM 的索网点支式玻璃幕墙的参数化建模

参数化设计不仅包括几何模型的参数化，也包含结构设计数据的参数化。基于 BIM 模型的参数化设计通过开发二次接口将 BIM 几何模型转化为有限元模型导入 ANSYS 有限元分析软件，结合 ANSYS 提供的参数化设计语言（APDL）为其添加温度、材料、荷载等属性参数，以修改参数值的方式实现结构的设计优化。

基于 BIM 技术的结构参数化设计思路如下：①初始化设计参数：确定设计中所涉及的几何参数及力学参数，如结构的几何尺寸、物理性质、约束条件、荷载值等参数；②建立参数化模型：根据前面确定的设计参数及业主提供的初始设计条件创建含有设计参数的 BIM 模型，BIM 模型的修改可以通过修改参数值的方法实现；③建立参数化有限元模型：通过开发相应的数据接口，实现三维模型的传递，结合 APDL 技术编写 ANSYS 命令流，命令流编写过程中需对计算单元的选择、网格的划分、节点的位移约束以及荷载的施加进行详细的研究；④结构有限元计算：对利用 APDL 语言建立起来的参数化模型进行求解计算；⑤设计结果后处理：输出结构的应力、应变、位移的数值及计算云图，判断运算结果是否满足设计要求。如不满足设计要求，则需修正设计参数并重复步骤①～⑤；⑥绘制施工蓝图：利用 BIM 模型的可出图性，生成施工蓝图及关键部位三维节点详图。

1. 初始化设计参数

参数化设计中设计参数的定义非常关键，合理的参数可以使设计过程化繁为简，节省宝贵的设计时间。

作为建模对象的玻璃幕墙主体结构采用钢框架的形式，竖向索锚固定在框架柱上，水平索锚固定在框架梁上，恒荷载由竖向锚索承担，风荷载主要由幕墙中的短跨方向索承受。玻璃幕墙平面受外部荷载后通过驳接头转化成节点荷载作用在索网结构上，与索网中的预拉力及挠度满足力学平衡条件，因此作用在玻璃幕墙平面上的外部荷载、预拉力、挠度是索网结构设计中重要的参数。

不锈钢拉索的线膨胀系数较一般碳素钢大，对温度作用比较敏感。温度变化会在钢拉索内部产生温度应力，其带来的主体结构变形会使钢拉索产生支座位移，影响钢拉索预应力的大小，因此设计时必须考虑温度对结构的影响。

主体结构承受钢拉索预拉力时会产生相应的拉力，在风荷载作用下，钢拉索传给主体结构的拉力加大，因此应保证主体结构具有足够的刚度和强度，确保结构不会产生大的变形或受拉破坏。

综合以上各点，可定义拉索的预拉力 P、挠度 f、温度 T、拉索抗拉强度值 F_p、拉索直径等设计参数，方便后续的参数化建模及结构设计。

2. 参数化 BIM 模型的建立

施工阶段尽可能使用族，只需包含需的几何信息和相关信息参数即可，既可以大幅度降低工作量，同时随着模型文件的缩小对硬件要求也会随之降低，最重要的是能够把工作的重心放在模型使用上，而不是模型搭建上。例如：在现实中，门全部是预定制的，模型中只需要表现门的宽度、高度、位置、数量等几何信息、防火等级、供应商、价格等构件信息即可。而门的详细构造（门窗、门把手、门装饰造型）则没有必要在施工模型中体现，如果需要可以在竣工模型中逐步完善。

建立 BIM 模型可以先创建项目级的 BIM 族库，然后将在 CAD 中创建的模型中心轴线以体量的形式导入 Revit 软件中，再将创建好的节点族及自适应构件族插入到模型相应位置，完成 BIM 模型的建立。族是构成 BIM 模型的基本元素，模型中的图元均由各种族及其类型构成。索网幕墙工程创建了包含初始设计参数的构件族及节点族，为幕墙的参数化设计提供基础。BIM 所创建的耳板族、索头族、驳接头族如图 3-1 所示。

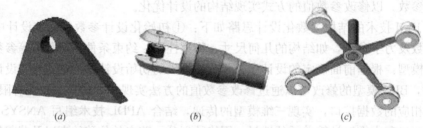

图 3-1　BIM 族库建立

(a) 耳板族；(b) 索头族；(c) 驳接头族

对于预应力拉索来说，拉索的长度严重影响预应力的施加效果，不精确的长度会造成预应力损失，因此准确的定位非常关键，CAD 与 Revit 软件的相互交接为模型的定位提供了便利的条件，通过在 CAD 中建立模型中心线后导入 Revit 中的方法，可实现模型的快速定位。

根据导入的模型体量，将族库运用到模型相应节点上即完成了参数化 BIM 模型的建立，部分 BIM 模型如图 3-2 所示。

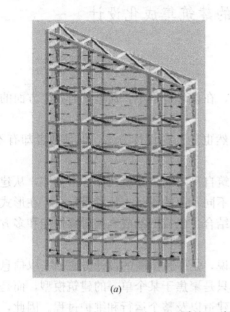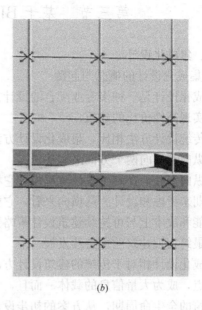

(a)　　　　　　　　　　　　　　　　(b)

图 3-2　部分 BIM 模型

(a) 幕墙整体模型；(b) 幕墙立面

3. 玻璃分格方案比选

传统的幕墙工程对玻璃在立面上的分格往往没有推敲其与结构梁柱的关系，而是主观地随意划分，因此导致了许多问题，如因幕墙的开启窗靠在柱面上造成的无法使用。利用参数化 BIM 模型可以通过修改参数值的方法轻松建立不同玻璃分格方案的模型，将建筑效果直观地展示给业主，从而选择最优的玻璃分格方案。

结合索网幕墙整体受力特点、工厂现有玻璃规格、建筑立面效果及内部使用功能等因素，最终确定玻璃尺寸为 1.5m×(1.4~1.8)m。

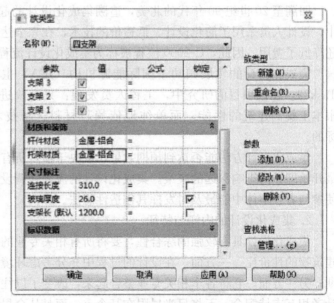

图 3-3　BIM 模型参数值修改

4. BIM 模型与结构分析结果的融合

BIM 模型的参数化可以实现模型的快速修改，根据上述的计算结果快速修改 BIM 模型，使模型与实际设计结果相吻合，便于后续自动生成施工设计图和深化设计等，BIM 模型参数修改的过程如图 3-3 所示。

第三节　基于 BIM 的建筑集成化设计

一、集成化设计

1. 集成化设计的概念与起源

集成化设计是一种多专业配合的设计方法，在设计过程中，通过整合各个方面的设计要素来实现高性价比的建筑。

与传统设计方法相比，集成化设计方法虽然也是一种设计方法，但是两者却有不同，可以从纵向和横向两个方面来阐述：

从纵向来看，在整个设计流程中，它将建筑自身与周边环境视作一个整体，从建筑全生命周期来考虑和设计。从横向来看，它要求不同专业的设计人员紧密配合，在形式、功能、性能和成本上与可持续建筑设计策略紧密结合，以较低的成本获得高性能和多方面的效益，最终实现建筑的可持续发展。

集成化设计相对于传统的建筑设计方法来说，是一种全新的设计方法。它以信息为基本立足点，成为大量信息的载体。而且，它不只是聚焦于某个单一的建筑模型，而是关注整个建筑的全生命周期，从方案的初步设计到建造以及整个运行和维护过程。因此，这需要有针对性的设计软件和硬件条件的支持，从而建立一个包含了建筑所有信息的综合数据库，在建筑生命周期中，这些信息能多方共享和管理。BIM 技术的出现，使得集成化设计的理念可以变为现实并产生效益。

回溯至 20 世纪 90 年代的北美，追溯集成化设计的起源。在一个名为 C-2000 的项目中，设计人员采用了简化设计、低造价的技术，在完全达到了建筑性能设计目标的基础上还降低了费用。因此，C-2000 流程被称为集成化设计流程的雏形。

集成化设计的发展归功于国际能源机构（IEA）主持的太阳能采暖制冷建筑项目 Task23。在该项目的研究中，工程人员发现：只有改进现有的设计方法和流程才能从根本上提高建筑的性能，而单纯地依赖新材料、新技术、新设备是很难实现这一目标的。

集成化设计方法能否达到预期效果，取决于项目所有参与者跨学科的合作，并在项目最开始即做出影响深远的决策。集成化设计的流程强调设计团队早期设计理念的迭代，促使参与者在集体中能最及时发挥其创造性想法。

2. 集成化设计的内涵与特征

集成化设计具有较强的综合性，要将所有相关专业的知识与技术结合起来，尽量提升建筑物的性价比。一方面，在设计的过程中充分考虑环境因素，着眼于建筑的整个生命周期；另一方面，它将各个相关专业整合起来，改变了以往的割裂局面，要求不同专业的设计者相互支持配合，不将目光局限在某个点，而是从全局考虑，降低能耗和成本，同时提升建筑的综合性能。

从技术的角度来说，集成化设计具有集成化的特征，要将各类技术与设计目标结合起来。其次，设计可以根据实际情况不断进行调整和更新，满足多方需求。最后，与传统设计方法相比，其不再是资本与能源的简单聚集，而是有效协调新材料和新技术，既要考虑建筑的功能性，同时还要提升建筑对环境的适应性。

3. 集成化设计方法的特点

集成化设计方法的特点可以归纳为以下几点：①以设计目标和技术集成为中心；②融合相关技术集群和社会条件的本地化响应；③以信息为基础，以网络为媒介；④涵盖多学科；⑤具有自我更新和调整的能力；⑥以标准化设计为导向；⑦设计形式多样化。

4. 集成化设计方法的流程

集成化设计流程强调设计团队在早期的设计理念的迭代，因此需要参与者在早期共同贡献出他们的想法和技术知识。在设计早期阶段，将所有关于设计问题的想法都提出来是非常重要的。关于建筑材料与建筑结构的想法应该在早期集成起来，作为建筑的一部分，而不是建筑设计后期再去考虑的因素。

集成化设计流程可以分为不同阶段，其中概念设计阶段、初步设计阶段、深化设计阶段是主要的阶段。每个阶段都要求有独立的循环，并对贯穿整个设计流程的设计目标和准则不断地进行检验。

5. 集成化设计与 BIM 的关联性

虽然集成化设计方法相比传统设计方法有较大的优势，但集成化设计也存在一些缺陷。比如，多种设计制约因素的集成，会导致建筑师在设计时很难考虑全面。因此需要一个以建筑信息为核心而构建的平台，打破集成化设计在实际运用过程中的瓶颈。

再者，对于集成化设计方法及其流程来说，其本质特征是信息的集成和各专业的协同。因此，需要一个平台来对设计过程中涉及的各类信息进行梳理和整合，并且这个平台要能够提供接口，实现信息及时准确地交换和共享。BIM 协同平台正是一个能满足这些要求的设计平台。

BIM 是目前最能有效实现和稳定支持集成化设计方法及其流程的平台，借助 BIM 平台可以实现建筑集成化设计方法及其应用。BIM 通过"集成"的方法串联起整个建筑流程主线，其中包括设计、生产、施工、装修和管理等整个过程，服务于从设计到运营维护等整个建筑生命周期，通过数字化与信息化模拟整个系统的各个元素，从而实现整个建筑产业链的信息化协同。

二、基于 BIM 的集成化设计的主要优势

(一) 3D 可视化

可视化（Visualization）是利用计算机图形学和图像处理技术，将数据转换成图形或图像在屏幕上显示出来，并进行交互处理的理论、方法和技术。它涉及计算机图形学、图像处理、计算机视觉、计算机辅助设计等多个领域，成为研究数据表示、数据处理、决策分析等一系列问题的综合技术。

从这个意义上来说，实物的建筑模型、手绘效果图、照片、电脑效果图、电脑动画都属于可视化的范畴。但是二维施工图并非可视化，因为施工图本身只是一系列抽象符号的集合，是一种建筑业从业人员的"专业语言"。因此施工图属于"表达"范畴，它只是明确了施工过程中的各个要素，但并未简化建设中信息交流的过程。

CAD、BIM（建筑信息模型）和可视化三者的关系如图 3-4 所示。

首先，BIM 本身就是一种可视化程度比较高的工具，而可视化是在 BIM 基础上的更高程度的可视化表现。其次，由于 BIM 包含了项目的几何、物理和功能等完整信息，可视化可以直接从 BIM 模型中获取需要的几何、材料、光源、视角等信息，不需要重新建

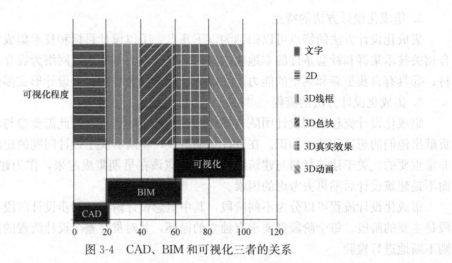

图 3-4　CAD、BIM 和可视化三者的关系

立可视化模型。可视化的工作资源可以集中到提高可视化效果上来，而且可视化模型可以随着 BIM 设计模型的改变而动态更新，保证可视化与设计的一致性。最后，由于 BIM 信息的完整性及其与各类分析计算模拟软件的集成，拓展了可视化的表现范围，例如多维模拟、突发事件的疏散模拟、日照分析模拟等。

（二）建筑性能的模拟与分析

虽然没有 BIM 也能进行模拟，但是没有 BIM 的模拟和实际建筑物的发展变化是没有关联的，实际上只是一种可视化效果。"设计-分析-模拟"一体化才能动态表达建筑物的实际状态，设计一旦产生变化，紧跟着就需要对变化后的设计进行不同专业的分析研究，同时需要把分析结果即时模拟出来，供业主决策。

所以，只有采用基于 BIM 技术的设计流程和方法，才能将建筑模拟计算与建筑设计过程结合起来，实现建筑集成设计。由于不同的设计阶段有不同的设计任务、不同的已知和未知条件，因此，不同阶段的设计应有各自的循环设计与评价的过程。这样，建筑设计就成为分阶段逐步深入、逐步细化的过程，同时也是一个循环设计、信息反馈的过程。每一个设计阶段的设计都是在前阶段设计工作的基础上的进一步创作与细化；每个阶段又有其相对的独立性。其主要的任务不同，面临的问题也不同。每个阶段内，应有所选择与侧重，通过实时的评价与计算，形成信息的反馈以进行阶段修改。这种共性与个性、统一性与阶段性的结合正是以可持续性发展为目标的集成化设计流程的主要特征。

目前基于 BIM 的模拟主要有以下几类：

（1）设计阶段：日照模拟、视线模拟、节能（绿色建筑）模拟、紧急疏散模拟、CFD模拟等；

（2）招投标和施工阶段：4D 模拟（包括基于施工计划的宏观 4D 模拟和基于可建造性的微观 4D 模拟），5D 模拟（与施工计划匹配的投资流动模拟）等；

（3）销售运营阶段：基于 web 的互动场景模拟，基于实际建筑物所有系统的培训和演练模拟（包括日常操作、紧急情况处置）等。

（三）信息数据的交换

信息是 BIM 的核心，BIM 模型是一个富含项目信息的三维或多维建筑模型。因此，通过分析信息和数据在 BIM 模型中的存在形式以及交换方式等问题可以体现 BIM 在集成化设计中对信息整合的优势。

1. 数据交换的格式

BIM 模型的优点是该模型并不总是必须手动重新创建或修改，而是可以直接生成一个以 BIM 为基础的模型的几何形状。其次，利用现有的和增强的数据库，输入假设可以随时分配（重新分配）的空间，这将允许更大的特异性、准确性和投入成本，最终更能代表实际建设占用的程度。此外，基于 BIM 的过程是可重复的和透明的。

要实现以上这些不同类型、不同专业、不同阶段的信息应用，就必须解决一个关键问题：信息交换和共享。而要实现这点，就必须有一种交换双方之间互相认可的机制，这种机制可以是某种协议，也可以是某种标准，可以是公开的，也可以是非公开的。目前，世界范围内通行的公开信息交换标准有三种：IFC、CIS 和 XML。

2. 信息交换的四种方式

信息交换是企业或一个企业的产品和项目的数据容量的电子版本之间的管理和沟通的过程中，设计、施工、维护和业务之间的互操作性。

事实上，无论是企业或企业内不同系统之间的互操作性信息，还是在不同软件之间的互操作性信息，归根结底是多方、多层次信息的交流。信息源不同，实现语言、工具、格式和手段之间的互操作性可能有所不同。从软件使用的角度来分析，主要有直接双向、直接单向、中间翻译和间接互动四种关系。

（1）直接双向

直接双向互操作意味着两个软件之间的转换需要对软件本身进行处理，也可以将数据修改后，再返回到原来的软件中去，需要的人工干预很少。这种类型的信息互操作，效率高，可靠性好，但它也受技术条件和水平的限制。

BIM 建模软件和结构分析软件之间的互操作性是一个双向的直接互操作性的典型案例。建模软件将结构的几何、物理、负载信息进行集成，然后通过结构分析软件对集成后的信息，进行分析，并在结构分析软件的基础上对计算结果进行调整，以满足结构的安全需求。然后转换回原来的模式，以适应修改后的数据合并，促使更新后的 BIM 模型的形成。图 3-5 为直接双向示意图。

（2）直接单向

直接单向互操作性意味着数据可以从一个软件输出到另一个软件，但不能转换还原。一个典型的例子是 BIM 建模软件和可视化软件之间的互操作性信息，可视化软件对 BIM 模型进行渲染后，数据将不会返回到原来的 BIM 模型。事实上，也不必这么做。直接单向的互操作性，数据的可靠性较高，但只有一个数据转换的方向。图 3-6 为直接单向互操作性示意图。

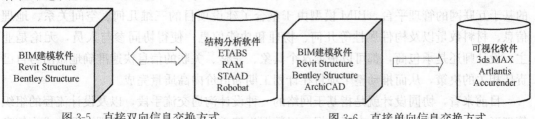

图 3-5　直接双向信息交换方式　　　　图 3-6　直接单向信息交换方式

（3）中间翻译

信息在两个软件之间的互操作性，需要依靠相互识别的中间文件，这种信息互操作模式，称为中间翻译的互操作性。这一信息的互操作性，容易导致信息丢失。

DWG 是最常用的一种中间文件格式，如今已成为二维 CAD 的标准格式。依靠设计软件生成的 DWG 文件将软件的几何属性信息以数量及流量的形式表现出来。图 3-7 为中间翻译信息交换方式示意图。

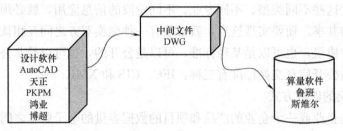

图 3-7　中间翻译信息交换方式

（4）间接互动

信息间接的互操作性，需要借助人工手段的转换，从一个软件到另一个软件，在某些情况下需要手动重新输入数据，有时可能还需要重建几何数据。

在 BIM 模型上修改的碰撞测试结果，是一个典型的信息间接互操作的方式。先利用软件检查碰撞，然后专业人员根据碰撞检验报告对软件进行手动调整，并将相关数据输入碰撞检测软件，直到问题最终得到解决。图 3-8 为间接互动信息交换方式示意图。

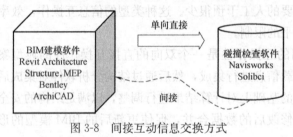

图 3-8　间接互动信息交换方式

（四）协同作业

从某种意义上说，协同是集成化设计的最主要特征，也是集成化设计的具体体现，而 BIM 平台能最好的支撑协同和协作，最大效能地发挥协同的合力。

1. 协同的两个基本要素

协同作业有两个基本要素：一个是协同的方法或者渠道，另外一个是协同的内容或者实体。协同的方法不同，产生的效率和质量也会有所不同。在实际应用过程中，除了采用有效的协同方法以外，用于协同的内容也是决定协同水平和效率的关键因素。对于工程建设行业来说，这个内容可以是目前主要流行的效果图、二维图形文件、Word 文件、Excel 表格等，也可以是正在迅速成长和普及的 BIM 模型。

建设项目的协同是跨企业、跨地域、跨语言的一种行为，需要建立支持这种协同方式的基于互联网的管理平台，BIM 模型由于整合了建设项目的三维几何、空间关系、地理信息、材料数量以及构件属性等几何、物理和功能信息，使得协同参与人员，无论是业主、设计师还是承包商，都可以根据这个具象、完整、关联的信息快速准确地做出与自己责任相关的决策，从而推动整个项目在计划工期和造价内高质量完成。

目前来看，协同设计就是指基于网络的一种设计沟通交流手段，以及设计流程的组织管理形式。协同作业的核心在于数据，以数据为核心，数据的创建、管理、发布成为信息化的基本定义。

2. 协同的类型

协同设计又细分为平面协同设计、空间协同设计、平面与空间实时关联设计以及互用技术，这是设计软件本身具备的协同功能。其实在工业化的今天，很多产业早就进入了多工种协同设计和制造时代，比如飞机设计与制造。而建筑业在这方面起步稍晚，但也正处于快速发展中。

（1）平面协同设计

平面协同设计是以外部参照功能为基础的标准格式文件之间的文件级协同，是一种文件定期更新的阶段性协同设计模式。例如：几位设计师分别设计一个建筑的轴网、标高、外立面墙与门窗、内墙与门窗布局、核心筒、楼梯与坡道、卫浴家具构件，设计过程中根据需要通过外部参照的方式将其链接组装为多个建筑平立面图。这时，如果轴网发生变更，所有参照该文件的图纸都可以自动更新。

（2）空间协同设计

空间协同设计也叫 3D 协同，具体可以分为专业内和专业间的协同设计。

① 专业内空间协同设计：是一种数据级的实时协同设计模式。工作组成员在本地计算机上对同一个 3D 工程信息模型进行设计，每个人的设计内容都可以及时同步文件服务器上的项目中心文件中，甚至成员间还可以互相借用属于对方的某些建筑图元进行交叉设计，从而实现成员间的实时数据共享。

②专业间空间协同设计：当每个专业都有了 3D 工程信息模型文件时，即可通过外部链接的方式，在专业模型（或系统）间进行管线综合设计。这个工作可以在设计过程中的每个关键时间点进行。因此，专业间空间协同设计和平面协同设计同样是文件级的阶段性协同设计模式。

（3）平面与空间实时关联设计

简单来说，实时关联设计是指设计人员在平面图中操作的过程时，对某个构件或者轴线等进行修改和编辑后，模型相应做出自动更改。并且，之后的立面图、剖面图、节点详图也会随之变更，省去了手动重复更改的工作量，也避免了操作错误的产生。这种实时关联设计对复杂建筑设计尤为有利。

（4）互用技术

BIM 在信息处理、交换、整合等方面具有先天的优势，基于这些有利条件，BIM 能够很好地实现信息的互用与共享。

所谓互用是指不同程序之间通过使用公共的交换格式集合、读写相同的文件格式和使用相同的协议进行信息交换的能力。例如在 Revit 系列、3ds MAX、草图大师、犀牛、生态大师、PKPM、清华斯维尔等工具间的数据交互，都可以通过专用的导入/导出工具，利用相互支持的中间数据格式进行数据信息交换。

三、概念设计阶段

目前建设项目种类非常多，对于不同的项目类型其设计过程的划分可能会有所不同，这里主要以新建建筑为例，并将其设计过程主要划分为概念设计、初步设计、深化设计和后期设计 4 个阶段，通过这 4 个阶段来论述整个集成设计的应用流程。概念设计即为设计初始阶段建筑师对方案的构思，是设计阶段中最具创造性的部分。

1. 设计文件的收集与整理

在概念构思阶段，设计师需要了解来自项目任务书、场地状况、当地气候、场地规划条件等的庞杂的信息。对这些信息的收集、分析、整理，有利于方案的设计。首先，建筑师需要对场地进行实地的调研，了解当地的地质条件、气候气象条件、周边环境、文化等情况。同时，建筑师需要对设计任务书进行详细的研究，充分了解业主的意图与需求。这一阶段，建筑师需要将业主或规划建设部门提供的建设基地及其周边的地形情况，利用BIM 软件进行创建。

2. 场地模型和形体推敲

完成基本条件与信息的收集工作，建筑师需要结合调研结果对基本条件进行详细梳理。通常，当建筑地形较为复杂时，在规划设计阶段就要进行详细的地形分析，可以利用BIM 技术与 GIS 技术相结合的方式对地形进行快速的空间分析，包括高程、坡度和坡向等分析，为后期设计提供一些新的方法和思路。通过高程分析图和地形分析图，设计人员可以对整个地形有一个直观整体的了解。利用 GIS 建模，绘制坡度分析图，可以表达和了解某一地区特殊的地形结构，为不同坡度土地的利用与设计提供依据。

另外，利用 GIS 模拟技术可以快速便捷地生成地形透视图，使设计师可以从各个方位来观察地形的起伏变化和建筑体量关系。并且，GIS 模型可以作为进一步设计的基础信息，传递到下一步工作的软件中。图 3-9 为地形分析示意图。

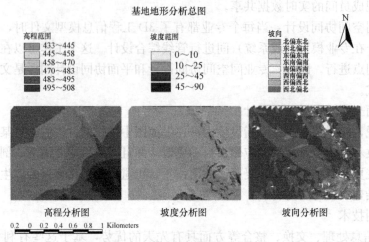

图 3-9　基于 GIS 的地形分析

在概念形体设计阶段，建筑师需要快速生成多个方案，并对其进行对比与筛选，评估过程最好能直观呈现，便于方案的比较。在概念设计中，主创建筑师需要听取各个成员的意见，因此团队的交流与配合尤为重要。快速的概念表达也是这个阶段非常重要的要求之一，一般是采用手绘草图的方式进行交流与沟通，Skechup（草图大师）能得到建筑师的广泛应用，也是因为其具有快速的表达能力。

Revit Architecture 的"概念设计环境"功能与 Skechup 类似，主要应用于概念设计阶段。其在 BIM 软件中是一种特殊的存在，并不具有任何建筑属性，只具有图元属性，设计者可以使用点、线、面等基本图元来快速创建各种实体体量。另外，概念体量不仅能单独编辑，也能自由载入到任何项目中进行编辑。概念体量里还有一个特殊的功能——表面有理化功能，它主要对体量表面进行 UV 网格分割，并能对其分隔单元进行图案填充，比如矩形、三角形、六边形等图案，最后可以将自定义的填充图案嵌套到体量族中，从而创建特殊体量表面形状。体量模式还有另一个强大的功能，即当设计人员修改体量时，原先附着体量的建筑构件可以即时更新。这实际上实现了"先形状后尺寸"的设计模式，其技术思想与"变量化实体造型技术"较为接近。

参数驱动形体的设计方式并不是 BIM 信息模型所独有的技术，Rhino 等专业形体建模软件也具备同样的功能。但是在 BIM 信息模型中，几何形体可以无缝地转化成具有实体属性的建筑构件，因此可以直接面向建造。

3. 概念模型分析

概念设计阶段对整个项目具有非常重要的意义，它在很大程度上决定了建筑的成本、后期使用、结构的复杂程度、施工运维以及其他关键性问题。传统的前期设计倾向于按照"经验"进行设计，而基于 BIM 的前期设计与这种经验设计不同，其主要依赖于理性的分析，这种分析是建立在数字化模拟与信息技术的基础上的。在前期设计阶段，主要是对方案进行快速建立与比选，不需要非常完整详细的表达，可能只是些简单的体块布局、形体体量等。因此，前期阶段的模拟分析并不需要非常精确的对建筑的各个指标进行计算，而只需要在已知指标的基础上提供一些方向性的建议。

常用的概念模型分析一般包括节能分析、交通分析、景观分析等。BIM 平台在绿色节能分析方面应用非常广泛。前期对场地环境、气候因素等进行了调研与信息收集，接下来需要在此基础上对建筑的总体布局、朝向、体量等进行探讨。在前期概念阶段，基于BIM 平台的节能设计可达到以下目的：

（1）整体布局。对建筑布局进行模拟分析，通过多种布局方式的对比选出最优方案；

（2）建筑朝向。对当地气候环境进行模拟，包括风、光、热等模拟，综合考虑各种影响因素，进而确定合适的建筑朝向；

（3）建筑体量。体量对能耗、通风及日照都会造成很大影响，对不同体量形式进行模拟分析，对比选取适宜的节能建筑体量。

Autodesk 开发出了一款软件 Vasari，提取了 Revit 的参数化体量功能，主要用于概念设计阶段的绿色节能分析。它基于 Revit 概念体量的建模操作方式，快速便捷地进行线性及非线性形体生成。它的节能模拟较为全面，包括风洞模拟、日照模拟和基于网络的能量模拟。

在数据交换过程中，Vasari 采用 Revit 概念体量的建模操作方式，使用与 Revit 相同的保存格式，可以相互传导。Vasari 强大的体量建模功能也支持直接在 Vasari 中进行物理性能模拟，选取适宜的体量导入 Revit 中进行方案深化设计。Skechup 与 Vasari 需要通过 gbXML 格式或 dxf 格式进行数据交换。

另外，基于 BIM 平台还能实现多种分析软件的数据协调，比如 Ecotect、Airpark 等专业的节能分析软件。图 3-10 为建模软件与 Ecotect 的数据交换示意图。

为使概念设计的体量关系在各方面都满足设计要求，还需要对其进行经济指标分析，包括统计面积、体形系数、容积率、建筑密度等技术指标。当发现设计存在问题时，及时做出调整。通过对概念模型的面积进行及时统计，可以有效控制设计方案的面积指标，避免因概念模型不精准造成面积指标存在较大的误差。

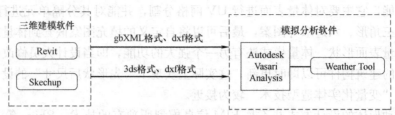

图 3-10　建模软件与 Ecotect 的数据交换

四、初步设计阶段

概念设计阶段对建筑的体块组合以及材质做了初步的推敲，接下来设计人员会对其进行深化设计。这一过程中，设计人员将通过具体的设计手段综合解决各种设计问题，这是建筑方案设计阶段中较为复杂的过程。

1. 结构介入——体系营造

这个阶段所指的结构设计并不需要结构专业的介入，而是从结构形态与体系的角度来进行研究。

轴线和网格是结构配置的重要几何策略。自画法几何学创立之时，笛卡尔坐标系的抽象网格便被引入了建筑模数和规划网格之中。如今，基于轴线和网格的操作已经发展为现代建筑的基本操作方法，并影响至今。当前传统的建筑设计方法多起源于象征柱网结构体系的网格，通过模数化的操作组织功能和体块，并延续到立面设计及建筑细部。当代非线性建筑生成的操作已不再依赖轴网的控制，多元的形态发生策略和结构组织策略使得建筑更趋向于"游牧"的状态。在新兴的科学背景、几何理论以及"异规"思维的影响下，网格的概念和作用已经完全发生变化。进化之后的轴线结构，已不仅仅是笛卡尔网格下的正交集合，不同的生成策略形成了更多变异、扭转、交叉、咬合等二维、三维网格形态。

从概念设计的初步体量入手，构建结构体系，根据形态与结构的发展，结构体系分为正交体系网格和非正交体系网格两大类。

（1）正交体系网格——基于普通的梁板柱结构

正交网格体系是一种常见的结构网格体系，主要适用于比较规整的建筑形态，分为框架结构、承重墙结构、平板网架结构。依据建筑类型与形体设置标准网格体系，布置轴网，使得建筑在后期设计中能够遵循模数化的设计，使后期的结构工程师协同做好前期工作，对于后期的工业化建造也有积极的作用。表 3-1 为正交体系网格结构分类。

正交体系网格结构分类　　　　　　　　　　　　　　　　表 3-1

结构类型	建筑平面	建筑体形
框架结构 传力途径：板→梁→ 柱→柱基础	（1）规律的柱间距形成柱网 （2）平面开敞、自由 （3）可设置大面积门窗	（1）矩形体形及各种组合，可错列、收进，体形灵活 （2）框架可外露
承重墙结构 传力途径：板→梁→ 墙→墙基础	（1）平行连续的墙列 （2）矩形或圆形平面及其组合 （3）墙体在平面上占主要地位，大开间和高层时墙体较厚	（1）方盒形块体及其组合 （2）窗口上下对齐，窗面积小，窗口处外露墙厚 （3）立面上有较粗的水平或竖向线条

结构类型	建筑平面	建筑体形
平板网架结构 传力途径：板→网架→ 柱→柱基础	（1）室内空间宽广、完整 （2）支承柱较少、柱间距较大 （3）一般为单层建筑物	（1）体形宽大、扁平，有大体积感 （2）平屋顶居多，形式较单调，可高低错落 （3）网架可外露，具有结构感

由于 BIM 信息模型针对的是一个完整的建筑系统，因此其具有独立的结构体系模块，可以直接与上述的体块进行对接，实现结构体系与建筑体量的建构。以 Revit 为例，其 Revit Architecture 就能直接进行结构体系的营造。

首先需要依据建筑体量来设置轴网体系，Revit 有两种方式绘制轴网，一种是通过导入或链接 DWG 文件来绘制轴网，另一种是直接在 Revit 上进行绘制。

轴网绘制完成后需要给体量设置标高，可以在各个立面进行调整。依据轴网体系可以绘制柱子与梁等结构体系。Revit 可以直接通过柱族对柱子进行定义，并通过图元属性进行参数与类型的调整。Revit 定义框架梁与绘制柱子的方式基本相同，既可以单根梁布置，也可以通过轴网进行整体布置。

最后添加楼板以及基础，建筑的初步结构体系就确立了。这种方式改变了传统的设计思维，从建筑的可建造性出发，减少了后期结构与立面的碰撞。

（2）非正交体系网格——复杂形体的异变结构体系

随着建筑的形体与结构越来越复杂，正交体系网格已无法满足要求，逐渐发展出多维的、非线性的网格结构。这些网格结构的生成策略可源于轴线的交叉，也可源于单元体或交叉节点的重复。其在二维图案上可通过镶嵌、分形得到，而在三维组织上有编织、榫卯、互承、张拉等方式。网格不仅可在平面上操作生成表皮肌理，同时也可在三维曲面和空间中操作生成复杂的结构系统和空间形态而完成"构形"这一过程。

2. 材料介入——知觉属性

材料的知觉属性主要包括质感和色彩感。这两种属性共同体现了不同材质的外在知觉属性表现。

质感是通过人的触觉和视觉对材料的表面纹理和外在状态所产生的感应。质感主要包含两方面的概念：第一个是"质地"，即质感的内容因子；第二种是"肌理"，即质感的形式因子。不同地域具有不同类的材质，其质感也千差万别，它们从材料方面为建筑创作提供了丰富的资源。但不管是哪种自然材质，都能让人感受到大自然的温暖亲切、原生与质朴。

色彩感作为材料的一种视觉属性，能引起不同的想象和情感，让人从心理上产生不同程度的感应，影响着人们的内心活动。运用色彩时要结合建筑结构和建筑材料的特点，既要注意地域性与人文性，也要符合时代精神，另外还要考虑各种环境因素。比如同色相的错位搭配，一定程度上能加强建筑体的立体美感，营造活跃的气息，创造出带有浓郁色彩氛围的城市公共空间。

近年来，由于面砖在建筑物的外墙大量使用，使得色带的应用十分广泛。建筑师们经常用色带来区分层与层的不同。抽象的色彩必须通过某种"载体"来表现。建筑从本体到细部的审美经验体现了材料在完成形式构筑建筑空间过程中的视觉变化。所有建筑都是根据建筑技术以及力学原则使用合理的材料才能完成，只有当其表达出材料与结构的真实特性时，以一种真实运用材料的方式来达到效果，这才是真正的建筑方式。

材料主要可以分为六大类，即玻璃、砖、石、木材、金属和混凝土。材料的色彩与质感能传达特殊的感性魅力，不同的材料通过人的知觉能够引起不同的心理反应，比如平和、冷漠、温暖、厚重、轻盈、高贵等。因此建筑师只有准确地了解不同材质色彩与质感所带给人的心理感受，才能恰到好处地用好材质，准确地传达建筑所要表达的内涵。表 3-2 为材料分类及视觉特征。另外，地域性材质也影射了相应时期的地域文化，是对地域文化的尊重与传承。

材料分类及视觉特征　　　　　　　　　　　　　　　　表 3-2

材料类别	视觉特征	知觉特征
玻璃	通透、细滑、反射、颜色多变	明亮、虚幻、冰冷、浪漫、轻盈、柔美
砖材	较粗糙、肌理与颜色不均匀	有序、朴实、理性、亲切、精致
石材	粗糙、细腻、坚硬、稳定、光滑	坚固、厚重、粗狂、高贵、雄伟、稳重
木材	粗糙、纹理清晰、色彩明快、光滑	温暖、自然、轻巧、亲切、朴素
金属	细腻、光亮、反光、精致、柔韧	简洁、冷漠、力度动感、明快
混凝土	细致、粗糙、可塑、多变	理性、粗野、精细、朴素、自由、冷漠

不同的材质具有不同的视觉属性，BIM 集成信息技术可以智能化地对各种材料的外观属性等进行直观的比选，据此初步选出最适宜的材质。BIM 软件不仅对材质进行了分类，而且，不同的材质下还具有三类属性——标识、图形、外观（物理、热度）。建筑设计可根据不同的情况灵活调整。其中"外观"属性包括材料的颜色、表面肌理、透明度等与视觉相关的属性。

传统的二维制图，是通过对图纸的注释或规范的条款等语言形式，准确地说明建筑师对材料的选择。发展到三维建模阶段，也能给图形赋予材质，但只是为了表现材质的外在属性，而不具有建造性。而 BIM 材质不仅仅是外在属性，还是对现实建造的一个模拟，其反映的是不同构造层或者构件的材质属性，具有一定的厚度。比如在 Revit 软件中，可以通过对墙体等构件的属性设置进行详细的材料选择。例如，涂料、面砖、金属板等多种材料都能用于墙面装饰。在不同的视图中可以通过调节详细程度来调整建筑材料的显示模式。

3. 空间组织

建筑存在的首要目的是要提供一个可供预设活动发生的空间场所，以满足某种功能的需求。因此功能及其相关属性是影响建筑空间组织的重要因素。建筑空间首先要考虑的是满足使用功能方面的需求，进而追求精神与艺术方面的需求。如果把满足人们使用功能的空间称之为"使用空间"，把满足精神与艺术需求的空间称为"视觉空间"的话，那么建筑的空间应该是二者的有机结合体。

流线在建筑设计中扮演的是框架的角色，各个功能部分通过流线串联起来，流线也分为水平交通流线与垂直交通流线。其中，平面交通流线是建筑设计的基础，既解决功能方面的问题，又通过平面布置展现了空间形式。在对平面进行设计时，一般运用墙体以及柱子来对空间平面进行划分。根据正交网格体系排布的空间，在视觉上具有方正几何式的秩序感；在非正交网格体系中，则需要控制线对空间进行界定，避免内外不一致。

BIM 是对现实情况的一个虚拟，反映建筑的真实情况。BIM 模型解决了一般形体建模软件的不足，将建筑外观与空间形态关联起来。建筑师可以设置不同的视点对空间进行观察，同样也能对场景进行虚拟漫游动画，对整体空间序列进行推敲研究。建筑设计实现了从二维到三维的转变，为真正实现数字化建造提供了可能。

五、深化设计阶段

深化设计阶段分为三个部分：第一个部分是针对复杂的结构进行形态优化；第二个部分是对通过材料介入以及结构介入方式所建立起来的 BIM 模型进行分析，包括材料的热工性能、结构的力学分析等，通过这些初步分析指导后续的集成设计；第三部分则为施工图设计部分，主要对结构的节点进行设计。

1. 结构介入——几何优化

相对于基于梁板柱的正交网格体系结构形态，非正交网格体系结构更为复杂，其结构的形态也直接影响着建筑的形态与造型。非正交网格体系结构，其主要形态是曲化和运动感，曲化的结构体最终支撑起流线型的屋面、曲面的墙体等。曲面形体与传统建筑相比更轻盈，也更能凸显出技术美感，并富于视觉冲击力和时代气息。由于计算机技术的发展与应用，使得曲面建筑具有实现的可能，包括 NURBS 造型技术、结构计算中的有限元分析和数控加工技术等。从确定形式、结构尺度、动态计算和数控到全球定位系统以及机器人装备等多项工作都需要计算机来实现。通过数控设备可以制作各类形状各异的杆件，并且保持误差不超过 1mm。

计算机技术正影响着建筑理念、建筑形式的创新。建筑领域逐渐形成了一种新的美学范式。结构形态的动感就是一个重要的美学特征，其往往利用倾斜、扭转、弯曲、波浪形等手法，使形体产生失稳、失重的不定势态，进而实现动态的结构。

2. 模型分析——结构与材料分析

建筑初步设计阶段已经确定了建筑的结构体系，梁、板、柱等各个结构构件都已经建立起来。随着结构计算的不断深入，需要分析单个构件在整个结构体系中的受力情况。但是实际上结构的受力是非常复杂的，很难用单纯的受力状态来对其进行描述。比如梁除了受弯以外还受其他力的影响。结构构件主要承受拉、压、弯、剪、扭等 5 种力，根据不同的受力特征而采用不同的处理手法，因此表现出不同的形态特征。受弯、受压构件要粗壮有力，受拉构件则更为纤细。

结构设计需要创建结构分析所用到的结构分析模型，例如，构件边界条件、结构荷载、梁板柱分析模型等。除了一般的线性静定结构分析外，对于一些复杂结构也需要非线性分析，包括重力二阶效应分析、塑性铰分析、索单元分析、单向拉、压杆和约束分析等，承载这些信息的模型就是结构分析模型。Revit Structure 只是一个结构建模软件，并不具备结构分析功能，它需要与其他专业结构分析软件协同工作。目前能够与 BIM 软件对接的主要分析软件包括 ETABS、STAAD、Robot 等国外软件，还有 PKPM、盈建科等国内软件，它们都能实现模型信息的相互传递。

Autodesk Robot Structural Analysis（以下简称 Robot）是一款得到国外广泛认可的专业结构分析设计软件，主要应用于房屋建筑工程、桥梁工程、市政工程、水工工程以及石油化工工程等领域。该软件也是 Autodesk 开发的，因此能够很好地与 Revit 系列核心建模软件相配合，避免了第三方分析软件对接过程中造成的信息丢失等问题。图 3-11 为基于 Robot 的某建筑结构分析图。

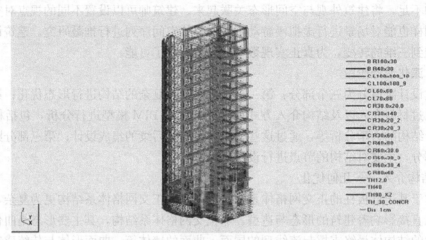

图 3-11　基于 Robot 结构分析

　　前面所讨论的材料选择主要是从知觉角度进行的。在面向实际建造时，墙体应该设置其内部构造，此时应该考虑其力学性能以及热工学性能等物理属性。根据不同的需求，建筑外围护的做法很多。从节能的角度来讲，外围护材料可以包含采光、通风、防湿、保温、防风、防眩光、防视线干扰，提供视线联系、安全、保安、防火、获取能源等内容。图 3-12为建筑材料的节能需求。

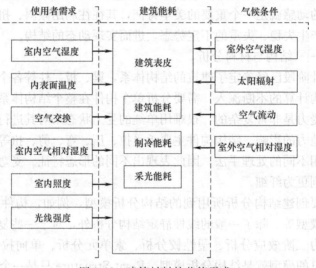

图 3-12　建筑材料的节能需求

　　建筑外围护如何选择材料，首先需要了解其材料的物理特性，从而做到减少能耗。材料分析主要针对其物理性能，BIM 模型里的材料属性提供的不单是外观属性，还包括物理属性、热度属性，能直接对其进行参数分析，通过不同材料的比选选取最优方案。

　　BIM 还可以帮助设计人员针对每一特定部分建筑围护结构的得失热量进行分析，包括：外围护结构得热和散热量、门窗得热、散热和冷风渗透量、室内围护结构热传递量等。BIM 提供了一个面向对象的建筑设计方法，除了性能标准（热、视觉、声等），设计人员也可指定这些构件和材料的化学成分、能耗信息以及再生成分比例。这些特点使得设计人员能够从节能角度来审视材料的使用，根据材料的物理属性去选择、替换材料。图3-13 为围护结构的热分析示意图。

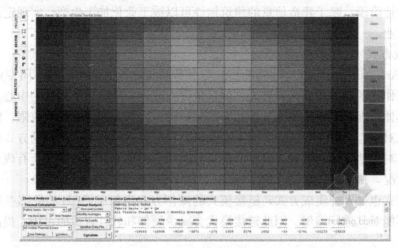

图 3-13　围护结构的热分析

3. 详图设计——结构节点设计

建筑构造节点并不仅仅是为了满足构件连接而设计的，同时也是工艺品质的最终体现。如果节点的连接方式得到充分的表现，看上去合乎逻辑，那么必然会表现出独特的美感。因此在对节点进行设计时，应该遵循结构的逻辑、建造的逻辑以及机械的逻辑。

一方面，建筑形式与建筑构造密切相关，不同的构造方式会通过不同的建筑形式表现出来，设计人员在进行选择时，需遵循局部服从整体构思的原则。建筑的质量与完成度在很大程度上取决于其细部设计的精确度和相互之间的协调与配合。建筑结构节点设计应该是对整体结构概念的落实或反映，所以要关注其应有的连贯性。但是，建筑的连贯性与结构的连贯性不同，有些节点需要突出，而有些则需要隐藏起来，否则将会降低建筑的整体性，使整体形象过于繁杂。

另一方面，以"精确设计-工厂预制-现场装配"为特征的工业流程化的建造方法也逐步取代了工匠纯手工的传统建造方法，使得节点构件加工与建造的精确度大幅度提高。特别是在以可变性生产为特征的工业时代，设计师可以在其他专业的配合下，利用计算机和信息技术，通过参数化的设计方式，实现个性化的设计。

Revit 软件有一个特殊的视图称为详图视图，它主要是针对施工图绘制而建立的视图。详图视图是针对建筑各个部分的一个索引视图，例如墙体详图、屋顶详图、扶手详图、楼梯详图等。详图视图与信息模型也是相关联的，也可以实现双向联动修改，因此BIM 软件在施工图阶段也具有很大的优势。

Revit 软件与传统的二维 CAD 软件类似，其详图设计工具和详图编辑工具也是二维模式的，是从三维模型中提取的二维图纸。如果直接从模型中提取二维图纸并不能完全满足现行的施工图标准，因此需要运用详图设计工具和详图编辑工具进行二维修饰与深化，最终获得符合施工图的出图标准。

六、后期设计阶段

后期阶段主要是在 BIM 平台上将建筑、结构、机电等各个系统整合起来，进行碰撞检测、管线综合以及对复杂空间定位等操作。应用 BIM 技术进行集成设计，在满足各个阶段要求的同时，也在为后期设计阶段的集成做准备工作，从而实现全专业的信息集成。经过后期设计阶段，赋予建造信息的建筑构件可以被工业化加工生产，实现定制化、个性化的建筑工业。

1. 集成方式

Revit Architecture 可以通过设置工作集来实现同专业的配合以及不同专业的协同工作。设置工作集的具体步骤为：首先，项目负责人建立一个基础模型作为中心文件，并根据项目的具体情况将基础模型划分为几个部分，再设置各个部分的编辑权限。随后团队其他成员可以对中心文件进行访问，但不能编辑，只能通过另建本地文件的方式供后续深化设计使用。对本地文件的编辑与修改可以及时同步到中心文件中，保证所有成员能及时了解项目的情况，从而使设计工作保持一致。

链接模式也是一种集成方式，链接模式的操作方式类似于 CAD 的外部参照，只是作为参考，不能对其进行编辑。因此链接模式会减少硬件和软件资源的占用，提高计算机工作的性能。

链接模式主要应用于以下几种情况：第一种情况是场地内有多个单体建筑，因此可以分开建模。第二种情况是由于建筑形体非常庞大，一个人很难完成，可以基于功能或者其他原则把建筑拆分为不同的部分，每个成员负责其中的一部分，最后通过链接集成到一个模型中。第三种情况是通过链接模式实现不同专业之间的数据协调，比如可以通过链接把暖通专业的模型集成到建筑中去。

2. 空间定位

在空间定位方面，BIM 的三维可视化技术较传统的二维模式具有很大优势。以上海中心大厦设备层为例，它既是设备空间，同时也是该区的结构加强层，空间桁架非常复杂，如果用二维 CAD 来表达其结构关系将会花费大量的时间和精力。随着设计的不断深入，一旦方案进行调整，就要再重复一次先前的工作，给设计带来了很多不便，而如果利用 Revit Structure 搭建 BIM 模型就可以较容易地对方案进行调整，包括构件尺寸、类型等，各平面立面都能自动更改，从而节省了设计绘图及调整的时间。图 3-14 为基于 BIM 的上海中心空间定位图。

3. 碰撞检测

在碰撞检测方面，尽管原来的二维行业标准在很长一段时间里推动了设计的发展，但由于建筑本身是一个三维空间的建构过程，在三维转二维的过程中产生专业碰撞不可避免。而随着 BIM 设计的方兴未艾，直观的三维模型轻易地解决了这一问题，既可以直接观察到各系统的碰撞冲突，也可通过碰撞检测软件（如 Navisworks）来完成，因此极大程度上减少了错、碰、漏等设计差错，能够直观地表达空间特征，反映实际建造情况。

在管线综合方面，显然三维的管道系统更能直观反映真实的空间状态，还是以上海中心塔楼设备层为例，由于多而复杂，在空间中的排布变化很多，二维图纸上很难清楚表达彼此间的关系。如果通过 Revit MEP 搭建 BIM 三维管道设备模型，就能很便捷地检测出各专业间的设计冲突并直观地呈现出来，然后将检测结果及时反馈给各专业设计者进行调

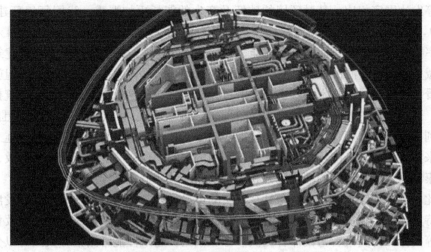

图 3-14　基于 BIM 的上海中心空间定位

整，并根据调整再次修改模型，这样反复几个过程，最终完成了复杂的管道综合。通过这种方式，BIM 三维模型可以帮助设计师解决很多空间冲突与检测难题，提高了设计的效率与施工的可行性。

第四节　基于 BIM 的建筑性能分析

通常建筑性能可以分为三大部分：一是建筑的力学性能，如静力、动力、弹塑性等；二是指建筑的生态性能，如日照、通风、舒适度、噪声、照明、气密性与能耗、空调系统等；三是建筑其他防灾的性能，如防水、防火、防毒等。

由于建筑结构力学分析目前已经十分成熟，而建筑生态性能分析目前在国内仍然属于比较新的领域，特别是与 BIM 技术的结合，是 BIM 技术的主要应用研究方向之一。建筑设计在满足使用功能的前提下，如何让人们在使用过程中感到舒适和健康是建筑环境领域研究的主要内容。其中，寻找室内舒适性、建筑耗能、环境保护之间的平衡点是建筑生态性能分析需要解决的关键问题。因此，本节的建筑性能分析主要介绍基于 BIM 技术的建筑生态性能分析，所述的建筑性能指标均是指建筑生态性能指标。

一、建筑性能分析

1. 建筑性能指标分类

随着社会经济及城市化的快速发展，环境问题日益突出，资源、能源的枯竭，环境的恶化等问题已威胁到人类的生存。在此背景下，针对能源消耗大户的建筑领域，世界各国纷纷提出绿色建筑的理念来寻求建筑与自然的和谐，在满足舒适健康的居住前提下，实现高效率地利用资源，将对环境的影响降到最低。于是，发展绿色建筑便成为政府与业界的一项共识，是实现经济发展与环境保护相向而行的一个平衡点。

对于大多数人而言，建筑行业所产生的能耗及对环境的影响令人震惊。在美国，商业和住宅建筑消耗了近 40% 的总能源、70% 的电力、40% 的原材料和 12% 的淡水。它们排放出的温室气体则占温室气体总排放量的 30%，并产生了 1.36 亿吨重的施工和建筑废料。而在我国，建筑行业虽然作为一种支柱产业，但环保意识薄弱，绿色发展理念淡薄，与美国等发达国家相比，其对环境的破坏及产生的能耗更加严重。我国每年新建房屋 20 亿 m² 中，90%以上的都是高能耗建筑，而既有的约 430 亿 m² 建筑中，只有 4%采取了能源效率措施，单位建筑面积采暖耗能为发达国家新建建筑的 3 倍以上。绿色建筑的核心是尽量减少能源、资源的消耗，减少对环境的破坏，并尽可能提高居住品质。但就目前的情况来看，常规的建筑技术很难实现这些目标，这就需要绿色建筑突破传统建筑技术的种种制约，通过科学的整体设计，集成绿色配置、自然通风、自然采光、低能耗围护结构、新能源利用、中水回用、绿色建材和智能控制等新技术、新材料，以及绿色的施工和运营管理，来实现建筑选址的规划合理、资源利用的高效循环、节能措施的综合有效、建筑环境的健康舒适、废物排放的减量无害和建筑功能的灵活适宜。

因此，为了使绿色建筑的概念具有切实的可操作性，一些发达国家相继开发出适合不同国家特点的绿色建筑评估体系，通过定量的描述绿色建筑的节能效果、环境效益以及经济性能等指标，为决策者与设计者提供参考和依据。建筑性能常用指标大致可以分为：建筑热工、噪声、风环境、照度、日照、能耗和舒适度等。

2. 绿色建筑与传统建筑的差异

与传统建筑相比，绿色建筑主要有以下几点特征：

（1）相较于传统建筑，建筑本身的能耗大大降低；

（2）绿色建筑尊重当地的自然、人文、气候，因地制宜、就地取材，因此没有明确的建筑模式和规则；

（3）绿色建筑充分利用自然，如绿地、阳光、空气，寻求与自然的和谐共生。注重内外部的有效连通，其开放的布局较封闭的传统建筑布局区别较大；

（4）绿色建筑在整个建设过程中都十分注重环保。

绿色建筑的设计与当地的气候环境及其变化是紧密相关的，所谓因地制宜，是在建造的过程中必须针对当地特征采用相应的方法。

绿色建筑往往与可持续设计关系密切。可持续代表的是在不减弱自然系统的健康发展和生产能力的基础上，能够满足人类需求的一种平衡。美国建筑师学会将可持续定义为"将这个系统赖以运转的重要资源持续不断的运用至将来的一种社会能力"。如果说环境和经济可持续是目标，那么可持续设计就是设计者实现这一目标的方法。可持续设计使能源密集、利用率低且有毒的消耗能源、不可多次利用的系统转变为可恢复、有活力且灵活可变的循环系统。

由于可持续设计涉及整体的环境质量，因此，与土地利用和小区规划相关的问题就显得十分重要。事实上，可持续设计不一定会增加建造成本，相反，它能够提高建筑物的价值。

就目前而言，实现可持续设计主要有以下 10 种方法：

（1）选择发展基地以促进小区宜居性；

（2）发展灵活设计以延长建筑寿命；

（3）利用自然策略保护并回收水资源；

（4）保证热舒适度的同时提高能效；

（5）减少与能量使用相关的环境影响；

（6）提高使用者健康水平及室内环境质量；

（7）节约用水及开发水资源再利用系统；

（8）利用与环境更协调的建筑材料；

（9）选择适宜的植物种类；

（10）建设、拆除和使用过程中再循环计划。

可持续设计可以带来多种经济效益。其中包括能源、水资源和节约材料的经济效益，以及维护和其他操作费用的降低。这也正是绿色建筑所需要达到的目标，是实现经济社会可持续发展的一种手段。

现代建筑是一种过分依赖有限能源的建筑。能源对于那些大量使用人工照明和机械空调的建筑至关重要，决定着建筑的正常使用。而高能耗、低效率的建筑，不仅是导致能源紧张的重要因素，而且是使之成为制造大气污染的元凶。据统计，建筑的建造和使用过程消耗了近50%的全球能量。为了减少对不可再生资源的消耗，绿色建筑主张调整或改变现行的设计观念和方式，使建筑由高能耗向低能耗方向转化，依托节能技术，提高能源使用效率并开发新能源，使建筑逐步摆脱对能源的过分依赖，在一定程度上实现能源使用的自给自足。日本有关学者研究得出：在环境总体污染中与建筑业有关的环境污染比例占34%，包括空气污染、光污染、电磁污染等。而生态环境保护正是绿色建筑所追求的目标，也是其价值所在。因此，绿色建筑设计必须深入到整个建筑生命周期中考察、评估建筑的能耗状况及其对环境的影响，建立全面能源观。首先必须注重研制、优化保温材料与构造，提高建筑热环境性能。如在建筑的内外表面或外层结构的空气层中，采用高效热发射材料，可将大部分红外射线反射回去，从而对建筑物起到保温隔热的作用。目前，美国已开始大规模生产热反射膜，主要用于节能建筑的建造。此外，还可运用高效节能玻璃、硅气凝胶等新型节能墙体材料，以提高建筑物的节能效率；其次，研制可再生能源（如太阳能、核能、风力、水力）的收集、存储装置和热回收装置。太阳能是一种最丰富、便捷、无污染的绿色能源，近年来在天津、北京、甘肃、河北等省市得到了大力推广，目前建立了17座被动式太阳能恒温式住宅，以建筑物本身作为太阳能收集器，从而达到室内取暖制冷的目的。

建筑节能是我国节能工作的重点之一，而外墙外保温已成为建筑节能的主产品。对于热工设计时以保温为主的地区，如严寒地区和寒冷地区，外墙外保温不仅合理，而且适用，因此发展较快。而对于热工设计时一般只考虑隔热的夏热冬暖地区，或热工设计时以隔热为主的夏热冬冷地区，目前的一些外墙外保温技术还存在进一步完善的空间。太阳辐射能在建筑物的热环境和能耗方面扮演着十分重要的角色。根据波长的长短，太阳光可以分为紫外线、可见光和红外线。紫外线的波长小于400nm，约占太阳能总能量的5%。可见光波长在400~760nm的，约占太阳总能量的45%。而红外线的波长大于760nm，约占太阳总能量的50%。可见，太阳能主要集中于可见光区和红外区。太阳辐射热通过向阳面，特别是东、西向窗户和外墙以及屋面进入室内，从而造成室内过热，因此这些部位是建筑物夏季隔热的关键部位。《建筑外用太阳能辐射控制涂料标准规程》规定，太阳能辐射控制涂料在环境温度下的红外发射率应至少为80%。辐射隔热涂料能够以热发射的形式将吸收的热量辐射出去，从而使室内降温，达到隔热效果，宜用于夏热冬暖地区和夏热冬冷地区的隔热，且与外墙外保温结合使用效果更佳。作为内墙涂料，常温下低发射率有利于提高舒适度和节能。

二、BIM 建筑性能数据处理和计算方法

在满足使用功能的前提下，如何让人们在使用过程中感到舒适和健康是建筑环境领域研究与应用的主要内容。其中，寻找室内舒适性、建筑能耗、环境保护之间的矛盾平衡点是亟待解决的问题。由 BIM 软件平台构建的深度 BIM（详细建筑信息模型）通过软件输出为不同的数据格式，根据室内环境应用方向的不同，选择合适的数据格式，再输入到专业的分析软件中，就可以有效解决数据一致性的问题，提高建模效率。在各单项分析之后，综合各项结果反复调整模型，寻找建筑物综合性能平衡点，提高建筑整体性能。"BIM 软件平台-数据格式-专业分析软件"构成了 BIM 技术在建筑环境领域综合应用的基本模型。在建筑全生命周期不同阶段的调整均以性能分析的结果为依据，从真正意义上构建可持续性建筑。

（一）BIM 建筑性能分析流程

1. BIM 模型建立

基于项目全生命周期的 BIM 模型是对绿色建筑评估各项指标的基础，BIM 模型的各类信息可用于各个方面的分析与评估，如基于 BIM 模型的空间信息和材料信息，可以研究针对绿色建筑认证的成本分析、能量分析等。这些性能分析成果与 BIM 在项目全生命周期中的变化和积累相互呼应，如能量分析、投资分析和成本分析等，都是随着 BIM 模型全生命周期各个阶段的变化而变化。最后，可以从 BIM 模型的多个方面出发，在 3D 模型、价格数据、材料数据等各种数据库的支持下，对建筑体的各个方面进行绿色评估分析。特别是在对热能分析、能效分析、材料、空气质量等周边环境进行全面的分析后，参照绿色评估的标准进行对比与信息的反馈，可以进一步完善建筑的绿色性能，并支持绿色建筑的评估决策。

建模必须忠实于图纸的设计方案，一般在设计过程中，设计人员会根据图纸进行建模。模型建立后，需要对设计方案进行调整时，设计人员可直接在模型中进行调整，直到得到满意的结果，并最后将结果反映到图纸上。

2. 边界条件数字化

建筑物间距、体型、高度和围护结构热工参数以及可利用的节能技术等与其所在地区的气候条件关系密切。利用气象数据，通过 Weather Tool 等工具进行建筑所在地的气象分析，给建筑设计提供数据支持。以气象数据为例，可以进行以下一些分析。

（1）最佳朝向与最佳舒适度区域分析

如图 3-15（a）所示，黄色部分表示最佳位置，绿圈表示全年各方向平均辐射量，红色箭头表示最热的三个月中最大辐射量的方向，蓝色箭头表示最冷的三个月中最大辐射量的方向，绿色箭头表示全年平均辐射量最大的方向，黄色箭头表示最佳朝向，从图中可以明显看出哪个朝向适合利用太阳能。图 3-15（b）中黄色区域为热舒适区间，蓝色区域表示逐日的频率（以点形式绘制全年 8760h 的温湿度数据）。

（2）太阳辐射分析

图 3-16 为最佳朝向位置的太阳辐射：红色区域代表过热期，蓝色代表过冷期，粗黄线代表该方向上太阳直射的平均值。太阳辐射分析为太阳能的合理利用提供了数据支持。

（3）自然通风分析

合理的自然通风对建筑的能耗和提高室内空气质量以及舒适性至关重要。合理的通风

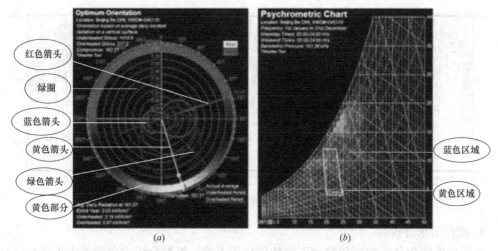

图 3-15　最佳朝向与最佳舒适度区域分析

(a) 建筑朝向分析；(b) 最佳舒适度区域分析

组织一方面可以在夏季带走室内热量，减少空调使用从而起到节能的作用；另一方面，还有助于室内空气流动，保证建筑室内空气质量。Weather tool 集成气候分析工具能够根据典型气候数据对建筑周围的风环境进行分析，如图 3-17 所示为室外风环境分析。

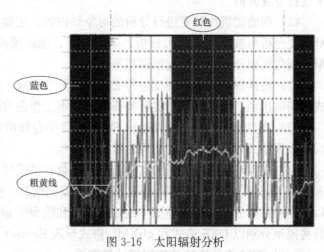

图 3-16　太阳辐射分析

（4）相对湿度分析

相对湿度是指单位体积空气中实际所含的水气多少，它将影响建筑的能耗和舒适度。如图 3-18所示，是建筑所在地区的逐时相对湿度分布图示，图中的绿色表示逐时相对湿度。由图可知，该地区空气相对湿度的变化趋势基本与气温保持一致，在处于过渡季节的时间里，相对湿度的昼夜变化较大。

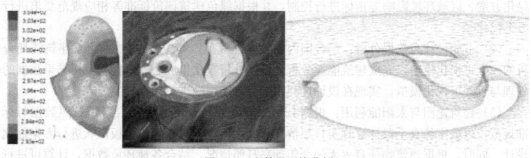

图 3-17　室外风环境分析

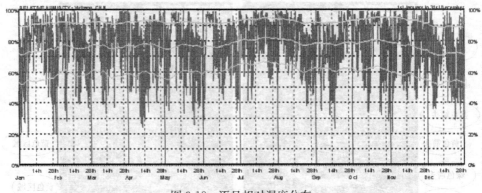

图 3-18　逐日相对湿度分布

3. 指标需求分析

不同的性能化分析需要建筑物不同的信息作支撑。根据分析方向的要求将详细建筑信息模型中的信息提取、简化、整理后，转化为不同的文件格式，再导入到各专业分析软件中进行专业分析。

（1）明确建筑物需要进行分析的对象和内容。主要进行建筑所在地的气象数据分析、舒适度分析与被动技术应用分析、采光分析、能耗模拟与分析、声环境分析、热环境模拟、烟气模拟分析和人员疏散模拟等。

（2）将详细建筑信息模型进行必要的拆分和删减。根据分析对象和性能化需求，整理成不同的模型。根据以往的实际操作经验，本工作在 Revit 软件平台中完成较为便利。

（3）将整理好的对象文件通过 Revit 软件平台和相关软件导出为不同的文件格式。不同的数据格式对应于建筑的不同性能分析目标。

（4）根据专业分析工具的需要将不同的数据格式导入，对局部进行调整，补充不完善和丢失的信息。由于 gbXML 格式只能导出空间信息，空间以外的遮阳物体无法提取，所以将模型再拆分，拆分成模型中的遮阳物体和模型中 gbXML 格式可提取的空间信息，最后将模型分别以 DXF 格式和 gbXML 格式导入 Ecotect。

（二）BIM 建筑性能分析指标计算方法

1. 不同建筑性能指标的应用

（1）规划设计方案分析与优化：根据建筑规划布局、场地分布、建筑单体数据、道路设计、环境设计等信息进行规划方案的各项经济技术指标分析，对日照、土地资源利用、绿化方案、区域环境影响等指标进行控制，并根据绿色建筑评价标准等相应规范要求进行方案优化。

（2）节能设计与数据分析：结合国内各种标准规范，基于 BIM 技术建立建筑能耗分析的三维可视化模型，完成建筑能耗分析模型的分析数据生成、建筑能耗分析结果数据的处理与直观可视化模拟，实现在设计过程中结合节能标准进行预期控制。

（3）建筑遮阳与太阳能利用：根据 BIM 建筑信息模型数据，结合各地日照数据与标准规范，以数字仿真手段计算真实日照情况及周边环境，对建筑遮阳板形状进行方案优化设计。同时，根据建筑物任意表面的全年动态日照情况，结合各地环境数据，计算可进行利用的太阳辐射能量，用于各类太阳能采集、发电与集热等设备的方案设计与优化设置，实现可再生能源的最大化合理利用。

（4）建筑采光与照明分析：基于 BIM 建筑信息模型数据，进行周边环境影响下的建筑室内采光计算分析；根据分析结果，对周边环境影响下的室内采光设计进行优化。根据不同照明设备的参数数据，进行任意形状的房间三维照度计算和仿真模拟，并依据照明部分相关规范以及实施不同照明方案的能耗计算结果进行方案优化。

（5）建筑室内自然通风分析：结合 BIM 建筑信息模型数据，建立多区域网络分析模型。参照国际上通用的热舒适性评价方法，建立自然通风状况的评价标准。结合各地区外在、内在因素的影响，进行分析模型建立、模型转换和模型提取与分析，将分析结果以可视化方式进行动态模拟。

（6）建筑室外绿化环境分析：根据植物绿化设计对生态环境的各项影响因素，如调节温度和空气湿度、防风固沙、防止水土流失、吸收二氧化碳放出氧气、吸收有毒气体、吸尘滞埃、杀菌抑菌、衰减噪声等，结合三维建筑信息模型数据，列出各项影响参数，最后纳入生态园林的评价标准。

（7）建筑声环境分析：基于 BIM 建筑信息模型数据建立模拟声环境，包括声场边界条件的界定、声源的确定。以一种合理的方式建立声线数量和声音强度之间的数量关系，根据确定的声线数量计算声音的强度对建筑环境的影响，将分析计算结果以可视化方式进行模拟。

2. 分析技术流程

真实的 BIM 数据和丰富的构件信息能够给各种绿色建筑分析软件提供强大的数据支撑，并确保结果的准确性。目前包括 Revit 在内的绝大多数 BIM 相关软件都具备将其模型数据导出为各种分析软件专用的 gbXML 格式文件的能力。绿色建筑设计是一个跨学科、跨阶段的综合性设计过程，而 BIM 模型则正好顺应此需求，实现了单一数据平台上各个工种的协调设计和数据集中，使跨阶段的管理和设计完全参与到信息模型中来。BIM 的实施，能将建筑各项物理信息分析从设计后期显著提前，有助于建筑师在方案甚至概念设计阶段进行绿色建筑相关的决策与控制。

然而，我国的绿色建筑发展刚刚起步，还存在许多问题。在绿色建筑实践方面仍然存在许多制约因素，主要表现在：缺乏绿色建筑的意识和知识，缺乏强有力的激励政策和法律法规，缺乏系统的标准规范体系，缺乏严密的行政监管体系，缺乏合理的城市能源结构等，尤为关键的是缺乏有效的新技术推广交流平台。各类绿色建筑相关规范分散于各个专业设计过程中，无总体规划控制手段和具体实施方法，很难在规划设计整个过程中对建筑"四节"的影响、建筑与周围环境的相互作用以及可再生能源利用等方面进行量化分析与评估。目前仍没有一个完善的辅助设计系统，在规划、设计、施工、运行各阶段对建筑进行定性和定量评估，同时还缺乏绿色建筑的设计思维和推广力度。

基于三维图形平台，对建筑在方案设计、结构体系、材料使用、能源消耗等方面的数据进行提取、计算与分析。根据建立的三维建筑信息模型，在模型中集成各专业的相关数据，研究数据交互、处理与分析方法；对建筑总体布局、规划方案、设计方案、结构体系、建筑材料、供热制冷、温室效应、人工照明、室内通风、建筑声环境及日照质量等因素进行数据统计与分析。基于分析结果对绿色建筑设计方案进行量化分析，并根据绿色建筑设计要求对相应各专业设计进行优化调整。其主要技术流程如图 3-19 所示。

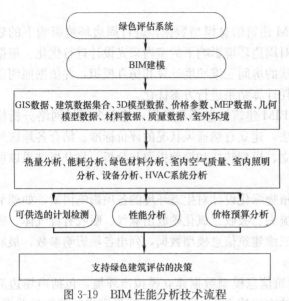

图 3-19　BIM 性能分析技术流程

性能分析工作最基本的载体来源于 BIM 模型。该模型必须是严格按照设计图纸构建，同时将建筑构件的属性信息附在建筑模型上，通过 BIM 模型工具对其属性信息进行提取，再将构件性能分析用的专业分析模型导入到专业性能分析软件中，通过综合气象数据、建筑使用的基本规律等边界条件，最后计算得到模型的各个性能指标。图3-20为 BIM 性能分析工作流程图。

3. 成果的表达

基于三维图形平台，建立三维可视化建筑模型，并在三维模型中集成相关分析数据。对绿色建筑各项分析数据结果的可视化表达，将分析结果以图像、图表、三维状态模拟等方式进行表述。

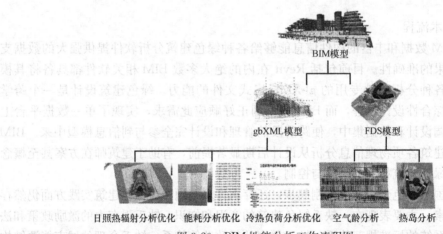

图 3-20　BIM 性能分析工作流程图

三、BIM 建筑性能指标分析与决策控制

1. 建筑性能指标分析的内容

基于业内专家、学者的研究成果，BIM 在以下方面对建筑的可持续设计提供支持：包括建筑取向（选择一个好的朝向可以降低能源成本）；构建体量（分析建筑形式和优化外形）；采光分析；集水（减少建筑的水需要）；分析可再生能源建模（减少能源需求，优化能源选择——降低能源成本）；可持续材料（减少材料需求和使用可回收材料）；场地和物流管理（减少废物和二氧化碳的排放）。因此，基于 BIM 的建筑性能指标分析主要有以下几个方面：

（1）设计方案优化：根据建筑的规划布局、功能分区、建筑周围环境以及建筑本身的参数对设计方案的各项技术指标进行分析。应用 BIM 软件，建立建筑本体及周围环境的可视化 3D 模型，从各个方面对建筑设计效果进行模拟。对建筑的太阳能利用、绿化方案等指标进行分析，并根据绿色建筑设计规范的要求对设计方案进行评价和优化。图 3-21 为某项目规划 BIM 模型。

（2）建筑节能模拟与设计：通过对建立的 BIM 模型进行数据转换得到建筑能耗分析的三维可视化模型。结合国内各种标准规范和项目所在地的外在与内在因素完成建筑能耗模型分析，通过对相关数据的分析处理，实现在设计过程中提前预测并控制建筑的节能指标。

（3）建筑遮阳与辐射分析：基于建立的 BIM 模型，结合项目所在地区

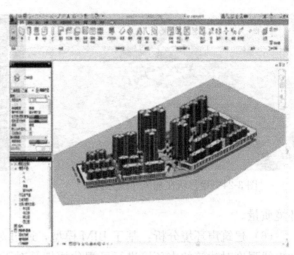

图 3-21　项目规划 BIM 模型

的气象数据参数与标准规范，在三维状态下模拟建筑在不同时间建筑物的阴影遮挡和建筑各个立面的辐射情况。根据计算结果，对建筑的遮阳板等太阳能设备的形状、位置等进行优化以充分利用太阳能；对建筑的阴影遮挡与采光进行优化，从而满足建筑的舒适性要求。图 3-22、图 3-23 分别为建筑立面采光分析图与小区建筑太阳遮挡分析图。

图 3-22　建筑立面采光分析

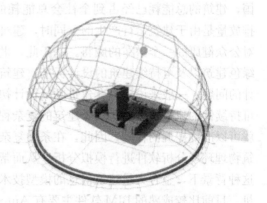

图 3-23　小区建筑太阳遮挡分析

（4）建筑自然通风：结合 BIM 模型和项目所在地的气候数据，通过模型数据转换和提取，建立分析模型。参照国际上通用的热舒适性评价方法，以及各地区内在和外在因素的影响，对风环境空气龄、风速和风压进行模拟分析，得出空气的流动形态，并将分析结果以可视化方式进行动态模拟。根据分析结果合理调整建筑设计的朝向、造型、自然通风组织等，提高建筑的自然通风和空气质量。图 3-24 为项目所在地风环境分析，图 3-25 为风速度矢量图。

（5）建筑室外绿化环境分析：建筑室外环境分析是绿色建筑的重要内容。基于 BIM 的建筑室外环境分析是根据建筑的调节温度、相对湿度等影响因素在三维模型中就建筑的选址、绿化设计等问题进行模拟，根据模拟结果合理调整与处理室外环境以提高建筑室外

图 3-24 项目所在地风环境分析

图 3-25 风速度矢量图

环境质量。

（6）建筑声环境分析：基于 BIM 模型，通过对定义声场边界条件、声源、声线数量和声线强度对建筑的声环境进行可视化模拟。对于小区的声环境可通过 BIM 模型三维模拟声音穿过的过程，通过合理的规划和布局来控制噪声的传播。对于单体建筑，通过模拟建筑的隔声效果和回声效果，改善建筑的声环境。

2. 建筑性能指标分析数字化实施方法

（1）性能分析在项目全生命周期中的实施阶段

当今社会，伴随着建筑业的迅猛发展，自然资源面临着巨大的消耗，不可再生能源、淡水、天然材料、可耕作土地等正走向枯竭，温室气体的排放总量也在大幅增加。在我国，建筑的总能耗已经占到全社会总能耗的四分之一左右。而从全球来看，40％的 CO_2 排放量是由于建筑运行产生的。同时，建筑内恶劣的空气质量也是众多疾病的传播源，是对公众健康的一个潜在的威胁。基于此，世界上已经有 26 个国家和地区推出了建筑节能、绿色建筑以及可持续建筑的设计标准。建筑师和规划师在设计中越来越需要考虑可持续设计的问题。一般来说，只有建筑师从设计初期就具备可持续的设计观，才可能真正设计出可持续性的建筑。然而，当今建筑的复杂程度已经大大超过了仅凭建筑师主观判断或经验就可以准确把握的程度。因此，在条件复杂、存在较多不确定性的情况下，就必须借助建筑物理环境分析软件进行模拟分析，从而帮助建筑师做出正确的判断，优化设计方案。在这种背景下，整合大量建筑信息的模型技术应运而生，这也给可持续设计带来了改善的契机。目前比较成熟的 BIM 软件主要有 Autodesk 公司的建筑设计软件 Revit Architecture、结构设计软件 Revit MEP、土木与基础设施软件 NavisWorks 和 Buzzsaw，Graphisoft 公司的 ArchiCAD，以及 Bentley 公司的 Microstation TriFrma。

据统计，在美国已经有 48％的建筑设计事务所采用了 BIM 方法。而且美国总务局（GSA）也率先要求政府工程只有提交 BIM 方案，才有中标的可能。并且，在使用 BIM 的条件下，GSA 鼓励"建筑设计过程中采用精确的能耗评估"，以推进在设计的早期阶段使用 BIM。目前世界上主要的建筑物理环境性能分析模拟软件约有 350 种，但是，由于各种软件接口不统一，几乎在使用每一种软件时都要重新建模，输入大量的专业数据。大多数情况下，建筑师既没有精力，也没有专业的知识背景来学习这些软件，运用信息模拟来进行可持续性建筑设计的操作难度就大大增加。也正是如此，BIM 的优势就逐渐凸显出来。通过建筑信息模型在建筑设计软件与建筑物理环境性能化分析间的信息传递，可以节省大量的重复建模与约束设置的时间，大大提高设计和分析的效率。

（2）性能分析在项目中与建筑设计的流程结合

总的来说，BIM 复合设计流程是将设计方案 BIM 模型化后，通过性能分析检查、建筑构件空间检查，以及设计师对设计方案空间感觉的评估后，修改优化设计方案的一种工作流程。图 3-26 为基于 BIM 的复合设计流程图。

BIM 复合设计流程主要是设计方案在各单项分析之后，综合各项结果反复调整模型，寻找建筑物的综合性能平衡点，提高建筑整体性能。集"设计软件平台-数据格式-专业分析软件"于一体，构成 BIM 技术在建筑环境领域综合应用的基本模型。在建筑全生命周期不同阶段的调整，均参考性能分析的结果，并综合考虑建筑设计的规划和经济指标，从真正意义上构建可持续性建筑。

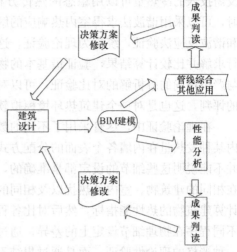

图 3-26　基于 BIM 的复合设计流程图

3. BIM 建筑性能分析指标的理解

绿色建筑设计需要考虑的典型问题包括：①减少不可再生资源耗费和节约资源；②提高能源利用效率，使用可再生能源；③减少环境污染，保护自然生态；④室内环境质量保障；⑤良好的社区环境。针对以上主要问题，绿色建筑预评估系统应建立涵盖完整设计流程的设计与评估数据一体化的建筑数据模型体系，以此为依据在规划设计阶段为各专业提供相应的设计处理与分析计算工具，并参照相应规范进行检查与评估，以保证预评估系统在设计过程中对绿色建筑各要素的控制。

如何保证建筑性能模拟软件给出的结果能够正确地反映其实际模拟对象，这是建筑热模拟领域一直探讨的问题。在 20 世纪 70 年代初出现建筑模拟软件时，这一问题便随之产生。为此，美国、加拿大、日本等国都曾专门建造了实验性建筑进行测试，期望能够对模拟软件加以验证。但经实验发现，测得的结果与模拟结果总是难以吻合。后经研究发现，由于建筑热状况受多种因素的影响，且难以全部精确测定，故而无法用实际建筑进行严格的测试比较。

真正要验证模拟软件的正确性，首先要弄清楚可能出现问题的原因，然后以此为依据设计检验或验证的方法。根据分析，模拟软件产生错误的原因主要有三种：①程序及计算方法的问题，包括算法错误、计算不收敛、代码错误等；②物理细节参数设定问题，如表面传热系数的确定等；③某些假设的合理性问题，如将三维传热简化为一维传热进行模拟，表面传热系数的常量近似等。

针对这些问题，经过近 20 年的研究与实践，基本上发展出一套建筑热环境模拟分析程序验证的系列方法，主要包括以下三种验证方法：理论验证、程序间对比验证和实验验证。

（1）理论验证

理论验证是指在某些特定的能求得理论解析解的工况下，将数值模拟结果与理论解析结果进行对比，对模拟结果进行验证。这种方法可以有效地找出由于编程错误和算法不当所引起的问题。

对建筑热工求解来说，能求得理论解析解有两种情况。一种是外温、太阳辐射、室内发热量等影响建筑热状况的因素（以下简称为"热扰"）均为恒定的情况下，室内的温度及需投入的冷热量可以用稳态的热传方程求得；另一种是各种室内外热扰为周期性变化时，可以采用谐波法求得室内热响应的解析解。将这两种情况下的验证分别称为稳态验证和谐波反应法验证，统称为理论验证。这种理论验证是对同一对象利用不同的数学模型进行求解并比较计算结果，验证最基本的物理原理和简化模型有没有概念性错误。通过这种与严格精确的解析解的对比验证，可以对建筑热环境模拟软件计算结果的正确性做出基本的评判，这也是对一个建筑热环境模拟软件最基本的要求。

在理论验证中，尽管采用了不同的数学计算方法，但其中的物理细节是相同的，如室内某种发热量在内墙各个表面的分配方式，表面传热系数的确定等，因此理论验证的通过并不能说明这些细节的设定都是准确的，由此提出了程序间对比验证的方法。这种方法是在相同的建筑物、室内外热扰以及相同的设备控制方案等前提下，分别用不同的模拟程序计算建筑物的热性能指标，然后对比各程序的计算结果，以检验不同程序的一致性，找出不同程序在物理细节设定上的差异，通过理论分析来确定较好的设定方法。这种验证并非一种严格的理论性验证，而是通过集结不同研究团体的研究成果，以避免个体受其本身局限而造成的疏漏或错误。

（2）程序间对比验证

程序间对比验证是在理论验证的基础上进行的更深入更细致的验证工作。当一个模拟程序通过理论验证这一正确性的基本要求后，应该与其他同类型的模拟程序进行比较，以检验其自身在物理细节上的设定，完善其物理模型，这也是对模拟程序的一个基本要求。

鉴于实际建筑物的复杂性，模拟程序在建立建筑模型时都会做一些简化，如将墙壁的三维传热简化为一维进行计算，认为墙壁物理性质是不随时间变化的等，这些都是模拟计算的基本假设。这些基本假设是否会给计算结果带来较大误差，这在理论验证和程序间对比验证中都还难以说明。理论验证只验证了两种极端情况，而程序间对比验证也是在进行了各种类似的假设后得到的结果，即使所有的程序模拟结果都是一致的，也不能肯定它们就是正确的，因为实际情况并未被准确了解，因此这些假设的正确与否只有通过实验的方法进行验证。

（3）实验验证

实验验证是把各程序的模拟结果与实测记录进行比较，以评价各程序的准确性与可靠性。但由于建筑的复杂性，实测过程不可避免地会存在误差，因此，即使模拟结果与实测记录吻合，也不能说明该程序一定正确。另一方面，验证的正确性并不一定能保证正确反映实际事物。也就是说，即使某程序的模拟结果和某建筑的实测结果相吻合，也不能保证当建筑物改变类型、结构、规模等特性时，该程序还能给出符合实际的模拟结果。

综上所述，上述三种验证方法各有特点，互为补充。在程序开发阶段，一般可先采用理论验证的方法，保证最基本的物理原理和数学模型不出现概念性错误，进一步将所开发的程序与应用较广泛的同类程序进行程序间对比，找出一些较明显的错误或不足，进一步完善。程序编写完成并经一定的测试后，可参加有组织的实验验证，或自行组织实验验证，再进行不断的改进和提高。

4. BIM 建筑性能分析指标成果的判读

本节以某产业基地规划方案模拟为例进行论述。

（1）建筑日照模拟分析

1）建筑的遮挡投影分析

建筑阴影遮挡分析能够根据建筑周围的环境以及太阳运行的情况在三维视图下显示周围建筑对它的遮挡。当今社会各种高楼大厦越来越多，阴影遮挡分析因此变得尤为重要。本案例通过将 BIM 模型导入 Ecotect Analysis 软件后，根据项目所在地的气候数据和太阳运行轨迹，在三维视图中分析建筑全年的阴影情况。如图 3-27 所示为建筑在冬至日的阴影范围。

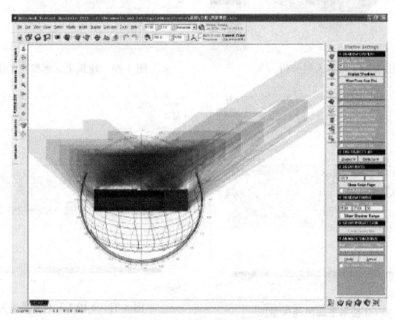

图 3-27 建筑在冬至日的阴影范围

2）建筑太阳辐射分析

太阳辐射不仅可以从透明的围护结构传入室内，还可以通过墙体、屋顶等非透明的维护结构将热量传入室内。因此本案例利用 Ecotect Analysis 的太阳辐射分析功能模拟分析了建筑的外墙以及窗户等受到的太阳辐射照度情况，从而为建筑师在设计时提供依据。对于该建筑的太阳辐射分析，本案例计算了建筑在大寒日的辐射时间累积和建筑的辐射量。如图 3-28 所示，日照时间的长短以颜色区别，具体如右上角标尺所示，单位为小时。图中蓝色区域的日照时间最短，而黄色区域的日照时间最长。图 3-29 为建筑南立面窗户的辐射量分析，通过将建筑各立面的太阳辐射量与规范进行对比，来判断建筑是否符合节能标准，从而达到合理利用太阳能的目的。

（2）室内通风模拟

本案例对建筑室内的通风分析是通过 ANSYS 实现的。将建筑 BIM 模型通过 dwf 格式转换后通过信息互用将模型导入 ANSYS 软件，模拟建筑 3 楼的水平面 1-1 剖面和 2-2 剖面在不同风速下的流场分布情况。图 3-30～图 3-32 分别为建筑 3 楼的 3 个正方向的风速矢量图。图中箭头颜色越冷，则表示风速越低。箭头颜色越暖，则风速越高。

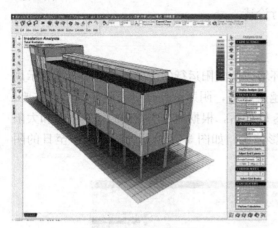

图 3-28　太阳入射分析

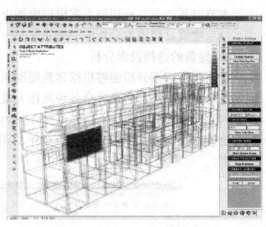

图 3-29　建筑南立面窗户的辐射量

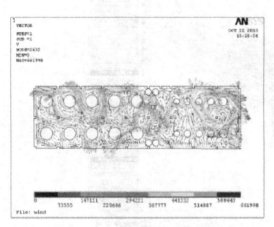

图 3-30　3 楼水平面风速矢量图

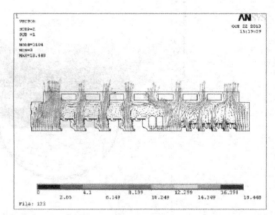

图 3-31　3 楼 1-1 剖面风速矢量图

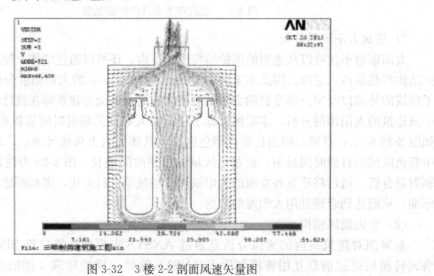

图 3-32　3 楼 2-2 剖面风速矢量图

从日照模拟与室内通风模拟分析成果来看，建筑的围护结构的保温性能良好，通风导致建筑的得失热量较大，促使建筑的冷热负荷较大，总体来说该建筑的热工性能和保温措施良好，基本符合建筑节能标准。此外，在图 3-30 中有几处风产生了回流，形成漩涡，这说明建筑的出风口位置设计得不是很好。在本案例中，如果风产生回流，会将一些本来应该排出去的有害气体又吹了回来，对人的健康和产品质量均会产生不利影响，因此可适当调整窗户的位置或窗口大小以改善建筑的通风性能。

第五节　基于 BIM 的设计优化与实现

一、Revit 平台设计与分析

1. Revit 简介

Revit 是根据 BIM 思想而开发的三维建筑设计平台，同时也是 BIM 的具体体现。在 2013 版本之前该平台主要提供了三个软件：Revit Architecture、Revit Structure 及 Revit MEP，分别针对工程设计的三个领域，Architecture 主要应用于建筑设计，Structure 主要应用于结构设计、MEP 主要应用于给水排水、采暖、空调、电气设计。Revit 的设计理论和思路非常先进，是基于三维 BIM 技术的设计软件的典型代表。Revit 平台在国外应用已经非常成熟，在国内各大设计院也开始争相使用。

2. Revit 的基本概念

（1）构件：一座建筑物由许多构件组成，有墙、楼板、梁、柱、门、窗、管道等，这些构件可以划分为不同的类别。在 Revit 中，就是以这些构件作为项目的基本单元，有时也把构件称作图元。同时，图元并不单指墙、门、窗、梁、柱等具体的建筑结构构件，文字注释、尺寸标注、标高等也属于某种类型的图元。放置到建筑信息模型中的所有对象都属于某一类别，例如项目中所有的梁都属于梁类别，所有的门都属于门类别。这种广泛的类别可以被进一步细分为族。

（2）族：族是 Revit 中的一个重要的概念，是创建构件的模板，是一个包含通用属性集和相关图形表示的图元组。属于同一个族的不同图元的部分或全部参数可能有不同的值，但是参数的集合是相同的。根据定义方法和用途的不同，族可以分为三类：

① 系统族：系统族是 Revit 中预定义的族，包含基本建筑结构构件，墙、梁、板、柱、坡道、楼梯等。轴网、标高、明细表、尺寸标注、文字等一些视图图元、注释符号图元也都属于系统族。用户可以复制和修改现有系统族，但不能创建新系统族。

② 标准构件族：标准构件族包括在建筑设计中使用的、除了系统族以外的常见构件和符号。可以使用 Revit 中的族编辑器和标准族样板来定义族。标准构件族可作为独立文件存在于建筑模型之外，也可以将标准构件族载入项目，从一个项目传递到另一个项目，如果需要，还可以从项目文件中保存到用户的库中。

③ 内建族：内建族是在当前项目内创建的族，仅存在于此项目中，不能载入其他项目。通过创建内建族，可在项目中为项目或构件创建唯一的族。

（3）类型：族是类似几何图形的编组，一个族因为尺寸的不同可以分为多种类型。

（4）实例：实例是放置在项目中的实际项，是类型模板的具体化。类型是唯一的，但是任何类型都可以有许多相同的实例。

（5）属性：通常在建筑模型中创建的构件拥有两类属性，即类型属性和实例属性。同一类型构件中具有相同属性值的属性称为类型属性，类型属性不会随构件位置的改变而发生变化。随着构件在建筑中或项目中的位置变化而改变的属性称为实例属性。

3. Revit 平台的特点

（1）Revit 平台绘图方式以三维设计为主，平面设计为辅，二维与三维自由切换，如图 3-33 所示，设计师可从多视图、多角度建立模型，保证建筑模型的精确度。通过 Revit 三维模型还极易生成建筑设计的平、立、剖视图，可以从多视图进行功能测试，确定某些功能的适用范围，并从多个视图确定优化的结果，如图 3-34 所示。

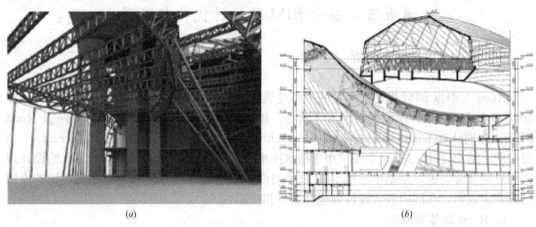

(a)   (b)

图 3-33 某艺术馆二、三维设计效果图
(a) 局部三维结构设计；(b) 局部二维结构设计

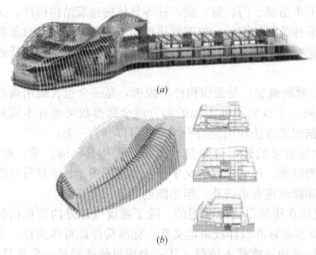

(a)

(b)

图 3-34 某歌剧院的结构信息模型及对应的局部详图
(a) 结构信息模型；(b) 结构信息模型的局部详图

（2）Revit 支持横向不同设计专业之间的集成，对于设计的纵向，从概念设计、深化设计、施工图，到图纸交付等环节也有着不同层次的具体应用，当然这依赖于设计人员具体工作流程的设计。此外 Revit 支持同一个专业的不同设计人员协同工作，通过工作集将设计工作划分为多个实现单元，不同设计师可以"并行"工作。同时，多个用户可以通过构件共享的机制针对某个工作集并发操作。工作集的划分是建立在构件级别上以一种非常自然的方式划分的。

（3）Revit 平台的核心是数字化建筑图元，即"族（Family）"，通过自定义族信息可保证三维信息模型数据的完备性。在 Revit 平台设计时，所使用的图元都为已经准备好且可立即启用的族。因 Revit 族为数字化，故模型信息与模型双向驱动，即修改模型时对应信息自动发生改变；反之，当信息改变时，对应的模型也自动发生变化。如图 3-35 所示，通过修改族参数所得到的某歌剧院屋顶方案与修改后的对比图。

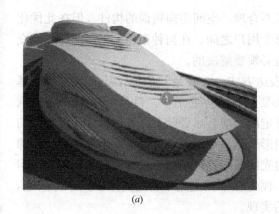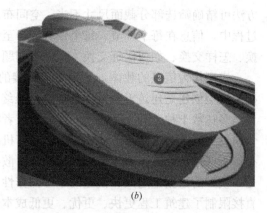

(a)   (b)

图 3-35　某歌剧院屋顶基于 Revit 的方案设计效果图
(a) 方案设计；(b) 修改之后

Revit 依赖族创建实体模型，所建立的建筑模型设计不仅是一个模型，也是一个完整的数据库。Revit 开放了基础的 API，在此基础上可以对模型的数据进行提取，对后续建立的数据存储与访问机制进行测试，并为优化功能模块关键算法的实现提供平台。

二、基于 BIM 的建筑工程设计优化分析流程

基于 BIM 的建筑工程设计优化流程不同于传统的设计优化流程，传统设计优化主要是针对设计结果的优化，但基于 BIM 的优化过程却伴随着工程设计的整个阶段，与传统设计过程相比发生根本性变化。基于 BIM 的设计优化过程从数据的创建组织开始，经过模型的建立与共享，并最后通过功能模块对整体方案进行优化，如此才能达到最佳优化效益。反之，功能模块的优化能够对已创建的模型进行再一次的优化，如结构构件自动布置功能是对现有建筑设计模型的补充，管线碰撞智能调整是对现有模型的改善等。同理，模型创建过程中根据实施情况需要补充自定义的数据，此过程也是对已创建信息的补充和完善。基于 BIM 的建筑工程设计优化流程如图 3-36 所示。

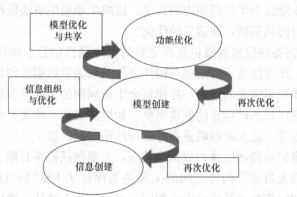

图 3-36　基于 BIM 的优化设计流程

BIM 技术以三维可视化技术为基础，以信息为核心，且面向建筑工程的全生命周期。全生命周期中的每一个环节、每一个领域均有所对应的信息作为支持，信息以三维模型为载体，贯穿设计优化的每一个环节。应用 BIM 技术可以从根本上实现传统方法无法实现或者难以实现的优化内容。在三维模型的基础上，通过场景漫游、动态观测、快速定位等方法可精确筛选部分截面尺寸不当、空间布局不合理、空间走向错误的构件。但在此优化过程中，信息在每个环节、每个领域，乃至每个用户之间，在何种架构上采用何种方式交换、怎样交换、如何保证交换一致性等问题是必须要解决的。

模型作为信息的载体，是信息最直接的表达方式，并且是其他优化功能可实现的基础。模型创建是建筑工程设计环节自始至终都要进行的重要工作。目前 BIM 模型创建软件已多达数十种，分别针对不同的领域或者特定的功能。尽管随着计算机软件硬件配置的快速发展，尤其是计算能力的增强，计算机图形表达愈加逼真，并且能够模拟多种类光源条件下（单一光源、多光源、直射光源、散射光源等）的模型光照随视角变化的效果。但是，模型的数据量过大、模型的不可操作性、模型在不同应用平台之间难以共享等问题，直接限制了建筑工程更快、更优、更低成本的实现。

优化功能模块面向整体的设计方案，就某一个特定的过程而提出解决方案。该类过程一般具有操作单一重复、耗费大量工作时间、可编程实现等特点。此类过程通常不可避免，且解决结果很大程度上决定了设计方案的质量。优化模块应用计算机精确的计算能力和高效的处理能力可以对设计方案中的某一类过程进行比较彻底的优化。一方面，根据具体工程情况及相关工程规范，在设定参数与实现条件的基础上可以对设计过程进行优化，在最短的时间内实现高质量的工作，如在建筑设计模型基础上进行结构构件自动的生成；另一方面，可以对设计结果进行深化设计，检索出其中不符合规范要求的部分，如碰撞检测、管线净高检测等。

1. BIM 信息的创建与优化

BIM 以信息为核心，以三维模型为基础。信息先于模型产生，模型因信息而具有使用价值。在建立 BIM 模型之前，对全生命周期内的关键数据的创建与组织，是建立可靠有价值的 BIM 模型的关键。目前，BIM 模型的信息创建与组织成为 BIM 应用需要解决的难题之一。该难题主要有两方面的问题需要解决：一方面，在建筑全生命周期的角度上，如何确定一个完整的 BIM 解决方案所需的信息；另一方面，所需要的信息以何种方式组织，从而满足信息在建筑全生命周期内的共享。这两个难题的解决依赖于完备的数据基础和有效的数据存储与访问基础，即信息的优化。

一个 BIM 项目完备的信息基础包含有完整的构件属性信息、构件几何信息、构件空间信息。除此之外，还应注重工程信息与构件之间关联关系数据的创建。工程信息面向工程过程，是一个逐步积累完善的过程，在建筑全生命周期的不同环节所创建的信息内容不同。在设计阶段重点保证基础信息的创建完整，如构件名称、所属类型、材料、造价、规格尺寸、能耗、排量等。施工阶段则重点考虑构件供应商、施工工序、进度、设计变更等信息的完善；运营维护阶段则以维护数据为重点，主要包括损坏日期、维修时间、维护人员、检修时间、检修人员等。构件之间的关联关系保证了 BIM 信息的整体性与系统性，关联关系由构件之间的依赖关系所决定，如门、窗等依赖于墙体，墙体依赖于楼层，楼层依赖于建筑，建筑依赖于场地，工程则依赖于所有的构件，以上所有的信息应在工程规划初期根据建筑用途等因素进行有效积累与完善，避免因后期数据的缺失而导致项目的停滞或者变更。

在完备的信息基础之上，对其进行有效存储与访问是实现 BIM 交互性的重要过程。BIM 数据交换涉及不同领域、不同环节、不同 BIM 平台，其实现的基本条件就是标准化的数据交换形式。IFC 是国际唯一被广泛应用的数据交换标准,是支持 BIM 数据交互共享的重要保障,为数据的组织、交换方式提供了一个通用的标准。此外,IDM(信息集成手册)与 IFD(接口设备)也是支持 BIM 体系的重要技术,分别解决了要交换什么信息及确定交换信息与所需信息的一致性等关键问题。

信息创建优化过程针对不同的应用环节所采取的策略不同,按照信息所处环节的不同进行有效组织。在前期的规划与设计阶段信息主要为来自业主的需求与实际的物理信息(场地、气候、光照、经纬度等),以及构件的基本信息。以墙体为例,主要有:厚度、功能、结构材质、防火等级、传热系数、热阻、热质量、吸收率、粗糙度、成本等。之后,在此基础上进行新的信息的提取与扩展,设计环节侧重于建筑空间的有效面积、楼层承重、安全等级,以及门窗等开口的位置及大小、设备的部署、综合管线的布局等。深化设计则是进一步对上述信息的完善与确定;施工环节则注重进度安排、设计变更、设备采购、构件加工等信息的扩展;运营维护阶段主要是空间管理(如租赁、预分配、再分配等)、设备管理(日常维护、定期检修、故障检修、更新等)、人员管理(职责划分、派发工单、任务管理等)。其中运营维护阶段所扩展的信息占建筑全生命周期的 70% 以上,并随着建筑项目的运营而增加与变更,但设计与施工环节的信息决定了建筑工程的建筑过程、材料用量、整体成本、后期管理方向,甚至工程的成败,所含信息价值非常高。所有的这些信息随着工程进展不断积累,并最终形成面向建筑生命期的完整信息集合。

2. BIM 模型的创建与共享

现有的 BIM 建模软件主要有 AutoDesk 公司的 Revit Architecture、Revit Structure、Revit MEP、Navisworks,Bentley 的 Bentley Architecture、Bentley Structure、Bentley Building,Nemetschek Graphisoft 的 Archi CAD、All Plan、Vector works,Gery Technology Dassault 的 Digital Project、CATIA,以及其他针对特定领域的 BIM 产品,如 Graitec 的 Advance Concrete、Advance Steel、Advance Design 等。信息模型的有效性依赖于完备的信息集合。根据功能信息确定模型的类型、结构等,并根据尺寸信息设计模型的三维轮廓,根据结构信息添加各类组件,根据材质信息添加材质,根据空间信息确定模型的空间位置等。其中模型的几何实体数据量是决定模型是否可用的重要因素。模型数据量过大,一方面占用大量的计算机内存,使得计算机计算能力下降,另一方面使得模拟计算量成倍增加,比如光照条件下需计算光线在每一个几何平面上的反射、折射等数据,计算量成指数级增长。通过反复的测试与验证,模型的数据量与模型创建所使用的平面存在直接的关联,例如应用 Revit 平台所创建的圆柱体采用八边形放样高度 1000mm,数据文件大小为 80kb(数据文件大小非模型数据量大小,但却是衡量模型数据量大小最直接的标准),如果采用 12 边形放样高度 1000mm,数据文件大小为 120kb,若采用 24 边放样同样高度,数据文件大小为 320kb,数据量增长幅度较大。从模型外形逼真效果判断,八边形放样所得模型失真较为严重,24 边形放样所得效果最为逼真但数据量过大,12 边形效果可被接受且数据量不大,能够广泛用于复杂模型的建立。

在 BIM 建模过程中,不同的阶段或者领域采用不同的软件。如在设计阶段,建筑设计可以采用 Revit Architecture 或者 Bentley Architecture,结构设计可采用 Revit Structure 或者 Bentley Structure,钢结构设计可采用 Advance Steel 等,管线设计有 Revit MEP,在节能分析环节有 Ecotect,在施工阶段继承了设计环节的所有信息,可对项目进行 4D 施工模拟、碰撞检测等，主要的应用软件有 Navisworks，运营阶段则是对设计阶段与施工阶段的集成，主要是进行运营维护管理，国际上主流的应用产品有 Archibus 等。

每种软件产品根据自身的应用领域与使用特点定义信息格式与交换格式。Revit 以 RVT 和 RAT 格式的文件作为模型存储文件，以表格形式的文件或文本文件作为报表文件，以 NWG 或 NWF 作为与 Navisworks 软件的交换格式，以 DWG 作为与 AutoCAD 软件的交换格式。Navisworks 作为 BIM 模型转换平台，所支持的文件格式超过 30 种以上，如 DXF、TXT、MOD、DWF、STP、NWC 等。在如此众多的数据格式及交换格式中，软件协同过程复杂多样，如：应用 Revit 完成建筑、结构、暖通、消防、给排水等专业的设计，并将所有专业模型进行汇总，形成完整的建筑信息模型；然后通过 RVT 格式将其提交给 Navisworks，Navisworks 将其转换为 NWF 格式进行碰撞检测、4D 施工模拟等，并将修改信息反馈到 Revit 中；一旦建筑模型最终确立，Revit 导出 DWG 格式的平、立、剖面图到 AutoCAD 中，供施工使用。三维模型可以参考的形式供 SP3D（三维配管软件）、PDMS（工厂三维布置设计管理系统）、PDS（大型工厂设计系统）等平台应用，并可接受 Inventor 所创建的设备模型作为参考。此外，IFC、DWFX、DGN 等国际通用三维模型交换格式可以满足其他符合交换标准的 BIM 产品，以 Revit 为核心的各 BIM 产品之间的模型共享如图 3-37 所示。

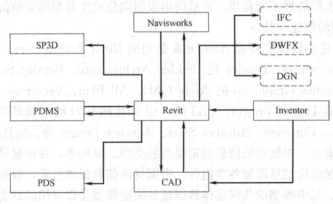

图 3-37　部分 BIM 软件之间的模型共享示意图

3. 功能优化模块应用分析

功能优化模块是工程设计优化最为重要的步骤之一，其主要目的是应用计算机高效的计算能力，依据现有的工程规范，由计算机对某一类繁琐重复的设计工作进行统一自动的实现。在此类工作的实现过程中，设计人员只需进行预先参数设置，或者对实现结果进行少量的修正，而无需全过程参与，因此优化功能模块的应用是解放设计人员劳动力的有效方法，且是高质量、低成本的保障。

功能优化以完备的信息及完整的三维模型为基础，即以前文所述的信息创建优化及模型创建优化为前提，实现设计过程与设计结果的优化。设计过程优化模块旨在提高设计效率，减少工作时间，及时有效地发现并解决设计中不可避免存在的问题。这里所研究的设计过程优化模块以三维结构构件自动布置及工程材料快速统计为主，设计结果优化模块以管线碰撞检测、管线净高检测、管线碰撞智能调整为主。如图 3-38 所示为平台功能优化流程示意图。

如图 3-38 所示，在建筑构件信息确定的基础上，利用 BIM 技术软件设计初始的建筑信息模型，在基于 C/S 架构设计的优化平台上，建立基于 IFC 标准的数据存储与访问机制，结合工程设计规范《混凝土结构设计规范》、《高层建筑混凝土结构技术规程》、《城市工程管线综合设计规范》以及计算机应用技术设计优化功能模块的算法，并运用 C＋＋、C♯语言、Visual Studio 2010 工具加以开发，实现优化设计过程和设计结果。

优化功能模块主要包括 5 个：三维结构构件自动布置、材料用量快速统计、综合管线碰撞检测、综合管线碰撞智能避让及管线净高检测。其中，结构构件自动布置功能以初步的建筑模型及满足规范要求的结构构件设计参数为基础，快速生成结构构件，满足结构设计人员快速生成方案的要求，从而达到解放生产力的目的。材料用量快速统计是在建筑设计与结构设计过程中，以三维模型为基础实时检测当前设计方案材料用量。设计结果优化模块面向当前整体设计方案，主要实现问题检测与问题解决两部分。问题检测旨在检测整个设计方案中存在的问题，如这里所涉及的碰撞检测用于检测结构构件与综合管线、综合管线与综合管线之间的碰撞，碰撞结果以检测报表的形式提交设计人员，供设计人员参考；在自动检测或者人为检测结果之上，根据国家规范、标准或者设计要求将碰撞问题依次解决，如这里所涉及的综合管线智能调整，通过自动调整或者加入人为因素调整实现，解决方案中的综合管线碰撞问题。

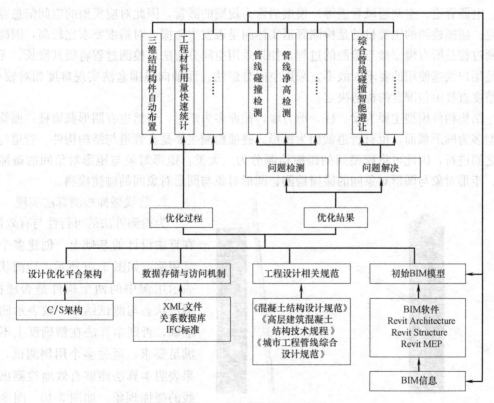

图 3-38　功能优化流程示意图

三、基于 BIM 的建筑工程设计优化与实现

本节以某综合管线碰撞检测与调整为例，阐述基于 BIM 的建筑工程设计优化控制模

块的具体应用与实现。

（一）综合管线碰撞检测模块的设计与实现

基于 BIM 的碰撞检测的主要目的是判断 BIM 三维场景中结构构件模型与管道模型、管道模型与管道模型是否发生物理碰撞，并提供碰撞检测报告或者反馈管道发生碰撞的位置。此外，碰撞检测算法还是管道空间分析、空间规划以及生成剖面图等功能的基础算法。因此，碰撞检测算法是基于 BIM 进行的建筑工程设计优化最为核心的算法之一。

1. 碰撞检测算法的分析

在虚拟现实中，精确的碰撞检测是增强仿真、提高人机交互的重要手段之一。目前碰撞检测主要有层次包围盒法与空间分解法两大类。

空间分解法是将虚拟空间分解为若干个体积相等的单元格，检测过程是通过对占据同一单元格或相邻单元格的几何对象进行相交测试。其缺点是存储量大、灵活性较差。层次包围盒法的原理是用体积略大于几何对象，且形状简单的包围盒表示复杂的几何对象，碰撞检测主要通过包围盒间相交测试完成。层次包围盒能有效判断两个几何对象不相交，但包围盒相交，几何对象未必一定相交。碰撞检测的精度与包围盒的构造及数目有关，包围盒与原模型的几何轮廓越相近，检测精度越高，反之亦然。

结构构件（如梁、柱等）通常为规则的立方体，圆管管道（如消防管道、给水排水管道、电器管道、空调通风管道等）模型通常为规则的圆管，因此对应模型的空间信息容易确定。碰撞检测的主要目的是检测管道实体间是否发生碰撞，对精度要求比较高，因碰撞检测过程是所有模型参与检测的过程，如果采用空间分解法，检测过程将极其漫长，无法满足用户快速使用的要求，故不宜采用空间分解法。而轴向包围盒法实现难度相对较小，其精度直接由包围盒的构造决定。

结构构件模型主要为梁、柱、剪力墙，截面多为矩形，当然也有圆形截面柱；而管道模型多为圆形截面，也有管道截面为矩形。碰撞检测主要是在管道与结构构件、管道与管道之间进行，因此可将模型间的碰撞检测分为三大类：矩形对象与矩形对象间的碰撞检测、矩形对象与圆形对象间的碰撞检测、圆形对象与圆形对象间的碰撞检测。

2. 管线碰撞检测算法实现

为检测算法的可行性与有效性，在算法设计的基础上，创建多个测试用例，如图 3-39 所示，检测状态表示用例中的两个构件是否碰撞。测试状态与测试结果一致表示测试准确，否则本算法在精确度上不能满足要求，通过多个用例测试，结果表明本算法能够有效地检测出管线的碰撞现象。如图 3-40、图 3-41 所示，分别为通过本算法检测出的给水管道与风管发生碰撞、给水管道与排水管道发生碰撞。

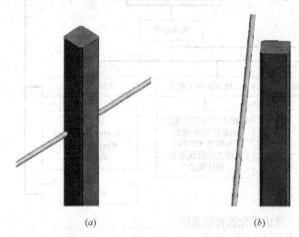

(a)   *(b)*

图 3-39 管线与结构柱碰撞测试用例

(a) 碰撞测试用例；*(b)* 未碰撞测试用例

图 3-40　给水管与风管碰撞　　　　　　图 3-41　给水管与排水管碰撞

（二）管线碰撞智能调整模块设计与实现

在管线设计过程中，由于综合管线整体布局不合理，或者各专业设计方案存在交叉，管线之间经常会发生碰撞的问题。在工程设计阶段，发现管线碰撞问题及调整都需要多专业综合管线设计人员多次协调，不仅消耗了大量的精力与时间，也降低了工程设计效率。

在以 BIM 思想为基础的三维设计平台中，针对管线的设计技术已经比较成熟。在基于 BIM 的三维可视化基础上，设计人员可以根据建筑、结构的三维设计模型，总体规划管线的布局，优化管线的空间拓扑结构，合理地解决上述难点。这里针对碰撞后的综合管线，依据国家工程规范规定的管线避让原则，智能调整需要避让的管线。

1. 管线碰撞智能调整算法分析

（1）管线避让原则

当管线之间或管线与结构构件之间碰撞后，必须依据规范进行调整。管线避让原则为：

① 有压管让无压管。无压管道内介质仅受重力作用由高处往低处流，其主要特点是有坡度要求、管道杂质多、易堵塞，所以无压管道要保持直线，满足坡度要求，尽量避免过多转弯，以保证排水顺畅以及满足空间高度要求。有压管道是在压力作用下克服沿程阻力沿一定方向流动。一般来说，改变管道走向，交叉排布，绕道走管不会对其流水效果产生影响。因此，当有压管道与无压管道相碰撞时，应首先考虑更改有压管道的路由。

② 小管道避让大管道。通常来说，大管道由于造价高、尺寸重量大等原因，一般不会做过多的翻转和移动。在两者发生冲突时，应调整小管道，因为小管道造价低且所占空间小，易于更改路由和移动安装。

③ 冷水管道避让热水管道。热水管道需要保温，造价较高，且保温后的管径较大。另外，热水管道翻转过于频繁会导致集气。因此在两者相遇时，一般调整冷水管道。

④ 施工简单的管道避让施工难度大的管道，附件少的管道避让附件多的管道。安装多附件管道时要注意管道之间留出足够的空间。

⑤ 临时管道避让永久管道；新建管道避让原有管道；低压管道避让高压管道；空气管道避让水管道。

（2）管线调整结果

基于三维 BIM 设计平台，可以得到作为管线实体模型属性的管线管径、压力及有无附件等，进而依据管线避让原则选定需要避让的管线进行调整。首先由设计人员自行确定需调整的管线对象及调整范围或由系统根据预置参数自动确定调整对象及调整范围，在此基础上，系统自动计算避让空间，进而调整管线空间布局，最终达到避让效果。

2. 管线调整算法设计

（1）确定调整管线

根据碰撞检测报告的 ID 信息，可确定所对应的两条相交管线模型。通过数据存储与转换机制，获取两条碰撞管线的属性数据、坐标数据和几何数据，根据规范规定的管线避让原则，进行相应的数据对比分析，自动确定需调整的管线，也可由专业设计人员手动确定。

（2）给定调整长度 L 和调整高度 H

两条管线的端口宽度或者直径不同，其相交区域的长度不同。在确定调整管线的基础上，根据两管线端口的宽度或者直径 d_1 和 d_2，以及满足规范要求检修预留空间 d_0，来确定管线调整长度 L 及调整高度 H，如式（3-1）所示：

$$\begin{cases} L = d_1 + 2d_0 \\ H = (d_1 + d_2)/2 + d_0 \end{cases} \tag{3-1}$$

式中：L、H 分别表示需调整的管线长度和上翻或下翻高度，如图 3-42 所示；d_1、d_2 分别为两条相交管线的端口宽度或直径，且 $d_1 > d_2$；d_0 为检修预留空间。在管线调整过程中，允许设计人员自行设定 L 和 H。

（3）确定调整基点空间坐标

通过两条相交管线的中心线交点 O 以及未调整管线的空间方程，可确定调整基点 B_1、B_2、B_3、B_4 的空间坐标，如图 3-42 所示。

B_1、B_2 点满足式（3-2），B_3、B_4 借助高度 H 可求。

$$|B_1O| = |B_2O| = L/2 \tag{3-2}$$

（4）上翻或下翻需调整的管线

顺时针连接 B_1、B_3、B_4、B_2 确定调整管线的中心线，删除 B_1、B_2 原管线，即可得到避让调整后的管线，如图 3-43 所示。

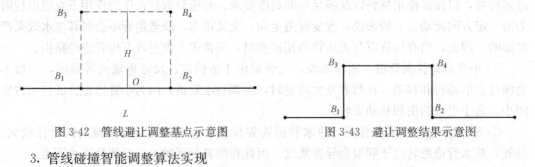

图 3-42　管线避让调整基点示意图　　　　图 3-43　避让调整结果示意图

3. 管线碰撞智能调整算法实现

碰撞避让调整界面如图 3-44 所示，图中所示内容为碰撞图形元素的 ID 列表。这里提供两种处理方式：单个调整与全部调整。单个处理的处理过程为逐一处理列表中的碰撞对象，可以直接查看处理结果，而批量处理可以一次性处理全部碰撞，处理效率较高。执行"全部调整"后，图中绿色区域表示处理成功，红色区域表示碰撞处理失败。白色区域表示由于其他管线的调整而不再存在碰撞现象。通过点击列表中所对应的条目可直接在三维场景中查看所对应的三维模型，模型高亮显示，方便用户查看。

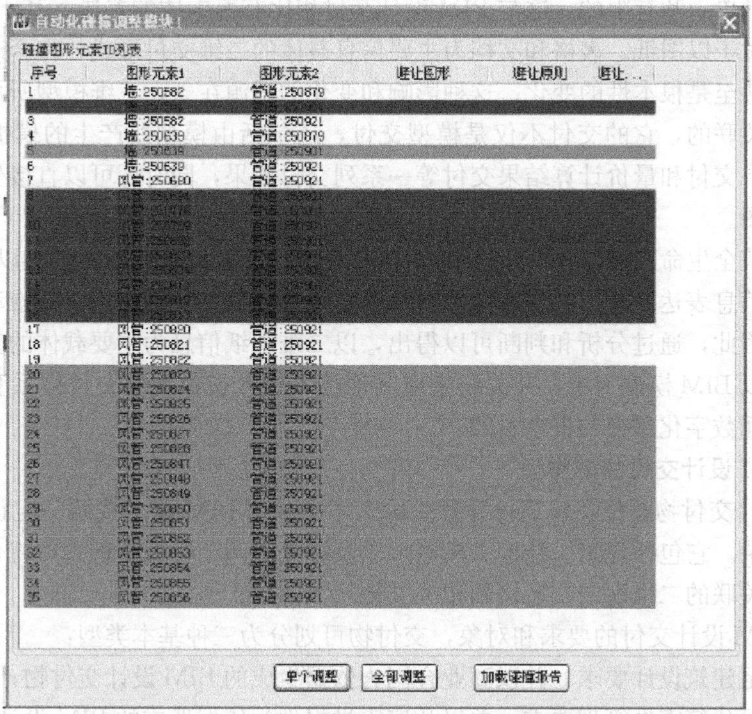

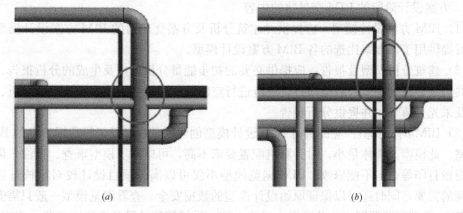

图 3-44　管线碰撞避让调整界面

　　管线碰撞调整算法测试如图 3-45 所示。图 3-45（*a*）表示橙色消防管道与紫色排水管道及绿色给水管道相撞。图 3-45（*b*）表示选择消防管道作为避让调整管道进行避让。

图 3-45　消防管道避让调整前后示意图
（*a*）避让调整前；（*b*）避让调整后

第六节　BIM 设计成果交付

　　随着 BIM 技术的快速发展和应用，具有丰富语义信息的三维模型成了设计信息的主要载体。传统的交付中图纸、表格和文档所承载的信息往往是孤立和离散的，所形成的设计交付结果是单一和有限的，这与BIM设计交付相比有着本质的差异。基于BIM的设计成果交付，对于以图纸、表格和文档为主要信息载体的二维交付形式，将会产生深刻的影响和变革，甚至是根本性的变化。这种影响和变化的根源在于，三维模型所承载的设计信息是统一和关联的，它的交付不仅是模型交付，还包括由模型所产生的模拟仿真结果交付、分析结果交付和量价计算结果交付等一系列交付成果，同时还可以直接生成与模型相关的二维视图。

随着建筑全生命周期概念的引入和参数化设计、施工和运维的应用，以BIM模型为主要载体的信息表达方式，将会发挥重要的信息传递和信息表达作用，并推动建筑行业的技术进步。因此，通过分析和判断可以得出，以二维图纸信息为主要载体的交付体系，将逐渐过渡到以BIM模型为主，并关联生成其他相关设计交付物的交付体系和方式，最终实现产业链间数字化移交的根本目的。

一、BIM设计交付物的类型

BIM设计交付物是指在建筑设计各阶段工作中应用BIM技术按照一定设计流程所产生的设计成果。它包括建筑、结构、机电，以及综合协调、模拟分析、可视化等多种模型和与之自动关联的二维视图、表格和相关文档。

依据BIM设计交付的要求和对象，交付物可划分为三种基本类型：

（1）满足建筑设计要求，并以商业合同为依据生成的BIM设计交付物；

（2）满足建筑审批管理要求，并以政府审批报件为依据形成的BIM设计交付物；

（3）满足企业知识资产形成的要求，并以企业内部管理要求为依据形成的BIM设计交付物。

二、BIM设计交付物的内容

1. 方案设计阶段的BIM交付物的内容

（1）BIM方案设计模型：应提供经建筑分析及方案优化后的BIM方案设计模型，也可同时提供用于多方案比选的各BIM方案设计模型。

（2）建筑分析模型及报告：应提供必要的初步能量分析模型及生成的分析报告。对大型公共建筑，特别是复杂造型项目，还应进行空间分析、结构力学分析、声学分析、能耗分析及采光分析等，并提供分析报告。

（3）BIM浏览模型：应提供由BIM设计模型创建的带有必要工程数据信息的BIM浏览模型。此模型文件体量小，对计算机配置要求不高，可以用于模型审查、批注、浏览漫游、测量打印等，但不能修改。BIM浏览模型不仅可以满足项目设计校对审核过程和项目协调的需要，同时还可以保证原始设计模型的数据安全。查看浏览模型一般只需安装对应的BIM模型浏览器即可，并可以在平板电脑、手机等移动设备上快速预览，实现高效、实时的协同。

（4）可视化模型及生成的文件：应提交基于BIM模型的表示真实尺寸的可视化展示模型，及其生成的室内外效果图、场景漫游、交互式实时漫游虚拟现实系统、对应的展示视频文件等可视化成果。

（5）由BIM模型生成的二维视图：可直接用于方案评审，包括总平面图、各层平面图、主要立面图、主要剖面图、透视图等。

2. 初步设计阶段的交付物内容

(1) BIM 各专业设计模型：应提供各专业 BIM 初步设计模型。

(2) BIM 综合协调模型：应提供综合协调模型，重点应用于专业间的综合协调及完成优化分析工作。

(3) BIM 浏览模型：与方案设计阶段类似，应提供由 BIM 设计模型生成的带有必要工程数据信息的 BIM 浏览模型。

(4) 建筑分析模型及报告：应提供能量分析模型、照明分析模型及生成的分析报告，并根据需要及业主要求提供其他分析模型及分析报告。

(5) 可视化模型及生成文件：应提交基于 BIM 设计模型的表示真实尺寸的可视化展示模型，及其创建的室内外效果图、场景漫游、交互式实时漫游虚拟现实系统、对应的展示视频文件等可视化成果。

(6) 由 BIM 模型生成的二维视图：该阶段由 BIM 模型生成的二维视图的重点应是通过二维方式绘制比较复杂的剖面图、立面图等视图，对于总平面图、各层平面图等则由 BIM 模型直接生成。

3. 施工图交付阶段的交付物内容

(1) BIM 专业设计模型：应提供最终各专业 BIM 设计模型。

(2) BIM 综合协调模型：应提供综合协调模型，重点应用于各专业间的综合协调，及检查是否存在因为设计错误造成无法施工等情况。

(3) BIM 浏览模型：与方案设计阶段类似，应提供由 BIM 设计模型创建的带有必要工程数据信息的 BIM 浏览模型。

(4) BIM 分析模型及报告：应提供最终的能量分析模型、最终照明分析模型、成本分析计算模型及生成的分析报告，并依据需要及业主要求提供其他分析模型及报告等。

(5) 可视化模型及生成文件：应提交基于 BIM 设计模型的表示真实尺寸的可视化展示模型，及其生成的室内外效果图、场景漫游、交互式实时漫游虚拟现实系统、对应的展示视频文件等可视化成果。

(6) 由 BIM 模型生成的二维视图：在经过碰撞和设计修改，消除了相应错误以后，可根据需要通过 BIM 模型生成或更新所需的二维视图，如剖面图、综合管线图、综合结构留洞图等。对于最终的交付图纸，本阶段可将视图导出到二维环境中再次进行图面处理，其中局部详图可不作为 BIM 交付物，在二维环境中直接绘制，或在 BIM 软件中进行二维绘制。

三、BIM 模型交付深度

模型交付物深度应遵循"适度"的原则，包括三个方面的内容：模型造型精度、模型信息含量、合理的构件范围。同时，在能够满足 BIM 应用需求的基础上尽量简化模型。适度创建模型非常重要，模型过于简单，将不能支持 BIM 的相关应用需求；模型构建得过于精细，超出应用需求，不仅带来无效劳动，还会出现因模型庞大而造成软件运行效率下降等问题。

由于国内在 BIM 模型标准方面还没有统一的规定，故结合工程经验，将模型深度等级分为五级，分别为 LOD 100～LOD 500，按表 3-3 列出，供读者参考。

深 度 级 数		描　述
LOD 100	方案设计阶段	具备基本形状，粗略的尺寸和现状，包括非几何数据
LOD 200	初步设计阶段	近似几何尺寸，形状和方向，能够反应物体本身大致的几何特性。主要外观尺寸不得变更，细部尺寸可调整，构件宜包含几何尺寸、材质、产品信息（如电压、功率）等
LOD 300	施工图设计阶段	物体主要组成部分必须在几何上表述准确，能够反应物体的实际外形，保证不会在施工模拟和碰撞检查中产生错误判断，构件应包含几何尺寸、材质、产品信息等。模型包含信息量与施工图设计完成时的 CAD 图纸上的信息量应保持一致
LOD 400	施工阶段	详细的模型实体，最终确定模型尺寸，能够根据该模型进行构件的加工制造，构件除包括几何尺寸、材质、产品信息外，还应附加模型的施工信息，包括生产、运输、安装等方面
LOD 500	竣工提交阶段	除最终确定的模型尺寸外，还应包括其他竣工资料提交时所需要的信息，资料应包括工艺设备的技术参数、产品说明书/运行操作手册、保养及维修手册、售后信息等

例如：

（1）若 BIM 应用在设计阶段的能耗分析或结构受力分析方面，该 BIM 模型可称为"生态模型"后"结构模型"，模型等级在 LOD 100～LOD 200 之间；

（2）若 BIM 应用在施工阶段的施工流程模拟或方案演示方面，该模型可称为"流程模型"或"方案模型"，模型等级在 LOD 300～LOD 400 之间；

（3）若 BIM 应用在运维阶段运营管理方面，该模型可称为"运维模型"，模型等级最高，为 LOD 500 等级，包括所有深化设计的内容、施工过程信息以及满足运营要求的各种信息。

建筑、结构、给排水、暖通、电气专业 LOD 100～LOD 500 等级的模型，其信息列表参考表 3-4～表 3-8。

建筑专业 LOD 100～LOD 500 等级 BIM 模型信息种类列表　　　　表 3-4

深度等级	LOD 100	LOD 200	LOD 300	LOD 400	LOD 500
场地	不表示	简单的场地布置。部分构件用体量表示	按图纸精确建模。景观、人物、植物、道路贴近真实	—	—
墙	包含墙体物理属性（长度、厚度、高度及表面颜色）	增加材质信息，含粗略面层划分	详细面层信息、材质要求、防火等级，附节点详图	墙体材料生产信息，运输进场信息，安装操作单位	运营信息（技术参数、供应商、维护信息等）
建筑柱	物理属性：尺寸、高度	带装饰面，材质	规格尺寸、砂浆等级、填充图案等	生产信息，运输进场信息，安装操作单位等	运营信息（技术参数、供应商、维护信息等）
门、窗	同类型的基本族	按实际需求插入门窗	门窗大样图、门窗详图	进场日期、安装日期、安装单位	门窗五金件及门窗的厂商信息等

深度等级	LOD 100	LOD 200	LOD 300	LOD 400	LOD 500
屋顶	悬挑、厚度、坡度	增加材质、檐口、封檐带、排水沟	规格尺寸、砂浆等级、填充图案等	材料进场日期、安装日期、安装单位	材质、供应商信息、技术参数
楼板	物理特征（坡度、厚度、材质）	楼板分层、降板、洞口、楼板边缘	楼板分层细部做法,洞口更全	材料进场日期、安装日期、安装单位	材料、技术参数、供应商信息
天花板	用一块整板代替,只体现边界	厚度,局部降板,准确分割并有材质信息	龙骨、预留洞口、风口等,带节点详图	材料进场日期、安装日期、安装单位	全部参数信息
楼梯（含坡道、台阶）	几何形体	详细建模,有栏杆	楼梯详图	运输进场日期、安装单位、安装日期	运营信息（技术参数、供应商）
电梯（直梯）	电梯门,带简单二维符号表示	详细的二维符号表示	节点详图	进场日期、安装日期和单位	运营信息（技术参数、供应商）
家具	无	简单布置	详细布置并且二维表示	进场日期、安装日期和单位	运营信息（技术参数、供应商）

结构专业 LOD 100～LOD 500 等级 BIM 模型信息种类列表　　　　表 3-5

混凝土结构					
深度等级	LOD 100	LOD 200	LOD 300	LOD 400	LOD 500
板	物理属性,板厚、板长、板宽、表面材质、颜色	类型属性,材质,二维填充表示	材料信息,分层做法,楼板详图附带节点详图	板材生产信息,运输进场信息,安装操作单位等	运营信息（技术参数、供应商、维护信息等）
梁	物理属性,梁长、宽、高、表面材质、颜色	类型属性,具有异型梁表示详细轮廓,材质,二维填充表示	材料信息,梁标识,附带节点详图（钢筋布置图）	生产信息,运输进场信息,安装操作单位等	运营信息（技术参数、供应商、维护信息等）
柱	物理属性,柱长、宽、高、表面材质、颜色	类型属性,具有异型柱表示详细轮廓,材质,二维填充表示	材料信息,柱标识,附带节点详图（钢筋布置图）	生产信息,运输进场信息,安装操作单位等	运营信息（技术参数、供应商、维护信息等）
梁柱节点	不表示,自然搭接	表示锚固长度,材质	钢筋型号,连接方式,节点详图	生产信息,运输进场信息,安装操作单位等	运营信息（技术参数、供应商、维护信息等）
墙	物理属性,墙厚、宽、高,表面材质、颜色	类型属性,材质,二维填充表示	材料信息,分层做法,墙身大样详图,孔口加固等节点详图	生产信息,运输进场信息,安装操作单位等	运营信息（技术参数、供应商、维护信息等）
预埋及吊环	不表示	物理属性,长、宽、高物理轮廓。表面材质颜色、类型属性	材料信息,大样详图,节点详图（钢筋布置图）	生产信息,运输进场信息,安装操作单位等	运营信息（技术参数、供应商、维护信息等）

地基基础				
深度等级	LOD 100	LOD 200	LOD 300	LOD 400	LOD 500
基础	不表示	物理属性,基础长、宽、高,基础轮廓。类型属性,材质,二维填充表示	材料信息,基础大样详图,节点详图(钢筋布置图)	材料进场日期,操作单位与安装日期	技术参数、材料供应商
基坑工程	不表示	物理属性,基坑长、宽、高	基坑围护结构构件长、宽、高及具体轮廓	操作日期,操作单位	—

钢结构				
深度等级	LOD 100	LOD 200	LOD 300	LOD 400	LOD 500
柱	物理属性,钢柱长、宽、高,表面材质,颜色	类型属性,根据钢材型号表示详细轮廓、材质	材料要求,钢柱标识,附带节点详图	操作安装日期,操作安装单位	材料技术参数、材料供应商、产品合格证等
桁架	物理属性,桁架长、宽、高,无杆件表示,用体量代替,表面材质、颜色	类型属性,根据桁架类型搭建杆件位置、材质,二维填充表示	材料信息,桁架标识,桁架杆件连接构造。附带节点详图		
梁	物理属性,梁长、宽、高,表面材质、颜色	类型属性,根据钢材型号表示详细轮廓、材质	材料信息,钢梁标识,附带节点详图	操作安装日期,操作安装单位	材料技术参数、材料供应商、产品合格证等
柱脚	不表示	柱脚长、宽、高用体量表示,二维填充表示	柱脚详细轮廓信息,材料信息,柱脚标识,附带节点详图		

给排水专业 LOD 100～LOD 500 等级 BIM 模型信息种类列表　　　　表 3-6

深度等级	LOD 100	LOD 200	LOD 300	LOD 400	LOD 500
管道	只有管道类型、管径、主管标高	有支管标高	加保温层,管道进设备机房		管道技术参数、厂家、型号等信息
阀门	不表示	绘制统一的阀门	按阀门的分类绘制		按实际阀门的参数绘制(生产厂家、型号、规格等)
附件	不表示	统一形状	按类别绘制	产品批次、生产日期信息;运输进场日期;施工安装日期、操作单位	按实际项目中要求的参数绘制(生产厂家、型号、规格等)
仪表	不表示	统一规格的仪表	按类别绘制		
卫生器具	不表示	简单的体量	具体的类别形式及尺寸		将产品的参数添加到元素当中(生产厂家、型号、规格等)
设备	不表示	有长宽高的简单体量	具体的形状及尺寸		

		暖通风道系统			
深度等级	LOD 100	LOD 200	LOD 300	LOD 400	LOD 500
风管道	不表示	只绘制主管线,标高可自行定义,按照系统添加不同的颜色	绘制支管线,管线有准确的标高、管径尺寸,添加保温	产品批次、生产日期;运输进场日期;施工安装日期、操作单位	将产品的参数添加到元素当中(生产厂家、型号、规格等)
管件	不表示	绘制主管线上的管件	绘制支管线上的管件	产品批次、生产日期信息;运输进场日期;施工安装日期、操作单位	将产品的参数添加到元素当中(生产厂家、型号、规格等)
附件	不表示	绘制主管线上的附件	绘制支管线上的附件,添加连接件		
末端	不表示	只是示意,无尺寸与标高要求	有具体的外形尺寸,添加连接件		
阀门	不表示	不表示	有具体的外形尺寸,添加连接件		
机械设备	不表示	不表示	具体几何参数信息,添加连接件		

		暖通水管道系统			
深度等级	LOD 100	LOD 200	LOD 300	LOD 400	LOD 500
暖通水管道	不表示	只绘制主管线,标高可自行定义,按照系统添加不同的颜色	绘制支管线,管线有准确的标高、管径尺寸,添加保温、坡度	产品批次、生产日期信息;运输进场日期;施工安装日期、操作单位	添加技术参数、说明及厂家信息、材质
管件	不表示	绘制主管线上的管件	绘制支管线上的管件		
附件	不表示	绘制主管线上的附件	绘制支管线上的附件,添加连接件		
阀门					
设备	不表示	不表示	有具体的外形尺寸,添加连接件		
仪表					

		电气工程			
深度等级	LOD 100	LOD 200	LOD 300	LOD 400	LOD 500
设备	不建模	基本族	基本族、名称、符合标准的二维符号,相应的标高	添加生产信息、运输进场信息和安装单位、安装日期等信息	按现场实际安装的产品型号深化模型;添加技术参数、说明及厂家信息、材质
母线桥架线槽	不建模	基本路由	基本路由、尺寸标高		
管路	不建模	基本路由、根数	基本路由、根数、所属系统		

工艺设备				
深度等级	LOD 100	LOD 200	LOD 300	LOD 400	LOD 500
水泵	不建模	基本类别和族	长、宽、高限制，技术参数和设计要求	添加生产信息、运输进场信息和安装日期信息	按现场实际安装的产品型号深化模型；添加技术参数、产品说明书、保养及维修手册等
污泥泵					
风机					
流量计					
阀门					
紫外消毒设备					

第七节 典型案例：BIM 能耗分析

一、工程实例介绍

本项目建设占地 1800 余亩，总建筑面积为 327158m²，开发总量为 150 余万立方米，容积率仅为 1.93，绿地率为 31.23％。建成后居住人口近 5 万多人，为纯居住项目。这里选取该住宅群 D9 栋洋房为实例进行能耗模拟分析，D9 号楼消防高度 33m，地下车库层、负一层和地上十一层，属于二类高层住宅。该项目设计的所有围护结构中外墙采用200mm 厚 B5.0 蒸压加气混凝土砌块；屋顶采用保温屋面 20cm 厚钢筋混凝土，20mm 的1：2 水泥砂浆；外窗采用普通 6mm 玻璃双层玻璃，中间 13mm 厚空气层。

该工程设计围护结构的传热系数见表 3-9。

围护结构传热系数 表 3-9

	外墙(W/(m²・K))	屋面(W/(m²・K))	外窗(W/(m²・K))
设计构造（Ⅰ）	0.793	0.58	2.665
标准极限（Ⅱ）	0.8	0.6	2.5
假设构造（Ⅲ）	0.793	0.58	2.5

从表 3-9 中可以看出，同设计标准要求的传热系数相比，屋面和外墙都低于标准最高限值，符合节能标准的要求。而外窗则不满足节能设计标准的要求，因此进行能耗模拟分析以确定该建筑的能耗是否达标。为了做出更有效的节能方案设计，进行假设构造Ⅲ的模拟，即外墙、屋面和外窗的传热系数均小于标准限值的设计。

二、3D 建筑信息模型的建立

应用 BIM 技术的首要工作是运用相关的 BIM 信息化建筑设计软件根据建设项目相关物理、几何信息建立 3D 建筑信息模型。3D 模型的建立是 BIM 在应用过程中实现其功能的首要条件，包含了项目建设过程中的一切数字信息，可以任意输出材质、门窗、建筑结构等与项目相关的明细表，为建设项目提供了一个 BIM 信息平台。各专业设计师在设计阶段可以运用不同的 BIM 设计软件分别建立相关的模型，然后经过结合调整后成为实际项目的虚拟模型，模型在建设项目的后续阶段还可以继续应用。

1. 模型的创建与信息输入

在本案例中首先运用 BIM 核心建模软件 Achitecture 建立三维建筑信息模型，然后综合利用 BIM 技术相关专业软件，读取模型信息，进行各种检查和分析，最终得到完善的三维信息模型。这是进行基于 BIM 技术的工程项目能耗模拟分析的基础。用 Revit Architecture 建立住宅建筑的建筑模型如图 3-46 所示。

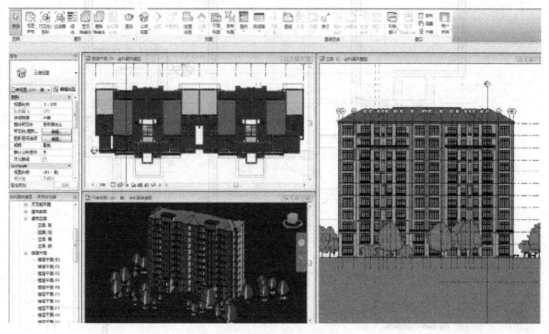

图 3-46　3D 建筑信息模型建立

2. Revit 数据转换

本案例选取建筑项目标准层的洋房进行能耗模拟，该洋房为四室一厅一厨两卫。

（1）将 Revit Architecture 中的建筑模型按空间划分的原则，创建"房间"构件，共划分了 8 个"房间"，其中 3 个卧室，1 个书房，2 个厕所，1 个客厅，1 个厨房，如图 3-47所示。

（2）BIM 能够实现项目全生命周期内所有相关信息的无损传递。从 Revit Architecture 软件中导出 gbXML 格式文件后载入 Ecotect Analysis 软件中进行能耗模拟分析。如图 3-48 所示，文件载入后根据划分的"房间"名称不同，每种颜色的线条都代表了之前所划分的一个"房间"，如紫色线条所围护的区域表示客厅，土黄色线条围护的区域代表主卧。

（3）对各个"房间"进行区域管理，一般室内设计条件包括衣着量、相对湿度、风速与室内照度等内容。设定室内人员数量为 3 人，其他参数使用项目所在地的默认值。热环境属性设定主卧的空调系统类型为混合模式系统，即当室内温度低于 18℃时开启制暖系统，高于 26℃时开启制冷系统；空调的工作时间设定为工作日，启动时间是 18 点，关闭时间为上午 8 点，而周末则全天开启；两个次卧、客厅、书房的设定与主卧相同；厨房、卫生间的设定为自然通风模式，如图 3-49 所示。

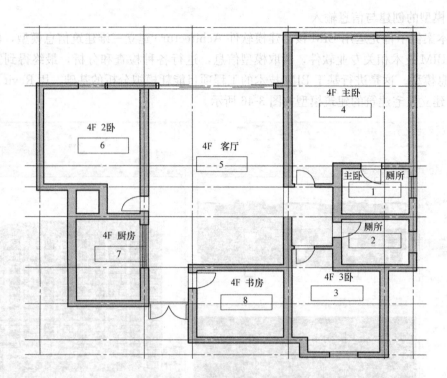

图 3-47　基于 Revit Architecture 中的建筑模型创建房间构件平面图

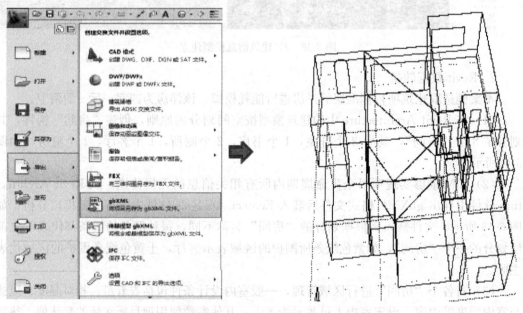

图 3-48　以 gbXML 文件格式直接导入到 Ecotect 中

三、建筑能耗模拟分析结果的输出与解读

（1）由于项目入住日期为 2013 年 8 月，故其地理环境载入项目所在地的天气数据并设定能耗模拟日期为 8 月，如图 3-50 所示。

（2）在热环境计算下拉列表中选择逐月能耗选项，计算该套房的能耗。将情况Ⅰ到Ⅲ

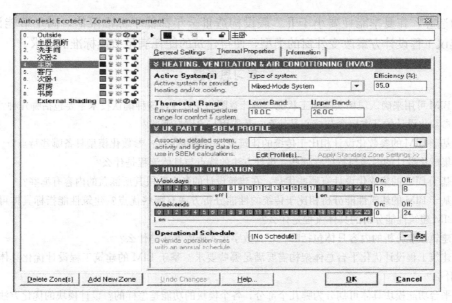

图 3-49　房间区域管理参数设定界面图

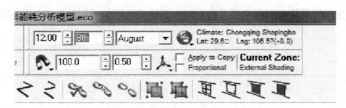

图 3-50　项目实际建筑地理环境参数设置界面图

依次计算逐月能耗分析。

四、结果分析与解读

在逐月采暖能耗分析结果中，冬季采暖消耗的能耗远高于夏季制冷消耗的能耗，说明设计构造的围护结构保温性能高于隔热性能。应用 Excel 图表分析模拟结果，如图 3-51、图 3-52 所示。

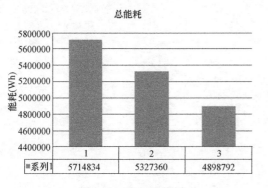

图 3-51　全年总能耗

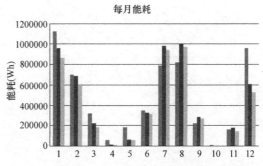

图 3-52　三种构造情况下每月能耗对比

如图 3-52 所示，设计构造 I 与节能标准限值相差不大；但是如果将外窗的传热系数减小到标准值，全年总能耗就比设计构造小了很多。而设计构造 I 在冬季的能耗都要大于

113

标准构造Ⅱ，在夏季能耗要小于Ⅱ。假设构造Ⅲ全年都低于标准限值，满足节能设计要求。建议工程设计方案改变外窗的类型，使得建筑的能耗满足节能标准的要求。

复习思考题

1. BIM 可用来确认现场实际施工状况与设计意图的一致性，这种确认技术主要包括哪几种？

2. 参数化设计的基本概念与核心是什么，其作用与原则有哪些？

3. 基于 BIM 的参数化设计相比于传统的建筑设计有哪些优点？参数化模型具备哪些特点？

4. 集成化设计的内涵与特征有哪些，设计方法的特点与具体流程是什么？

5. 基于 BIM 的集成化设计有哪些优势，在建筑设计的各个阶段其所涵盖的内容有哪些？

6. 基于 BIM 的建筑性能分析相比于传统的性能分析方法有哪些优点？建筑性能指标具体可分为哪几类，BIM 建筑性能分析的具体流程是什么？

7. 建筑性能分析的内容具体包括哪些，其数字化实施的方法是什么？

8. 建筑工程设计优化平台总体架构需要满足哪些要求？基于 BIM 的建筑工程设计优化具体的分析流程是什么？

9. 平台功能模块具体可划分为哪几个部分，各个模块的功能是怎样的？设计模块的优化方法主要有哪些？

10. BIM 设计交付物具体可划分为哪几种类型？在建筑设计的不同阶段交付物的内容包括哪些？

第四章　基于 BIM 的虚拟建造

学习要点：
1. 了解虚拟建造技术的概念，了解虚拟施工的内涵。
2. 熟悉不同专业工程基于 BIM 的构件虚拟拼装。
3. 熟悉基于 BIM 的施工现场临时设施规划的内涵。

第一节　概　　述

伴随 BIM 技术的兴起，并结合当前建筑业的现状及发展需求，由此引入了全新的概念——虚拟建造，即在融合 BIM、参数化设计、虚拟现实技术、数字三维建模、结构仿真、计算机辅助技术等技术的基础上，在高性能计算机硬件等设备及相关软件本身发展的基础上协同工作，对将要进行施工的建筑建造过程预先在计算机上进行三维数字化模拟，真实展现建筑施工步骤，为各参与方提供一个可控、无破坏性、耗费少、低风险并循序多次重复的试验方法，避免建筑设计中"错、漏、碰、缺"现象的发生，从而进一步优化施工方案，有效提高建造水平，消除隐患，防止建造事故，减少施工成本与时间，增强施工企业的核心竞争力。

虚拟建造技术利用虚拟现实技术构建一个虚拟建造环境，在虚拟环境中建立周围场景、建筑结构构件以及机械设备等三维模型，形成基于计算机的具有一定功能的仿真系统，让系统中的模型具有动态性能，并对系统中的模型进行虚拟装配。根据虚拟装配的结果，在人机交互的可视化环境中对施工方案进行修改和优化，据此来选择最佳的施工方案进行实际的施工工作。通过将 BIM 技术应用于具体的施工过程中，并结合虚拟现实等技术的应用，可以在不消耗现实材料资源与能源的前提下，让设计方、施工方和业主在项目的设计策划和施工之前就能看到并了解施工的详细过程与结果，从而避免不必要的返工所带来的人力与物力的消耗，为实际工程项目施工提供经验和最优的可行方案。

基于 BIM 的虚拟建造包括基于 BIM 的施工模拟、基于 BIM 的构件虚拟拼装、基于 BIM 的施工现场临时设施规划等方面。其中基于 BIM 的构件虚拟拼装包括了混凝土构件的虚拟拼装、钢构件的虚拟拼装、幕墙工程虚拟拼装以及机电设备工程虚拟拼装；基于 BIM 的施工现场临时设施规划主要包括大型施工机械设施规划、现场物流规划、现场人流规划等方面。

第二节　基于 BIM 的施工模拟

一、虚拟施工的概述

虚拟施工（Virtual Construction，简称 VC），是实际施工过程在计算机上的虚拟实现。它采用虚拟现实和结构仿真等技术，在高性能计算机等设备的支持下群组协同工作。

通过 BIM 技术建立建筑物的几何模型和施工过程模型，可以实现对施工方案进行实时、交互和逼真的模拟，进而对已有的施工方案进行验证、优化和完善，逐步替代传统的施工方案编制和方案操作流程。在对施工过程进行三维模拟操作中，能预知在实际施工过程中可能碰到的问题，提前避免和减少返工以及资源浪费的现象，优化施工方案，合理配置施工资源，节省施工成本，加快施工进度，控制施工质量，达到提高建筑施工效率的目的。

基于 BIM 的虚拟施工技术体系流程如图 4-1 所示。从体系架构中可以看出，在建筑工程项目中使用虚拟施工技术，将会是个庞大复杂的系统工程，其中包括了建立建筑结构三维模型、搭建虚拟施工环境、定义建筑构件的先后顺序、对施工过程进行虚拟仿真、管线综合碰撞检测以及最优方案判定等不同阶段，同时也涉及了建筑、结构、水暖电、安装、装饰等不同专业、不同人员之间的信息共享和协同工作。

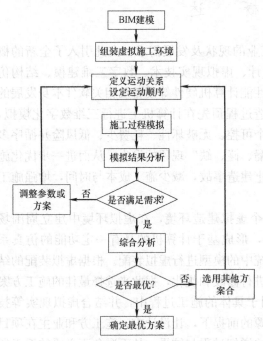

图 4-1 基于 BIM 的虚拟施工技术体系流程

在传统建筑施工工程中，建筑项目从前期准备、中期建设到项目交付以及后期运营维护的各个阶段中，建筑施工阶段是最繁琐的核心阶段，而虚拟施工技术的实施过程也是如此。建筑施工过程模拟是否真实、细致、高效和全面，在很大程度上取决于建筑构件之间的施工顺序、运动轨迹等施工组织设计是否优化合理，以及建构筑物之间碰撞干涉问题能否及时发现并解决。

由大型数据库为基础构建的 BIM 信息模型，为虚拟施工提供了一个工作的平台。基于 BIM 平台的虚拟施工，不仅能够提前发现具体项目中的设计、施工及运营管理上的问题，还可以实现各种信息资源的一体化项目管理，有效地提高项目管理水平。

BIM 的载体是模型，核心是信息，其本质就是面向全过程的信息整合平台。虚拟施工是通过仿真技术虚拟现实。随着 BIM 的不断成熟，将 BIM 技术与虚拟施工技术相结合，利用 BIM 技术，在虚拟环境中建模、模拟、分析设计与施工过程的数字化、可视化技术。通过虚拟施工，可以优化项目设计、施工过程控制和管理，提前发现设计和施工的问题，通过模拟找到解决方法，进而确定最佳设计和施工方案，用于指导真实的施工，大大降低返工成本和管理成本。

如果虚拟施工有效协同三维可视化功能再加上时间维度，可以进行进度模拟施工（图 4-2）。4D 模型虚拟施工随时随地直观快速地将施工计划与实际进展进行对比，同时进行有效协同，施工方、监理方、甚至非工程行业出身的业主都能对工程项目的各种问题和情况了如指掌；5D 模型对项目工程量进行准确测量，有效控制成本支出；6D 模型实现对安全环境的模拟，时时观察环境变化，做好改善与预防措施。这样通过 BIM 技术结合施工方案、施工模拟和现场视频监测，减少建筑质量问题、安全问题，减少返工和整改。

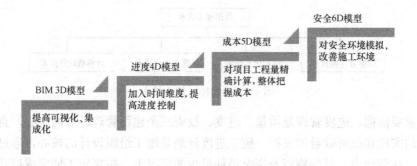

图 4-2　基于 BIM 的 nD 虚拟施工模型

将虚拟施工技术应用于建筑工程实践中，首先需应用 BIM 软件 Revit 创建三维数字化建筑模型，借助于 Revit 强大的三维模型立体化效果和参数化设计能力，可以协调整个建筑工程项目信息管理，增强与客户沟通的能力，及时获得项目设计、工作量、进度和运算方面的信息反馈，在很大程度上减少协调文档和数据信息不一致所造成的问题。同样，根据 Revit 所创建的 BIM 模型可以方便转换为具有真实属性的建筑构件，促使视觉形体研究与真实的建筑构件相关联，从而实现基于 BIM 的虚拟施工技术。

虚拟施工的特点包括：

1. 先试后建。正是因为这一特点大大降低了施工过程中的返工率，节约了很大部分成本。先试后建是基于一个虚拟平台，先建立起 3D 信息模型，在模型的基础上模拟施工程序、设备调用、资源配置，发现不合理的施工顺序、安全隐患、作业空间不足等问题。反复以上步骤最终得到最优施工方案，并用该方案来指导真实的施工。

2. 分析与优化。对设计进行分析与优化，确保可施工性。虚拟施工技术提供一个平台，设计者之间、设计者与施工方之间利用三维可视模型，解决设计冲突，进行可施工性检测和多方沟通交流。

（1）整合设计：使各专业的协作在设计开始就"自然"地通过中心数据库实现，无须具体人员的参与、组织、管理，设计中的交流、沟通显而易见，基本上不需要任何成本。

（2）增强了设计优化的手段：设计、检查协调、修改、再设计的循环过程，直至在施工之前解决所有设计问题，消除设计错误和设计忽略，减少施工中的返工成本。

（3）工序上分析：BIM 模型和进度计划软件（如 MS Project，P3 等）的数据集成，实时监控施工进度，实时调整现场情况。

（4）可建性分析：进行安全、施工空间、对环境影响等全面的可建性模拟分析。

（5）冲突碰撞检查分析：建造前期对各专业的碰撞问题进行模拟，生成与提供可整体化协调的数据，解决传统的二维图纸会审耗时长、效率低、发现问题难的问题。

3. 优化施工管理。清晰展示施工过程，各工种人员能清楚了解自己的工作内容和工作条件。

虚拟施工由 4 种核心技术组成，如图 4-3 所示。

二、虚拟施工的目的及意义

1. 4D 施工模拟提升管理水平

施工进度计划是项目建设和指导工程施工的重要技术文件，是施工单位进行生产和经

图 4-3　虚拟施工核心技术

济活动的重要依据。进度管理是质量、进度、投资三个建设管理环节的中心，直接影响到工期目标的实现和投资效益的发挥。施工进度计划是施工组织设计的核心，通过合理安排施工顺序，在劳动力、材料物资及资金消耗最少的情况下，按规定工期完成拟建工程施工任务。传统进度管理的方式主要基于二维图纸、网络图等。

二维三视图作为一种基本表现手法，将现实中的三维建筑用二维的平、立、剖三视图表达。但由于二维图纸的表达形式与人们现实中的习惯维度不同，所以要看懂二维图纸存在一定困难，需要通过专业的学习和长时间的训练才能读懂图纸。此外，二维图纸由于受可视化程度的限制，使得各专业之间的工作相对分离。无论是在设计阶段还是在施工阶段，都很难对工程项目进行整体性表达。各专业单独工作或许十分顺利，但是在各专业协同作业时，往往就会产生碰撞和矛盾，给整个项目的顺利完成带来困难。

网络计划图是工程项目进度管理的主要工具，但也有其缺陷和局限性。首先，网络计划图计算复杂、理解困难，只适合于内部使用，不利于与外界沟通和交流；其次，网络计划图表达抽象，不能直观展示项目的计划进度过程，也不方便进行项目实际进度的跟踪；再次，网络计划图要求项目工作分解细致，逻辑关系准确。这些都依赖于个人的主观经验，实际操作中往往会出现各种问题，很难完全做到。BIM 技术的发展改变了施工行业中粗放的进度管理模式。

基于 BIM 技术的 4D 施工方案模拟进度管理是将 3D 模型赋予时间的维度，形成 4D 模型，按照时间进程动态化的演示施工过程。4D 模型将 BIM 模型和进度关联起来，在软件中赋予每一个子模型时间信息，于是 3D 模型就具有了时间的属性。这样，工程人员可以按照工程项目的施工计划模拟现实的建造过程，在虚拟的环境下发现施工过程中可能存在的问题和风险，并针对问题对模型和计划进行调整和修改，进而优化施工计划。即使发生了设计变更、施工图更改等情况，也可以快速地对进度计划进行自动同步修改。此外，在项目投标阶段，三维模型和虚拟动画可以使评标专家形象地了解投标单位对工程施工资源的安排及主要的施工方法、总体计划等，从而对投标单位的施工经验和实力做出初步评估。

BIM 模型不是一个单一的图形化模型，它包含从构件材质到尺寸数量，以及项目位置和周围环境等完整的建筑信息。通过 4D 施工模拟可以间接地生成与施工进度计划相关联的材料和资金供应计划，并在施工阶段开始之前与业主和供应商进行沟通，从而保证施工过程中资金和材料的充分供应，避免因资金和材料的不到位对施工进度产生影响。

2. 可建性模拟提高工作效率

为了工程如期完成，不同专业在同一区域、同一楼层交叉施工的情况是难以避免的。是否能够组织协同好各方的施工顺序以及施工区域，都会对工作效率和既定计划产生影响。BIM 技术可以通过施工模拟为各专业施工方建立良好的协调管理提供支持和依据。

就建筑施工而言，有效的执行力是以各个参与方对项目本身全面、快速、准确的理解为前提的。当今建筑项目日益复杂，单纯用传统的二维图纸进行沟通与交流很难满足需要。而 BIM 模型是对未来真实建筑的高度仿真，其具有可视化及虚拟特征，可以对照图纸进行形象化、可视化的认知，这样有利于施工人员深层次地理解设计意图和施工方案要求，减少因信息传达错误或理解失误给施工过程造成的不必要的影响，加快施工进度和提高项目建造质量，有效地指导施工作业，保障项目决策尽早执行。

把 BIM 模型与施工方案集成，可以在虚拟环境中对项目的重点以及难点进行可建性模拟。其应用点很多，例如对场地、工序、安装、吊装模拟等。基于 BIM 模型对施工组织设计进行论证，就施工中的重要环节进行可建性模拟分析，主要包括施工各个阶段的重要实施内容，尤其对复杂建筑体系（如施工模板、玻璃幕墙装配等）以及新的施工方法、施工工艺技术环节。此外，方案论证及优化的同时还可以直观地把握施工过程的重难点。

通过模拟来实现虚拟的施工工程，可以发现不同专业需要配合的地方，以便真正施工时及早做出相应的布置，避免等待其他相关专业或者承包商进行现场协调，从而提高工作效率。例如，物料进场路线的确定，可以及早协调相关专业或者承包商进行配合，清除行进过程中的障碍。物料进场后的堆放也可以通过 BIM 模型事先进行模拟，根据物料的使用顺序和堆放场地的大小来确定最佳的方案，避免各专业之间因为工作面的问题造成频繁的不协调现象。

面对一些局部情况非常复杂的地方，例如多个机电专业管线汇集并行或者交叉的地方，往往是谁先到谁开始施工，没有考虑管线排布的施工先后顺序，以至于造成后期施工作业无法进行。而基于 BIM 的可视化技术，能够对管线进行三维可视化检查、三维模拟、碰撞检查、管线综合排布等，避免了施工过程中的"错、漏、碰、撞"等问题（图 4-4）。通过完整的三维模型对施工人员进行技术交底，确定施工顺序，可以提高管道设备安装的一次成功率，减少施工过程中人力、物力的浪费，缩短项目工期，顺利完成工程项目施工。

三、实现虚拟施工过程的仿真软件

用于建模的 Revit 软件本身不具备进行施工模拟的能力。要实现施工过程仿真需要一种能够将 BIM 模型和施工进度安排相结合并以动画形式展现的工具。本书使用的是 Navisworks。

Navisworks Manage 软件是由英国 Navisworks 公司研发的，2007 年该公司被美国 Autodesk 公司收购。Navisworks 是一款 3D/4D 协助设计检视软件，针对建筑、工厂和航运业中的项目

图 4-4 管线综合排布效果图

生命周期，能提高质量和生产力。使用 Navisworks 软件，能减少在工程设计中出现的问题。Navisworks 支持市场上主流 CAD 制图软件所有的数据格式，拥有可升级的、灵活的、可设计编程的用户界面。应用 Navisworks 软件，可以建立多种不同的动画类型，通过对项目模型的每一个构件进行查看，能预览整个项目的内部构造，能建立构件与构件直

接的相互关系，能模拟设备的实际操作，能模拟项目施工。Navisworks 的主要功能如下：

（1）三维模型的实时漫游。目前大量的 3D 软件实现的是路径漫游，无法实现实时漫游。它可以轻松地对一个超大模型进行平滑的漫游，为三维校审提供最佳的支持。

（2）模型整合。可以将多种 3D 模型合并到一个模型中，综合各个专业的模型到一个模型后可以进行不同专业间的碰撞校审和渲染。

（3）碰撞校审。不仅支持硬碰撞（物理意义上的碰撞）还可以做软碰撞校审（时间上的碰撞校审、间隙碰撞校审、空间碰撞校审等）。可以定义复杂的碰撞规则，提高碰撞校审的准确性。

（4）模型渲染。软件内储存了丰富的材料用来做渲染，操作简单。丰富的渲染功能可满足各个场景的输出需要。

（5）4D 模拟。软件可以导入目前项目上应用的进度软件（P6、Project 等）的进度计划，与模型直接关联，通过 3D 模型和动画功能直观演示施工的步骤。

（6）支持 PDMS 和 PDS 模型。能够直接读取类似软件的模型，并可以直接进行漫游、渲染和校核，这些操作简便易学，效果和性能更好。

（7）模型发布。支持将模型发布成一个 nwd 格式的文件，利于模型的完整和保密性，并且可以用一个免费的浏览软件进行查看。

四、虚拟施工的运用

虚拟施工可比较不同的施工方案，对方案进行提前模拟和优化。施工方案的优化过程主要是通过计算机完成，这样就不像传统施工方案的优化那样仅仅依靠施工人员经验和习惯。利用 BIM 技术的"可视化"功能进行施工方案优化，不仅可以验证施工方案的可行性，也可以通过对比优选方案，使得施工方案更加科学、合理、安全、可行。

通过虚拟施工从设备投入、工期、施工措施费用等各方面精细的对比评估，能够确定最优施工方案。虚拟施工也可用于优化设计，设计者通过参数化建模建立 3D 信息模型。模型中包含了建筑结构、设备及管网线等。通过这个信息模型所搭建的平台可进行设计检测和协同修改，从而发现设计冲突问题及可施工性的问题。发现问题之后，通过这个虚拟平台和信息模型进行及时有效的沟通，为施工的可行性奠定了一个扎实的基础。

除了利用施工模拟技术优化施工方案外，基于 BIM 对构件进行虚拟拼装和吊装，对施工现场的临时设施进行规划等方面的应用也在逐步发展与成熟。

第三节 基于 BIM 的构件虚拟拼装

构件出厂前的预拼装和安装吊装等，与深化设计过程的预拼装不同，主要体现在：深化设计阶段构件的预拼装主要是为了检查深化设计的精度，将其预拼装的结果反馈到设计中对设计进行优化改进，从而提高预制构件生产设计的水平；而出厂前的预拼装等主要融合了生产中的实际偏差信息，将其预拼装的结果反馈到实际生产中对生产过程工艺进行优化改进，同时对不合格的预制构件进行报废，可提高预制构件生产加工的精度和质量，并提高建筑安装水平。

一、混凝土构件的虚拟拼装

在预制构件生产完成后，其相关的实际数据（如预埋件的实际位置、窗框的实际位置等参数）需要反馈到 BIM 模型中，对预制构件的 BIM 模型进行修正，在出厂前需要对修正的预制构件进行虚拟拼装（图 4-5），旨在检查生产中的细微偏差对安装精度的影响。若经过虚拟拼装显示对安装精度的影响在可控范围内，则可出厂进行现场安装；反之，不合格的预制构件则需要重新加工。

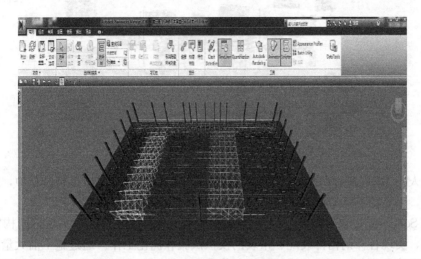

图 4-5　预制构件虚拟拼装

二、钢构件的虚拟拼装

利用 BIM 技术实现钢构件的虚拟拼装能够为钢结构加工企业带来许多好处，其优点在于：省去了大块预拼装场地，节约用地资本；节省了预拼装临时支撑措施；减少劳动力的使用，节约人工成本；减少加工周期，提高生产效率。这些优点能够直接为企业降低人、材、机等方面的成本，以经济的形式直接回报加工企业，以节约工期的形式回报施工单位和建设单位。

要实现钢构件的虚拟预拼装，首先要实现实物结构的虚拟化。实物虚拟化就是将真实的构件精确地转化为数字模型。这种工作依据构件的大小有多种转变的方法，目前可以直接利用的设备包括全站仪、三坐标检测仪、激光扫描仪等。例如使用机器人全站仪（图 4-6）对某工程选定的部位进行完整的空间点云数据采集，快速构建三维可视化模型。通过与 BIM 模型对比，在模型中显示实体偏差，输出实测实量数据，保证数据的真实客观，并将精准的数据带到现场工地，实现数字化和智能化，从而提高工作效率和精度。

采集数据后需要分析实物产品模型与设计模型之间的差距。由于检测坐标值和设计坐标值的参照坐标系互不相同，所以在比较前必须将两套坐标值转化到同一坐标系下。利用空间解析几何以及线性代数的一些理论和方法，可以将检测坐标值转化到设计坐标值的参照坐标系下，使得转化后的检测坐标与设计坐标尽可能接近，也就使得节点的理论模型和实物的数字模型尽可能重合以便后续的数据比较。

然后，分别计算每个控制点是否在规定的偏差范围内，并在三维模型里逐个体现。通过这种方法，逐步用实物产品模型代替原有设计模型，形成实物模型组合，所有不协调和问题就都可以在模型中反映出来，也就代替了原有的预拼装工作。

这里需要强调的是两模型整合的过程中，必须使用"最优化"理论求解。因为构建拼

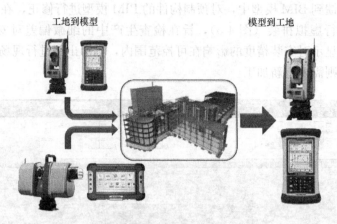

图 4-6　三维可视化模型全站仪数据采集

装时，工人能发挥主观能动性，调整构件到最合理的位置。在虚拟拼装过程中，如果构件比较复杂，手动调整模型比较难以调整到最合理的位置，容易发生误判。

利用 Solidworks 软件能够创建钢结构数字化三维立体模型，并实现钢结构安装动态仿真模拟，实现各种钢构件装配、吊装的模拟试验和优化工作。通过施工前大量的虚拟装配及吊装试验和优化，可以改进钢结构制作和安装施工方案，从而为后续钢构件的制作和安装工作铺平了道路，减少因设计盲点及其他因素导致工程返工而引发的不必要的经济损失，提高施工效率。

根据设计图纸，运用 Solidworks 三维建模软件先按其中一个钢构件的几何尺寸建立基本模型（图 4-7）。然后插入 Excel 系列零件设计表，将该类型钢构件的主要控制尺寸填写到该表中，在配置栏标明该构件的名称（图 4-8）。

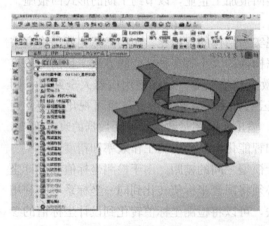

图 4-7　创建基本模型

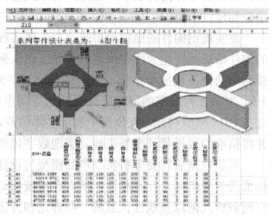

图 4-8　插入 Excel 系列零件设计表

在 Solidworks 三维建模软件中调用该构件的 Excel 系列零件设计表，这时只需点击不同配置及构件的编号名称，即可在 Solidworks 三维建模软件中自动生成该配置的构件模型。按照上述方法步骤，建立圆管柱剪力墙框架这种体系不同类型的钢构件数字化三维立体模型，最终分类汇总形成圆管柱剪力墙框架这一系列的钢构件数字化三维立体模型数据库。

通过建立的钢构件数字化三维立体模型数据库，创建出本项目钢结构的全部数字化三维立体模型，以上构件完成建模后，就可以对其进行装配及钢结构构件安装。先新建一个装配体，在标准菜单的文件下拉菜单中点击"新建"，在新建对话框中选择"装配体"，点击"确定"，然后在插入零部件对话框中点击"浏览"依次选择要插入的零部件即可。装配好的效果如图 4-9、图 4-10 所示。

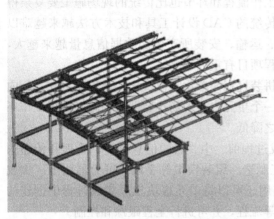 

图 4-9　某工程 3 层会议室屋架装配效果图　　　图 4-10　某工程钢结构整体装配效果图

构件安装细节的三维动态仿真能够通过 Animator 插件实现。用 Animator 来对钢构件进行三维动态模拟仿真安装，有三个步骤（图 4-11）：①切换到动画界面；②根据构件运动的时间长度，拖动时间滑杆到相应的位置；③拖动钢构件，使其达到动画序列末端应达到的新位置。

在钢结构实际安装过程中，按照由计算机仿真模拟确定的最佳吊装方案和合理的安装

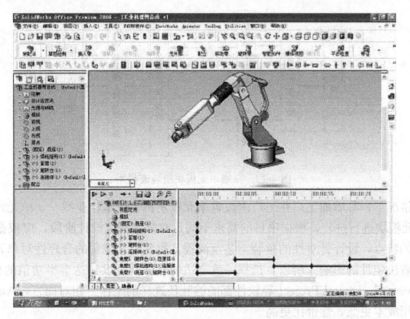

图 4-11　Solidworks 系统中结合 Animator 插件进行仿真操作界面

顺序进行施工，使得钢结构从吊装到焊接的完成时间缩短，通过采取科学合理的构件安装顺序，控制每节钢柱安装完成的顶标高最大偏差、钢结构整体垂直度偏差和主体总高度偏差达到规范要求，保证了主体工程的施工精度。

三、幕墙工程虚拟拼装

单元式幕墙的两大优点是工厂化和短工期。其中，工厂化的理念是将组成建筑外围护结构的材料，包括面板、支撑龙骨及配件、构件、附件等，在工厂内统一加工并集成在一起。工厂化建造对技术和管理的要求高，其工作流程和环节也比传统的现场施工要复杂得多。随着现代建筑形式的多元化和复杂化，传统的CAD设计工具和技术方法越来越难以满足日益个性化的建筑需求，且设计、加工、运输、安装所产生的数据信息量越来越大，各个环节之间信息传递的速度和正确性对工程项目有重大影响。

工厂化集成可以将体系极其复杂的幕墙拼装过程简单化、模块化、流程化，在工厂内把各个材料、不同的复杂几何形态等集成在一个单元内，现场挂装即可。施工现场工作环节的施工量大大减少，出错的风险概率也随之降低。

运用BIM技术可以有效地解决工厂集成过程前、中、后的信息创建、管理和传递的问题。利用BIM模型、三维构建图纸、加工制造、组装模拟等手段，可为幕墙工厂集成阶段的工作提供有效支持。同时，BIM的应用还可以将单元板块工厂集成过程中创建的信息传递至下一阶段的单元运输、板块存放等流程，并可进行全程跟踪和控制。

单元式幕墙的另一大优势是可以大大缩短现场施工工期。20世纪30年代美国出现第一块单元板块的初衷，也是为了缩短现场工期。在这方面，除了上述描述的单元板块工厂化带来现场工作量减少的因素外，另一方面就是可以利用BIM，结合时间因素进行现场施工模拟，有效地组织现场施工工作，提高效率和工程质量。

（1）幕墙单元板块拼装流程及软件

幕墙单元板块的组装流程如图4-12所示。

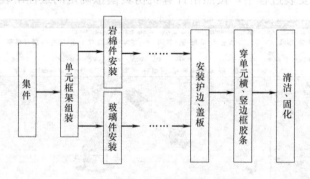

图4-12　幕墙单元板块组装流程图

一般情况下，幕墙加工厂在工厂内设置单元板块拼装流水作业线——单元式幕墙生产线，对单元板块进行拼装，根据项目的需求不同，在幕墙深化设计阶段，应根据所设计的单元板块的特点，设计针对性的拼装工艺及流程。拼装工艺流程的合理性对单元板块的品质往往起着决定性的影响。所以，选择一款合适的软件就可以到达事半功倍的效果。Autodesk Inventor、Digital Project等软件都能够胜任这样的工作。相对而言，Autodesk Inventor使用成本更低，性价比更高。

Autodesk Inventor 软件为工程师提供了一套全面灵活的三维机械设计、仿真、工装模具的可视化和文档编制工作集，能够帮助制造商超越三维设计，体验数字样机解决方案。借助 Autodesk Inventor 软件，工程师可以将二维 AutoCAD 绘图和三维数据整合到单一数字模型中，并生成最终产品的虚拟数字模型，以便于在实际制造前，对产品的外形、结构和功能进行验证。通过基于 Inventor 软件的数字样机解决方案，工程师能够以数字方式设计、可视化和仿真产品，进而提高产品质量，减少开发成本。

Autodesk Inventor 软件将数字化样机的解决方案带进了幕墙制造领域，采用 Inventor 软件可以方便地创建单元板块的可装配构件，并运用其仿真模拟功能创建单元板块的装配过程演示。

（2）预拼装过程

以上海中心大厦外幕墙为例，L 形单元板块的核心支撑结构件钢牛腿承担着传递幕墙荷载以及关键装配定位件的角色。每个单元的左右两侧各有一个钢牛腿，由于单元板块尺寸的变化，即使同一个单元内的两个钢牛腿的尺寸也不相同。因此，整个上海中心大厦外幕墙共计 38634 个不同尺寸的钢牛腿，每个钢牛腿上又包含约 40 个加工数据。这些海量数据通过一系列平面图表达出来，再由工人解读转换为加工设备的程序，不仅效率低下，还容易出错。通过多次的尝试和分析，在解决了包括：程序文件转换、插件开发、数控机床软件编译等一系列问题后，最终实现了将 BIM 模型直接导入数控机床中进行复杂构件加工的目的，大大提高了效率，并保证了这一核心构件的加工精度。而实施这一过程的附加值则是幕墙加工实施的无纸化，整个信息传递的过程可以完全基于 BIM 模型，仅需在流程中植入审核及电子签名等功能即完成了内部质量控制流程。这一无纸化的实施为施工单位节约了大量的时间、人力及耗材支出。

完成了复杂构件的加工，但如何快速确认其加工精度满足要求？又如何确保这种要求是否合理，不存在冗余的精度控制要求呢？通过引入激光扫描仪及多关节臂测量仪等设备对已加工构件进行快速测量，生成测量报告的同时，产生该构件的实际加工模型，进而将该实际模型与理论构件模型依据单元板块组织工艺进行拼装，从而控制构件加工精度，实现单元板块信息化预拼装。如图 4-13 所示为构件工厂信息化预拼装的实施步骤。

1）参数化创建加工精度等级 LOD400 的单元板块模型。

2）从这一单元模型中提取需要加工的构件。

3）通过适当修正，然后将构件转换为 DXF 格式的文件，导入数控机床。

4）模型导入后，数控机床自带的程序会基于图形自动编译机床加工步骤，适当修正刀路，用以减少刀具磨损，即完成了整个加工程序的编译。

5）设备依据编译好的程序进行工作，切割出预定的形状，完成加工。

6）由于构件形态较为复杂，控制尺寸较多，加工件测量需要用到测量仪器：多关节臂测量仪，其独有的红宝石测头，具有高精度和耐磨损的特点，且设备整体操作灵活，对于一定尺寸范围内的复杂构件测量效率提升有很大的作用。

7）对钢牛腿进行测量，用于修正加工工艺。

8）通过人工或程序自动修正导出数据。

9）通过软件制作获得实际加工件模型。

10）将步骤 1）中的理论模型按照单元装配原则进行替换，并利用实测后的构件模型进行预拼装。

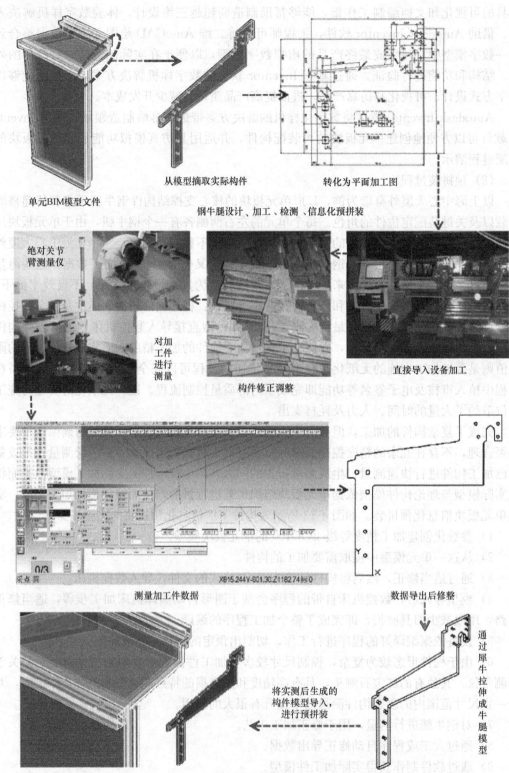

从模型摘取实际构件　　　　转化为平面加工图

单元BIM模型文件

钢牛腿设计、加工、检测、信息化预拼装

绝对关节臂测量仪

对加工件进行测量

构件修正调整

直接导入设备加工

测量加工件数据

数据导出后修整

将实测后生成的构件模型导入，进行预拼装

通过犀牛拉伸成牛腿模型

图 4-13　幕墙构件工厂信息化预拼装的实施步骤

126

四、机电设备工程虚拟拼装

在机电工程项目中施工进度模拟优化，主要利用 Navisworks 软件对整个施工机电设备进行虚拟拼装模拟，方便现场管理人员及时对部分施工节点进行预演及虚拟拼装，并有效控制进度。此外，利用三维动画对计划方案进行模拟拼装，更容易让人理解整个进度计划流程。对于不足的环节可加以修改完善，对于所提出的新方案可再次通过动画模拟进行优化，直至进度计划方案合理可行。表 4-1 是传统方式和基于 BIM 的虚拟拼装方式下进度掌控的比较。

传统方式与基于 BIM 的虚拟拼装方式进度掌握比较 表 4-1

项 目	传 统 方 式	基于 BIM 的虚拟拼装方式
物资分配	粗略	精确
控制方式	通过关键节点控制	精确控制每项工作
现场情况	做了才知道	事前已规划好,仿真模拟现场情况
工作交叉	以认为判断为准	按各专业按协调好的图纸施工

传统施工方案的编排一般由手工完成，繁琐、复杂且不精确，在通过 BIM 软件平台模拟后，这项工作变得简单易行。而且，通过基于 BIM 的 3D、4D 模型演示，管理者可以更加科学、合理地对重难点进行模拟。施工方案的好坏对于控制整个施工工期的重要性不言而喻。BIM 的应用提高了专项施工方案的质量，使其更具有可建设性。

在机电设备项目中，通过 BIM 的软件平台，采用立体动画的方式，配合施工进度，可精确描述专项工程概况及施工场地的情况。依据相关的法律法规和规范性文件、标准、图集、施工组织设计等模拟专项工程施工进度计划、劳动力计划材料与设备计划等，找出专项施工方案的薄弱环节，有针对性地编制安全保障措施，使得施工安全保障措施的制定更直观、更具有可操作性。例如，某超高层工程项目，结合工程特点在施工前将塔楼板式换热机组吊装方案（图 4-14）模拟出来，让业主、监理及施工方更直观地了解方案实施过程，便于查找方案风险因素，论证其可实施性，为工程的顺利竣工提供保障。

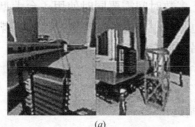

(a)   (b)

图 4-14 塔楼板式换热机组吊装方案虚拟仿真
(a) 换热机组就位；(b) 换热机组吊装

通过 BIM 软件平台，可以把经过各方充分讨论和共同交流后建立的 4D 可视化虚拟拼装模型作为施工阶段工程实施的指导性文件。通过基于 BIM 的 3D 模型演示，管理者可以更加科学、合理地制定施工方案，直接体现施工的界面以及施工顺序。

机电设备工程可视化虚拟拼装模型，在施工阶段中能够实现各个专业均以思维可视化虚拟拼装模型为依据进行施工的组织和安排，知道下一步工作内容，严格要求施工单位按图施工，防止返工的情况发生。借助 BIM 在施工进行前对方案进行模拟，可寻找问题，并及时优化，同时进一步加强施工管理，对项目施工进行动态控制。当现场施工情况与模型之间存在偏差时，能够及时调整并采取相应措施。这种不断地对比、调整，可以改善企业施工控制能力，提高施工质量，保障施工安全。

第四节　基于 BIM 的施工现场临时设施规划

随着 BIM 技术在国内施工的推进，目前 BIM 技术已从对一些简单的静态碰撞分析发展到对整个项目进行全生命周期应用的阶段。一个项目从施工进场开始，首先要面对的是如何对整个项目的施工场地进行合理布置。合理的场地布置能尽可能减少将来大型机械和临时设施反复调整平面位置，尽最大可能地利用大型机械设施的性能。同时，能够对物流材料做好需求分析，尽可能合理地安排材料进场和材料堆放，对现场人流进行合理的规划，保证流水作业等。为避免上述问题，可以将 BIM 技术提前应用到施工现场临时设施规划阶段，从而更好地指导施工，为企业降低施工风险与施工成本。

一、大型施工机械设施规划

大型机械设施的规划是整个项目施工现场临时设施规划中非常重要的一步。大型机械设施规划的好坏，往往能决定一个项目的施工进度和项目成本。在传统的大型机械设施平面规划中，施工方案的制定往往需要在平面图上推敲这些大型机械的合理布置方案。但是单一地看二维的 CAD 图纸和施工方案，很难发现施工过程中的问题。而利用 BIM 技术就可以通过三维模型较直观形象得选择更合理的平面规划布置，并清楚表达与建筑物主体结构的连接关系，选择合适的施工技术方案，提前解决施工过程中可能存在的问题。

1. 塔吊规划

重型塔吊是大型工程中不可或缺的部分，它的运行范围和位置一直是工程项目计划和场地规划布置的重要考虑因素之一。如今的 BIM 模型往往都是参数化的模型。利用 BIM 模型不仅可以展现塔吊的外形和状态，也可以在空间上反映塔吊的占位及相互影响。

例如，上海中心大厦项目在施工过程中，多数时间需要同时使用 4 台大型塔吊。4 台塔吊相互间的距离很近，相邻两台塔吊之间也存在很大的冲突区域。因此，塔吊使用过程中需要注意相互避让。在施工过程中 4 台塔吊可能存在下列互相影响的状态：

① 相邻塔吊机身旋转时相互干扰；

② 双机抬吊时塔吊吊杆非常接近；

③ 相邻塔吊辅助装置爬升框安装时相互贴近；

④ 台风时塔吊受风摇摆干扰。

塔吊相互影响的具体情况（图 4-15）表现为：单台塔吊在运行过程中需要 360°旋转，不可避免会与相邻塔吊有相互干扰。由于塔吊本身的起重能力有限，并且存在部分重型构件，不可避免地需要采用双机抬吊的方式吊装构件，所以需要分析双机抬吊的临界状态。吊杆的竖向角度为 15.5°时，水平转角为 −58°～58°，吊杆竖向角度为 60°时，水平转角为 −71°～71°。台风季节风速大时，塔吊处于停机状态，机身受风的影响可能左右摆动，因此需要保证机身摆动时也处于安全状态。当一台塔吊的爬升框需要安装时，需要动用临近的两台塔吊帮助吊装。

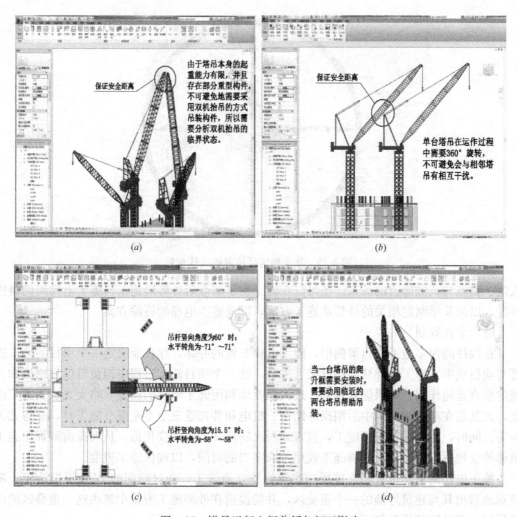

图 4-15　塔吊运行空间分析与相互影响

(a) 邻机单侧顺边；(b) 邻机异侧逆向立面；(c) 邻机异侧逆向平面；(d) 安装爬升框工况

准确判断以上几种情况出现时塔吊的运行位置的方法有：第一种方法是利用 CAD 二维图纸进行位置的测量和计算，分析塔吊的极限状态；第二种方法是在现场观察塔吊的运行状态。这两种方法都存在很大的缺陷，利用二维图纸进行测算，往往不够直观，由于感官上的不足而易导致问题产生；使用塔吊实际运行情况来分析的办法虽然可以直观准确地判断临界状态，但往往费时、费力，影响施工进度。而基于 BIM 软件进行塔吊的三维建模，并引入现场的模型进行分析，既可以通过三维的视角观察塔吊的运行状态，又能方便地调整塔吊的位置及工作状态来判断临界状态。

通过调整三维模型中的参数值，能够快速实现塔吊最佳临近状态的位置，这种方式不仅不影响现场施工，还能够节约资源，缩短工期。图 4-16 为该工程塔吊位置的最佳布置。

2. 施工电梯规划

施工电梯的规划可以根据现有的建筑场地模型以及施工方案确定。根据 BIM 模型能够直观地判断施工电梯所在的位置，与建筑物主体结构的连接关系，以及今后场地布置中

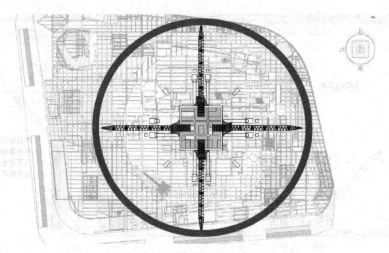

图 4-16　某工程塔吊位置的最佳布置

人流、物流与疏散通道的关系。还可以在施工前了解今后外幕墙施工与施工电梯间的碰撞位置，以便及早制定相关的外幕墙施工方案，以及施工电梯的拆除方案。

（1）平面规划

在以往的很多施工项目案例中，施工电梯布置的好坏，往往能决定一个项目的施工进度与项目成本。施工电梯从某种意义上来说，在一个项目施工过程中担负着项目物流和人流的垂直运输作用。如果能合理地、最大限度地利用施工电梯的运能，将大大加快施工进度，尤其是在项目施工到中后期砌体结构、机电和装饰这三个专业混合施工时，显得尤为重要。同时，也能通过模拟施工，直观地看出物流和人流的变化值，从而提前测算出施工电梯的合理拆除时间，为外墙施工收尾争取宝贵的时间，以确保施工进度。

施工电梯的搭建位置还直接影响建筑物外立面施工。通过前期的 BIM 模拟施工，将直观地看出其与建筑外墙的一个重叠区，并能提前在外墙施工方案中解决这一重叠区的施工问题，对外墙的构件加工起到指导作用。

（2）方案技术选型与模拟演示

施工电梯方案策划时，最先考虑的就是施工电梯的运输通道、高度、荷载以及数量。往往这些数据都是参照以往项目经验数据，但这些数据是否真实可靠，在项目实施前都无法确认。可以利用 Revit 软件的建筑模型，选择对今后外立面施工影响最小的部位安装施工电梯，然后将 RVT 格式的模型文件、MPP 格式的项目进度计划一起导入 BIM5D 模型内，通过手动选择进度计划与模型构件一一对应关联，就能完成一个 4D 的进度模拟模型。通过 5D 系统进行劳动力分析，能准确快速地知道整个项目高峰期、平稳期施工的劳动力数据。通过这样的模拟计算分析，能较准确地判断方案选型的可行性，同时，也对施工安全起到指导作用。在存在多套方案可供选择的情况下，利用 BIM 模型模拟能对多种方案进行更直观的对比，最终选择一个既安全，又节约工期和成本的方案。

（3）建模标准

根据施工电梯的使用手册等相关资料，收集施工电梯各主要部件的外形轮廓尺寸、基础尺寸、导轨架及附墙架的尺寸、附墙架与墙的连接方式。施工电梯作为施工过程的机械设备，仅在施工阶段出现，因此，其建模的精度要求不高。建模标准能够反映施工电梯的外形尺寸，主要的大部件构成及技术参数，与建筑的相互关系等。

（4）协调进度

通过 BIM 模型的搭建，协调结构施工、外墙施工、内装施工等，模拟电梯的物流、人流与进度的关系，合理安排电梯的搭拆时间。

在施工过程中，由于受到外界因素的干扰，施工进度不可能完全按照原先计划的节点进行，因此，经常需要根据实际的现场情况进行调整。

二、现场物流规划

施工现场是一个涉及各种需求的复杂场地，其中建筑行业对于物流也有自己特殊的需求。BIM 技术首先是一个信息收集系统，可以有效地将整个建筑物的相关信息录入收集，并以直观的方式表现出来。但是，其中的信息到底如何应用，必须结合相关的施工管理应用。这里首先介绍现场物流管理如何收集和整理信息。

（1）材料的进场

建筑工程涉及各种材料，有些材料为半成品，有些材料是成品，对于不同的材料既有通用要求，也有特殊要求。材料进场应该有效地收集其运输路线、堆放场地及材料本身的信息，材料本身信息包含：①制造商的名称；②产品标识（如品牌名称、颜色、库存编号等）；③任何其他的必要标示信息。

（2）材料的储存

对于不同用途的材料，必须根据实际施工情况确定其储存场地，应该收集其储存场地的信息和相关的进出场信息。

BIM 技术首先能够起到很好的信息收集和管理功能，但是这些信息的收集一定要和现场密切结合才能发挥更大的作用。物联网（Internet of Things）技术是一个很好的载体，它能够很好地将物体与网络信息关联，再与 BIM 技术进行信息对接，则 BIM 技术能够真正地用于物流的管理与规划。

1. RFID 技术介绍

物联网是利用 RFID 或者条形码、激光扫描器（条码扫描器）、传感器、全球定位系统等数据采集设备，按照约定的协议，通过互联网将任何人、物、空间相互连接，进行数据交换与信息共享，以实现智能化识别、定位、跟踪、监控和管理的一种网络应用。物联网技术的应用流程如图 4-17 所示。

目前，在建筑领域涉及的编码方式主要有条形码、二维码及 RFID 技术。RFID 技术又称电子标签、无线射频识别，是一种通信技术，可通过无线电信号识别特定目标并读写相关数据，而无须识别系统与特定目标之间建立机械或光学接触。常用的有低频（$125 \sim 134.2 \text{kHz}$）、高频（$13.56 \text{MHz}$）、超高频、无源等技术。RFID 读写器分移动式和固定式。目前 RFID 技术在物流、产品溯

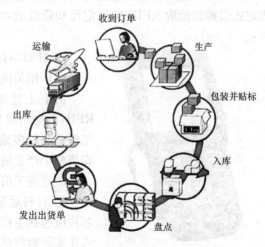

图 4-17　物联网技术的应用流程

源方面都有应用。

2. RFID技术应用

RFID技术主要用于物料、进度的管理。

① 可以在施工场地与供应商之间获得更准确的信息流。

② 能够更加准确和及时地供货，将正确的物品以正确的时间和正确的顺序放置到正确位置上。

③ 通过准确识别每一个物品来避免严重缺损，避免使用错误的物品或错误的交货顺序而带来不必要的麻烦或额外工作量。

④ 减少占用施工现场的缓冲库存量。

3. RFID技术与BIM技术结合

（1）软硬件设置

使用RFID与BIM技术结合需要下列软硬件进行配置：

① 根据现场构件以及材料的数量需要一定的RFID芯片，同时考虑到土木工程的特殊性，部分RFID标签应具备仿金属干扰功能，可采用内置或者粘贴方式配置RFID标签，如图4-18所示。

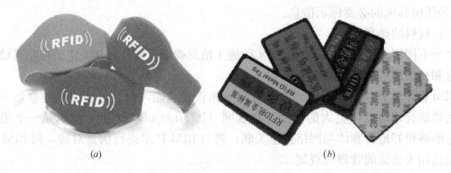

图4-18　RFID标签类型

(a) 内置式；(b) 粘贴式

② RFID读取设备分为固定式和手持式，对于工地大门或者堆场位置口，可考虑安装固定式以提高读取RFID的稳定性和降低成本，对于施工现场可采取手持式，如图4-19所示。

图4-19　手持式RFID读取设备

③ 针对项目的流程开发的RFID数据应用系统软件。

（2）相关流程

由于土建施工多数为现场绑扎钢筋，浇捣混凝土，RFID的应用应从材料进场开始管理。而安装施工根据实际工程情况较多地采用工厂预制的形式，能够形成从生产到安装整个产业链的信息化。

土建施工流程如下：

① 材料运至现场，进入仓库或者堆场前贴RFID芯片，芯片应包括生产厂商、出厂日期、型号、构件的安装位置、入库实际验收情况的信息、责任人；

② 材料进入仓库；

③ 工人前来领取材料，领取的材料需要扫描，同时在数据库中添加领料时间、领取材料和领取人；

④ 混凝土浇筑时，再进行一次扫描，以确认构件最终完成，实现进度的控制。

安装施工流程如下：

① 加工厂制造构件，在构件中加入 RFID 芯片，加入相关信息，需要加入生产厂商、出厂日期、构件尺寸、构件安装位置、责任人（常有 1～2 人与加工厂协调）；

② 构件出场运输，进行实时跟踪；

③ 构件运至现场，进入仓库前进行入库前扫描，将构件中所包含的信息录入数据库，同时添加入库时间、验收情况的信息以及责任人（需要 1～2 人负责验收和堆场管理、数据处理）；

④ 材料进入仓库；

⑤ 工人来领材料，领取的材料扫描，同时在数据库中添加领料时间、领料人员、领取的构件、预安装完成时间（需 1～2 人负责记录数据）；

⑥ 构件安装完后，由工人确认将完成时间加入数据库（需 1 人记录、处理数据）。

三、现场人流规划

1. 现场总平面人流规划

现场总平面人流规划需要考虑现场正常的进出安全通道和应急时的逃生通道、施工现场和生活区之间的通道连接等主要部分。施工现场分为平面和竖向，生活区主要是平面。在生活区需要按照总体策划的人数规划好办公区、宿舍、食堂等生活区设施之间的人流。在施工区，需要考虑进出办公区通道、生活区通道、安全区通道设施、现场人流安全设施等，以及随着不同施工阶段工况的改变，相应地调整安全通道。

利用 BIM 技术来模拟、分配和管理各种建筑物中人流规划，采用三维模型来表现效果、检查碰撞、调整布局，最终形成可以直观展示的报告。

（1）工作内容

① 数字化表达

采用三维的模拟展示，以 RevitNavisworks 为模型构建和动画演示的软件平台。这些模拟可能包括人流的疏散模拟结果、道路的交通要求、各种消防规范的安全约束系数等。

② 协同工作

采用软件模拟，专业工程师在模拟过程中及时发现问题，并按照发现—记录—解决流程，重新修改方案和模型。

（2）模型要求

在人流模拟前，需要定义模型的深度。模型的深度应按照表 4-2 的建模标准进行。

模型的深度安装建模标准   表 4-2

深度等级	LOD100	LOD200	LOD300	LOD400	LOD500
场地	表示	简单的场地布置；部分构件有体量表示	按图纸精确建模；景观、人物、植物、道路贴近现实	可以显示场地等高线	—

深度等级	LOD100	LOD200	LOD300	LOD400	LOD500
停车场	表示	按实际标示位置	停车位大小、位置都按照实际尺寸准确标示	—	—
各种指示标牌	表示	标示的轮廓大小与实际相符，只有主要的文字、图案等可识别的信息	精确的标示，文字、图案等信息比较精确，清晰可辨	各种标牌、标示、文字、图案都精确到位	增加材质信息，与实物一致
辅助指示箭头	不表示	不表示	不表示	道路、通道、楼梯等处有交通方向的示意箭头	—
尺寸标注	不表示	不表示	只在需要展示人流交通布局时，在有消防、安全需要的地方标注尺寸	—	—
其他辅助设备	不表示	不表示	长、宽、高物理轮廓；表面材质、颜色、类型、属性、材料，二维填充表示	物理建模，材质精确地表示	—
车辆、消防车等机动设备	不表示	按照设备或该车辆最高最宽处的尺寸给予粗略的形状表示	比较精确的模型，具有制作模拟、渲染、展示的必备效果	精确地建模	可输入机械设备、运输工具的相关信息

（3）交通人流 4D 模拟要求

① 使用 Revit 建模导出 nwc 格式的图形文件，并导入 Navisworks 中进行模拟。

② Navisworks 三维动画视觉效果展示交通人流量运动碰撞时的场景。

③ 按照相关规范要求、消防要求、建筑设计规范等，并按照施工方案指导模拟。

④ 构筑物区域分解功能，同时展示各区域的交通流向、人员逃生路径。

⑤ 准确确定在碰撞发生后需要修改处的正确尺寸。

交通人流模拟三维效果如图 4-20 所示。

2. 竖向交通人流规划

竖向人流通道设置在施工各个阶段且均不相同，需要考虑人员的上下通道，并与总平面水平通道布局相衔接。考虑正常通行的安全，应急时人员疏散通行的距离和速度，竖向通道位置均应与总平面的水平通道协调，考虑与水平通道口距离、吊机回转半径的安全范围、结构施工空间影响、物流的协调等。通过 BIM 模拟施工各个阶段上下通道的状况，验证竖向交通人流的合理性、可靠性和安全性，满足项目施工各阶段的人员通行要求。

（1）工作内容

竖向交通人流规划的主要工作内容包括反映通道体型大小，构件基本形状和尺寸等。

图 4-20　交通人流 4D 模拟

同时，与主体模型结合后，反映出模型空间位置的合理性，结构安全的可靠性，以及与结构的连接方式。

　　人流模拟将利用 Navisworks 中的漫游功能，实现图形仿真，从而可以准确查明个体在各处行走时，是否会出现撞头、临边坠落等硬碰撞，与碰撞处理相结合控制人员运动，并调整模型。

　　（2）模拟要求

　　① 基础施工阶段

　　基础施工阶段的交通规划主要是上下基坑和地下室的通道，并与平面通道接通。挖土阶段、基础施工时一般采用临时的上下基坑通道，有临时性的和标准化工具式的通道。标准化工具式多用于较深的基坑，如多层地下室基坑、地铁车站基坑等，临时性的坡道或脚手架通道多用于较浅的基坑。

　　临时上下基坑通道根据基坑围护形式各不相同。放坡开挖的基坑一般采用斜坡形成踏步式的人行通道，满足上下人员同时行走及人员搬运货物时的通道宽度。在坡度较大时，一般采用临时钢管脚手架搭设踏步式通道。通道一般设置在与平面人员安全通行的出入口处，避开吊装回转半径之外为宜，否则应搭设安全防护棚。上下通道的两侧应设置防护栏杆，坡道的坡度应满足舒适性与安全性要求，如图 4-21 所示。

图 4-21　临时上下基坑施工人流通道模型

　　在采用支护围护的深基坑施工中，人行安全通道采用脚手架搭设楼梯式的上下通道。在更深的基坑中常采用工具式的钢结构通道，常用于地铁车站基坑、超深基坑中。通行人员只能携带简易工具，不能搬运货物通行。通道采用与支护结构连接的固定方式，一般随基坑的开挖，由上向下逐段安装，如图4-22所示。

图4-22　深基坑施工人流通道模型

　　基础结构施工完成后，到地面以下通道一般均为建筑永久的楼梯通道、车道等。通道上要设计扶手和照明、防滑、临空围护等。

　　② 结构施工阶段

　　结构施工阶段的人流主要是到已完成的结构楼层和作业面，人流通道主要利用脚手架、人货梯和永久结构楼梯。

　　多层建筑，一般采用楼梯式通道，有斜坡式、楼梯踏步式。楼梯BIM模型主要反映自身安全性与结构的连接，通向各楼层、作业面的通道及与地面安全通道的连接，如图4-23所示。

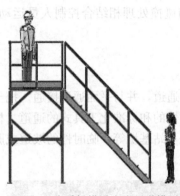

图4-23　脚手架搭设人流通道模型

高层建筑采用人货电梯作为主要通道到达结构楼层，到作业面上还有一段距离，一般还要采用脚手架安全通道。BIM模型要反映竖向人流到结构楼层，在从结构楼层到作业面的流向。在已完成结构楼层的结构内部，利用永久结构的楼梯上下通行。通过建立结构施工人流演示模型图，反映人流与结构施工通道关系。高层结构施工部分，整体提升脚手架是常用的作业面安全作业围护平台。人流通过整体提升脚手架从已完成的结构楼层到结构施工作业面。在脚手架模型上要反映出竖向人流，还要考虑通道个数、大小与通行人数、上下的流向，通道的出入口距离、作业点距离等人流安全疏散的关系。对超高层的钢框筒结构，在钢框结构施工部位，要反映结构楼层到框架结构施工部位人流的通道，主要反映通道到作业点的安全性。

　　③ 装饰施工阶段

　　装饰施工进行的内容有外墙面（幕墙）和内部砌体、隔断、装饰等内容，结构内部楼梯已经全部完成，竖向人流通道主要是内部的楼梯、人货电梯。外部人货梯拆除后，竖向人流通道主要是内部的楼梯、永久电梯（一般为货梯）。

　　对超高层建筑，结构施工时，低层的幕墙和内部隔断已开始施工，货运量增加，装饰阶段，电梯的货流量加大。可以通过BIM建模模拟出人货梯流量的分配，协调与物流的关系。通过人流量和货运量计算需要的人货电梯的数量。

　　在整个施工阶段，通过对各阶段人流通道BIM建模，模拟人流上下安全通道的畅通性、连续性，调整通道的位置、形式、大小、安装形式及与各阶段施工协调，保证人流的安全通行和应急时的逃生。

3. 人流规划与其他规划的统筹协调

（1）工作内容

人流规划是施工规划中的一项重要内容，需要重点考虑三个方面的统筹与协调。一是人流规划、机械规划和物流规划的界面协调。二是人流规划与人员活动区域（办公区、生活区、施工区）的关系协调。同时，与此相关的进出办公通道、生活区通道、安全区通道等的设施也需要作充分的考虑和协调。三是人流规划与施工进度的关系协调。

上述三个方面的统筹与协调需要统一考虑下述问题：

① 相关规划内容的 BIM 模型的统一标准。施工规划的内容需要具有一致和协调的 BIM 建模精度、深度和文件交付格式，使得规划内容不产生偏离和不一致的问题。

② 相关规划内容的 BIM 建模的统一标准。建模前需要统一的规划，建立统一的基准和要求，使得 BIM 模型分别制作完成后可以顺利合并。

③ 相关规划内容的 BIM 表达方式。对规划 BIM 表达的方式和过程，应当协调一致。

（2）实现目标

① 可视化：通过 BIM 可以实现施工项目在建造过程的沟通、讨论和决策在"所见即所得"的方式下进行。

② 协调性：在 BIM 模型中实现静态的差错检查，如人流是否和安全通道之间发生干扰或碰撞等。

③ 动态模拟：如地震或者其他灾害发生时，人员逃生模拟及消防人员疏散模拟。

④ 优化目标：利用 BIM 静态和动态功能，可以发现矛盾和冲突，因此可以更方便地对前期的一些不合理规划进行调整和优化，实现管理和组织上的更高效率，经济效益更好。

⑤ 统计和分析：根据施工进度建立和维护 BIM 模型，使用 BIM 平台汇总施工规划的各种信息，消除施工规划中的信息孤岛，并且将所有信息结合三维模型进行整理和存储，实现施工规划全过程项目各方信息的实时共享。

此外，对其他技术和 BIM 的结合也提出了更高的要求，如人流建模和规划可以用 BIM 技术来实现，而施工总平面组织和规划可以用 BIM 结合 GIS 来建模。通过 BIM 及 GIS 软件的强大功能，迅速得出令人信服的分析结果，帮助项目在施工规划时评估施工现场的使用条件和特点，从而对人流组织做出合理和正确的决策。

第五节　典型案例：BIM 在某吊装工程的应用

本工程为某生态经济区规划展示馆，总建筑面积为 22278.61m²，建筑高度为 17.00m。地上共三层，地下一层，负一层建筑面积为 4937.65m²，一层建筑面积为 7206.57m²，二层筑面积为 4986.56m²，三层建筑面积为 5147.83m²。该生态经济区规划展示馆外形奇特，曲线柔美，号称南北双龙，如图 4-24 所示。建筑外部由异形铝板、玻璃幕墙以及金属屋面直立锁边系统组成，外墙侧边呈双曲面形状，屋顶沿一定坡度螺旋上升。

图 4-24 某生态经济区规划展示馆建筑效果

该钢结构工程的施工难度及重点在于左侧大圆环的屋面钢梁的吊装。大圆环直径为 36.975m，安装高度为 21.92m，屋面最高结构标高为 34.25m。因屋面 H 型钢梁（H2500mm×600mm×16mm×30mm）具有截面大，单体钢梁重，节点螺栓多，高空施工停留时间长等特点，同时又因为本工程是型钢混凝土多层结构，大型吊车无法进入跨内就位吊装，而且两根钢梁需同步起吊安装并在中心圆环处合拢，因此，在施工中难度非常大。其中钢梁的信息见表 4-3。

圆环屋面钢梁信息

表 4-3

型号	数量	跨度(m)	梁高(m)	单重(t)	合重(t)
重型 H 钢梁	4	27.66	2.5	16.29	65.16
重型 H 钢梁	8	13.8	2.5	8.13	65.04
中心部位节点	1	1	2.5	4.67	4.67

1. 型钢混凝土组合结构的梁柱节点模拟

该生态经济区规划展示馆项目中大部分梁柱都是型钢混凝土组合结构，其中最复杂的就是节点连接。在工程项目施工中，型钢混凝土组合柱、梁节点内的钢筋如何布置等问题常常遇到，而且由于型钢混凝土结构中钢筋分布密集，如果得不到良好的处理，就会造成该结构不但满足不了规范要求，还很可能造成安全隐患。所以，在尽可能减少对型钢柱、梁截面的影响的前提下，钢筋在型钢柱、梁中的节点处的放置问题至关重要。

本项目中，在不规则平面且钢柱与多根梁相交的情况下，要求梁上主筋按常规方法穿过钢柱不可行，从而梁柱连接处的主筋放置问题一直让工作人员十分困惑。对于梁柱节点的主筋放置问题，BIM 可视化功能为此问题的解决提供了一个真实模拟的平台，得出在与主梁翼板连接的环板上再加一个环板来放置主筋（图 4-25）。

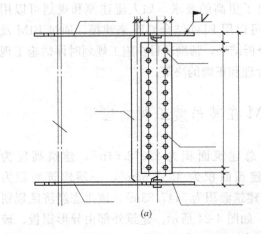
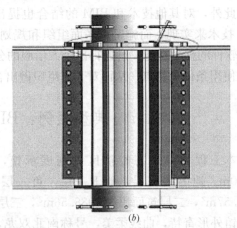

(a)　　　　　　　　　(b)

图 4-25 某生态规划展示馆钢结构复杂节点布置
(a) CAD 中梁柱节点；(b) BIM 建模后梁柱节点

2. 复杂型钢混凝土组合结构梁柱节点连接方式和构件放置顺序

复杂型钢混凝土组合结构梁柱节点连接方式和构件放置顺序（图 4-26）同样是难点。为此，特别选择一个型钢梁柱节点进行施工模拟（图 4-27）。这里选用的是与大部分梁柱节点结构相似的 D/10 轴，梁顶标高 6m 处的型钢混凝土组合结构的梁柱节点。通过 BIM

```
安装柱主筋  →  安装节点处箍筋  →  安装梁上主筋与
                                    环板焊接
                                        ↓
浇筑混凝土  ←  梁钢筋中加拉钩  ←  安装梁框架筋、
                                    梁下主筋和箍筋
```

图 4-26　某生态规划展示馆钢结构节点钢筋施工顺序

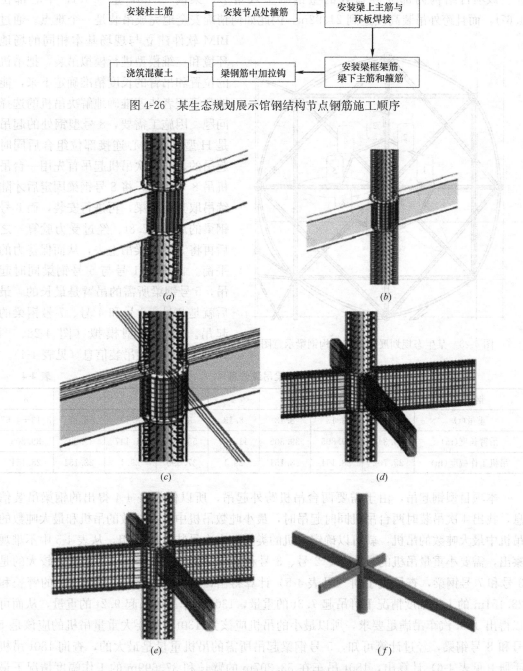

图 4-27　某生态规划展示馆钢结构复杂节点模拟
(*a*) 安装柱主筋；(*b*) 安装节点处箍筋；(*c*) 安装梁上主筋与环板焊接；
(*d*) 安装框架筋、梁下主筋和箍筋；(*e*) 加拉钩；(*f*) 浇筑混凝土

精细化建模将每一根钢筋，每一道工序有序地表达。基于 BIM 技术对各个构件空间位置关系的表达，使施工人员更加清晰地了解构件间的关系，将可能会出现在实际施工中的问题提前解决，从而优化节点的施工。

3. 型钢梁吊装

该项目结构内部大圆盘处的型钢梁呈八角形，梁高 2.5m，重 8.13t，中心部位 4.67t，而且跨外吊装高度达到 21.92m，因此如何精确安全地完成吊装是一个难点。通过

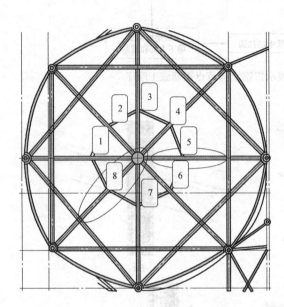

图 4-28　某生态规划展示馆钢结构钢梁示意图

BIM 软件建立与现场基本相同的场地环境和三维模型进行模拟吊装，把吊机的位置和吊臂的长度精准确定下来，能够帮管理者快速准确地解决吊机的选择问题。因施工需要，8 号型钢处的起吊是 H 型钢与中心连接部位组合后同时起吊的，而本次吊机起吊首先用一台吊机吊 8 号钢梁，将 8 号钢梁固定后才陆续吊取其他钢梁，再进行安装，而 8 号钢梁的总重 12.8t。经过受力验算，之后再将 3 号钢梁吊上去，从而保持力的平衡。再进行 1 号与 5 号钢梁同时起吊，5 号钢梁所需的吊臂是最长的。最后就是 2 号、6 号和 4 号、7 号钢梁的起吊。通过模型模拟（图 4-28、图 4-29）得出钢梁吊装信息（见表 4-4）。

钢梁吊装信息　　　　　　表 4-4

钢梁号	1	2	3	4	5	6	7	8
重量(t)	8.13	8.13	8.13	8.13	8.13	8.13	8.13	8.13+4.67
吊臂长度(m)	36.342	39.805	39.805	41.147	53.307	41.147	39.805	39.805
吊机工作幅度(m)	25.702	28.151	28.151	29.1	37.699	29.1	28.151	28.151

本项目型钢起吊，由于需要两台吊机跨外起吊，所以依据表 4-4 得出的钢梁吊装信息，找出 4 次吊装时两台吊机同时起吊时，最小吨数吊机中最大吨数的吊机和最大吨数的吊机中最大吨数的吊机，就可以确定吊机的类型。本次吊装分成 4 组，从表 4-5 中不难观察出，需要小重量吊机的是 1 号、2 号、3 号和 7 号钢梁，而其中需要吊机重量较大的是 3 号和 7 号钢梁，查吊机手册（见表 4-5）计算得出，120t 汽车吊在 39.805m 的臂长和 28.151m 的工作幅度情况下可吊起 7.3t 的重量，130t 汽车吊可吊起 9.2t 的重量，从而可以得出 130t 汽车吊满足要求，所以最小的吊机应该为 130t。需要大重量吊机的应该是 5 号和 8 号钢梁，经过计算可知，5 号钢梁起吊所需的吊机重量是最大的，查询 180t 吊机手册（见表 4-6）计算出，180t 吊车在 53.307m 的臂长和 37.699m 的工作幅度情况下最大可吊 9.1t 的重量，从而满足 5 号钢梁 8.13t 的重量。所以最终确定采用 180t+130t 汽车吊双机跨外双梁同步起吊安装。

图 4-29　某生态规划展示馆钢结构钢梁吊装模拟

(a) 8号和3号钢梁同时吊装；(b) 1号和5号钢梁同时吊装；(c) 钢梁吊装模拟；(d) 钢梁吊装到位

吊机手册　　　　　　　　　　　　　　　　　　　　　　　　　表 4-5

半径(m) \ 臂长(m)	12.6	16.6	20.6	24.5	28.5	32.5	36.5	40.5
3.5	120							
4	107	92						
4.5	95	88	81	69				
5	86	82	75	66				
6	79	76	70	62	51			
7	66	66	62	55	49	40		
8	56	56	55	49	44.5	36	32	23.6
9	48.5	48	47	44	40	35.5	32	22.1
10	42	41.5	40.5	40	36.5	32.5	29	21.3
12	37	36.5	35.5	35.5	33.5	30.5	27.9	21.3
14		29.1	28	28.9	27.8	26.2	24.5	18.9

臂长(m) 半径(m)	12.6	16.6	20.6	24.5	28.5	32.5	36.5	40.5
16		24.8	22.7	23.5	22.5	22.5	21.6	18.9
18			18.3	15.4	8.4	19	19.1	18.9
20			15.9	15.3	15.2	16.8	16.3	15
22				13.2	13.8	14.1	14.2	13.4
24				11.3	12.4	12.2	12.1	11.7
16					10.7	10.5	10.4	8.5
28					9.3	9.2	9	7.3
30						8	8	6.5
32						7	7.2	6
34							6.3	5.6
36							5.5	5.1
38								4.7

180t 汽车吊起重性能表　　　　表 4-6

臂长(m) 半径(m)	13.8	18.12	22.4	26.77	31.09	35.42	39.74	44.07	48.39	52.71	57.1	61
3	180											
3.5	140	120										
4	131	116	115	95								
4.5	120	110	112	95	80							
5	115	105	104	92	75	65						
6	100	92	92	88	69	62	50					
7	89	82	82	82	65	58	48	40				
8	80	73	73	72	64	57	45	39	35			
9	72	65	65	65	63	54	42	37	33	26		
10	61	59	59	58	59	51	41	35	31.5	25.5	21.5	
12		50	50	50	51	43	36.5	32.6	29	24.6	20	17.5
14		42	41	40.5	43	36.5	32	29	26.5	23.5	19.5	17
16			35	36	36.5	31	28.5	26	23.6	21.5	18.8	16.5
18			30	32	31.5	27	25.5	23.5	21.5	20	18	16
20				27	27.5	24.1	23.2	21	20	18.5	16.8	15.5
22				23	24	21.5	21.1	19.5	18	16.8	15.8	15
24				20.5	19	20.5	17.8	1.5	15.4	14.8	14.2	
26				18	16.5	18.4	16.3	15.3	14.5	13.5	12.8	
28					14.5	16.2	15.1	14	13.5	12.5	11.5	
30						14.2	14	13	12.5	11.8	10.8	

臂长(m) 半径(m)	13.8	18.12	22.4	26.77	31.09	35.42	39.74	44.07	48.39	52.71	57.1	61
32							12.5	12.5	12	11.5	11	10.2
34							11.2	11.2	11.2	10.5	10.2	9.5
36								10	10	9.8	9.6	8.8
38								9	9	9	8.7	8.3

通过增加时间后的 4D 模型，可以直观精确地确定吊装顺序和时间，制定详细的吊装施工方案，从而避免了盲目吊装所带来的安全风险，杜绝了发生事故的可能，增加了施工安全可靠度，并且可以对型钢梁进行精确的调整，保证了钢梁高空安装的对接质量。

复习思考题

1. 什么是虚拟建造技术，它有哪些方面的应用？
2. 什么是虚拟施工，与传统的施工方式相比，它有哪些优点？
3. 虚拟施工的核心技术包括哪些方面？
4. 简述基于 BIM 的虚拟施工体系流程。
5. 举例说明基于 BIM 的构件虚拟拼装运用范围。
6. 基于 BIM 的施工现场临时设施规划包括哪几个方面，有哪些优势？
7. 举例说明虚拟施工在实际工程中的运用。

第五章　基于 BIM 的施工进度管理

学习要点：

1. 了解传统施工进度管理的基本流程。
2. 掌握基于 BIM 技术的施工进度管理的基本流程。
3. 掌握 BIM 技术引入后给现有进度管理带来的改变。
4. 了解 BIM 技术在进度管理应用中存在的问题。

第一节　概　　述

项目进度管理是项目管理中的一项关键内容，直接关系项目的经济效益和社会效益，具有举足轻重的地位。网络计划等管理技术和 Project、P6 等项目管理软件的应用提升了项目进度管理的水平，然而随着建筑的科技含量越来越高，施工工艺越来越复杂，传统的施工进度管理技术已无法适应现在的工程进度管理需求。随着 BIM 技术的出现并不断发展成熟，BIM 作为一项新技术，已经在建筑领域中崭露头角。在工程项目进度管理中应用 BIM 技术，不但可以加强管理者的进度控制能力，减少工程延误的风险，还能够节约施工时间，为项目进度管理带来方便的同时创造巨大的效益。

将 BIM 技术引入项目进度管理中，有助于提高进度管理的效率。建立 BIM 技术应用于工程项目进度管理的基本体系框架和具体流程，以及对进度管理引入 BIM 技术后的过程进行分析，可以帮助建筑企业寻找项目进度管理的新思路，加深施工管理者对 BIM 技术应用在进度管理中的认识，转变项目管理者的管理手段，提供新的管理思路，为施工企业应用 BIM 技术提供有益的经验。

工程项目进度管理，是指全面分析工程项目的目标、各项工作内容、工作程序、持续时间和逻辑关系，力求拟定出具体可行、经济合理的计划，并在计划实施过程中，通过采取各种有效的组织、指挥、协调和控制等措施，确保预定进度目标的实现。一般情况下，工程项目进度管理的内容主要包括进度计划和进度控制两部分。工程项目进度计划的主要方式是依据工程项目的目标，结合工程所处特定环境，通过工程分解、作业时间估计和工序逻辑关系等一系列步骤，形成符合工程项目目标要求和实际约束的工程项目计划。进度控制的主要方式是通过搜集进度实际进展情况，将之与基准进度计划进行对比分析，发现偏差并及时采取应对措施，确保工程项目总体进度目标的实现。

施工进度管理属于工程进度管理的一部分，是指根据施工合同规定的工期等要求编制工程项目施工进度计划，并以此作为管理的依据，对施工的全过程进行持续检查、对比、分析，及时发现工程施工过程中出现的偏差，有针对性地采取应对措施，调整工程建设施工作业安排，排除干扰，保证工期目标实现的全部活动。

一、传统施工进度管理方法

传统的施工进度管理方法有很多种，都是在施工过程中不断总结的成果，包括关键日期法、进度曲线法、横道图法、网络计划法、里程碑事件法。

（1）关键日期法

关键日期法即标注关键性的日期，是进度计划管理中使用的最简单的进度计划编制方法。

（2）进度曲线法

进度曲线法是以工期为 X 轴，累积工程量为 Y 轴，按照累计完成的工程量与进度计划之间的具体关系进行曲线作图得到的进度计划。这种方式比较简单，可用于初期粗略的进度计划，并可直观反映工期与工程量的关系，从而比较项目在整个实施过程中的进度快慢。

（3）横道图法

横道图又称为甘特图，在带有时间坐标的表格中，用一条横向线条表示一项工作，不同的横线表示不同阶段，横向线段起止位置对应的时间坐标表示该项工作的开始和结束时间，横向线段的长度表示该工作的持续时间。不同位置代表各工作的先后顺序，整个进度计划由一系列的横道线组成。这种编制方法可以形象直观地展现不同工序之间的前后搭接关系，简单且易于编制。因此，小型项目多采用横道图的方式来编制进度计划，但是该方法最大的缺点是无法反映关键线路。横道图可以按时间的不同进行划分，包括日计划、周计划、旬计划、月计划、季度计划和年计划等。图 5-1 是传统甘特图计划示意图。

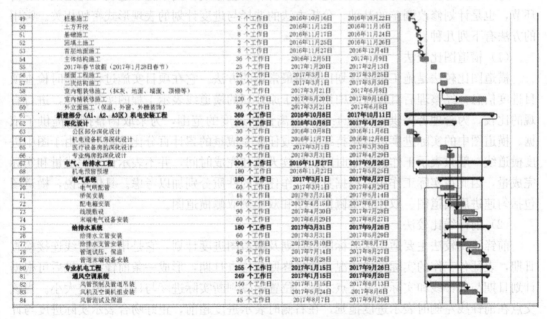

图 5-1　传统甘特图计划（横道图）

（4）网络计划法

网络计划法是由节点和箭线构成的网状图形，用来表现有方向、有条理、有顺序的各项工作间的逻辑关系。网络计划图分为单代号网络计划图和双代号网络计划图。单代号网络计划图是以节点和编号表示工作，箭线表示工作之间的逻辑关系，所以又称为节点式网络图。双代号网络计划图是以箭线及其两端节点的编号表示工作，节点表示工作的开始或结束及工作之间的连接状态，又称为箭线式网络图。

网络计划图可以清晰地表达出各工作之间的关系，工程项目管理人员可以直接在网络计划图中找到关键线路和关键工作，通过计算时间参数、分析工作流程，可以得到每一个工作的自由时差，这对于进度调整提供了极大的便利。网络计划图能够使用计算机软件进行编排和计算，使得优化和调整进度计划变得更加简捷和高效。目前施工企业普遍使用确定型网络计划，其基本原理是：首先，先绘制普通的网络计划图；然后通过分析找到该项目的关键工作和关键线路；接着，对网络计划的逻辑关系、施工顺序和时间参数进行调整，不断改进直到得到最优方案为止；最后，执行最优方案，并按照常规的进度控制方法不断进行调整，使资源合理调配，工期目标得以实现。因此，网络计划法不仅是一种进度表达方式和简单的图表，更是一种追求最优最合理方案的手段。

（5）里程碑事件法

里程碑事件法是在横道图或网络计划图的基础上，以工程日历或其他方法标识出工程中的一些关键事项。这些事项能够被明显确认，代表进度计划中各阶段的具有重要意义的目标，因此必须按时完成。通过这些里程碑事件的具体完成情况就能反映项目进度完成情况，并由此制定相应的下阶段计划。但是里程碑事件法必须与横道图法或网络计划法联合使用，不能单独使用。

二、传统施工进度控制技术

施工项目进度控制的主要任务是对比分析和调整修改，其中施工进度对比是最核心的环节，也是计划修改调整的基础。分析方法的选择与进度计划的表现形式密切相关。常用的方法有下列几种。

（1）横道图比较法

横道图比较法是施工进度计划比较中最常用的方法。它在项目实施过程中随时检查项目进度信息，经整理后直接在图中用并列于原计划的横道线表示工程的实际进度，进行直观的比较，为管理者提供实际施工进度偏离计划进度的范围，为采取调整措施提供了依据。横道图中的实际进度可以用持续时间或任务完成量的累计百分比表示。但由于图中进度横道线一般只表示工作的开始时间、持续天数和完成时间，并不表示计划完成量和实际完成量，因此在实际工作中要根据具体工作任务的性质分别加以考虑。具体来说，横道图包括匀速进展横道图、双比例单侧横道图和双比例双侧横道图。

（2）前锋线比较法

前锋线比较法主要适用于时标网络计划及横道图进度计划。它是用一条折线连接检查日期，表征各工作的实际完成情况，并最终回到检查日期，形成一条前锋线。最后可根据计划日期与前锋线和实际进度交点之间的位置间隔判断实际进度与计划的偏差大小。当该交点在前锋线左侧时表示进度拖延，在右侧时表示进度超前，正好吻合表示实际进度与计划进度一致。

（3）S形曲线比较法

在工程实施过程中，开始和结束阶段单位时间内投入的资源较少，中间阶段的投入较多，因此单位时间内完成的任务量呈现出相应的变化。这条随进度变化的累计完成工程量的曲线即为S形曲线。当实际进展点落在计划进度线的左侧时，表示实际进度比计划超前；若刚好落在上面，表示二者一致；若落在其右侧，表示进度有所延后。

（4）香蕉曲线比较法

香蕉曲线是两种 S 形曲线组合形成的闭合曲线，其中一条是以网络计划中各工作任务的最早开始时间安排进度计划绘制的，称为 ES 曲线；另外一条是以各工作的最迟开始时间安排进度计划绘制的，称为 LS 曲线。这两者组合起来，就是香蕉曲线。由于两条曲线代表同一个项目，计划开始和完成的时间均相同，因此 ES 和 LS 曲线是闭合的。若项目的施工过程依照计划没有变更，则实际进度曲线应该落在香蕉曲线所围成的区域内，同时可以根据实际进展情况进行进度的优化。

（5）列表比较法

列表比较法是指在进度检查时将正在进行的工作名称和已进行的天数记录下来，然后列表分析相关统计数据，根据原有时差和总时差判断进度偏差情况。该方法适用于无时间坐标的网络计划图。

三、传统施工进度管理流程

传统的施工进度管理主要以施工单位为主，施工单位在项目管理单位和监理单位的监督协调之下，与设计单位对施工图纸进行沟通交流，进一步了解施工目标，进行施工图纸会审等一系列互通有无、查漏补缺的工作。在短时间内根据以往的施工经验制定项目前期的施工方案，编制可行的总体进度计划并下发到各分包单位，由分包单位及材料供应单位根据资源的限制对进度计划的不合理方案进行反馈。施工单位在分析现存问题的基础上对施工进度计划进行进一步的优化，并用优化后的进度计划指导具体的施工过程，并根据施工现场中遇到的各种问题对进度计划进行变更。因此，在具体施工过程中，虽然有详细的分析和进度计划，但是在具体实施过程中，计划进度往往不能得到准确的执行，主要原因有以下三点：

（1）施工图纸原因

由于传统的 CAD 图纸自身的缺陷，加之各专业的设计工程师审图的精力有限，且不能有效协同工作，导致图纸各个图层关联不足，所以施工图纸本身存在错误在所难免。加之设计阶段施工图纸在设计过程没有施工单位的参与，而施工图纸作为建设项目的重要资料，未能得到施工单位的深入了解即制定进度计划，必然会导致后期进度计划不能得到准确执行。

（2）管理组织及人员原因

传统的进度计划很大程度上是依靠施工单位的现场施工经验编制，而项目管理单位和监理单位在编制阶段的作用往往只是审批和监督，相互之间的交流很少，不能有效地进行项目前期的沟通协调。而施工单位所施工的项目千差万别，难免由于建设项目所在地的不同或者资源限制不同而有不同的计划安排，仅靠施工单位的经验来制定进度计划难免出现问题。

（3）进度计划表达方式原因

传统建设项目的进度计划表达方式主要是横道图和网络图，属于线性计划。当项目很复杂，工序数量相当多时，进度计划通常以甘特图方式为主，工序间逻辑不易理清，调整及校核不便。这种传统的二维线条表达的信息比较抽象，经常从事施工的人员也未必能很好地了解和掌握线条图所要表达的内容，这导致建设项目的进度计划仅有管理层了解，而具体的施工层不能准确了解进度计划，现场因此出现进度计划与施工进度不切合，同样导致建设项目的实际进度与计划进度不一致。

147

四、传统施工进度管理存在的主要问题

在传统的施工进度管理实践中，主要存在以下一些不足：

（1）项目信息丢失现象严重

工程项目施工时，整个工程项目是一个有机的整体，其最终成果是要提交符合业主需求的工程产品。而在传统工程项目施工进度管理中，其直接的信息基础是业主方提供的勘察设计成果，这些成果通常由二维图纸和相关文字说明构成。这些基础性信息是对项目业主需求和工程环境的一种专业化描述，本身就可能存在对业主需求的曲解或遗漏，再加上相关工程信息量都很大且不直观，施工主体在进行信息解读时，往往还会加入一些先入为主的经验型理解，导致在工程分解时会出现曲解或遗漏，无法完整反映业主真正的需求和目标，最终在提交工程成果的过程中无法让业主满意。

（2）无法有效发现施工进度计划中的潜在冲突

现代工程项目一般都具有规模大、工期长、复杂性高等特点，通常需要众多主体共同参与完成。在实践中，由于各工程分包商和供应商是依据工程施工总包单位提供的总体进度计划分别进行各自计划的编制，工程施工总包单位在进行计划合并时，难于及时发现众多合作主体进度计划中可能存在的冲突，常常导致在计划实施阶段出现施工作业与资源供应之间的不协调、施工作业面冲突等现象，严重影响工程进度目标的圆满实现。

（3）工程施工进度跟踪分析困难

在工程施工过程中，为了实现有效的进度控制，必须阶段性动态审核计划进度和实际进度之间是否存在差异，形象进度实物工程量与计划工作量指标完成情况是否保持一致。由于传统的施工进度计划主要是基于文字、横道图和网络图等表达，导致工程施工进度管理人员在工程形象进展和计划信息之间经常出现认知障碍，无法及时、有效地发现和评估工程施工进展过程中出现的各种偏差。

（4）在处理工程施工进度偏差时缺乏整体性

工程施工进度管理是整个工程施工管理的一个方面。事实上，进度管理还必须与成本管理和质量管理有机融合。因此，在处理工程施工进度偏差时，必须同时考虑各种偏差应对措施的成本影响和质量约束，但是由于在实际工作中，进度管理、成本管理与质量管理之间往往是割裂的，仅仅从工程进度目标本身进行各种应对措施的制定，会出现忽视其成本影响和质量要求的现象，最终影响项目整体目标的实现。

五、BIM 在施工进度管理中的价值

传统工程施工进度管理存在上述不足，本质上是由于工程项目施工进度管理主体信息获取不足和处理效率低下所导致的。随着信息技术的发展，BIM 技术应运而生。BIM 技术能够支持管理者在全生命周期内描述工程产品，并有效管理工程产品的物理属性、集合属性和管理属性。简而言之，BIM 是包含产品组成、功能和行为数据的信息模型，能支持管理者在整个项目全生命周期内描述产品的各个细节。

BIM 技术可以支持工程项目进度管理相关信息在规划、设计、建造和运营维护全过程的无损传递和充分共享。BIM 技术支持项目所有参建方在工程的全生命周期内以统一基准点进行协同工作，包括工程项目施工进度计划编制与控制。BIM 技术的应用拓宽了施工进度管理的思路，可以有效解决传统施工进度管理方式中的弊病，并发挥巨大的作用。

（1）减少沟通障碍和信息丢失

BIM能直观高效地表达多维空间数据，避免用二维图纸作为信息传递媒介带来的信息损失，从而使项目参与人员在最短时间内领会复杂的勘察设计信息，减小沟通障碍和信息丢失。

（2）支持施工主体实现"先试后建"

由于工程项目具有显著的特异性和个性化等特点，在传统的工程施工进度管理中，由于缺乏可行的"先试后建"技术支持，很多的技术错漏和不合理的施工组织设计方案，只有在实际的施工活动中才能被发现，这就给工程施工带来巨大的风险和不可预见成本。而利用BIM技术则可以支持管理者实现"先试后建"，提前发现当前的工程设计方案以及拟定的工程施工组织设计方案在时间和空间上存在的潜在冲突和缺陷，将被动管理转化为主动管理，实现精简管理队伍、降低管理成本、降低项目风险的目标。

（3）为工程参建主体提供有效的进度信息共享与协作环境

在基于BIM构建的工作环境中，所有工程参建方都在一个与现实施工环境相仿的可视化环境下进行施工组织及各项业务活动。创建出一个直观高效的协同工作环境，有利于参建方进行直观顺畅的施工方案探讨与协调，有助于工程施工进度问题的协同解决。

（4）支持工程进度管理与资源管理的有机集成

基于BIM的施工进度管理，支持管理者实现各个工作阶段所需的人员、材料和机械用量的精确计算，从而提高工作时间估计的精确度，保障资源分配的合理化。另外，在工作分解结构和活动定义时，通过与模型信息的关联，可以为进度模拟功能的实现做好准备。借助可视化环境，可从宏观和微观两个层面，对项目整体进度和局部进度进行4D模拟及动态优化分析，调整施工顺序，合理配置资源，编制更科学可行的施工进度计划。

第二节　基于 BIM 的施工进度管理体系

基于BIM技术的施工进度管理体系集成了进度管理的理论、技术方法和BIM技术，实现了计算机信息技术辅助施工进度管理的高效性、准确性、开放性、统一共享性以及信息化，提高了项目进度管理效率和水平。

一、基于 BIM 技术的施工进度管理常用软件

目前常见的支持基于BIM的施工进度管理的软件工具主要有Innovaya公司的Innovaya Visual 4D Simulation和Autodesk公司的TimeLiner。

（1）Innovaya Visual 4D Simulation

Innovaya公司是最早推出BIM施工进度管理软件的公司之一，该公司推出的Innovaya系列软件不仅支持施工进度管理，也支持工程算量以及造价管理，是一款4D进度规划与可施工性分析的软件，该软件与Navisworks的相似之处在于其能与Revit软件创建的模型相关联，且兼容Autodesk公司的Primavera及Microsoft Project施工进度软件，甚至可以与利用Microsoft Excel编制的进度计划进行数据集成。用户可方便地点击4D建筑模拟中的建筑对象，查看甘特图中显示的相关人物；反之亦然，其应用体系如图5-2

所示。

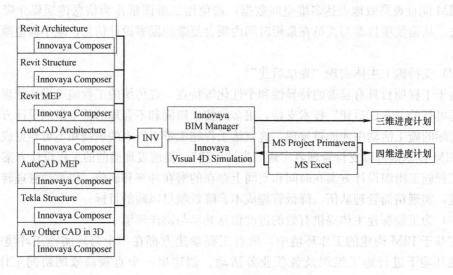

图 5-2 Innovaya 进度软件应用体系

利用 Innovaya Visual 4D Simulation 软件工具，可以将施工过程中的每一个工作可视化，提高工程项目施工管理的信息交流层次，全体参与人员可以很快理解进度计划的重要节点。同时，进度计划通过实体模型的对应表示，可有利于发现施工差距并及时采取措施，进行纠偏调整。当遇到设计变更或施工图显示时，可以快速的联动修改进度计划。不仅如此，利用 Innovaya Visual 4D Simulation 软件工具构建的四维进度信息模型，在施工过程中还可以应用到进度管理和施工现场管理的多个方面，主要表现为进度管理的可视化功能、监控功能、记录功能、进度状态报告功能和计划的调整预测功能，以及施工现场管理策略可视化功能、辅助施工总平面管理功能、辅助环境保护功能、辅助防火保安功能。同时还可以应用到物资采购管理方面，表现为辅助编制物资采购计划功能、物资现场管理功能及物资仓储可视化管理功能。

（2）Navisworks Management TimeLiner

Navisworks Management TimeLiner 是 Autodesk 公司 Navisworks 产品中的一个工具插件，利用 TimeLiner 工具可以进行工程项目四维进度模拟，它可以支持用户从各种传统进度计划编制软件工具中导入进度计划，将模型中的对象与进度中的任务连接，创建四维进度模拟，用户即可看到进度实施在模型上的表现，并可将施工计划日期与实际日期进行比较，同时，TimeLiner 能将基于模拟的结果导出为图像和动画，如果模型或进度更改，TimeLiner 将自动更新模拟。其应用主界面如图 5-3 所示。

另外，TimeLiner 可以方便的与 Navisworks Management 其他工具插件集成使用。通过将 TimeLiner 与对象动画链接到一起，可以根据项目任务的开始时间和持续时间触发对象移动并安排其进度，且可以帮助用户进行工作空间和过程规划。将 TimeLiner 和 Clash Detective 链接在一起，可以对项目进行基于时间的碰撞检查；将 TimeLiner、对象动画和 Clash Detective 链接在一起，可以对具有动画效果的 TimeLiner 进度进行冲突检测。

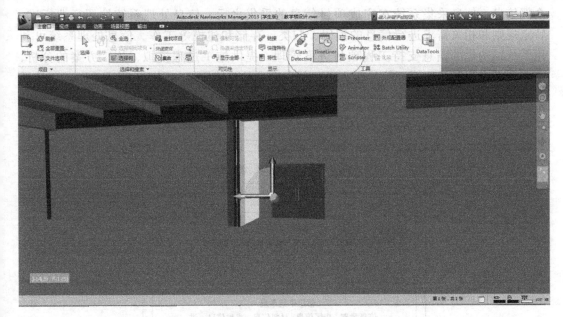

图 5-3　Navisworks TimeLiner 应用界面示意图

二、基于 BIM 技术的进度控制信息平台

（一）现场进度信息收集方式

对应上文提到的进度控制方法，存在三种进度控制信息采集方式：

（1）增强现实（AR）技术。在施工准备阶段，运用 GPS 或者现场测量定位确定在建工程所在的精确坐标位置，将 BIM 进度团队编制的进度计划录入 BIM 进度管理平台中，随即运用增强现实（AR）技术进行模拟施工。施工过程中，由专业现场工程师在现场实时对比实际进度和进度计划，发现进度偏差。

（2）三维激光扫描（LS）技术。同样是在施工开展之前构建 4D 进度计划模型，在施工过程中，通过安装在固定监控点上的三维激光扫描设备，对项目的实际进展情况实施全方位扫描。随着施工开展，不同阶段可能存在建筑物局部未被控制点覆盖的情况，此时需要增加临时扫描点，以保证实际进度信息完备，最终将扫描数据上传进度控制平台。分析核对现场施工进展状况，详细把握实际施工进度。

（3）运用 BIM 模式表达传统控制方法。该方法适于传统进度控制向基于 BIM 平台的进度控制转变的中间时期。在现场施工开展之前，首先要完成进度计划仿真模拟，然后通过现场工程师手持便携设备终端 IPAD、智能手机等采集各个工作面的进度情况，上传到 BIM 进度控制中心，接着 BIM 进度团队处理上传的进度数据形成 BIM 模型，通过计算机模拟检查进度偏差。

（二）基于 BIM 的进度控制信息平台

基于 BIM 的进度管理体系的核心是 BIM 信息平台。BIM 信息平台可分为信息采集系统、信息组织系统和信息处理系统三大子系统。三大子系统是递进关系，只有前序系统工作完成，后续系统的工作才能继续。工程项目信息主要来自于业主、设计方、施工方、材料和设备供应商等项目参与方，包括项目全生命周期中与进度管理相关的全部信息。信息采集系统在完成项目信息的采集之后，信息处理系统按照行业标准、特定规则和相关需求进行信息的编码、归类、存储和建模等工作。信息处理系统可利用系统结构化的信息支持工程项目进度管理，提供施工过程模拟、施工方案的分析、动态资源管理和场地管理等功能。BIM 信息平台的整体框架如图 5-4 所示，BIM 信息平台模型图如图 5-5 所示。

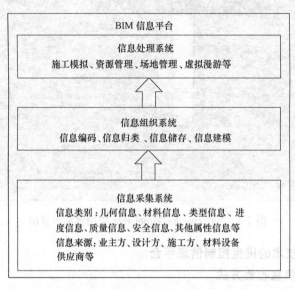

图 5-4 BIM 信息平台的整体框架

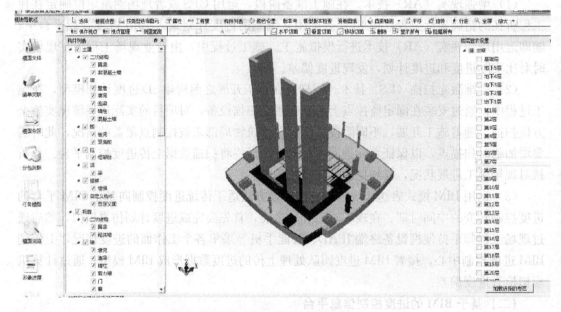

图 5-5 BIM 信息平台模型图

平台搭建完成后，由各参建方的进度管理人员在此平台上对各单位自身的施工进度控制信息进行迅速、精确地处理和上传，形成建设方主导、多单位参与的进度控制信息收集体系，最大程度上使进度管理组织扁平化，从而缩减进度信息处理和传递的时间，形成可以快速响应的进度控制信息平台。

三、基于 BIM 技术的进度管理应用体系

在施工进度管理中，由于专业软件的模块功能限制，系统多数不能实现进度管理的自组织及自运行，很多工作还要依靠人工来完成，即由有关的工程技术管理人员进行进度数据的统计、输入、调整和信息发布，项目的各个参与方据此分别进行项目信息的处理。进度管理系统提供进度信息的及时性、科学性和可获取性不高，导致管理效率低下。构建基于 BIM 技术平台的进度管理应用框架体系，有助于弥补现有进度管理方法的缺陷，改进了现有进度信息管理中的封闭、隔离、孤岛等问题。基于 BIM 技术的进度管理应用体系，如图 5-6 所示。

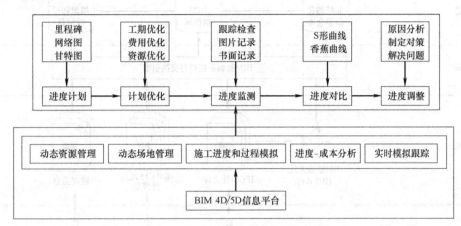

图 5-6 基于 BIM 的进度管理应用体系

由图 5-6 可得，基于 BIM 技术的进度管理可进行施工进度和过程模拟，对工程的重难点模拟预演，提前进行质量问题的查找和分析。对不同专业同一区域交叉流水施工模拟，进行施工顺序的合理安排，简化繁杂的施工组织协调管理工作。结合进度网络 WBS，使每一单元工作内容及如何做，工程量和资源消耗量，工作顺序，场地划分，都可以可视化、形象化表现，提高项目管理人员对工程内容和工程进展的控制能力，进而提高施工效率，加快施工速度。

四、BIM 在工程项目进度管理中的应用思路

在 3D 模型空间上增加时间维度，形成 4D 模型，可以用于项目进度管理。四维建筑信息模型的建立是 BIM 技术在进度管理中核心功能发挥的关键。四维施工进度模拟通过施工过程模拟，对施工进度、资源配置以及场地布置进行优化。过程模拟和施工优化结果在 4D 的可视化平台上动画显示，用户可以观察动画，通过验证并修改模型，对模拟和优化结果进行比选，选择最优方案。

将 BIM 与空间模拟技术结合起来，通过建立基于 BIM 的 4D 施工信息模型，将项目包含建筑物信息和施工现场信息的 3D 模型与施工进度关联，并与资源配置、质量检测、安全措施、环保措施、现场布置等信息融合在一起，实现基于 BIM 的施工进度、成本、安全、质量、劳力、机械、材料、设备和现场布置的 4D 动态集成管理以及施工过程的可视化模拟。

BIM 应用于工程进度管理的原理如图 5-7 所示。

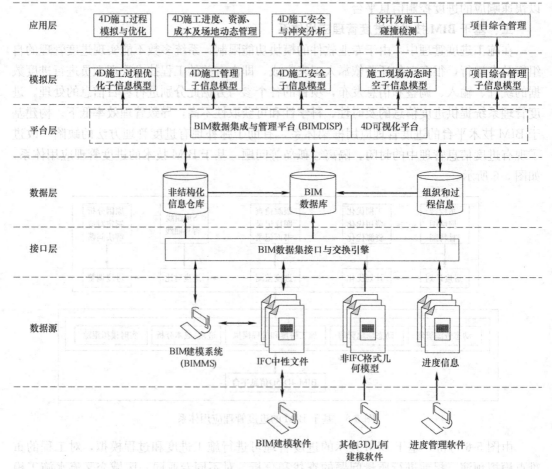

图 5-7　BIM 应用于工程进度管理的原理

第三节　基于 BIM 的施工进度管理流程

一、基于 BIM 技术的施工进度管理流程框架

基于 BIM 的工程项目施工进度管理应以业主对进度的要求为目标，基于设计单位提供的模型，将业主及相关利益主体的需求信息集成于 BIM 模型成果中，施工总包单位以此为基础进行工程分解、进度计划编制、实际进度跟踪记录、进度分析及纠偏工作。BIM 为工程项目施工进度管理提供了一个直观的信息共享和业务协作平台，在进度计划编制过程中打破各参建方之间的界限，使参建各方各司其职，提前发现并解决施工过程中可能出现的问题，从而使工程项目施工进度管理达到最优状态，更好地指导具体施工过程，确保工程高质量、准时完工。

运用 BIM 技术编制进度计划的原理是利用仿真程序进行多次模拟，在虚拟建造中添加对不确定事件的预判，制定预防措施优化计划，从而更合理、精确地安排施工作业。编制过程具有以下特点：

（1）从项目前期设计开始，项目各参与方、各专业工程师即介入 BIM 平台构建，使各个方面互通有无，深入了解项目建设目标，为施工阶段的通力合作打下基础，方便各单位提前做好准备，从费用、人力、设备和建材多个层面确保项目按预定计划顺利开展。

（2）建筑信息模型为不同专业的工程师提供了一个快捷方便的协同工作的平台，负责现场施工的工程师可以利用该平台及时发现现场施工中存在的交叉冲突问题，反映给其他专业工程师调整其原有施工安排，这就大大减少了现场施工时出现问题相互推诿的情况。围绕 BIM 平台，凝聚各参与方、各专业工程师，组成一个信息对称的项目进度管理团队。

（3）通过虚拟设计施工技术与增强现实技术实现进度计划的可视化表达。项目 BIM 团队能以视频投影的形式向各参建单位或公众从各个角度展示项目预期目标，使得不同文化程度的项目建设参与人员，能够更形象准确地理解共同的进度目标和具体计划，从而更高效地指导协调具体施工。

基于 BIM 技术的工程项目施工进度管理流程框架如图 5-8 所示。

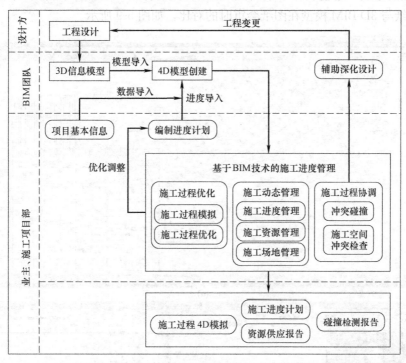

图 5-8　基于 BIM 技术的工程项目施工进度管理流程框架

基于 BIM 的工程施工进度计划及实施控制流程主要包括 4 个方面：图纸会审、施工组织过程、施工动态管理和施工协调。

二、基于 BIM 模型的图纸会审

图纸会审是指工程各参建单位（建设单位、监理单位、施工单位）在收到施工图设计文件后，对图纸进行全面细致的检查，审核出施工图中存在的问题及不合理的情况，并提交设计单位进行处理的一项重要活动。图纸会审由建设单位负责组织并记录。施工图纸会审的基本目的是让参与工程建设的各方，特别是施工单位，熟悉设计图纸，领会设计意图，掌握工程特点及难点，找出需要解决的技术难题并拟定解决方案，从而将因设计缺陷而存在的问题消灭在施工之前。在传统 2D 施工图纸会审工作中，存在查找图纸中的错误困难以及在查找到错误后各专业间沟通困难等问题。施工图纸会审对于保证建设工程质量、加快建设进度、确保投资效益，实现质量、工期、投资三大控制目标，具有非常重要的作用。

施工图纸会审主要包括：总平面图的相关审查；各单位专业图纸本身是否有差错及矛盾、各专业图纸的平面、立面、剖面图之间有无矛盾；不同专业的设计图纸之间有无互相矛盾等。

基于 BIM 技术的施工图纸会审，通过可视化的工作平台，以实际构件的三维模型取代 2D CAD 图纸中的二维线条、文字说明等表达方式。它将需要多张平面图纸才能表达清晰的问题在一个三维的 BIM 模型中直观地反映出来（如碰撞问题），从而较容易地找到设计中存在的失误或错误；同时，在查找到问题之后，通过 BIM 模型可视化的工作平台，各专业可以更容易了解到自己需要怎样配合，才能有效地解决问题，有效避免图纸会审中"顾此失彼"的现象，提高图纸会审效率。且经图纸会审后，各专业均可以直接在各自的 BIM 模型中进行修改，根据 BIM 技术的关联修改特性，其他专业模型中相关联的部位也会发生相应的修改，这就确保了最终生成图纸的准确性和一致性。以管线综合为例，其 2D 施工图纸与 3D BIM 模型在图纸会审时的对比，如图 5-9 所示。

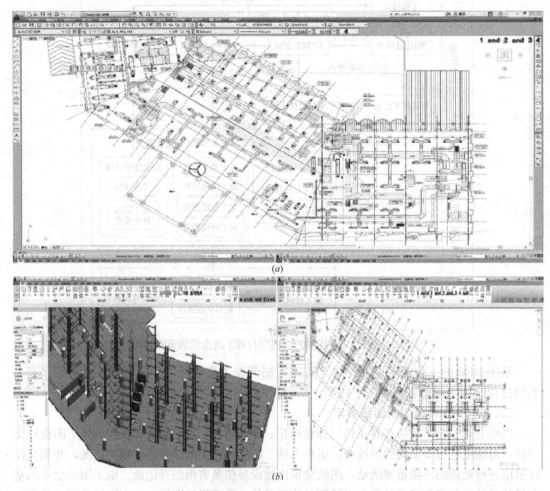

图 5-9 2D CAD 图纸与 3D BIM 模型的对比
(a) 2D CAD 图纸；(b) 3D BIM 模型

156

三、基于 BIM 技术的施工组织过程

按照基于 BIM 技术的图纸会审结果进行修改而得的 BIM 模型，即为比较完整的可用于施工阶段的三维空间模型，这个模型称为基本信息模型。该三维空间模型中集成了拟建建筑的所有基本属性信息，如建筑的几何模型信息、功能要求、构件性能等。但要实现基于 BIM 技术的 4D 施工可视化，还需要创建针对具体施工项目的技术、经济、管理等方面的附加属性信息，如建造过程、施工进度、成本变化、资源供应等。所以，完整地定义并添加附加属性信息于 BIM 模型中，是实现基于 BIM 技术的施工进度管理的前提。

（1）基于 BIM 模型的项目工作结构分解

项目施工管理，首先应进行项目工作结构分解（Work Breakdown Structure，WBS），完成对项目的范围管理和活动定义。在 BIM 平台上，施工单位通过信息互用从 BIM 平台中获取施工阶段所需的信息，进行项目工作结构分解。基于 BIM 模型提取工程量如图 5-10 所示。利用 BIM 模型中包含的建筑所有材料、构件属性信息，通过计算机快速而准确地计算出各种材料的消耗量以及各种构件的工程量，从而快速统计出各分部分项工程或各工作包的工程量，为工程施工项目的管理、分包以及资源配置提供了极大的方便。

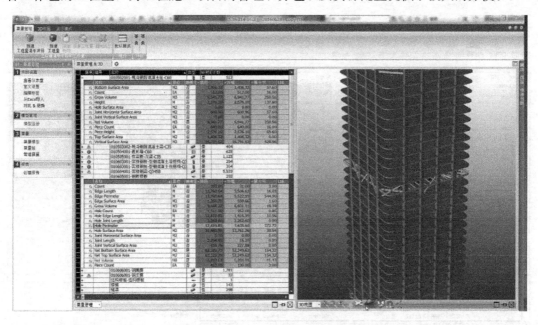

图 5-10　基于 BIM 模型提取工程量

与传统的工作结构分解方式相比，基于 BIM 模型的工程项目工作结构分解，通过优化后的三维空间模型来获取施工所需信息，获取的信息更完整、更直观，信息准确度更高，提高了工作结构分解的效率和质量。

（2）基于 BIM 模型的施工方案设计

施工总体方案的合理选择是工程项目施工组织设计的核心，施工方案是否合理，不仅影响到施工进度计划和施工现场平面布置，而且还直接关系到工程的施工安全、效率、质量、工期和技术经济效果。施工方案设计主要包括确定施工程序、单位工程施工起点和流向、施工顺序及合理选择施工机械、施工工艺方法和相关技术组织措施等内容。

通过关键工序 4D 施工过程的模拟，项目管理者可以得到：规划良好的施工程序和顺序、单位工程施工起点和流向，合理选择施工机械和施工工艺及相关技术组织措施等。项目管理人员再利用这些结果对人工、材料、机械进行分配并编制施工进度计划。

（3）基于 BIM 模型的施工进度计划编制

施工进度计划是对生产任务的工作时间、开展顺序、空间布局和资源调配的具体策划和统筹安排，是实现施工进度控制的依据，施工进度计划是为了对施工项目进行时间管理。编制准确可行并真实反映项目情况的进度计划，除了依据各方对里程碑时间点和总进度的要求外，主要还受到施工搭接顺序、各分部分项工程的工程量、资源供应情况等的限制。

BIM 模型的应用为进度计划的制定减轻了负担。通过基于 BIM 模型的施工方案设计，项目管理者能够清晰地认识到项目实施过程中可能出现的状况，从而在编制施工进度计划时能够合理地确定各分部分项工程的作业工期、作业间逻辑关系、作业资源分配情况。通过 BIM 平台的工程算量软件将数据进行整理，可直接精确计算出各种材料的用量和各分部分项工程的工程量。也可以依据施工阶段的划分，计算出相应阶段所需的工程量，如图 5-11 所示。

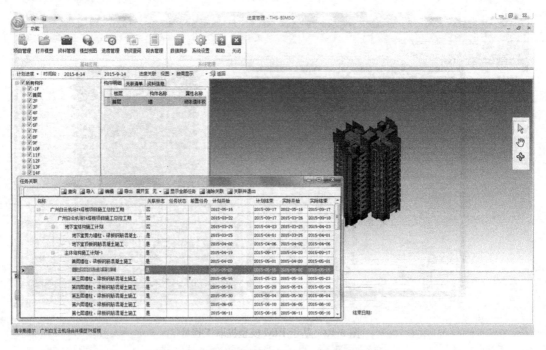

图 5-11　BIM 模型数据处理——进度关联构件

项目管理者在编制进度计划时，首先根据工程量并结合劳动效率估算各项工作的作业时间，再通过系统数据库中其他类似规模项目模型经验和历史信息参考，完成对项目作业工期的估算；作业工期估算完成后，按照作业间的逻辑关系，对施工作业顺序做出安排。工程项目中常见的四种作业逻辑关系为：完成—开始（FS）、开始—开始（SS）、开始—完成（SF）、完成—完成（FF）。最后，结合国家颁布的定额规范及企业实际施工水平，计算出各项工作所需的人员、材料、机械用量，结合项目现场资源情况，为作业分配资源。图 5-12 是基于 BIM 模型的进度和资源计划。

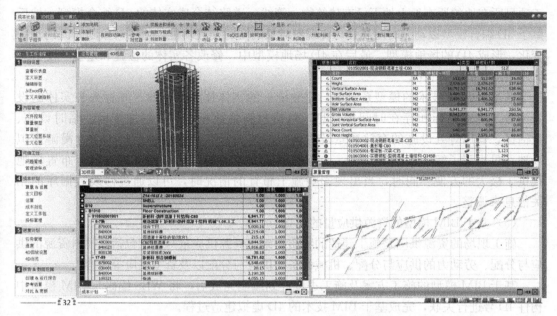

图 5-12　基于 BIM 模型的进度和资源计划

按照作业间的逻辑关系和各作业的持续时间来绘制网络图或者横道图，最后使用 Project 2007 软件完成基于构件的项目进度计划的编制，如图 5-13 所示。

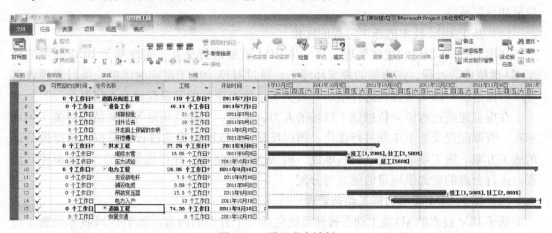

图 5-13　项目进度计划

（4）基于 BIM 模型的施工布置方案

施工场地布置是项目施工的前提，合理的布置方案能够在项目开始之初，从源头减少施工冲突及施工安全隐患发生的可能性，提高建设效率。尤其是对于大型工程项目，工程量巨大，机械体量庞大，更需要统筹合理安排。传统二维模式下静态的施工场地布置，以 2D 施工图纸传递的信息作为决策依据，并最终以 2D 图纸形式绘出施工平面布置图，不能直观、清晰地展现施工过程中的现场状况。施工现场活动本身是一个动态变化的过程，施工现场对材料、设备、机具等的需求也是随着项目施工的不断推进而变化的，而以 2D 的施工图纸及 2D 的施工平面布置来指导 3D 的建筑建造过程具有先天的不足。

在基于 BIM 技术的模型系统中，首先将基本信息模型和施工设备、临时设施以及施工项目所在地的所有地上地下已有建筑物、管线、道路结合成实体的 3D 综合模型，然后赋予 3D 综合模型以动态时间属性，实现各对象的实时交互功能，使各对象随时间的动态变化，形成 4D 的场地模型。最后在 4D 场地模型中，修改各实体的位置和造型，使其符合施工项目的实际情况。

在基于 BIM 技术的模型系统中，建立统一的实体属性数据库，并存入各实体的设备型号、位置坐标和存在时间等信息，包括材料堆放场地、材料加工区、临时设施、生活区、仓库等处设施的存放数量及时间、占地面积和其他各种信息。通过漫游虚拟场地，可直观了解施工现场布置，并查看到各实体的相关信息，这为按规范布置场地提供了极大的方便。同时，当出现影响施工布置的情况时，可以通过修改数据库的相关信息来调整。

（5）基于 BIM 模型的资源供应量的建立与分配

施工现场的资源供应是施工建造的物质基础。资源供应量与分配包括：材料资源的供应与分配、劳动力的供应与分配、机械设备的供应与分配以及资金供应等内容。

基于 BIM 模型的施工方案及施工进度计划编制完成后，将 WBS 编码与 BIM 模型中构件 ID 号进行关联，完成基于 BIM 技术的 4D 虚拟建造过程。

在 4D 虚拟建造中，将模拟的项目分解为各个阶段、各种材料，利用 BIM 算量软件计算出任意里程碑事件或施工阶段的工程量和相应施工进度所需的人工劳动力、材料消耗、机械设备。依据 4D 施工过程模拟分析，确保施工过程中的各项任务都得到应有的资源供应量和分配额度。

（6）基于 BIM 技术的施工过程的优化

利用 Project 创建的进度管理信息，与 BIM 模型进行交互，实现基于 BIM 技术的施工 4D 虚拟建造过程。在虚拟的现实环境下，通过对整个施工过程的模拟，项目管理者可在项目建造前对施工全过程进行演示，真实展示施工项目的各里程碑节点情况。

在虚拟建造过程中，依据施工现场的人力、机械、工期及场地等资源情况对施工场地布置、资源配置及施工工期进行优化。通过反复的 4D 虚拟建造过程的模拟，选择最合适的施工方案、施工场地布置、材料堆放、机械进出场路线，并根据最终的 4D 虚拟建造过程，进行合理的资源供应量的建立与分配。

四、基于 BIM 技术的施工动态管理

基于 BIM 技术的 4D 施工动态管理系统包括三个方面的内容：基于 BIM 技术的施工进度动态管理、基于 BIM 技术的施工场地动态管理、基于 BIM 技术的施工资源动态管理。

（1）基于 BIM 技术的施工进度动态管理

① 施工进度动态展示

在进行基于 BIM 技术的施工进度动态管理时，结合项目施工方案对进度计划进行调整，不断优化项目建造过程，找出施工过程中可能存在的问题，并提前在各参与方、各专业间进行协调解决，优化 4D 虚拟建造过程。同时，当施工项目发生工程变更或业主指令导致进度计划必须发生改变时，施工项目管理者可依据改变情况对进度、资源等信息做相应的调整，再将调整后的信息交互到 BIM 模型中，进行 4D 虚拟建造过程模拟。

完成进度调整后，可利用基于 BIM 技术的 4D 虚拟建造模型来进行工程施工进度动态展示，使项目的各参与方对于项目的建造情况有直观的了解，如图 5-14 所示。

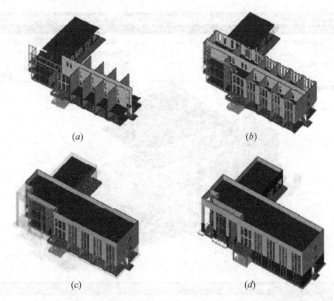

图 5-14　基于 BIM 技术的 4D 虚拟建造过程模型

(a) 2013.4.22 施工动态效果展示；(b) 2013.4.24 施工动态效果展示；

(c) 2013.4.29 施工动态效果展示；(d) 2013.4.30 施工动态效果展示

② 工程施工进度监控

基于 BIM 技术的工程施工 4D 虚拟建造模型，不仅能进行施工进度的合理安排，展示动态的施工进度过程，而且能够利用 4D 虚拟建造模型进行施工进度的监控。

在施工过程中向 BIM 模型中输入材料、劳动力、成本等施工过程信息，形成基于 BIM 技术的 4D 虚拟施工模型。在 4D 虚拟施工模型中，将工程实际进度与模型计划进度进行对比，可以进行进度偏差分析和进度预警；通过实时查看计划任务和实际任务的完成情况，进行对比分析、调整和控制，项目各参与方能够采取适当的措施。同时，项目管理者可以通过软件单独计算出"警示"得到项目滞后范围，并计算出滞后部分的工程量，然后针对滞后的工程部分，组织劳动力、材料、机械设备等，进行进度调整。计划进度与实际进度对比如图 5-15 所示。

（2）基于 BIM 技术的施工资源动态管理

施工过程是一个消耗资源的过程。在基于 BIM 技术的虚拟系统中，随着虚拟建造过程的进行，虚拟建筑资源被分配到具体的模型任务中，实现对建筑资源消耗过程的模拟。通过 BIM 模型编制的资源计划集成了资源、费用和进度，能够有效地为施工现场的资源供应提供决策依据。

通过向 BIM 模型中添加资源建立资源分配模型，确定各项任务都能够分配到可靠的资源，从而保障施工过程的顺利进行。利用基于 BIM 技术的 4D 虚拟模型生成施工过程中动态的资源需求量及消耗量报告，项目管理者依据资源需求量及消耗量报告，调整项目资源供应和分配计划，避免出现资源超额分配、资源使用出现高峰与低谷时期等现象。同时，根据资源分配情况为项目中的构件添加超链接，项目管理人员可以根据实际进度，由构件中的超链接了解项目构件所需要的资源信息，做出合理的资源供应和分配，以便及时为下一步的工作做好准备工作，从而避免因工程材料供应不及时或者准备工作不及时而耽

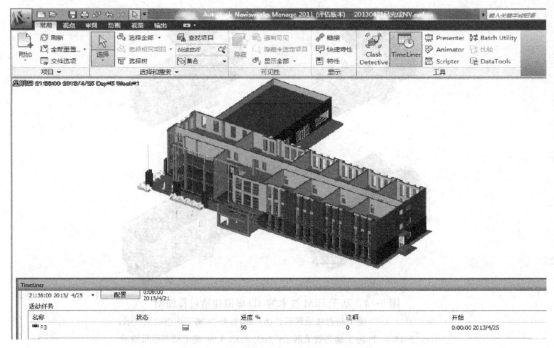

图 5-15　计划进度与实际进度对比图

注：图中不同颜色表示不同进展情况。

误正常施工，造成工期拖延。通过将资源分配到指定的 BIM 模型作业中，可为施工过程建立资源动态供应与分配模型的"资源直方图"，如图 5-16 所示。

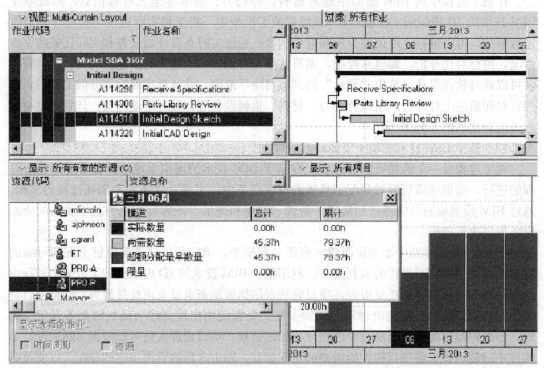

图 5-16　某项目资源动态供应与分配模型

（3）基于 BIM 技术的施工场地动态管理

基于 BIM 技术的施工布置方案，结合施工现场的实际情况，并依据施工进度计划和各专业施工工序逻辑关系，合理规划物料的进场时间和顺序、堆放空间，并规划出清晰的取料路径。有针对性地布置临水、临电位置，保证施工各阶段现场的有序性，提高施工效率。

在基于 BIM 技术的系统中，进行 3D 施工场地布置，并赋予各施工设施 4D 属性信息。当点取任何设施时，可查询或修改其名称、类型、型号和计划存在时间等施工属性信息。实时统计场地设施信息，将场地布置与施工进度相对应，形成 4D 动态的现场管理，如图 5-17 所示。

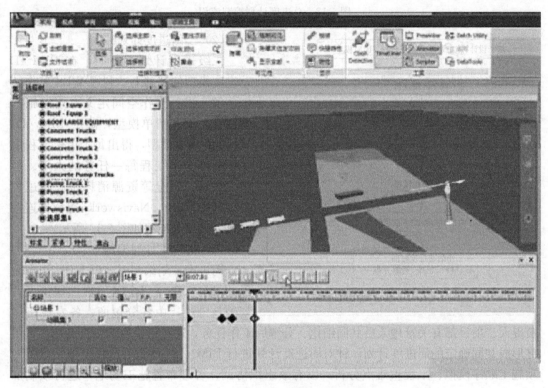

图 5-17　某项目施工场地布置示意图

第四节　基于 BIM 的项目进度分析与控制

一、基于 BIM 的进度计划编制

基于 BIM 技术的进度计划编制由建设单位牵头，设计、施工、监理、分包以及供货单位全体参与，在项目内部形成一个 BIM 进度计划团队。进度计划编制时首先应用地理信息系统（GIS）技术分析项目现场环境，在构建 BIM 模型的过程中即可应用虚拟设计与施工（VDC）技术将进度信息整合到 BIM 模型中。此外，各参与方根据自身情况在搭建 BIM 信息平台时进行实时互动沟通，提早发现进度计划中存在的问题并进行调整。在施工现场还可以使用增强现实工具来检查疏漏，进一步优化进度计划后用以指导施工过程。

下面从总进度计划、二级进度计划、周进度计划和日常工作四个层次分别梳理 BIM 进度计划编制流程。

（1）总进度计划编制

首先基于 BIM 设计模型统计工程量，按照施工合同工期要求，确定各单项、单位工程施工工期及开工、竣工时间，运用 Project、P6 等进度管理软件绘制确定总进度网络计划。将其与 BIM 模型连接，形成 BIM 4D 进度模型，如图 5-18 所示。

图 5-18　总进度计划编制流程

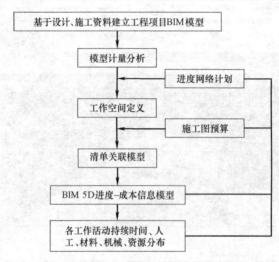

图 5-19　二级进度计划编制流程

（2）二级进度计划编制

二级进度计划编制时，在 BIM 4D 总进度模型的基础上，利用 WBS 工作结构分解，进行工作空间定义，连接施工图预算，关联清单模型，确定 BIM 4D/5D 进度-成本模型，得出每个单位工程中主要分部分项工程每一任务的人工、材料、机械、资金等资源消耗量。此过程可以利用 Revit、Navisworks 等软件连接完成，其编制流程如图 5-19 所示。

（3）周进度计划编制

周进度计划编制时，以 Last Planner System（LPS）为核心。在二级进度计划的基础上，由各分包商、各专业班组负责人、项目部有关管理人员共同细化、分解周工作任务，通过讨论协调各交叉作业，最终形成共同确定的周进度计划。针对周进度计划进行 BIM 4D/5D 施工过程模拟、虚拟专项施工顺序模拟、工程重难点分析，以有效组织协调，合理布置施工场地，进行预制加工。进而调整方案，优化施工进度计划，确保计划执行力度。

（4）日常工作制定

根据 BIM 周进度管理计划显示的每一施工过程的施工任务，材料员负责材料日常供应，由专业班组负责人进行日工作报告，质检员、施工员、监理员进行已完成工作的质量验收，通过这些末位计划系统负责人狠抓施工目标的落实情况。对施工过程中出现的问题，通过相关程序进行研究解决，确保周进度计划的有效控制。

二、基于 BIM 的项目进度控制分析

无论计划制定得如何详细，都不可能预见到全部的可能性，项目计划在实施过程中仍然会产生偏差。跟踪项目进展，控制项目变化是实施阶段的主要任务。基于 BIM 的进度计划结束后，进入项目实施阶段。实施阶段主要包括跟踪、分析和控制三项内容。跟踪作业进度，实际了解已分配资源的任务何时完成；检查原始计划与项目实际进展之间的偏差，并预测潜在的问题；采取必要的纠偏行动，保证项目在完成期限和预算的约束下稳步向前发展。

进度计划阶段，在基于 BIM 的进度管理系统下，应运用工作分解结构 WBS、甘特图、计划评审技术以及 BIM 相关软件编排进度并形成进度计划、人员分配、材料、资源计划。BIM 进度管理平台为用户提供了横道图、S 形曲线、香蕉曲线、4D 模拟等进度管理功能界面。在项目施工阶段，BIM 进度团队可以根据需要选用或综合运用多种功能界面进行进度跟踪与控制。

（一）进度跟踪分析

（1）创建目标计划

经过优化调整后的项目进度计划，达到了进度、投资、质量三大目标平衡的状态，可以视为目标计划。项目每一个具体作业过程都定义了最早/最晚开始时间、最早/最晚完成时间等时间参数，所以 BIM 进度管理系统可以创建多个目标计划，以方便用户进行进度分析。BIM 进度管理系统中，创建了初始目标计划后不能原封不动，应该随着实际施工进展状况，进行合理地调整。在跟踪实际施工进度时，随着时间的推移，目标计划与实际进度的差距会逐渐拉大，导致初始目标计划失去意义，此时，应该重新计算调整目标计划。这一操作仅需要在 BIM 系统中录入实际进度信息，系统就会自动进行关联计算并调整，最终生成新的目标计划。

BIM 技术下的进度管理系统不仅为用户提供了目标计划的创建与实时更新功能，还能够自动将目标计划分配到所有具体项目活动中。在更新进度目标时，通过作业同步操作可以实时更新具体作业活动的计划，用户也可以运用过滤器功能更新符合一定条件的作业活动。更新了目标计划后，系统会自动重新计算项目进度，并根据计算出的资源条件最优解重新平衡分配各种资源，确保各工序资源需求总和小于资源可用量。在进行项目活动的过程中，若出现可用资源不够的情况，则该活动将推迟。选定要进行平衡操作的资源，排列各活动优先级后，即可指定出现资源抢夺冲突时优先平衡的工序和活动。此外，更新了相关资源参数后，应该采用 BIM 模型给出的工程量，重新计算活动费用，以得到准确的活动费用值。

（2）创建跟踪视图

在编制了进度计划后，需要现场工程师一直跟踪施工进度。BIM 技术下的进度管理系统为用户提供了进度报表、横道图、网络图、直方图、S 形曲线、香蕉曲线等多种跟踪视图模块。进度报表以 Excel 列表样式表示施工进度数据；横道图以水平"横道图"样式表示工程进度信息，以直方图或分析表等方式显示时间分摊数据；4D 视图以三维模型的形式动态的展示项目建造过程；资源分析视图以栏位和"横道图"形式表示资源使用情况信息，以直方图或者分析表显示资源分配数据。

以上各种跟踪视图均可运用于跟踪项目进度，首先做整体性的检查，再参照 WBS 分解结构、分部分项、特定工作分解结构要素来进行更细致的检测。也可以利用分组或者过滤功能，根据用户自定义要求进行筛选，形成自定义格式层次的跟踪视图。图 5-20 为不同施工时期该项目的进度模拟跟踪截图，图 5-20（a）为基础施工完成时的进度跟踪图，图 5-20（b）、（c）分别为主体施工中的进度跟踪图，图 5-20（d）为主体结构施工完成时的项目进度跟踪图。

（3）更新作业进度

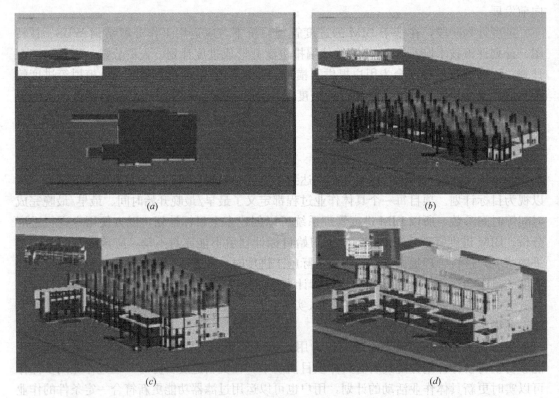

图 5-20 项目进度模拟跟踪截图

(*a*) 基础施工时的进度跟踪图；(*b*)、(*c*) 主体施工中的进度跟踪图；(*d*) 主体结构施工完成时的进度跟踪图

在项目实施阶段，需要向系统中定期输入作业实际开始时间、形象进度完成百分比、实际完成时间、计算实际工期、实际消耗资源数量等进度信息，个别情况下还必须局部调整 WBS 工作分解结构，增添或删减部分活动，调整作业间的逻辑关系。项目进展过程中，实时更新进度信息十分重要，实际工期有可能与初始估算工期略有不同，有可能施工刚开始就需要调整活动顺序。此外，还可能需要添加新作业和删除不必要的作业。定期更新进度计划并将其与目标计划进度进行比较，确保有效利用资源，参照预算监控项目费用，及时获得实际工期和费用，以便在必要时实施应变计划。

（二）进度偏差分析

在工程施工过程中，不仅需要实时更新目标计划以及进度信息，还必须一直跟进工程施工进展，比较实际进度和计划进度，分析项目进度、资源信息，及时发现进度偏差和资源冲突工序，针对性地制定实施纠偏措施，在处理已有问题的基础上进一步预防潜在的资源进度问题。BIM 技术下的进度管理系统，从不同角度不同管理层次提供可以满足不同需求的分析方法，帮助项目各参建单位全方位分析项目进展。项目实施应该定期检测进度情况、资源消耗情况以及投资使用情况，使项目朝着进度计划的方向开展。

（1）实际施工进度分析

施工进度分析的重点应集中在项目里程碑节点影响分析、关键路径和关键工作分析以及实际进度与计划进度比较分析。分析里程碑计划和关键路线以及项目活动的实际完成时间，检查并预测实际进度是否能够按照计划的时间节点如期完成。一般综合运用甘特图、

S形曲线、香蕉曲线以及4D模型来对比实际进度与计划进度。BIM进度系统支持在一个界面同时显示多种视图，显示实际进度与计划进度的差异，如图5-21所示。

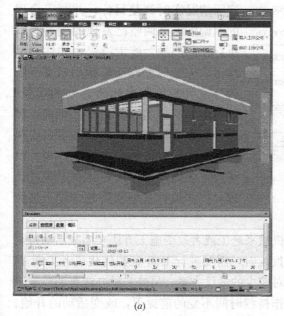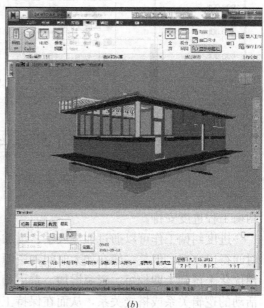

图5-21　对比实际进度与计划进度的差异
(a) 计划进度；(b) 实际进度

从图5-21可以发现，在比较实际进度与计划进度时，可以将视图设置成不同颜色以利于区分。如实际与计划一致则用相同颜色，实际未按计划进度完成则用不同颜色标注。此外，通过比较项目计划与实际进度模型，以及不同时间段的现场扫描图像，可以简明地查看施工建造过程，并发现施工中存在的进度、资源等各种问题。

（2）资源分配分析

现场施工过程中，资源分配情况分析，主要是根据各活动的持续时间差异来核查是否存在资源过度分配或者资源严重不足的现象。BIM技术下的进度管理系统，进行资源分配情况分析时，可以综合利用系统提供的资源消耗直方图、资源分析表、资源S形曲线等图表。用户可以结合资源视图和横道跟踪视图，来表示特定的时间段内资源的分配和消耗情况，及时发现问题并重新调整资源分配。

（3）费用成本分析

为了控制成本，诸多建设项目，尤其是成本约束型项目，在建造过程中必须经常进行费用情况分析。若经过分析预测到项目预算存在超支风险，就需要对后续工作计划进行调整。BIM技术下的进度管理系统，进行费用支出监控时可以综合利用系统提供的费用支出直方图、费用分析表、费用控制报表等图表。在系统中录入实际进度信息后，系统会自动计算出赢得值来评估项目目前的进度、成本情况。一直跟踪项目赢得值，可以形成项目进展过程中的进度、支出走势，从而预测将来的进度、支出情况，如图5-22所示。

（三）进度纠偏与计划调整

在BIM进度系统中输入项目实际进度信息后，对比分析实际进度与计划进度，可以

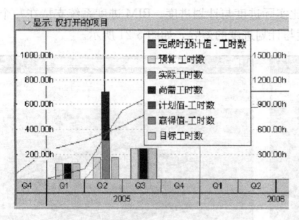

图 5-22　某项目赢得值图标示意图

发现存在的进度偏差以及项目中潜在的隐患或问题，施工过程中需要根据实际情况实时调整目标，并制定合理的纠偏措施来调整已发现的偏差并解决存在的问题。施工过程中往往会出现活动完成时间滞后、费用超支、资源分配失衡等偏离初始计划的现象，这时需采取措施进行调整，使得工程进展向原有计划靠齐。如果项目出现突发事件或者显著偏离进度计划，就需要重新确定目标计划并制定进度计划，调整预算费用及资源分配，最终均衡工程进度安排。

进度纠偏工作可以通过加派人手、增加机械来赶工或者改变施工方法来缩减活动持续时间得以实现，但是一般在加大时间和资源投入时，需要进行工期-资源优化或者工期-费用优化来得到工期较短、资源增加、费用相对较少的最优方案。另外一种办法是调整施工活动的逻辑关系或搭接关系，从而在保持工作持续时间不变的前提下，改变活动的开始、结束时间。如果遇到工期滞后过于严重，两种办法都不能有效解决的状况，就需要调整目标计划以及项目进度。

施工过程中，常用纠偏措施主要有：改变资源可用性；重新调配，如增加、减少、更替资源，推迟工作或分配等；分解活动以平衡工作量；改变项目范围。纠正成本偏差的措施主要有：校验预算费用设置，如单次使用资源耗费成本，活动的固定成本等；缩短活动持续时间或调整活动依赖关系减少费用，合理的增减或更替资源减少费用；压缩项目范围减少费用。

在调整进度偏差或更新目标计划时，需要考虑资源、成本等约束，制定合理可行的技术、经济、组织、管理措施，致力于项目多目标的均衡，达成进度管理的最终目标。

三、基于 BIM 的进度控制可视化管理

（一）基于 BIM 技术的施工可视化应用的技术架构

基于 BIM 技术的施工可视化为施工过程中各阶段、各参与方信息的集成与共享提供平台。这样能够解决传统施工过程中各阶段各专业之间信息不通畅、沟通不到位等问题，为实现集成化管理创造条件，确保工程施工项目的工期、质量、成本得到保证和沟通协调有序进行。基于 BIM 技术的施工可视化应用应具有如图 5-23 所示的技术架构，具体包括五层：数据接口层、数据层、平台层、模型层、应用层。

接口层：利用 BIM 数据接口与数据交换引擎，将数据源提供的 IFC 标准格式信息、非 IFC 标准格式信息以及工程建设的进度信息等储存与转换为结构化的数据信息、非结构化的数据信息和组织与过程信息，实现数据的识别和"存库"。

数据层：数据分为结构化的数据信息（BIM 数据库）、非结构化的数据信息（非结构信息"仓库"）和组织与过程信息。它们是数据"仓库"，即任何建筑相关的信息都能在这个"仓库"中找到对应的表达方式。

168

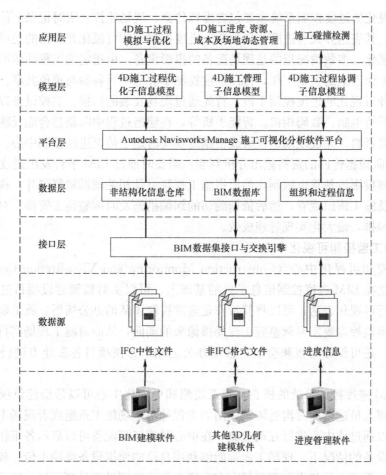

图 5-23 基于 BIM 技术的施工可视化应用的技术架构

平台层：平台层是实现数据信息集成与共享的平台，它能够读取、提取、储存、集成、验证数据"仓库"中的数据信息。通过数据层对各种类型数据的转换，工程建设各阶段、各专业将信息集成于此平台，实现信息的共享并为模型层生成各子模型提供条件。

模型层：通过平台层将 BIM 模型的数据信息集成于平台，平台层根据应用内容的不同需求生成不同的子信息模型，如施工过程优化子信息模型、施工管理子信息模型、施工过程协调子信息模型等。各子信息模型为应用层中的各施工管理专业的应用分析提供模型和数据支持。

应用层：应用层直接为工程施工项目管理决策提供依据。它包括基于 BIM 技术的施工优化系统、动态管理系统和施工碰撞检测系统，直接应用于施工过程中的施工进度管理、资源配置计划、成本管理、场地管理、沟通协调及施工碰撞检查。

（二）进度控制过程的可视化表达

要实现进度控制过程的可视化表达，首先必须在施工现场和进度控制中心建立可以即时交互信息的局域网络系统。运用 4D BIM 模型，能够在建设项目形成过程中实现施工现场与进度控制中心之间的进度信息共享，高效运用进度控制平台来收集进度信息，减少信息传递层级，提高决策执行速度和现场管理效率。

这种可视化的进度控制系统主要包含虚拟仿真、现场监控、实时记录上传、动态进度调整等功能，其表达方式与进度计划类似。进度控制中的可视化并非指的是可以漫游的多角度仿真可视化，多数情况指的是现场配备的摄影设备，由指定的工程师运用手持便携设备记录现场工作面上的关键工作，传回进度控制中心与项目各参与单位共享。

实现这种可视化的进度控制手段，首先通过现场安装的扫描、监控设备以及现场管理人员配备的手持电脑、数码相机、智能手机等，在建造过程中收集整合能反映建设项目进度情况的影像资料，完成现场巡视后或根据需要实时地上传至进度控制中心。进度控制中心的 BIM 团队根据传回的资料做出分析判断，需要时通过 BIM 平台发出进度计划调整指示，通过视频投影设备将电脑制作的模拟施工视频以及相关辅助解释图片、视频播放给现场管理人员及施工班组观看，然后依据确切的纠偏措施及时调整施工安排，对后续工作计划进行重新编排，最大化实现管理成效。

（三）施工监控和可视化中心

施工监控和可视化中心（Construction Monitoring and Visualization Center），简称 CMVC，建立在 BIM 进度控制信息平台的基础上，可以实时监测建设项目进度并对进度控制情况进行可视化表达，可以将其看作是进度控制团队的办公场所。施工监测和可视化中心能够根据监控需要实时调整施工现场摄像头的朝向，从而对施工现场实行全天候、全方位的监控，还可作即时视频会议、移动办公之用，方便项目各参建方进行可视化协调调度。

作为 BIM 进度控制系统的核心，施工监测和可视化中心可以帮助建设项目各参与单位的所有管理人员进行即时沟通协调。例如工程师与现场施工班组或者现场不同专业施工班组之间可以通过该中心进行互动交流。在中心和现场都配备可以显示各工作面现场施工情况的投影设备的情况下，现场工程师能够利用自己的便携设备终端上传、放映现场施工情况。例如，管理人员如果发现现场存在个别工作未按照进度计划开展，即可通过便携设备将滞后情况上传到中心，然后在大屏幕上放映，中心信息平台控制人员再根据实际情况发起小型临时进度会议，由进度滞后责任方工程师共同制定、执行纠偏措施。

（四）可视化的进度控制管理技术

可视化的进度控制为项目管理工作开辟了一种全新的工作方法，地理信息系统（GIS）、增强现实（AR）、虚拟设计与施工（VDC）、三维激光扫描（LS）等先进技术的研究和推广成为可视化进度管理的技术基础。这种可视化的集成、协作型进度控制平台由项目管理单位以及其他参建单位共同组建而成，通过形成符合参建单位核心利益的项目文化来凝聚、指导各单位的专业工程师，共享项目信息，协调各方工作，共同应对风险以更好地实现建设项目利益。

可视化的进度管理以 BIM 技术下的进度信息平台作为交流平台，以 CMVC 施工监控和可视化中心作为日常办公中心，建设项目所有参与单位的专业工程师协调建设项目的设计、进度计划和进度控制等工作，向甲方提供最优化的进度管理服务。在工程项目开展的过程中，对于进度管理的界定不够清晰的问题，每个成员不仅是管理者也是被管理者，依据其处理管控数据的种类和重要性决定其角色。在可视化的进度管理过程中应当将重点放在增强现实（AR）模型上，这是由于该技术将计划进度与实际控制的可视化整合在一起，不仅使得实时现场办公、实时进度控制成为可能，也使得工程进度监控效果达到极致。

（五）基于 BIM 技术的施工可视化对进度管理的改进

BIM 平台集成和共享了项目管理相关的信息，为项目施工进度管理提供了重要的技术支持。通过基于 BIM 技术的施工可视化模拟和优化得到的施工进度计划，让项目参与方"看得见"各阶段需要做什么、有多大的工程量、各工序间需要怎样配合以及紧后工作是什么等内容。基于 BIM 技术的施工可视化，将从以下几方面改进传统进度管理。

（1）改善施工图纸（模型）质量

BIM 是三维参数化模型在建筑工程全生命周期中的应用。设计阶段完成的 BIM 模型中包含了项目所需的所有基本信息，其平面、立面、剖面图也可直接由 BIM 模型生成。同时，BIM 模型中包含了建筑、结构、机电等信息，在中心文件中完成了项目的"错、漏、碰、缺"检查，大大提高了设计图纸（模型）的质量，减少了设计图纸中的错误或失误，减少了工程变更数量。

（2）可建性分析及虚拟施工过程

BIM 模型中包含了建设项目的所有基本信息，在项目施工前可对拟建项目进行可建性分析，从而采取合理的施工方案。同时，按照项目的特点建立模型模拟施工过程，使得施工方案选取准确，资源供应更为合理，减小分包不协调对项目施工造成的影响。另外，还可以通过虚拟施工和可建性分析的结果，采取更为合理的技术措施，加快施工项目的进度。

（3）施工人员综合能力的提升

施工人员的综合能力对施工进度造成最直接的影响。基于 BIM 技术的施工可视化将建筑施工工艺流程展现在施工人员眼前，普及并提高每一个施工个体的综合能力。对于专业性很强的施工技术和流程，通过基于 BIM 技术的专项施工模拟，以 4D 模型展示施工工艺和流程，而不再通过翻阅复杂的 2D 施工图纸进行空间构想。这显著提高了施工人员对技术的理解和熟悉程度，尤其是对于局部困难较大或者需要进行施工方案专项设计的工序。通过基于 BIM 技术的施工工艺模拟，将工艺流程展示给相关施工人员，提高了施工人员的施工能力和沟通协调能力，增强了施工人员对施工流程的大局观意识等综合素质，从而加快施工进度。

（4）提高施工过程中各阶段、各专业之间的沟通协调能力

BIM 模型的可视化将工程图纸的失误"扼杀"在图纸会审及其之前的工作中，有效地减少了图纸错误导致的工程变更。当工程施工过程中出现工程变更时，通过 BIM 软件平台（中心文件），项目各参建方能提取到各自专业所需要变更的内容和信息，修改各自职责部分的信息内容，且更新后的信息将自动储存于中心文件中，供各参与方进行共享和沟通，保证项目参与方之间的信息及时有效地传递。另外，基于 BIM 技术的施工可视化模拟可以对施工进展过程做出清晰的判定，项目各参与方能够了解该何时作业、怎么作业、怎么与其他参与方之间进行衔接，保证了施工各阶段、各参与方之间及时有效地沟通协调，从而加快施工进度。

（5）合理进行施工布置和划分施工场地

基于 BIM 技术的施工可视化对施工现场布置进行模拟和分析，合理优化施工布置和场地划分，纠正传统施工现场物料进场、现场加工、材料堆放、安装（浇筑）凌乱等问

题。基于 BIM 模型的施工布置，在三维可视化的环境下对施工现场的材料进场路线和时间进行模拟，选择最优方案，减小各专业间的相互影响，提高工作效率。

（6）提高资源供应的及时性

通过基于 BIM 技术的施工可视化进行反复模拟施工过程，制定并优化施工方案。通过 BIM 模型中储存的数据信息，施工管理者可以看到任意时刻的施工进度情况，实时了解各施工设备、材料、劳动力等资源的准备情况和场地信息，以便及时准备相关材料、设施，准确掌控施工进度。

（7）实现构件的预制生产和现场安装

目前工程施工效率低下的原因主要是构件的现场制作。BIM 模型是实际建筑物的三维数字化体现，它涵盖了拟建建筑的几何模型信息、功能要求、构件性能等所有基本属性信息，为建筑构件的预制加工准备好了基本条件。预制加工单位或分包单位得到上游传递来的 BIM 模型后，通过标准转换协议，直接从 BIM 模型中提取其所需的信息到预制加工单位的设计软件中，完成冲突检测分析后进行预制加工图纸的二次设计，再将二次设计的预制构件加工图与原图纸模型进行复查，使其满足设计要求。按此预制构件施工图生产的预制构件能够保证现场的安装质量，加快施工进度。图 5-24 为钢结构框架利用 BIM 技术进行预制构件制作放样，在 BIM 模型中存储钢结构框架的形状大小和具体尺寸，在预制过程中，放大某一具体构件，即可得到该构件的长、宽、高、倾角等尺寸信息，方便预制放样。

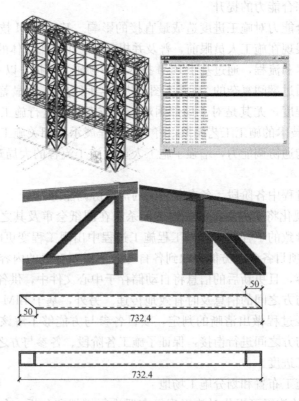

图 5-24　某工程钢构件的预制放样示意图

第五节　典型案例：BIM 在某项目进度计划中的运用

一、项目概况

某项目建筑总高度为 107m，分 A、B、C 三塔，如图 5-25 所示。总建筑面积 83564.3m²，A 塔为地上 18 层，地下 3 层。地上部分屋面高度约为 89.5m。B 塔为地上 20 层，地下 3 层。地上部分屋面高度约为 99.6m。C 塔为地上 9 层，地下 3 层。地上部分屋面高度约为 43.8m。各个塔楼的结构体系为：A、B 塔为框架-核心筒结构，C 塔为框架结构，地下车库为框架-剪力墙结构。

图 5-25　某项目室外效果图

实施该项目主要存在以下几个难点：

（1）项目坐落于城市内部，施工场地较为狭小，现场布置困难；工程量大、工期相对紧张；施工工艺复杂、专业分工细致、各专业交叉作业较多；使用建材种类繁多，采购、保管工作量大。

（2）进度管理难点：由于工期较紧，必须安排土建、安装、消防、机电、精装修、外墙涂饰、铝合金安装等专业搭接交叉作业，致使进度计划编制、跟踪工作困难。现场进度管理工作繁重，需要经常协调现场工作面不同专业间的施工冲突。应用传统进度管理方法，项目部管理人员不能实时了解施工现场实际进展情况，难以预判现场实际施工情况是否会影响后续施工而采取预防措施。

（3）资料管理难点：各类工程合同、施工图纸、工程指令、过程资料数目庞大，资料处理状态查询、汇总分类工作非常繁重，信息不对称导致各种技术、合同风险项被遗漏，最终造成大量不必要的经济损失。

二、BIM 技术运用

（一）整体应用思路介绍

某项目进度管理的整体思路是构建以 BIM 技术为核心的基础建模平台，运用专业建模软件、广联达 BIM 审图软件等，实现技术、施工与商务的横向综合运用，形成以"建模-集成-应用"为核心流程的 BIM 应用模型，如图 5-26 所示。

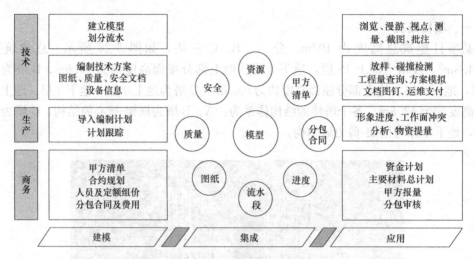

图 5-26　某项目 BIM 模型应用流程及内容

(二) BIM 技术主要应用范围

某项目在运用 BIM 技术进行项目管理时选择了广联达 BIM 系列软件，构建基于 BIM 技术的项目管理平台，整合了进度、成本、资源、组织施工等重要项目管理信息，在开工前进行虚拟建造过程模拟，及时为资源、进度、施工、商务等关键环节提供合理的界面划分、资源分配、技术标准等参考依据，提高决策和协调效率，最终达到缩减工期、节约成本、提高项目管理水平的效果。

图 5-27　某工程土建与机电专业模型集成效果

(1) 3D 模型建立与集成

该工程选择广联达建模软件进行三维建模，各个专业的 3D 模型通过通用接口上传到广联达 BIM 软件中进行集成，集成效果如图 5-27 所示。

(2) 施工段划分

在组织现场施工时，为了提高施工效率，采用流水施工的方法，通过合理的组织管理模式以及资源优化方案来划分现场施工段。可以根据现场平面布置图，在广联达 BIM 软件中，直接在模型上划分施工段，方便组织施工以及施工管理，如图 5-28 所示。

项目管理人员就可以依据划分的施工段组织管理工程进度计划、工程合同、工作清单、施工图纸等信息，使得项目工程师可以随时了解现场各工作面上各专业班组的人数、工作量、资源消耗量，帮助施工管理人员合理编排施工计划，组织施工，提前发现后续施工中可能出现的交叉作业冲突并采取措施规避，施工段划分如图 5-29 所示。

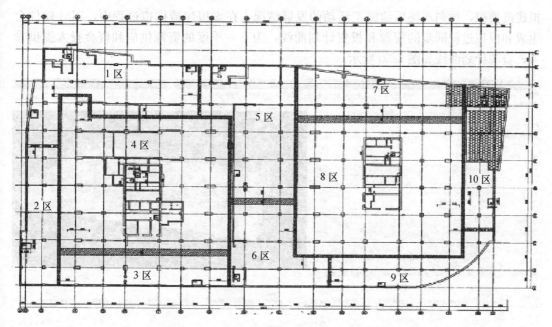

图 5-28 某工程施工现场平面分区布置图

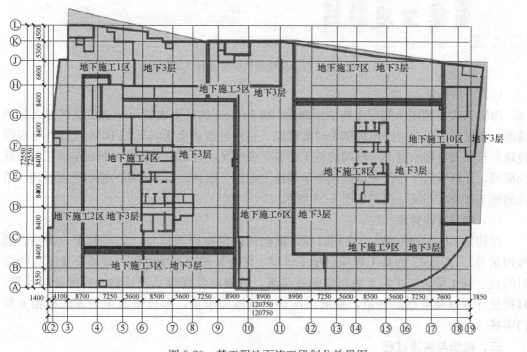

图 5-29 某工程地下施工段划分效果图

（3）三维动态模拟施工过程

项目管理人员将 Project 软件生成的进度计划文件导入 BIM 模型，关联 3D 模型与进度数据，根据需要在施工过程中从进度计划、施工层、施工段、专业构件类型及工程量、钢筋型号、物资种类、总分包、建材材质等诸多角度查询工程量。以季度为周期，通过虚拟建造模拟，预判现场后续施工活动的发展情况。在虚拟建造模拟过程中，BIM软件会生成和模拟过程同步的资源和投资计划曲线，为下一季度的资源供应和资金投入提供参考，资源计划曲线如图5-30所示。

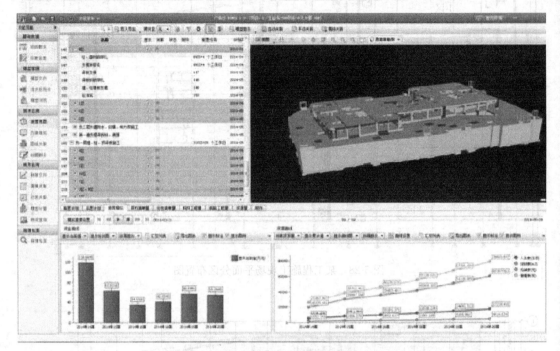

图5-30　某工程虚拟建造模拟与资源计划曲线

（4）进度控制

BIM进度管理团队制定出施工计划后，将Project软件生成的mpp进度文件导入BIM模型，给模型中所有构件模块赋予时间维度。在周进度例会上，运用BIM软件进度视图模块向与会人员展示过去一星期的施工任务完成情况，查出滞后任务，调出与该任务关联的模型，计算滞后工作量并以此调整下周施工安排，做到以周为周期的精确进度管理。某月的施工任务状态统计视图如图5-31所示。

（5）项目资源管理

在构建BIM3D模型时，会同时赋予模型构件定额资源信息（如混凝土、钢筋、模板用量等）。图5-32为某工程项目地下3层1区材料量查询示意图。现场专业工程师按时间点、施工层、施工段汇总所需的资源量，编制项目资源总控计划、月度备料计划、日提量计划以及节点限额量，提取出准确的资源需求量，形成资源申请表，报相关部门审核。

三、组织与实施过程

（一）项目实施流程

某项目建设过程包括5个阶段，各阶段工作内容如下：

（1）施工准备阶段：着重进行技术交底、资料准备工作。

（2）项目启动会阶段：主要包括确定项目BIM目标、编制项目BIM计划和标准、组建BIM团队组织框架、制定沟通协调机制等工作。

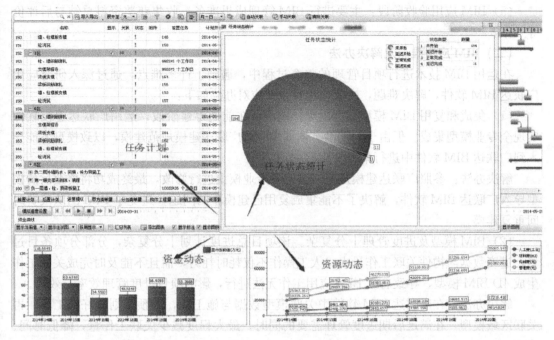

图 5-31 某工程某月的施工任务状态统计视图

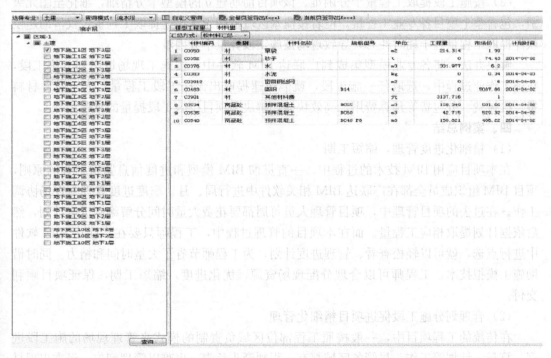

图 5-32 某项目地下 3 层 1 区材料量查询示意图

（3）BIM 建模阶段：着重进行 BIM 建模规范交底并建立各专业模型。

（4）应用阶段：主要进行 BIM 软件培训、工程数据录入、施工管理、应用辅助等工作。

（5）BIM应用验收阶段：主要进行BIM管理成果准备、收集获奖资料总结与后评价等工作。

（二）BIM应用难点及解决办法

在运用BIM技术进行项目管理的整个过程中，遇到了许多难点，通过深入研究应用广联达BIM软件，解决难题，主要应用难点及应对办法如下：

（1）集成和复用BIM模型数据困难。该项目在前期筹建阶段，运用广联达建模软件实现全专业模型集成。但由于前期没有依据统一的广联达建模规范建模，以致模型不能导入到广联达BIM软件中进行集成复用。

解决办法：参照广联达建模规范对已建各专业模型进行修改，最终成功将修改后的模型导入广联达BIM软件，解决了不能集成复用已建模型的问题，避免了BIM团队浪费时间重复建模。

（2）BIM模型及进度管理十分复杂。该项目总进度计划十分复杂，分部分项条目过多，进度数据与构件关联工作量大，人工操作不仅耗时耗力，而且不能及时完成关联工作生成4D BIM模型，导致后续BIM应用工作无法进行，影响项目进度管理效率与效果。

解决办法：在广联达BIM软件中关联模型数据与施工段，先预先划分好施工段，再关联区域模型，在满足后期进度管理需要的同时，最大程度减少关联工作量，降低时间、成本。

（3）按施工段提取工程量十分困难。该项目前期建立的模型十分精细，细化至图元级别，包含整个项目各专业工程量，但若按流水区域范围无法快速提取工程量，仅借助建模软件提取工程量过于耗时耗力，导致现场按施工段算量十分困难。

解决办法：将各专业模型集成到广联达BIM软件中，按施工现场情况划分施工段，在施工作业过程中，选取任一施工段，就能快速提取出该施工段工程量、人工费、材料费、机械费、分包费等预算费用，高效快捷，解决了项目按施工段提量的难题。

四、案例总结

（1）精细化进度管理，缩短工期

在本项目应用BIM技术的过程中，一直贯彻BIM模型和进度信息紧密结合的原则，项目BIM组织成员全都在广联达BIM相关软件中进行周、月、季度进度管理与现场协调工作。在过去的项目管理中，项目管理人员每周都要花费大量时间分解编制进度计划，然后依据计划提取相应工程量。而在本项目的管理过程中，工程师只要在广联达BIM软件中进行点选，就可以轻松查看、管理进度计划，为工程师节省了大量时间和精力。同时借助施工模拟技术，工程师可以合理分配现场资源，优化进度，缩短工期，保证项目顺利交付。

（2）合理划分施工段促进项目精细化管理

在传统的工程项目中，一般按照工程部位区域负责制的模式来管理现场的施工段进度、算量、计划等工作。尽管各区域都有工程师牵头负责，也难以管理到位，经常出现材料准备不足、工序交叉冲突等现象，导致流水施工受阻。而在使用了广联达BIM软件的项目中，根据现场实际情况在三维模型上划分施工段，完成划分后，简化了现场算量、核量工作。整个项目的流水施工，不再需要区域专人牵头负责，管理人员可以在软件中快捷地提取到任一施工段的各种信息。借助备量计算、虚拟施工模拟等功能，大大提高了项目精细化管理水平。

（3）准确算量节省材料、降低成本

工程项目中的物资管理，经常由人工估计材料消耗，如脚手架、模板等周转材料不具备现场实时调配条件，造成现场施工中发生大量不必要的损耗，增加了项目成本。而在使用了广联达 BIM 软件后，通过物资查询模块，工程师可以随时准确地查询各部位、各专业、各施工段的消耗量，并能准确记录各种周转性材料的进出场时间，汇总显示每周各种物资的消耗总量，甚至每天的周转材料调配记录都可查询，极大减少了材料的不必要消耗，降低了项目成本。

复习思考题

1. 基于 BIM 的施工进度管理与传统施工进度管理有哪些相同点与不同点？

2. BIM 技术引入给现存进度管理带来什么改变？

3. BIM 技术作为一项新技术，在进度管理中的应用存在哪些问题？

4. BIM 技术在施工进度管理中的主要切入点有哪些？

5. 基于 BIM 的施工进度管理流程是什么？

6. 基于 BIM 的里程碑进度计划分析的主要步骤是什么？

7. 基于 BIM 的施工进度控制有什么进度信息采集方式？

第六章　基于 BIM 的工程造价管理

学习要点：

1. 掌握工程造价及工程造价管理的范畴，了解工程造价的组成要素。

2. 了解造价精细管理与 BIM5D，以及 BIM5D 对实现造价精细管理的意义。

3. 掌握 BIM 在全过程造价管理各个阶段中的作用。

4. 掌握 BIM 在造价过程控制中的具体运用。

5. 熟悉常用的 BIM 造价管理软件。

传统的工程造价要求造价员必须熟悉相关概预算定额、取费标准、各种图纸和地区有关取费规定，存在人力耗用多、计算时间长、工作效率低、容易出错、与实际脱节等诸多问题。BIM 技术能够很好地解决工程造价过程中遇到的各种问题，实现对工程造价的实时控制，是工程造价领域未来发展的趋势。BIM 技术在工程造价管理方面有着极大的发展空间，必将为造价行业带来全面性、革命性的影响。因此，本章着重介绍 BIM 技术相对于传统造价管理方式的优势，展示 BIM 技术在全过程造价管理中的具体应用。

第一节　概　　述

工程造价管理经过多年的发展，已经从单纯地进行工程造价的确定，逐步发展成为工程造价的控制乃至全过程管理。工程造价管理理论和实践范围逐步覆盖工程建造全过程的各个阶段，涵盖了与不同业务之间的综合应用和数据集成应用。在现有的建设工程市场环境下，工程造价管理还面临着许多问题。如何在已有工程造价确定与控制理论方法的基础上，借助于新的管理理念和工具，探索新的工程造价管理方式是造价领域的发展方向。

一、工程造价及管理

1. 工程造价

工程造价是建设工程产品的建造价格，本质上属于价格范畴。从投资者的角度出发，工程造价反映了建设某项工程，预期开支或者实际开支的全部投资费用。目前，我国的建设工程总投资费用包括建设投资和流动资产投资两个部分。根据不同的性质，建设投资进一步分为建筑安装工程费、设备及工器具购置费、工程建设其他费用、预备费和建设期利息。流动资产投资是指生产性建设工程为保证生产和经营正常进行，按规定应列入建设工程总投资的铺底流动资金。

（1）建筑安装工程费

工程造价涵盖了整个建设项目的投资，其中施工建造阶段主要涉及建筑安装工程费。建筑安装工程费是指用于建筑工程和安装工程的费用，包括直接费、间接费、利润、税金四部分，一般占项目总投资的 50%～60%。

直接费指在施工过程中耗费的与建筑产品实体生产直接相关的各项费用，包括直接工程费和措施工程费。直接工程费是指构成工程实体的各项费用，包含人工费、材料费和机械使用费；措施费是指有助于形成工程实体的各项费用，包含冬雨期施工增加费、夜间施工增加费、材料二次搬运费、脚手架费、临时设施费等。

间接费指为完成工程项目施工，发生在工程施工前和施工过程中的非工程实体费用，这些费用不能直接计入某个建筑工程，主要为企业管理费和规费。

利润是劳动者为企业劳动创造的价值，一般应按照国家和地方规定的计算基础和利润率计取。

税金是劳动者为社会创造的价值，包括按照国家税法规定应该计入建筑安装工程造价内的营业税、城市维护建设税和教育税附加等。

（2）设备及工器具购置费

设备及工器具购置费是指为工程项目购置或自制达到固定资产标准的设备和为新建、扩建工程项目配置的工器具及生产家具所需的费用。它由设备购置费和工器具及生产家具购置费组成，其中，设备购置费包括设备原价和设备运杂费。

（3）工程建设其他费用

工程建设其他费用是指从工程筹集到工程竣工验收交付使用为止的整个建设期间，除建筑安装工程费用和设备、工器具购置费以外，为保证工程建设顺利完成和交付使用后能够正常发挥效用或效能而发生的各项费用。工程建设其他费用由三部分组成：①土地使用费；②与项目建设有关的其他费用，如建设单位管理费、勘察设计费、研究试验费、工程监理费、工程保险费、施工机构迁移费等；③与未来企业生产经营有关的其他费用，如联合试运转费、生产准备费、办公和生活家具购置费等。

（4）预备费

预备费包括基本预备费和涨价预备费。基本预备费指在项目实施中可能发生难以预料的支出而需要预留的费用，如工程量增加、设计变更、一般自然灾害造成的损失和为预防自然灾害采取的措施费用、竣工验收时为鉴定工程质量对隐蔽工程进行必要的挖掘和修复费用等。涨价预备费是指工程项目在建设期内由于物价上涨、费率变化等因素影响而增加的费用。

（5）建设期利息

建设期利息指项目借款在建设期内发生并计入固定资产的利息。

2. 工程造价的关键组成要素

组成工程造价的关键要素包括工程实物量、消耗量指标和价格。工程总造价可以用如下公式表示：

$$工程总造价＝\sum(工程实物量×消耗量指标×价格) \tag{6-1}$$

（1）工程实物量

计算与确定建筑工程实物量是工程造价计算和控制的核心。在传统造价模式下，基本子项的工程实物量信息可以通过 2D 图纸和工程量计算规则计算得到，但实物量的计算工作量大、内容繁琐、工作费时，工程量计算的精度和速度直接影响预算的质量和进度。

（2）消耗量指标

消耗量指标一般由国家或地方政府制定的建设工程定额确定。工程定额指在工程建设中生产单位合格产品所消耗的人工、材料、机械等资源的规定额度。这种额度反映出在一定的社会生产力发展水平条件下，完成工程建设中某项产品与各种生产消费之间的特定的数量关系，体现了正常的施工条件下的人工、材料、机械等消耗的社会平均合理水平。

（3）价格

在标准定额的基础上，考虑生产要素的价格因素并进行汇总计算，就可以获得工程的造价。基本子项的价格有两种表现形式，直接费单价和综合单价。直接费单价只考虑与子项直接相关的人工、材料、机械资源的消耗，计算得到各个工程实体的造价，进一步计算出工程直接费、间接费、利润、税金，得到整个建设工程的造价；综合单价是完全价格形式，包括了直接费、间接费、利润和风险费用，各分项工程量乘以综合单价的合价汇总后，计取规费与税金，便可以生成建设工程的总造价。

3. 工程造价管理

工程造价管理经过了多年的发展，已经从最初单纯地进行工程造价的确定逐步发展成为工程造价的控制乃至全过程管理。现在的工程造价管理是以建设项目为对象，为在工程造价计划值以内实现项目而对工程建设活动中的造价进行的确定、控制和管理。

（1）工程造价的确定

工程造价的确定主要是计算工程建设各个阶段工程造价的费用目标，即工程造价目标值的确定。要合理确定和有效控制工程造价，提高投资效益，就需要在整个建设过程中，按照建设程序和阶段的划分，在影响工程造价的各个主要阶段，分阶段确定工程造价，制定控制目标，通过上阶段控制下阶段，层层控制，实现充分、有效地利用有限的人力、物力、财力资源。

（2）工程造价的控制

工程造价控制是根据动态控制原理，以工程造价规划计划值为目标，控制实际工程造价，最终实现工程项目的造价目标。

为确保固定资产投资计划的顺利完成，保证建设工程造价不突破预先确定的投资限额，必须按照建设程序对工程造价实行层层控制。在建设全过程中，批准的可行性研究报告中的投资估算，是拟建项目的计划控制造价；批准的初步设计总概算是控制工程造价的最高限额；其余各个阶段的工程造价均应该控制在上阶段确定的造价限额之内，无特殊情况不应突破，直至最终实现工程项目的造价目标。

二、传统工程造价管理的局限性

建设工程全过程造价管理经过多年发展，造价管理方式也在实践中日趋完善。然而，在我国当前的建设工程市场环境下，全过程造价管理的实施依然面临许多问题，在多方协同管理、信息传递与沟通、数据更新维护等许多方面都存在不足，具体问题表现在以下5个方面：

（1）不同阶段造价管理过程孤立

工程造价管理过程中普遍存在各阶段独立和被动管理现象，各阶段的造价信息仅为了满足本阶段业务需求，对造价的过程管理尤其是成本管控的巨大潜力没有进行深入挖掘。例如，施工图预算仅对工程预算起到指导与总控作用，工程预算则要重新进行，没有复用，由此产生大量人力、物力的消耗与浪费。

目前国内尚未形成能够实现项目造价全过程数据共享与管理的完整计价体系，也没有形成前后关联、资源共享的全过程造价管理。因而有必要加强造价全过程数据管理的相关业务标准与信息化体系建立，实现从最初的可行性研究报告到工程竣工各阶段精细化的工程造价管理，使成本控制与风险控制具有连续性。

（2）共享协同困难，信息流失严重

造价数据在工程项目中起着重要的作用，它是项目资源计划、变更签证、进度支付、工程计算的依据。造价数据的共享对提高工程项目运行效率十分重要。然而，我国的建筑业体制决定了各个参与方各为己利，从各自利益最大化的角度考虑问题，造成信息在流通过程中失真或者流失，导致不同环节的重复工作。在造价部门内部人员之间、岗位之间以及项目不同阶段之间都存在信息壁垒，造成造价信息共享困难，进一步导致协同工作效率低下，信息流失严重，增加项目成本。

由于技术手段以及数据格式等问题，造价工程师获得和提供的与项目成本相关的数据难以和其他人员直接共享，因此与工程其他岗位人员协同工作会存在障碍。例如，在项目多算对比时，需要同时考虑财务数据、材料消耗、分包结算等信息，涉及预算部门、财务部门、工程部门等其他相关部门的管理协作。然而，绝大多数建筑企业的组织构架中，这些部门是平级关系，一定程度上造成各业务部门之间沟通困难，这种效率低下的沟通方式影响了部门之间业务数据交换的及时性和有效性。

（3）计价依据时效性差，与市场脱节

我国目前实行的是静态管理与动态跟踪调控相结合的造价管理模式，各地区按照本区域社会评价成本价格以及评价劳动效率，编制工程预算定额和消耗量指标进行价格管理，然后分阶段动态调整市场价格，按月份或季度发布指导价或者信息价，定期或不定期公布指导性调整系数，据此编制、审查、确定工程造价。

然而，很多计价依据与规范并不适应当前的市场形势。一方面，新工艺、新材料的快速发展引起施工技术不断进步，要求定额能够及时更新。但目前定额一般 2~5 年更新一次，明显滞后，造价过程缺乏有效准确的依据；另一方面，由于建筑工程涉及的价格信息量巨大，在大规模数据信息面前，仅靠建材信息网公布季度或者月度基准价远不及市场波动，价格信息的准确性、及时性和全面性都存在问题。通过二次动态调价耗费时间，增加成本，不利于提高工作效率和降低项目成本。

（4）缺乏企业定额，缺少计价依据支撑

目前大部分企业没有建立企业定额，依然使用国家或者地方颁布的定额，背离了工程量清单计价的实质要求。现行的国家定额，取费标准的调整跟不上市场节奏，导致与市场的实际情况产生脱节，迫使主管部门不断进行定额调整，造成系数套系数，增加了专业计价人员的工作量。

（5）缺乏精细化造价管理

工程造价精细化管理是以精、准、细、严为基本原则，提升现有造价管理过程中对造价预测、计划、控制、核算过程的精细化程度，实现由粗放型管理向集约化管理转变，从传统经验型的管理向科学化管理转变，确保工程造价管理落到细处和实处，全面提高业主的工程投资效益和施工企业的利润目标。

目前，我国建筑业依然处于粗放型发展阶段，高污染、高能耗、高消耗仍然是困扰我国建筑业发展的难题。由于我国施工企业人员受教育程度仍然较低，并且施工监理工作往往不能到位，缺乏必要的技术支持，精细化工作远远达不到要求。施工过程中的多算对比没有及时跟进或者未能及时采取有效措施，到项目接近完工时，才发现实际成本已远远超过预算成本，这种情况在我国建筑行业屡见不鲜。

三、基于 BIM 的造价管理的优势

由于现行造价管理中所存在的问题的形成原因复杂，BIM 技术对这些问题的解决程度不尽相同。受制于 BIM 软件的发展成熟程度，目前一些问题可以解决，一些问题只能部分解决，还有一部分问题不能解决。虽然目前 BIM 还难以解决现有的全部问题，但总体而言，BIM 的出现必将引领造价管理乃至项目管理发生根本性的变化与进步。BIM 技术相较于传统造价管理的优势有以下几点：

（1）通过 BIM 技术的可视化与可追溯性，实现各阶段各参与方的造价管理协调与合作

① BIM 可视化管理，促进全过程造价管理工作沟通协调。在传统的建设工程全过程造价管理工作模式下，造价信息在不同建设阶段、不同项目参与方之间传递。同样的造价信息，受不同专业、不同角度等因素影响，项目各方对同一造价信息的理解未必完全相同，这成为阻碍各阶段之间、各参与方之间造价管理工作协调的一大因素。BIM 技术对于此问题的解决的一大突破便是可视化，即将点、线、面的单一形式的构件信息变为 3D 虚拟的模型，并且这些模型图形可以根据项目进度进行实时交互和更新。在建设工程的实施过程中，不同阶段、不同参与方之间的造价管理工作的沟通协调都可以在这个模型中开展。BIM 将各种相应的造价信息与模型中的相应构件、部位进行连接，将抽象的数字信息与模拟真实的图形相结合，从时间维度和空间维度生成造价信息，确保不同阶段、不同参与方之间对造价信息的理解一致。

② BIM 的可追溯性，促进造价管理工作协调。在 BIM 平台体系下，所有项目参与方在早期便介入到项目中来，从项目开始到项目结束，所有的决策、管理、指令信息都能完整地保存下来，使得所有的信息能够保持可追溯性。通过 BIM 的可追溯性，各阶段之间的造价管理工作协调有了更为充分的数据信息作为依据，各参与方之间的造价管理工作有了更清晰的职责界定。在处理各阶段之间、各参与方之间的协调工作时，能够有效减少互相推诿现象，促使各阶段、各参与方都以建设工程项目的总投资为目标，更好地促进全过程造价管理工作的实施。

（2）搭建信息平台，实现信息传递通畅与共享

建设工程全过程造价管理工作需要大量的数据信息支撑，尤其是施工过程中的动态结算以及竣工后的决算需要各项项目信息、变更签证信息、实时造价信息等。随着现代建筑规模、功能、要求的增加，建筑产品信息的种类、来源、复杂性也随之急剧增加。BIM 技术的核心是通过数据信息与模型之间完全相通来建立有效的联系，实现各参与方之间的信息交流。基于 BIM 的信息共享平台，使得项目各参与方在早期便参与进来，贯穿整个建设工程全过程的所有阶段，实现信息互用，在不同软件、不同阶段、不同项目参与方之间提供强大的协调能力。BIM 平台利用网络和计算机技术实现信息的充分共享，能够有效改善信息沟通方式，避免信息传递的滞后，降低信息传递延误的可能性。信息以数字化的形式进行传递，不再单纯地依靠传统的纸质文本传递，避免了信息传递过程中丢失的可能，同时降低了信息交流成本。

通过 BIM 技术建立信息共享平台，可以有效地解决建设工程全过程造价管理实施中的信息管理难题，使得信息能够顺利、充分地共享及传递。在此基础上，各个阶段的造价管理工作才能顺利完成，各个阶段之间、各参与方之间的造价信息流才能畅通无阻地传递

与共享，进一步保证全过程造价管理得以高效、顺利地实施。

（3）提高工程量计算准确度和计算速度

对于施工项目，精确计算工程量是工程预算、变更签证控制和工程结算的基础。目前使用的将图纸导入工程量计算软件进行计算的方式需要花费造价工程师大量的时间和精力，并且在图纸输入工程量计算软件的过程中容易出现遗漏与误差。BIM 技术是一个包含丰富数据，面向对象的具有智能化和参数化特点的建筑设施的数字化表示。借助这些信息，计算机可以自动识别模型中的不同构件，根据模型内嵌的几何、物理和空间信息，结合实体扣减计算技术，对各种构件的数量进行统计。以墙体计算为例，计算机可以自动识别软件中墙体的属性，根据模型中有关该墙体的类型和组分信息统计出该段墙体的数量，并对相同的构件进行自动归类。当需要制作墙体明细表或计算墙体数量时，计算机会自动进行统计，构件所需材料的名称、数量和尺寸，都可以在模型中直接生成，这些信息将始终与设计保持一致。

现代建筑工程规模越来越大，复杂结构的运用越来越多，借助 BIM 完成工程量计算工作，不仅使造价人员从繁琐枯燥的手工算量中解放出来，把更多的时间和精力用于更有价值的工作，如询价、风险评估、编制精准预算等，同时能够有效降低因人为因素而导致的错误，符合精细化管理理念。

（4）有效减少或避免设计变更，减少潜在的成本损失

BIM 通过先进的数字信息技术，为建设项目提供"可视化"的数字模型，设计工程师等专业人士和业主等非专业人士都可以直观地看到设计方案，对项目能否满足需求的判断将会更加明确高效，决策将变得更加准确。基于 BIM 技术进行碰撞检查，优化管线排布方案，不仅能提高施工质量，还能提高与业主沟通的能力，减少返工；基于 BIM 技术进行虚拟施工，可大大减少建筑的质量问题与安全问题，减少返工和修改；基于 BIM 技术提供三维演示效果，可以给业主更为直观的宣传介绍，使业主更易接受项目方案。上述这些措施，可以有效减少或避免设计变更，减少潜在的因工程返工带来的成本损失。

（5）为造价精细化管理提供支持

传统成本控制模式下，资源分配与施工进度计划主要依赖于项目经理或者工程师的经验。随着建筑规模的扩大，工程周期越来越长，涉及方方面面的工程信息，单凭借工程师的经验已无法适应现代建筑项目管理，容易导致工期延误、因人员调度不均而产生的窝工现象等，甚至发生质量和安全事故。

利用 BIM 三维模型，加入进度、成本维度组建的 5D 建筑模型，能够实现动态实时监控，可以更加合理地安排资金计划、人员计划、材料计划和机械计划等。5D 模型可以计算出任意时间段的各项工作量，进而核算该时间段的造价，更加准确地制定派工计划和资金计划。由此可见，BIM 为实施精细化造价管理提供了技术支撑。

（6）支持不同维度的多算对比

工程造价管理中的多算对比对于及时发现问题、分析问题、纠正问题并降低工程费用十分重要。多算对比通常从时间、工序、空间三个维度进行分析对比，仅仅分析一个维度难以发现潜藏的问题。假如一个项目完成了 600 万元产值，实际成本只有 500 万，从总体来看，该项目效益良好，但是很有可能项目某个子项工序的实际成本超支预算。因此不能仅仅分析一个时间段内的费用，还要能够将项目实际发生的成本拆分到每一个工序。在工

程项目中，往往要求从空间区域、流水段与工序三个维度统计分析成本情况，通过拆分、汇总等计算，得到大量更为细致的实物消耗量和造价数据。

BIM5D 技术的支持为多维度的多算对比提供了新的更加便捷的方法。通过对 BIM 模型中各构件进行同一编码，在 BIM 数据库的支持下，从项目开始就进行模型、造价、流水段、工序和时间等不同维度信息的关联与绑定，在项目的实施过程中，就能够以最少的时间实时实现任意维度的统计、分析和决策，保证多维度成本分析的高效性与精确性，以及成本控制的有效性和针对性。

第二节　造价精细管理与 BIM5D

受参与人员多、建筑规模不断升级扩大、施工资源投入量大与施工管理技术落后等多种因素影响，建筑施工管理过程仍处在粗放式管理的状态，突出表现在施工资源使用不够优化、资源管理软件不够完善、资源实际管理过程混乱等方面。

传统的造价管理主要依靠二维数据传递、交流与管理，随着 BIM 技术的出现与发展，BIM 应用深度正在不断深化，这能够有效提升项目进度、成本与质量等工程项目管理水平。由此可见，BIM 对于实现精细化的造价管理具有重要价值。

一、造价精细管理

1. 精细化管理

从科学管理理论发展到精益生产，再从精益生产衍生出精益建造，精细化管理理论已经深入到各领域的发展之中。这种以最大限度减少管理资源和降低管理成本为主要目标的管理方式，成为社会分工日趋精细化的必然选择。精细化管理是由粗放式的管理转化为集约化管理，实现经验管理模式向科学化管理模式的过渡。它通过规则的系统化和细化，运用标准化、数据化和信息化的手段，使管理各单元精确、高效、协同和持续运行。精细化管理的关键内容有：

（1）细化分解

精细化是建立在现有的工作流程之上，以最大限度提升价值为目标，通过将现有的工作流程细化到具体步骤，寻找更多的增值空间。通过对管理对象的具体分解，让问题明确清晰易于实施改造。通常可运用管理技术工作分解结构（Works Breakdown Structure，WBS），将管理目标分解成不同层次的具体工作内容，同时又保证项目必需工作的完整性、逻辑性和连续性。以精细化管理方式进行的工作分解结构，从提升价值的目的出发，通过细化分解原有工作内容的流程，确定改进对象。

（2）数据化

科学管理是最大程度上使工作环节数据化，精细化管理是尽力通过对大量翔实的数据的集成，展现管理活动的基本情况，并以精确的数据为基础进行适当准确的分析。从数据角度发现管理中的不足，有针对性地改进。精细化管理不同于粗放型管理的松散化，更多的倡导基于数据这种客观严谨的行为，从而实现有效的决策与执行。

（3）信息化与协同工作

信息化以通信技术、网络技术、数据库技术为工具，实现信息获取、传递、处理、再生、利用的功能。在精细化管理中，将管理对象各要素汇总到特定数据库，实现通过大量有价值的信息构建起具有自上而下、良好组织的信息网络体系，便于管理者及时获取决策相关的准确信息，全面实现项目信息在项目参与各方之间的有效传递，有效地避免在日益复杂的管理流程中的信息流失及信息失真。信息化作为精细化管理的一种手段，将充分激发专业之间、企业之间的沟通能效，使管理组织从原有的从上而下的垂直组织结构转变为扁平式的组织结构，以信息化平台为核心，减少不必要的管理层级，打通各专业各部门间的知识流、信息流，通过信息化协同工作平台有效地进行分工协作。通过整合资源，使原本随机发散状态下的工作流实现有序化、可追踪化，较大程度地提高管理过程中信息的精确化，提高管理的精细化程度。

2. 造价精细管理

工程造价精细化管理是把精细化管理的理念引入造价管理工作中，以精、准、细、严为基本原则，致力于提升现有造价管理过程中对造价预测、计划、控制、核算过程的精细化程度，实现由粗放型管理向集约化管理转变，从传统经验型的管理向科学化管理转变，确保工程造价管理落到细处和实处，全面提高业主的工程投资效益和施工企业的利润目标。

（1）工程造价精细化管理的目标是提升管理效力

工程造价精细化管理的目的是改善现有工程造价管理中的不足之处，具体而言是从工程造价的确定与造价的控制入手，将管理流程细化分解到具体的工作环节中，通过寻求新的技术与方法，高效准确地确定工程造价，创新有效的管控流程，使造价管理流程满足精确化、流程化、标准化的要求，进而大幅度提升工程造价管理效力。

（2）工程造价精细化管理的范围涉及项目各方面

工程造价精细化管理并不只限于项目进程中的单独某一阶段，而是涉及工程设计、招投标、施工建造、竣工验收等阶段中的造价确定、资金计划、变更签证索赔管理、价款支付、造价信息集成管理等多个方面。

（3）工程造价精细化管理的重要手段是数据信息化技术

基于工程造价阶段性、动态性的特点，工程造价管理过程中会产生大量的关于项目方案、构件信息、材料种类价格、合同条款、签证变更资料等的信息。提升造价管理的精细化程度，核心就是要保证准确创建造价相关初始数据信息，快速高效处理动态变化的数据信息，及时整合数据信息，实现数据信息在项目各方的互用共享。基于精细严谨的造价数据信息的造价管理流程才能高效运转，管理者才能据此进行正确的决策与执行。因此，使用先进的数据化和信息化技术，将成为实现精细化管理的重要手段。

3. 工程造价精细化管理实施思路

工程造价精细化管理实施思路是在现有工程造价管理模式的基础上，以实现工程造价管理价值最大化为出发点，充分深入挖掘工程造价管理过程和环节中的薄弱点，结合先进的信息化、数据化、系统管理等技术手段，全方位创新管理方法，优化管理流程，实现工程造价管理从经验化管理到精确化、标准化、流程化的管理。

BIM 技术是近年来运用在工程领域中的热门技术，以建立建筑信息模型为基础，集成了建筑全生命周期中的构件几何模型信息、构件功能信息，并整合了建设过程信息，如工程进度、工程费用、运营维护等信息。由 BIM 技术构建起的建筑信息模型作为一个工程信息的载体，既提供了工程所需的基础数据，也提供了相关的技术用于整合管理工程数据与信息，BIM 技术的出现将为工程造价精细化管理提供重要的技术支撑。

二、BIM5D 信息模型

现阶段 BIM 的研究都建立在三维（3D）模型的基础上，在 BIM3D 基础上增加时间维度，便形成 BIM 四维（4D）模型。它具有仿真模拟施工过程，优化施工进度计划，进行施工管理（资源、场地、安全）和成本实时监控等功能。在 BIM4D 模型上再加入工程造价维度，便形成 BIM5D 模型。BIM5D 模型包含了与成本相关的全部信息，如工程量、进度、费用等，因此，它可以汇总项目任意时间段内的工程量，还可以分析任何时间段的成本和进度偏差情况，为实现造价精细管理与施工过程造价动态管理提供支持。

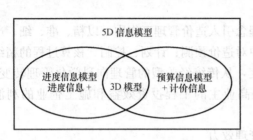

图 6-1　5D 信息模型组成

5D 信息模型由 3D 模型、进度信息模型与预算信息模型集成与扩展形成，图 6-1 描述了 5D 信息模型的组成。

3D 模型是利用 BIM 建模软件创建的基本信息模型，是进度信息模型与预算信息模型通用的部分，也是构成 BIM 模型的基础。3D 模型包含了施工项目构件的名称、类型、尺寸、高度、材质、物理参数等属性信息，以及构件之间的空间关系。通过 3D 模型，可直接查看到构件的工程量，或在明细表中计算出构件的数量等。3D 模型还可以直观地展示建筑物，方便不同参与方沟通项目方案，以及对构件基本信息的进行查询与管理。

在 3D 模型中附加上各构件的造价信息即可形成预算信息模型，预算信息模型以构件为基础、WBS 为核心、预算信息为扩展。在预算信息模型中，3D 模型与清单信息关联后，可直接通过查询构件得到相应的资源用量信息。在清单计价模式下，通过人工选择工程消耗量定额，能够进一步确定项目的成本。图 6-2 为预算信息模型集成原理。

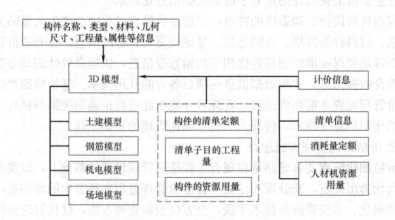

图 6-2　预算信息模型集成原理

5D 信息模型是在 3D 模型的基础上，集成进度信息与预算模型，将构件、WBS、进度、资源消耗关联，可以实现构件任意时间下的资源消耗、构件计划与实际资源用量对比，如图 6-3 所示。

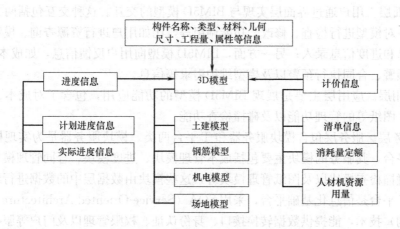

图 6-3 BIM5D 模型的组成

三、BIM5D 的实现

1. BIM5D 模型的构建思路

BIM5D 模型是以数据库为基础、BIM3D 模型为核心、成本信息以及进度信息为扩展的信息模型，并在 BIM3D 模型建筑构件与成本信息，以及 WBS 节点与进度信息之间建立关联关系。如图 6-4 所示为 BIM5D 模型的框架。BIM3D 模型的建筑构件内嵌类型、几何、工程量、材质及其他属性信息，通过与 WBS 节点关联引入进度信息，实现基于 BIM3D 模型的项目管理和施工模拟，进而与成本信息关联，实现模型自动化工程量、成本计算。同时，凭借数据库，BIM5D 模型可以对 BIM3D 模型建筑构件、成本、WBS 节点以及进度等数据信息进行管理、交互及应用。

2. BIM5D 模型架构

根据 BIM5D 模型的功能及组成，其逻辑结构可分为数据层、服务层、应用层以及界面层，如图 6-4 所示。

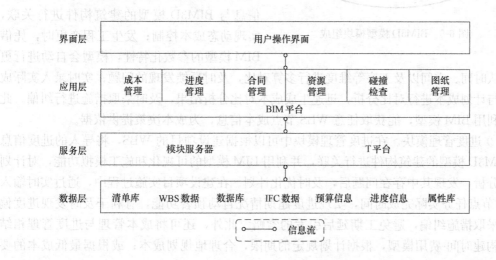

图 6-4　BIM5D 模型架构

①　界面层。用户通过界面层实现与 BIM5D 模型的交互。这种交互包括两方面：第一方面，用户对模型进行检查、修改、功能调用等，比如用户进行资源查询、模型浏览、实际成本信息和进度信息录入；另一方面，BIM5D 模型向用户反馈信息，如成本超支预警、进度超期预警、合同执行预警以及模型维护需求等信息。

②　应用层。应用层主要是展现 BIM5D 模型的功能应用，包含了对成本、进度、合同、资源、图纸等的管理功能以及碰撞检查功能。

③　服务层。服务层包含模块服务器和 T 平台两类。模块服务器是为实现模块功能提供支持的平台，其服务的模块主要包括成本管理模块、进度模块、合同管理模块、资源管理模块、碰撞检查模块以及图纸管理模块等，这些模块由数据层中的数据进行组织、关联而形成；T 平台是信息化基础平台，采用 SOA（Service-Oriented Architecture，面向服务的体系架构）技术，能提供数据转换接口、身份认证、权限管理以及门户等服务，例如 T 平台可以提供接口，将 IFC 数据转换为 BIM5D 模型能使用的模型数据。

④　数据层。数据层是 BIM5D 模型功能应用实现的基础，集合了 BIM5D 模型所需的数据信息，包含 IFC 数据、预算信息、WBS 数据、进度信息、清单库以及属性库，这些数据信息都在数据库中实现存储、查询、修改以及应用。其中，IFC 数据由支持 IFC 标准的 BIM 建模软件提供，包含了建设项目的三维模型及其工程量信息，IFC 标准作为现行建筑行业软件通用的文件存储标准，能够有效支持诸多专业软件之间的数据交互利用；预算信息、进度信息分别由计价软件、进度计划软件提供。

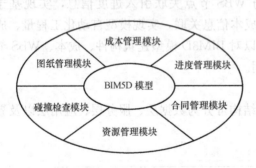

图 6-5　BIM5D 模型模块组成

3. BIM5D 模型模块组成

BIM5D 模型作为施工成本管理的核心，其主要功能模块如图 6-5 所示。

①　成本管理模块。成本管理模块可以实现的功能有：通过分析建设项目预算组成，在施工过程中采用"限额领料"模式，充分发挥业主方的资金效益；将导入的成本信息与 BIM3D 模型的建筑构件进行关联，实现动态成本控制；发生工程变更时，凭借 BIM 模型的参数化特性，模型会自动进行更新；从时间、空间以及工序等维度进行多算对比，及时反馈发现的问题；实时录入实际成本，与计划成本进行对比分析，迅速生成成本对比分析结果，及时采取措施进行纠偏。此外，利用 BIM 模型，能获取任意 WBS 节点成本信息，为成本决策提供依据。

②　进度管理模块。在进度管理模块中可以根据建设项目的 WBS，将导入的进度信息与 BIM3D 模型的建筑构件进行关联，并利用 BIM 模型的可视化和施工模拟功能，对计划进行分析，发现其中存在问题后，及时优化计划。在建设项目实施过程中，通过实时输入 WBS 节点任务实际完成时间，实现进度超期情况自动预警功能，有利于及时发现进度偏差，采取措施纠偏，避免工期延后引发的索赔。此外，还可将成本管理与进度管理相结合，构建时间-费用模型，根据计划规定的期限，合理地规划成本；或根据最低成本的要求，寻求最佳生产周期。

③　合同管理模块。与传统合同管理相比，在 BIM5D 模型中合同支出、台账总包合同

以及分包合同等各方面的管理功能都得到了加强。该模块可以支持合同条款进行分类检索，能够提高合同查询与管理效率；利用 BIM 模型的工程量自动计算功能，建设项目团队可以快速而精确地审核分包报量、分包完工和竣工结算。

④ 资源管理模块。通过建立 BIM 模型建筑构件与资源预算、进度信息以及 WBS 之间的关联，资源管理模块可以实现两方面的功能：一方面，计算资源计划用量，制定年度、月度以及逐日等多个层级的资源使用计划，发生工程变更后，能支持动态调整资源使用计划；另一方面，能支持对模型任意 WBS 节点的资源计划用量进行动态查询，以在建设项目实施过程中，进行资源实时监控，发现资源超支并预警。通过严格控制资源消耗，将材料成本控制在预算之内，有利于实现项目总成本控制的目标。

⑤ 碰撞检查模块。在建筑结构以及电气等各专业的 BIM 建模过程中，可以将单一专业或多专业模型以 IFC 文件存储格式导入 BIM5D 模型，以三维可视化的模式，进行碰撞检查，发现存在的设计问题。碰撞检查能够提高各专业设计精度，优化设计成果，减少建设项目施工过程中的设计变更，降低由于设计变更产生成本超支的风险。

⑥ 图纸管理模块。在建设项目进行过程中，图纸管理的工作量通常比较大且繁琐。利用 BIM 模型可以快速集成项目各专业电子图纸，并进行分类存储。随着项目的推进，BIM 模型可依时间顺序对初步设计图、详细设计图、施工图、变更图以及竣工图等进行存储归类。还可以制定图纸编码规则，利用 BIM 模型快速给图纸编号，建立图纸管理系统，进行统一管理和查询。当建设项目出现各类工程变更时，通过 BIM 模型进行查询，可以便捷地实现图纸定位，然后将这些文件的电子资料作为相应电子图纸的子目录进行存储。图纸是项目成本确定的基础，完善的图纸管理能够提高成本管理的工作效率，保证成本管理工作的顺利进行。

四、BIM5D 辅助造价精细管理

借助于 BIM5D 的成本管理模块、进度管理模块等模块，BIM5D 能够对造价全过程的精细管理提供支持。例如在预算分析优化阶段，BIM5D 可以进行不平衡报价分析。招投标是一个博弈过程，如何制定合理科学的不平衡报价方案，提高结算价和结算利润是预算编制工作的重点。BIM5D 可以进行工程进度模拟，通过明确相应清单的完成顺序，提高较早完成的清单项目的单价，最终实现利用资金收入的时间差提高项目收益的目的。在施工方案设计阶段前期，BIM5D 技术有助于对施工方案设计进行详细分析和优化，能协助制定出合理而经济的施工组织流程，有利于成本分析、资源优化与工作协调等工作。BIM5D 模型是利用 BIM 进行工程造价管理的基础。

工程造价管理业务涵盖了整个项目全生命周期，BIM 在造价管理中的应用涉及不同的阶段、不同项目参与方和不同的 BIM 应用点这三个维度的多个方面。图 6-6 反映了 BIM5D 造价过程控制的流程。在前期进行基于 BIM 的精确工程量计算、计价工作后，基于 BIM 模型进行施工模拟，不断优化方案，提高计划的合理性，提高资源利用率，减少施工阶段可能存在的错误损失和返工的可能性，减少潜在的经济损失。施工过程中，基于 BIM5D 模型，精确及时地生成材料采购计划、劳动力进场计划和资金需用计划等，借助 BIM 模型中的材料数据库信息，严格按照合同控制材料的用量，确定合理的材料价格。基于三维模型，自动进行变更工程量计算和计价、工程计量和结算，实现成本的动态管理。

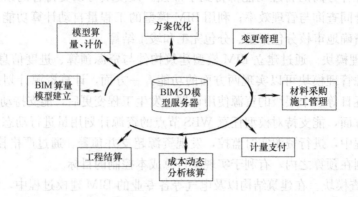

图 6-6　BIM5D 辅助造价全过程管理

第三节　基于 BIM 的全过程工程造价管理

BIM 技术能够通过它自身的特点服务于工程造价管理，在项目的各个阶段实现对工程造价的动态控制，并且能够将各阶段的工程造价有机的联系在一起，实现真正意义上的从决策阶段到运营阶段的全生命周期造价管理。

一、BIM 在设计阶段造价管理中的运用

设计阶段是工程造价管理控制的关键环节，研究表明，尽管设计阶段所产生的费用仅仅占项目总投资的 3%～5%，但是该阶段对项目成本所造成的影响高达 70% 以上。因此，设计阶段在造价管理中尤为重要。

设计阶段是 BIM 应用的基础，施工所需要的 BIM 基本三维模型将在本阶段产生。基本信息模型是实施 BIM 的基础，它包括所有不同 BIM 应用子模型共同的基础信息，这些信息可用于项目整个生命周期，是基于 BIM 的工程造价管理的核心基本信息模型。本阶段模型包含以构件实体为基础单元的建筑对象的几何尺寸、空间位置以及与各构件实体之间的关系信息，以及工程项目类型、名称、建设单位等基本信息。根据设计专业不同，模型信息可以分为建筑模型、结构模型、机电模型等。

（1）BIM 碰撞检测实现成本控制前置

在设计阶段，建筑、结构、机电等各方可以建立相应的 BIM 模型，导入专业检查软件中进行 BIM 模拟碰撞检查，可视化地反映出结构、给排水、电气、消防等不同专业在三维空间上的碰撞冲突，提高审图效率，真正实现各专业的协同工作。各专业间的 BIM 模拟碰撞检查可以从源头减少施工过程中由于专业间碰撞引起的设计变更，提前预警，起到成本控制前置的作用。利用 BIM 进行虚拟碰撞检查如图 6-7 所示。

（2）图纸深化设计

对于一些复杂或者异形建筑，在图纸深化后期利用传统的二维作图方法很难详细标明每个节点的做法，因此在施工过程中因识图不清产生错误在所难免。在深化设计中，一些微小但又不易被发现的错误很有可能会导致后期工程实体的返工，带来巨大的经济损失。基于 BIM 的深化设计的实质是通过计算机进行边设计边拼装，通过虚拟施工过程避免后

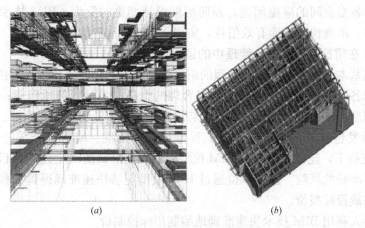

图 6-7　虚拟模拟碰撞检查
(a) 管线局部节点放大碰撞检查；(b) 管线总体碰撞检查

期工程实体的返工，减少因设计质量而带来的经济成本增加。例如在劲性结构中，钢构部分仅仅依靠二维图纸很难准确放样，而利用 BIM 模型可以先建立混凝土骨架，然后再根据骨架的外形构造来进行钢构部分的放样，从而提高其准确性。利用 BIM 进行复杂节点深化设计如图 6-8 所示。

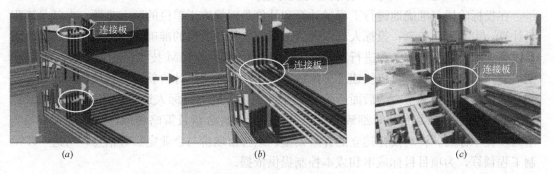

图 6-8　复杂节点深化设计
(a) 修改前；(b) 修改后；(c) 现场照片对比

（3）利用 BIM 技术实现设计与造价的协同工作

造价人员可以直接将结构、机电专业 BIM 模型导入 BIM 造价软件进行二次加工，快速获得项目工程量的基础数据，从而节省更多的人力物力投入到数据分析工作中。借助于价值工程等方法计算设计阶段的造价经济数据，造价人员还可以提取 BIM 数据库所储存的类似工程项目历史数据指标进行对比，将最终经济指标反馈给设计人员开展设计优化。对于多方案设计比选，造价人员可以利用各方案的 BIM 模型，快速计算得到各方案的经济数据，提高各方案经济比选的效率。

（4）基于 BIM 技术的设计阶段造价管理流程

基于 BIM 技术的设计阶段造价管理流程的重点体现在成本数据在设计、成本等参与方间的交互。通过 BIM 技术对信息数据的建立、储存、分析、互用使造价与设计有机结合，便于设计优化，充分做到工程造价的前期可控。并且 BIM 碰撞模拟技术可准确快速地反映设计中各专业间的碰撞问题，预防后期设计变更的发生。BIM 技术将使设计阶段各方协同工作，准确快速传递有效信息，实现成本管理前置的目标。

二、BIM 在招投标阶段造价管理中的运用

目前我国基本全面实现了建设工程的招投标制度，对建设单位来说，招投标制度能够让其综合考虑各施工单位的综合实力，以合理的价格选出最佳的承包商；对施工单位来说，招投标制度能够让其充分发挥自身优势，促进施工企业的进步与发展。但是该制度目前依然存在承发包双方信息不对称、工程量计算不精确、暗箱操作等一系列问题。在BIM 技术的支持下，建设单位通过 BIM 模型能够快速准确的确定建设项目工程量，减少工程量计算不准确的风险。施工单位通过 BIM 模型能够快速准确得到工程量，从而能够在短时间内完成投标报价。

（1）招标人利用 BIM 技术快速准确地编制招标控制价

在招标阶段，招标人利用设计 BIM 模型快速建立 BIM 工程量模型，能够更快完成工程量清单及招标控制价的编制，此外还可借助 BIM 数据库中已完成的类似工程数据复核该工程量清单的有效性。工程造价人员有更充裕的时间利用 BIM 信息库获取最新的价格信息，分析单价构成，以保证招标控制价的有效性。招标工作在运用 BIM 后将大幅度提高工程量清单及招标控制价的精准性，从而降低招标人风险。

（2）投标人运用 BIM 技术有效进行投标报价

在投标阶段，准确地进行工程量计算和计价是困扰施工单位的两大难题。尤其是工程量计算，由于时间较紧，投标人难以做到为保证工程量清单的准确而反复核实，只能对重点单位工程或重要分部工程进行审核，避免误差。借助于 BIM 技术，在设计模型的基础上搭建三维算量模型，可以快速准确地计算工程量，并通过计价软件合理组价，自动将量和价的信息与模型绑定，为后面造价管理工作提供基础。投标人还可利用企业 BIM 数据库及 BIM 云获取市场价格，细致深入地进行投标报价分析及策略选取，达到最大市场竞争力。在中标后，针对投标建立的算量模型，结合市场价与企业定额等信息，可进一步编制工程预算，为项目目标成本和成本控制提供依据。

（3）评价投标单位的施工方案

由于技术标专业性较强，用书面文字表达不易理解，特别是对于众多单位投标的重大项目，评审过程中评标专家没有过多时间推敲技术方案的合理性。借助 BIM 手段可以实现动态化的技术方案展示，评标专家可以通过投标单位可视化的施工方案模拟来论证其技术的可行性。同时还可以对一些重要的施工环节、进度计划、现场的临时设施布置进行可视化分析和论证，以降低施工期间的技术风险。

（4）基于 BIM 技术的招投标阶段的造价管理流程

基于 BIM 技术的招投标造价管理流程，招标人可以对设计 BIM 模型加以利用，快速编制工程量清单及招标控制价，投标人也能利用招标文件中新增的 BIM 模型快速复核工程量清单，利用策略进行合理报价。该流程整合了建设各方的工作流，大幅度提高了招投标双方在确定工程造价过程中的效率，投标人还可以通过报价体现企业竞争力。

三、BIM 在施工阶段造价管理中的运用

项目施工前准备工作十分重要，应认真做好项目策划。项目实施策划是指为满足建设单位的目标要求，对施工过程进行的总体策划，其中施工进度计划的编制与优化是重要组

成部分。传统的进度计划优化，需要对计划进行资源绑定，工作量巨大。采用 BIM 技术后，在 3D 模型的基础上，可使用施工流水段切割模型构件，达到施工协同管理的目的。同时将进度计划与流水段、模型绑定，将模型的形成过程以动态的 3D 方式表现出来，形成 4D 模型，4D 信息模型可以结合进度计划和相关资源进行进度优化和控制，进一步结合算量模型和计价模型，形成 5D 模型。

施工阶段的造价管理和控制主要包括进度计量、工程款支付、变更管理。施工单位可以利用形成的 BIM5D 模型，按照工程进展情况，形成动态的进度模型，不仅可以与计划进行对比，还可以自动分解出报告期的已完成进度计划项目，并进一步得到已完成工程量，及时准确地进行进度款申报。根据工程实际运行情况，BIM 平台集成项目管理系统，自动收集模型相关的分包结算、材料出库等数据，形成实际成本，利用 BIM5D 模型从时间、工序、流水段等不同角度进行工程造价管理，并通过多算对比达到成本控制和核算的目的，最终形成完整的成本模型。

此外，利用 BIM5D 模型，施工单位可以及时准确地编制各类资源配套计划。例如，在对物资的管理过程中，合理、准确、及时地提交物资采购计划十分重要，通过 BIM 模型与造价信息进行关联，可以根据计划完成情况，准确得到相应的材料需用计划。在现场材料管理过程中，利用 BIM 技术可以及时快速地获得不同部位的工程量信息，有利于材料管理人员进行有效的限额领料控制。

（1）工程量及价款计算

在施工建造阶段，传统模式下需要承包方按合同约定向发包方提交工程量进度报告，承包人需要结合项目实际施工进度进行实际完成工程量的计算。发包人在接收工程量进度报告后，则需要重新计算复核是否正确反映施工进度，这一工作不仅花费大量的时间，并且准确性也难以保证。

BIM 技术的应用将改变这一工作模式。利用 BIM 模型参数化的特性，从集合了空间、成本、工期维度信息的五维模型中，可以按照任意时段或者任意施工面拆分原有 BIM 模型，根据实际进度汇总得到相应的工程量，因此发包人与承包人都可以快速准确核实已完工程量。在准确确定已完进度工程量的基础上，调取 BIM 数据库中已有的价格信息，直接汇总相应阶段的工程进度价款。该模式将减少工程造价人员在基础工作中花费的时间，使施工阶段造价管理的工程量及进度款的确定更为高效。

（2）造价信息数据实时跟踪

施工建造阶段造价管理呈现出极大的动态性，每一施工阶段中都会对应大量人工、材料、机械等费用数据以及各类变更、签证、索赔等信息，几乎所有的数据信息都涉及设计、施工、材料供应、造价管理等众多部门与岗位。利用 BIM 模型的三维可视、参数化等技术，项目参与各方可按时间或形象进度等向 BIM 模型中心录入造价相关信息，如材料入库出库及消耗信息、人工材料机械单价、设计变更参数等。通过建立该 BIM 模型，动态实时地维护相关造价信息，避免堆积工作量以及数据信息在施工建造过程中的流失。

（3）施工阶段工程造价的动态监控

在施工阶段，无论建设单位还是施工企业，都需要进行实际费用与计划费用的动态分析，找出发生费用偏差的原因，并采取有效措施控制费用偏差。利用 BIM5D 模型模拟建造的特性可快速模拟出计划完工工程，自动汇总拟完工程量，并调取 BIM 数据库中的计划单价，形成拟完工程计划费用（BCWS）。然后向 BIM 模型中输入已完工程量及实际单价，即可获取已完工程实际费用（ACWP）及已完工程计划费用（BCWP），快速进行费用偏差及费用绩效指数的分析，获取最为直观准确的比对结果。并且基于 BIM 技术对数据的有力支撑，偏差分析不再仅限于重点项目上，对于每一项分项工程项目都可以及时获取偏差分析结果。运用 BIM 技术，将提高数据处理速度，使工程造价管理人员有充足的时间分析偏差原因及提出消除偏差的方案。

（4）签证变更

① 签证变更信息的储存与共享。对于项目实施过程中发生的签证变更，及时将信息录入 BIM 信息中心，保证各项信息的结构化储存，方便项目参与各方的调用，同时也避免签证变更等资料的遗失。

② 签证变更经济数据快速准确测算。造价管理人员通过修改原有 BIM 模型，计算与变更关联性项目的工程量，高效核实变更方案引起的费用变化，为设计变更方案选取提供经济性参考，使变更费用做到事前可控。业主、设计、施工三方人员以 BIM 模型为媒介，能够对变更方案的技术性、经济性、可操作性进行多方论证，进而选择最优方案。

（5）基于 BIM 技术的施工阶段造价管理流程

基于 BIM 技术的施工建造阶段造价管理区别于传统的管理模式，以设计阶段建立的 BIM 模型为基础，结合施工建造阶段动态变化的工期、价格、签证变更索赔等信息建立动态的施工建造 BIM 模型，利用 BIM 技术参数化、数据化等功能，快速准确调取动态造价控制所需的相关工程量、成本费用等数据，进行费用偏差分析、测算签证变更费用等，真正实现动态造价的有效管理。该流程避免了工程造价前期阶段与施工阶段的割裂式的管理模式，对设计阶段建立的 BIM 模型加以利用，减少了造价管理人员重复计量计价的工作量。施工阶段基于 BIM 造价管理的工作流程如图 6-9 所示。

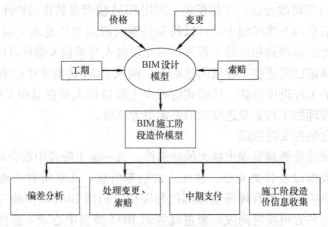

图 6-9 基于 BIM 的施工阶段造价管理流程

四、BIM 在竣工阶段造价管理中的运用

工程造价管理的最后阶段就是工程结算。工程结算需要依据经过多次设计变更形成的竣工图纸。除此之外，还需要在施工过程中形成的洽谈签证、工程计量、价差调整、暂估价认价等单据，依据多而繁琐，造成结算工作时间长、任务重。利用 BIM5D 技术集成项目管理系统，可将众多的过程计量集成在 BIM 模型中，使得单据具备量、价和时间属性，不仅能够在工程施工过程中及时查询，而且在工程结算的时候，还能对模型上所有的结算信息进行汇总，形成结算模型，并以规范的模式输出及保存。

（1）利用 BIM 技术进行结算资料审核

BIM 技术提供了一个可行的技术平台，基于 BIM 三维模型，将工期、价格、合同、变更签证信息等工程实施过程中的信息储存于 BIM 中央数据库中，可供工程参与方在项目生命周期内及时调用共享。工程项目人员将工程资料的管理工作融合于项目过程管理中，通过实时更新 BIM 中央数据库中的工程资料，参与各方可准确、可靠地获得相关工程资料信息。竣工结算时，在结算资料的整理环节中，审查人员可直接访问 BIM 中央数据库，调取相关的全部工程资料。基于 BIM 技术的工程结算资料的审查将获益于工程实施过程中的有效数据积累，缩短结算审查前期准备的工作时间，提高结算工程的效率及质量。

（2）利用 BIM 技术进行竣工结算工程量审核

在工程量核对过程中，业主和施工单位可将各自的 BIM 三维模型置于 BIM 技术下的算量软件中，软件自动按楼层、分构件标记出工程量差异部位，更快捷准确地找出双方结算工程量产生差异的原因，提高工程量核对效率。

（3）利用 BIM 技术进行竣工结算费用审核

将 BIM 技术与互联网相结合，直接获取由政府部门发布的最新与取费相关的政策法规，如人工费调整系数、建安税税率等。BIM 模型根据模型所具有的工程属性，自适应的提取符合相应政策法规的相应费用标准，保证竣工结算费用审核的准确无误。

（4）基于 BIM 技术的竣工结算阶段造价管理流程

利用 BIM 技术构建起的 BIM 数据库，将管理重心指向设计阶段、招投标阶段及施工阶段，注重项目实施阶段的数据信息收集、处理。在竣工结算阶段从 BIM 模型中调取相关竣工结算资料，结合合同约定，梳理出竣工结算 BIM 模型，利用 BIM 相关自动计算功能复核竣工结算工程量、费用等。基于 BIM 数据库对实施过程中的数据全面集成，将提高竣工结算的准确性，大幅度减少竣工结算中的基础工作，从而缩短竣工结算的时间。图6-10 为基于 BIM 技术的竣工结算工作流程。

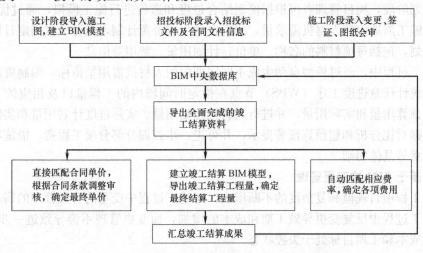

图 6-10　基于 BIM 技术的竣工结算工作流程

第四节　基于 BIM 的工程造价过程控制

施工阶段成本控制的主要工作是保证工程造价不超出计划投资额，通过定期对比实际发生成本与目标成本，发现成本偏差，进一步分析产生偏差的原因，在此基础上通过采取相应措施进行控制，最终确保完成成本控制目标。通过 BIM 技术可以快速查询构件信息并组合相关联的成本信息，实时完成多算对比和偏差分析，实现全过程的项目成本控制。

一、基于 BIM 的计划管理

在 BIM5D 模式下，建筑信息模型集合了几何信息、物理信息、项目性能、建设成本、管理信息等建设项目所有的信息，可以为项目建设各参与方提供所需的数据，涵盖了施工计划、造价控制等。正式施工开始前，项目方可以在不同的时间节点上，利用 BIM 确定该时间节点的施工进度和施工成本，定期获得项目的具体实施状况，并得出各节点的造价数据，以方便实现限额领料施工。此外也可以实时修改调整项目，实现成本控制最大化。

（1）基于 BIM5D 实现资金计划的管理和优化

无论业主方还是施工单位都需要编制资金需求计划，利用 BIM 模型，可以快速测算项目造价。将进度参数加载到 BIM 模型，把造价与进度关联，可以实现不同维度（空间、时间、工序）的造价管理，根据时间节点或者工程节点制定详细的费用计划。

（2）利用 BIM5D 模型方便快捷地进行施工进度模拟和资源优化

施工进度计划绑定预算模型之后，基于 BIM 模型的参数化特性，以及施工进度计划与预算信息的关联关系，能够根据施工进度快速计算不同阶段的人工、材料、机械设备和资金等的资源需用量计划。在此基础上，工程管理人员可以通过形象的 4D 模型科学合理地安排施工进度，以所见即所得的方式进行施工流水段划分和调整，并组织安排专业队伍连续或交叉作业，流水施工，使工序衔接合理紧密，避免窝工。这样既提高工程质量，保证施工安全，又可以降低工程成本。

（3）基于 BIM 平台的 5D 施工资源动态管理应用于施工造价过程管理

在计划阶段，项目管理者可根据模型结合进度和造价进行施工模拟，通过优化算法，平衡不同施工周期内的人材机需求量，同时自动生成资源计划，也可生成指定日期的材料使用周计划，包括每项材料的名称、单价、计划用量、费用等信息。

在施工过程中，通过模型自动生成不同周期内的人材机需用量指标，编制资源需用计划。自动统计任意进度工序（WBS）节点在指定时间段内的工程量以及相应的人力、材料、机械预算用量和实际用量，并进行人材机计划用量、实际进度计划用量和实际消耗量的 3 项数据对比分析和超预算预警提示，并可进一步查询分部分项工程费、措施项目费及其他项目费等具体明细。

二、基于 BIM 的变更管理

随着工程项目规模和复杂度的不断增大，对施工过程中变更的有效管理的需求越来越迫切。施工过程中反复变更导致工期和成本的增加，而变更管理不善导致进一步的变更，最终造成成本和工期目标处于失控状态。

基于 BIM 的工程变更管理一方面体现在从源头减少变更。利用 BIM 技术，在设计阶段、施工阶段等各个阶段，各参建方可以共同参与多次的三维碰撞检查和图纸审核，尽可能从源头减少变更。基于BIM的管线综合碰撞检查如图 6-11所示。

基于 BIM 的工程变更管理另一方面体现在变更发生后的有效管理。通过BIM 技术可以将变更的内容在模型上进行直观调整，自动分析变更前后模型工程量（包括混凝土、钢筋、模板等工程量）的变化，为变更计量提供准确可靠的数据。使变更算量变得智能便捷、可

图 6-11　基于 BIM 的管线综合碰撞检查

追溯、结果可视化、形象化，帮助工程造价人员在施工过程中和结算阶段便捷、灵活、准确、形象的完成变更单的计量工作，化繁为简，防止漏算、少算等造成的不必要的损失。

三、基于 BIM 的签证索赔管理

传统工程造价管理模式下，作为业主和施工企业的博弈，工程签证和索赔是成本控制中的一项重要工作。但在实际的工程管理中，签证、索赔的真实性、有效性以及必要性的复核容易受到人为干扰。

在工程建设中，只有规范并加强现场签证的管理，采取事前控制的手段提高现场签证的质量，才能有效地降低实施阶段的工程造价，保证建设单位的资金得以高效地利用，发挥最大的投资效益。

对于签证内容的审核，可以利用 BIM 与现场实际情况进行对比分析，通过虚拟三维的模拟掌握实际偏差情况，从而确认签证的工作内容。同时，利用 BIM 可以精确的根据现场变化情况对模型进行调整，确定签证的工作量，根据对构件数据的拆分、组合、汇总确定工程量和所产生的费用。利用 BIM 的可视化和强大的计算能力进行签证管理的应用，可以更快速高效、准确地处理变更签证，减少争议。

四、基于 BIM 的材料成本控制

材料费在工程造价中往往占据了很大的比重，一般占整个预算费用的 45%～70%，在直接费中所占比例则可能高达 80%以上。因此，材料成本的控制是工程成本控制的重中之重。材料消耗量是指在施工过程中用于工程实体中的材料耗用总量，由净用量与损耗量两部分组成：材料消耗量＝材料净用量＋材料损耗量。

在施工管理过程中材料消耗量的分析，尤其是计划部分材料消耗量的分析是一大难题。基于 BIM 的建筑信息模型集成工程图纸等详细的工程信息资料，是建筑的虚拟体现，形成了一个包含成本、进度、材料、设备等多维度信息的模型。BIM 可以达到构件级，可快速准确地分析工程量数据，再结合相应的定额或消耗量分析系统确定不同构件、不同流水段、不同时间节点的材料计划和目标结果。结合 BIM 技术，施工单位可以解决目前限额领料中存在的问题，审核人员根据 BIM 中类似项目的历史数据，通过 BIM 多维模拟施工计算，可以快速获得任意部分工作的消耗量，然后核实报送的领料单上的材料消耗量的合理性，最后再配发材料。通过 BIM 技术，施工单位可以让材料采购计划、进场计划、

消耗控制的流程更加优化，并且能实现精确控制，同时也可以对材料计划、采购、出入库等进行有效管控，达到限额领料的目的。

五、基于 BIM 的进度计量和支付

我国现行的工程进度款结算有多种方式，比如按月结算、分段结算、竣工结算等。施工企业根据实际完成工程量，向业主提供已完成工程量报表和工程价款结算账单，经由业主造价顾问和监理工程师确认，收取工程进度价款。

在传统的造价模式下，建筑信息都是基于 2D CAD 图纸建立的，工程进度、预算、变更等基础数据分散在工程、预算、技术等不同管理人员手中。在进度款申请时很难形成数据的统一和对接，导致工程进度计量工作延后，工程进度款的申请和支付结算工作繁重，影响其他管理工作的时间投入。因此，在当前的工程进度款结算中，业主与施工方之间的进度款争议时有发生，增加了项目管理的风险。

BIM5D 将进度、造价信息与模型进行关联，根据所涉及的时间段自动统计该时间段内的工程量汇总，及时更新项目变更信息，并形成进度造价文件，为工程进度计量和支付工作提供技术支持，有利于减少双方争执，快速完成进度款计量支付。

六、基于 BIM 的结算管理

结算工作是造价管理的最后一个环节，但是结算涉及的业务内容覆盖了整个建造过程，包括从合同签订一直到竣工过程中关于设计、预算、施工生产和造价管理等方面的信息。结算工作存在以下难点：

（1）依据多。结算涉及合同报价文件，施工过程中形成的签证、变更、暂估材料认价等各种相关业务依据和资料，以及工程会议纪要等相关文件。特别是变更签证，一般项目变更率在 20% 以上，施工过程中各方产生的结算单据数量多超过百张，甚至上千张。

（2）计算多。施工过程中的结算工作涉及月度、季度造价汇总计算，报送、审核、复审造价计算，以及项目部、公司、甲方等不同维度的造价统计计算。

（3）汇总累。结算时除了需要编制各种汇总表，还需要编制设计变更、工程洽商、工程签证等分类汇总表，以及分类材料（钢筋、商品混凝土）分期价差调整明细表。

（4）管理难。结算工作涉及成百上千的计价文件、变更单、会议纪要的管理，业务量和数据量大使得结算管理难度大，变更、签证等业务参与方多和步骤多更增加了结算管理难度。

BIM 技术和 5D 协同管理的引入，有助于改变工程结算工作的被动状况。BIM 模型的参数化设计特点，使得各个建筑构件不仅具有几何属性，而且还被赋予了物理属性，如空间关系、地理信息、工程量数据、成本信息、材料详细清单信息以及项目进度信息等。特别是随着施工阶段推进，BIM 模型数据库也不断修改完善，模型相关的合同、设计变更、现场签证、计量支付、甲供材料等信息也不断录入与更新，到竣工结算时，其信息量已完全可以表达竣工工程实体。除了可以形成竣工模型之外，BIM 模型的准确性和过程记录完备性还有助于提高结算的效率。同时，BIM 可视化的功能可以随时查看三维变更模型，并直接调用变更前后的模型进行对比分析，避免结算时描述不清造成索赔难度增加，减少双方争执，加快结算速度。

七、基于 BIM 的分包管理

项目实施过程中分包是十分常见的行为，通常按施工段或者区域进行，相应会产生控

制分包项目成本的需要。传统模式的分包管理存在以下问题：一是无法快速准确分派任务并制定工程量计划，使分包工程量超支，超过总包向业主结算回来的工程量；二是结算不够及时准确；三是分包结算争议多。

BIM 强大的三维可视化表现力可以对工程的各种情况进行提前预警，使项目参建方提前对各类问题进行沟通和协调，在分包管理时可以从项目整体管控的角度出发，对分包进行管理，同时给予综合的协调支持。

对于施工单位，在施工阶段需要与下游分包单位进行结算。在这个过程中施工单位的角色成了甲方，分包方或供应商成了乙方。传统造价模式下，由于施工过程中人工、材料、机械的组织形式与传统造价理论中的定额或清单模式的组织形式存在差异，在工程量的计算方面，分包计算方式与定额或清单中的工程量计算规则不同，双方结算单价的依据与一般预结算不同，对这些规则的调整，以及精确价格数据的获取，传统模式主要依据造价管理人员的经验与市场的不成文规则，这常常成为成本管控的盲区或灰色地带。根据分包合同的要求，可建立分包合同清单与 BIM 模型的关系，明确分包范围和分包合同工程量清单，按照合同要求进行过程算量，为分包结算提供支撑。

八、基于 BIM 的多算对比分析

造价管理中的多算对比对于及时发现问题并纠偏，从而降低工程费用至关重要。目标成本与实际成本的对比是多算对比的核心，精细化造价管理需要细化到不同时间、不同构件、不同工序等。BIM 模型集成了构件、时间、流水段、预算、实际成本等信息，可以根据时间维度、空间维度、工序维度、区域维度对数据进行汇总，整理成相应的报表，再根据现场实际发生的材料等数据量和资金量进行分析对比，实现多维度的多算对比。利用 BIM 技术，可以实现 3 个维度 8 算对比，具体见表 6-1。其中，3 个维度指时间、工序、空间位置，8 算指中标价、目标成本、计划成本、实际成本、业主确认、结算造价、收款、支付。

基于 BIM 的 3 个维度 8 算对比　　　　　　　　　　　　　　　表 6-1

3 个维度	8 算	WBS		计算依据	数据来源	
		投标	实施		基础数据	企业资源计划
时间 空间 工序	中标价	√		合同、标书	√	
	目标成本		√	企业定额	√	
	计划成本		√	施工方案	√	
	实际成本		√	实际发生		√
	业主确认	√		业主签证	√	
	结算造价	√		计算审计	√	
	收款	√		财务		√
	支付		√	财务		√

第五节　企业级 BIM 解决方案

BIM 技术的使用对房地产开发项目的成本控制能力有很大裨益，它能够加强各方协同配合、提高工作效率，也是企业未来进行成本管理的现代化管理方式。基于BIM技术，与建设项目相关的各方可以将其所掌握的造价信息归集到BIM数据库，通过BIM技术平台，实现数据的统计、分析、对比，同时这个数据平台能够为各方所共享，不同部门的工作人员可以从中调用查阅其需要的信息，大大提高了工作效率。利用BIM模型得到的数据还可以和企业内部ERP（企业资源计划）系统相结合，通过将BIM数据导入企业ERP，能够改善ERP数据的可靠性，同时避免人工录入项目数据的低效率和易出错的问题，提高企业管理效率，降低企业运营成本，有助于企业更加方便地进行成本管理。

一、基于BIM的企业级数据库

房地产项目在开发过程中，产生的数据包括设计、成本、进度、材料、分包、支付等。这些数据是海量的，因而房地产行业是一个大数据行业，企业要对项目进行精细化管理，提升数据能力是必经之路。掌握数据处理的能力，能够有效提高企业的竞争力，但是受到数据量大、复杂程度高的影响，长期以来企业在数据处理能力方面提升缓慢。企业级的工程技术数据要实现自动、智能、准确的统计分析，必须建立企业级的BIM数据库。

1. 基于BIM的企业级数据库的建设

在企业级的数据库建立之前，企业内部数据共享困难，BIM数据不能得到充分利用。建立统一的企业级数据库后，不同部门之间可以共享工程项目基础数据，也能实现不同业务、不同层级管理者基于统一数据库的成本管控。

基于BIM的企业数据库，可实现BIM模型数据、工程量数据、人材机价格数据、定额消耗量等数据的集中管理和调用，基于BIM的企业级数据库的框架模型如图6-12所示。

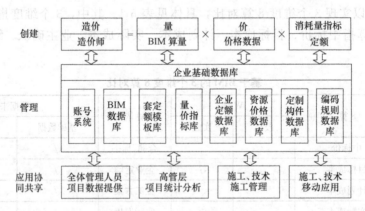

图6-12 企业基础数据库原理及架构

（1）工程造价指标库

利用BIM技术控制项目成本的过程中，可以计算汇总历史项目各项指标数据，形成模型指标数据库，存储后为以后的项目提供参考。例如通过对多个项目的钢筋量和混凝土量进行含钢量的数据分析，可以得到含钢量指标数据库，一方面指导现有工程，另一方面在项目决策阶段为项目提供经验数据。

（2）案例工程库

将企业做过的工程，以BIM模型为载体，积累形成案例工程库，便于指标的抽取与今后的参考和复用，实现企业内部共享。

（3）企业构件库

企业根据自身业务特点，对其需求的构件按照统一的标准规范进行制作、审核、入库，制定各种类型工程的 BIM 构件库，便于在建模的时候快速引用，提高建模效率，规范企业的 BIM 制作标准。

（4）材料价格信息库

建立材料信息库，可以改善企业以往的询价方式，形成企业共有资源，让企业内采购和预算部门进行信息共享，方便查询应用。通过材料价格信息库，可以将材料市场价快速导入计价软件，方便进行项目的预结算编制，更好地进行项目全过程的造价管理。

（5）企业定额库

企业定额指企业根据自身的施工技术和管理水平制定的供本企业使用的人、材、机消耗量标准，是企业招投标、成本控制与核算、资金管理的重要依据。随着建筑企业规模的增长，总部对项目部的管控和支撑能力会相对下降。利用 BIM 技术建立企业定额库，有助于建立统一标准，提高企业对项目成本的管控能力。

BIM 对于企业定额库的建设完善有两点优势：第一，BIM 模型包含了多个项目完整的工程消耗量信息，以此为基础可以较为便捷地建立企业定额库；第二，BIM 技术可以保证信息的准确性、及时性，有助于企业定额的动态维护。基于 BIM 的企业定额库系统框架如图 6-13 所示。

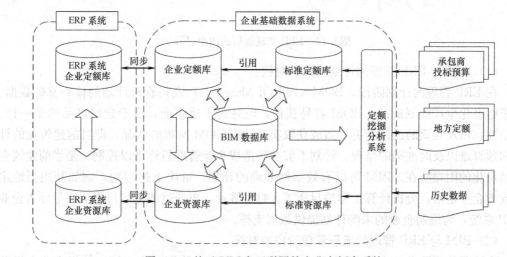

图 6-13　基于 BIM 和互联网的企业定额库系统

2. 基于 BIM 的企业级数据库的意义

BIM 技术可以创建一个多维度的数据库，存储项目开发整个周期的所有信息和数据，项目建设各方可以在 BIM 平台上实现信息的处理、共享和应用，支撑项目全过程的精细化管理。

企业将所有工程项目 BIM 模型集成在一个数据库中，即形成了企业级的 BIM 数据库。BIM 数据库可以承载工程全生命周期内几乎所有的工程信息。企业级 BIM 数据库的创建完全改变了企业对项目的传统管理模式，通过建立 BIM 关联数据库，可以支撑项目各参与方及时获得管理所需数据，还可以快速统计分析管理所需的数据，实现项目的多算对比，也实现了多个项目基础数据的协同和共享，大大加强了企业总部对各项目数据的掌控能力，为企业 ERP 提供准确的基础数据，提升 ERP 系统的价值。

二、BIM 与 ERP（企业资源计划）系统的对接整合

BIM 技术的应用趋势是与企业 ERP 管理系统有效集成于数据对接，形成企业内部从作业层到管理与决策层的协同管理。BIM 对 ERP 系统的技术支撑基于全过程数据的对接整合。图 6-14 为 ERP 实现客户价值的四个过程。

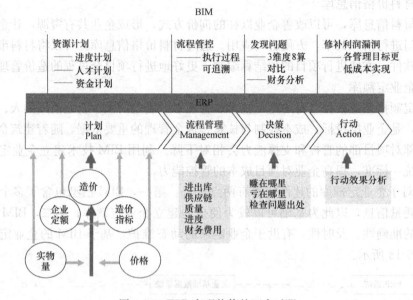

图 6-14　EPR 实现价值的四个过程

（1）BIM 与 ERP 管理的计划阶段的对接

在 ERP 管理的计划阶段，BOM（Bill Of Materials）表是管理计划的核心基础数据。对于标准化生产的制造品，BOM 容易获得，但是对于建筑业，由于建筑产品的单一性、复杂性，以及频繁的设计变更，造成获取实时动态 BOM 困难的状况，即目前建筑业的计划和预算难以及时准确的呈现。计划不够准确造成企业管理目标难以控制，是当前建筑企业信息化的困难所在。BIM 可以有效编制准确的计划，解决上述问题。例如利用当地定额或者企业定额，分析计算工程项目所需人材机数量，再通过数据接口将消耗量导入企业 ERP 系统，为编制企业的采购计划提供数据支撑。

（2）BIM 与 ERP 管理的流程管理阶段的对接

在流程管理阶段，企业 ERP 系统要详细记录资金、物资的出入库，使得企业在运营流程中的数据可追溯还原。通过 BIM 技术支撑，企业可以对比计划与实际消耗量，对实物消耗进行有效控制。在这一阶段的管理中，让 ERP 系统获得更加真实准确的数据。例如在领用材料时，材料管理人员可以根据 BIM 模型查询材料的需求量，并将实际领用数据及时录入企业 ERP 系统，在流程管理中，可以据此对已完成的工作进行审核并与计划进行对比分析，找出问题所在并进行改进。

（3）BIM 与 ERP 管理的决策阶段的对接

借助前两个过程的"计划数据"与实际发生的"过程数据"实现短周期多算对比，第一时间发现问题并进行决策。结合 ERP 记录的全过程数据，快速准确地发现项目运营过程中的问题。

（4）BIM与ERP管理的行动阶段的对接

这一阶段的任务是在第三阶段分析对比的基础上，针对分析结果，采取措施，提出解决方案，及时处理问题。

目前ERP实施中关键的问题在于第一个阶段的计划不够准确，这与建筑行业企业工程基础数据信息化、自动化落后有很大关系。因而，将BIM与ERP系统进行对接，实现计划预算数据和过程数据的自动化、智能化生成，可以大幅减轻项目的工作强度，减少工作量，避免人为错误，实现真正的成本风险管控，能够第一时间发现问题，提出问题解决方案和措施，大幅度提高企业精细化管理程度。基于BIM的造价基础数据与EPR系统对接如图6-15所示。

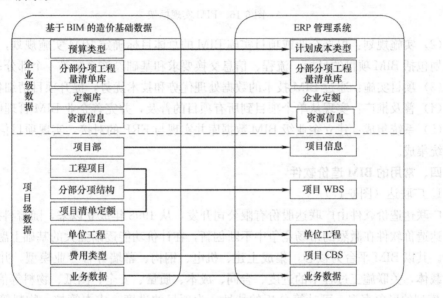

图6-15 基于BIM的造价基础数据与EPR系统对接

三、BIM在企业级成本控制中的实施方法

BIM在企业中的应用不仅仅是成本控制，还涉及材料管理、进度控制、质量控制等。BIM在成本控制中涉及多个部门多个岗位，因此BIM在成本控制应用上的成功与否，相关的软件是基础，管理制度、专业人员、应用流程等是重要支撑。

BIM应用的过程是"创建"、"管理"和"共享"，不同岗位担负着不同的责任，只有制定完善有效的实施体系，才能保证BIM的成功应用。基于BIM的成本管控的整体实施架构如图6-16所示，框架包含了BIM实施的原则、配套体系和实施步骤，在BIM实施过程中应遵循4项基本原则、严守5个实施步骤、搭建3个实施组织、遵守2个实施规律、建立4项支撑体系。

不论是企业还是项目，BIM的实施都是一个复杂的过程，必须根据开发项目的特点、企业BIM能力、BIM实施成本等方面综合考虑选择恰当的BIM实施路线。一般而言，BIM的实施包括立项选型、实施规划、项目实施、普及推广和系统集成5个步骤。

（1）立项选型：确定BIM实施目标和范围，明确项目预算，成立项目团队，编制BIM实施计划；

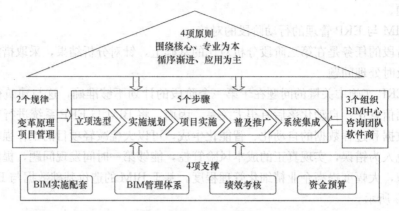

图 6-16　BIM 实现框架

（2）实施规划：根据企业或项目实施 BIM 的总体目标确定 BIM 实施规划，具体的实施规划包括 BIM 项目的目标、流程、信息交换要求和基础设施系统等 4 个部分；

（3）项目实施：通过 BIM 技术的数据处理优势和技术优势，提升项目精细化管理；

（4）普及推广：实现从单个项目到所有项目的普及，并完善企业 BIM 管理体系；

（5）系统集成：建立企业级 BIM 数据库并实现与 ERP 的对接，实现项目信息化管理的系统集成。

四、常用的 BIM 造价软件

1. 广联达（图 6-17）

广联达造价软件由广联达股份有限公司开发，从 1998 年成立以来，随着科技的发展，广联达造价软件在激烈的市场竞争中不断创新，在计价功能逐渐强大的基础上融入了管理元素。其以 BIM 平台为核心，集成土建、机电、钢构、幕墙等各专业模型，并以集成模型为载体，关联施工过程中的进度、合同、成本、质量、安全、图纸、物料等信息，利用BIM 模型的形象直观、可计算分析的特性，为项目的进度、成本管控、物料管理等提供数据支撑，协助管理人员有效决策和精细管理，从而达到减少施工变更、缩短工期、控制成本、提升质量的目的。

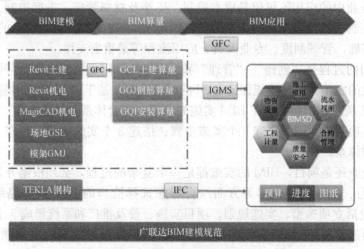

图 6-17　广联达造价软件 BIM 应用

2. 清华斯维尔（图 6-18）

清华斯维尔工程造价软件是清华斯维尔科技有限公司产品中的一个系列。该公司开发的软件涵盖范围广泛，包括算量类软件、计价类软件、设计类软件、管理系统软件与电子政务软件等系列软件，提供涵盖设计院、房地产企业、施工企业、造价咨询企业、电子政务等领域的全生命周期 BIM 解决方案，帮助建筑设计师、造价师、建造师共享数据信息。其中，斯维尔造价咨询管理系统是专为工程造价咨询业务研发的信息系统，是以业务管理和协同办公为主线，以项目派单、任务处理、进度控制、质量管理、成本控制为目标的整体信息化解决方案；是一个由各种业务软件与项目管理集成的协同办公平台，能同时实现"企业管理"和"生产管理"，突破时间和地域的限制，随时随地处理公务；也是一个全公司统一的工作平台，打造企业统一整合的信息出入口，加快各部门数据传递速度，实现资源共享。

图 6-18　斯维尔造价软件 BIM 实施策划

3. 鲁班（图 6-19、图 6-20）

上海鲁班软件有限公司成立于 2001 年，是国内第一家研发和推广 BIM 技术的软件厂商，也是唯一一家专注建造阶段 BIM 技术项目级、企业级解决方案研发和服务的供应商。鲁班企业级 BIM 系统（Luban PDS）是一个以 BIM 技术为依托的工程基础数据平台。它创新性地将最前沿的 BIM 技术应用到建筑行业的项目管理全过程中。在 Luban PDS 中，将创建完成的 BIM 模型上传到系统服务器，系统会自动对文件进行解析，同时将海量的数据进行分类和整理，形成一个包含三维图形的多维度、多层次数据库。Luban PDS 以用户权限与客户端的形式实现对 BIM 模型数据的创建、修改与应用，满足企业内各岗位人员需求，最大程度提高项目管理效率。鲁班软件现有 BIM 应用客户端包括 Luban BIM Explorer、LubanBIM Works、Luban BIM Viewer、iBan、Luban Onsite、Luban Schedule Plan 等。

4. 不同的 BIM 造价软件对比分析

目前广联达造价软件、清华斯维尔造价软件、鲁班造价软件这几款软件在国内造价行业均处于领先地位，它们在功能上有很多相似之处，例如能够识别基于 AutoCAD 平台的建筑、结构设计电子文件，快速生成三维建筑模型；软件内置工程量计算规则，能够对各

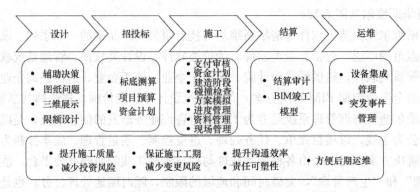

图 6-19 鲁班造价软件基于业主方的 BIM 解决方案

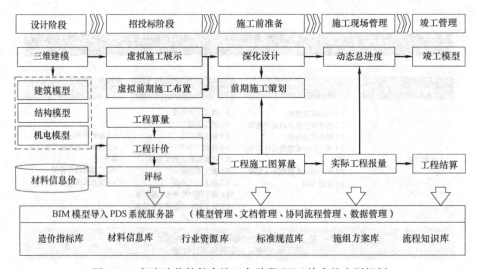

图 6-20 鲁班造价软件在施工各阶段 BIM 技术的应用规划

种构件的跨楼层位置关系进行分析，并自动完成扣减关系，快速准确计算工程量；算量软件得出的工程量文件可以导入相应的造价软件中，最终计算出项目的成本。

造价软件计算项目成本的最终目标是相同的，但其存在共性的同时，也都有自己的特性，不同软件的功能对比分析如下：

（1）软件安装方面：广联达对运行环境不主动监测，安装最便捷。

（2）安全评价方面：清华斯维尔和鲁班的算量、计价软件均可进行加密。另外，数据的维护更新备份功能较强。

（3）功能适用性方面：广联达可以对招标清单进行自检；清华斯维尔的计价软件可以实现各种计价方式且能灵活转换；鲁班有反查功能，该功能能够使算量软件和计价软件之间相互检查，避免错误。

（4）数据处理方面：广联达操作简单，数据处理效率较高；清华斯维尔可以进行块操作，便于类似工程的对比分析，同时还能简化工作量，节约成本；鲁班集合了云应用功能，因此数据更新效率很高。

（5）软件可使用性方面：广联达的界面简单；清华斯维尔可以实现多任务的切换功能，使得造价软件可以同时处理多个项目；鲁班的联机求助功能增强了软件的可使用性。

（6）操作流程方面：广联达有自己的开发平台，在建模方面更有优势；清华斯维尔除了可以生成普通的造价报表，还可以同时生成审计报表；鲁班在操作流程方面，拥有较强大的项目管理优势。

第六节　典型案例：BIM 技术在全过程精细化成本管理中的运用

本节以某住宅项目其中一个标段为例，虚拟工程建设过程，以工程造价精细化管理为目标，分析研究 BIM 技术与全过程精细化成本管理中各节点的有效结合。

一、案例背景

某住宅建设项目位于四川省成都市。项目的参与建设方有：A 房地产投资有限公司、B 勘察设计院、C 造价咨询有限公司、D 监理咨询有限公司、E 建筑安装工程有限公司。

项目概况：项目总面积 62780m²，其中地上面积 53080m²，地下室面积 9700m²。由 1 号楼（26 层，面积 21100m²）、2 号楼（26 层，面积 15990m²）、3 号楼（26 层，面积 15990m²）及单层地下室（面积 9700m²）组成。选取 2 号楼的土建部分，以广联达 BIM 造价管理平台相关软件作为技术支持，建立 BIM 模型（图 6-21），分析并演示 BIM 在工程造价管理中的主要应用功能，以期达到精细化管理的目标要求。

图 6-21　2 号楼 BIM 模型设计图

在该项目造价管理各阶段运用广联达 BIM 系列工具。首先运用广联达 BIM 土建算量软件、钢筋算量软件、计价软件等建立 BIM 造价模型，进行工程造价的快速准确统计。同时结合广联达对量软件、GCM 造价管理系统以及广联达 BIM 云数据平台、指标助手等技术为造价控制各环节提供支撑。

二、BIM 技术在各阶段中的应用

1. 设计阶段

设计阶段强调限额设计，即以批准的可行性研究报告中的投资限额为准，开展初步设计，并按照批准的初步设计进行施工图设计，最后按照施工图预算造价编制施工图设计文件。在既定有效的投资限额基础之上，设计阶段主要分为初步设计阶段和施工图设计阶段，因此设计阶段的成本管理主要对以上两阶段展开分析研究。

（1）初步设计阶段

A 房地产投资有限公司以建筑安装工程造价限额为目标开展造价控制。C 造价咨询公司作为 A 的成本管理方，从初步设计阶段着手造价管理工作，以 BIM 为手段，实现与甲方 A 和设计院 B 的协同工作。在初步设计图构建过程中，利用广联达 BIM 计量软件直接构建相应 BIM 模型，借助 BIM 自动计量技术，统计出基本工程量信息。造价管理人员借助 BIM 指标计算模型，快速评估相应钢筋、混凝土、砌体等主要项目指标，结合 BIM 云指标，对比类似已完工程相关指标，从造价角度向设计方提出优化意见。图 6-22 为广联达 BIM 指标数据库。同时，以 BIM 模型为基础，结合广联达 BIM 造价信息平台的人工、

材料、机械台班价格信息，能够编制出较为准确的初步概算，结合价值工程的基本原理，通过多方案技术经济的比选，最终优选出技术经济性较合理的初步设计方案。

工程指标分析表	指标内容	当前工程指标	云指标区间	工程量	计算口径值
01-工程量指标汇总分析表	砌体	0.2829 m³/m²	0.1350~1.5880	4523.91	15990.00m²
02-混凝土模板分析表	混凝土	0.3688 m³/m²	0.2800~2.1160	5897.44	15990.00m²
03-土建楼层指标分析表	模板	3.6475 m²/m²	0.2820~17.1720	58323.96	15990.00m²
04-装修楼层指标分析表	防水	0.4123 m²/m²	0.0030~1.1180	6592.86	15990.00m²
05-混凝土指标分析表	墙面装修	0.5545 m²/m²	0.3080~8.9040	8866.72	15990.00m²
06-混凝土构件指标表	楼地面	0.8582 m²/m²	0.0570~4.0850	13722.83	15990.00m²
07-模板指标分析表	顶棚	0.8987 m²/m²	0.0560~3.7380	14369.66	15990.00m²
08-模板构件指标表	门	0.2543 m²/m²	0.0050~0.9680	4066.17	15990.00m²
09-砌体指标分析表	窗	0.0764 m²/m²	0.0020~0.6560	1221.88	15990.00m²
10-防水保温指标分析表					

图 6-22　广联达 BIM 指标数据库

（2）施工图设计阶段

施工图是设计单位的最终成果文件，也是后期造价管理的依据文件，施工图设计中应避免专业碰撞引起设计变更。通过将不同专业的 BIM 模型导入碰撞检查软件中，能够提前发现土建与机电等不同专业之间管线结构碰撞的问题，从源头降低设计变更率。

在该住宅项目进行结构碰撞分析中发现坡道平台与结构墙发生碰撞，平台净高不足。在没有 BIM 碰撞检测提前预警的情况下，传统解决方式有两种：

① 设计变更，由设计院重新设计计算，改变梁高；变更增加造价的计算结果是 45053.00 元。

② 砸梁后在该位置进行加固（凿除此部分的梁与部分板后增加上反梁）；这种方式增加的造价总计为 34920.62 元。

类似问题还有施工后发现喷淋管和结构梁碰撞，楼层净高不够等。结构碰撞一旦出现，会同时带来成本与工期的增加。图 6-23 为利用 BIM 碰撞检测软件进行管线与结构模拟碰撞示意图。

在设计阶段造价管理过程中，运用 BIM 技术不仅使设计过程三维立体可视，还能大幅度提高工程量计算、造价指标分析、概预算编制的速度与准确性。利用 BIM 文件的可互用性质，将设计方案快速转变为 BIM 造价数据，并将 BIM 造价数据快速反馈至设计人员，使设计与造价协同工作，减少信息孤岛造成的无效工作，大幅度提高前期造价管理的精细化程度。

2. 招投标阶段

招标方工程造价管理的主要工作之一是编制招标控制价，将招标控制价作为投标最高限额，防范投标中的围标、串标等行为。本项目采用工程量清单计价模式，在招标阶段需要编制工程量清单及招标控制价。工程量清单作为各投标人的报价基础，其完整性、准确性直接影响报价的有效性。利用设计阶段建立的 BIM 模型，根据此次招标范围，软件自动计算出本项目的相应工程量，如图 6-24 所示。

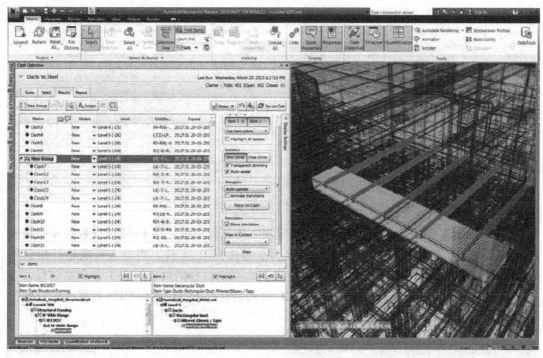

图 6-23　管线与结构模拟碰撞试验

计算机算量

长度=2.9m

墙高=3m

墙厚=0.2m

面积=(2.9〈长度〉*3〈墙高〉)-((1.1999+1.2)*2.1)〈扣门〉-(0.2*0.3+1.1)〈扣梁〉=
2.5001m²

体积=(2.9〈长度〉*3〈墙高〉*0.2〈墙厚〉)-(0.24*2.1+1.2*0.2*2.1)〈扣门〉-(0.29*
0.09+1.4501*0.2*0.09)〈扣混凝土过梁〉-(0.58*0.4)〈扣梁〉-(0*0.2*0.41+0.4*0.41*0.2+
0.4*2.1*0.2+0.1*0.41*0.2+2.1*0.0954*0.2)〈扣构造柱〉-((0.03*0.2*0.41)*2+0.0069)
〈扣马牙槎〉=0.187m³

内墙两侧钢丝网片总长度=5.8001〈内部墙梁钢丝网片长度〉=5.0001m

内部墙梁钢丝网片长度=8.2〈内部墙梁钢丝网片原始长度〉-2.3999〈扣门〉=5.8001m

钢丝网片总长度=5.8001〈内墙两侧钢丝网片总长度〉=5.8001m

内墙脚手架面积=2.8〈内墙脚手架面积长度〉*3〈内墙脚手架面积高度〉=8.4m²

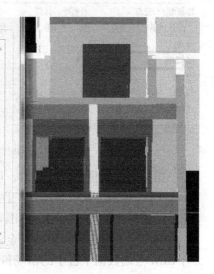

图 6-24　BIM模型自动计量

将 BIM 工程量模型导入 BIM 计价软件，可直接导出参数化编码后自动生成的工程量清单，其过程如图 6-25 所示。

在 BIM 工具的辅助下，招标阶段造价管理人员着眼于分析工程量清单项的完整性，即是否反映出招标范围内的全部内容，避免工程量清单缺项漏项。并结合设计文件对工程量清单各项目的项目特征进行细致描述，防止项目特征错误引起的不平衡报价现象。在此基础之上，利用 BIM 计价软件编制招标控制价。本项目采用综合单价的计价方式，以

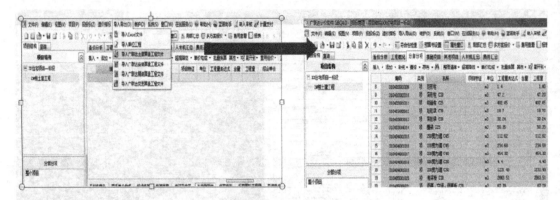

图 6-25　BIM 计量模型导入计价软件

2009 年《四川省建设工程工程量清单计价定额》为计价依据。在 BIM 计价数据库中集成相关定额内容，只需将 BIM 模型文件导出为 2 号楼 GCL 文件，再导入广联达计价软件中。利用广联达 BIM 云端价格数据库，直接调取当期材料信息价、人工费调整信息，以及相关规费、税金的取费信息。图 6-26 中 C30 商品混凝土直接调用 BIM 数据库中成都市10 月信息价价格作为控制价价格。

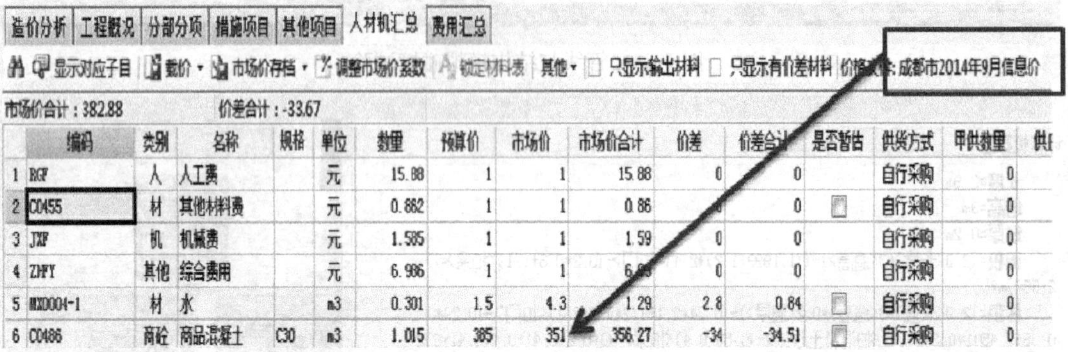

	编码	类别	名称	规格	单位	数量	预算价	市场价	市场价合计	价差	价差合计	是否暂估	供货方式	甲供数量	供
1	RGF	人	人工费		元	15.88	1	1	15.88	0	0		自行采购	0	
2	CLMS5	材	其他材料费		元	0.882	1	1	0.86	0	0	□	自行采购	0	
3	JXF	机	机械费		元	1.585	1	1	1.59	0	0		自行采购	0	
4	ZHFY	其他	综合费用		元	6.986	1	1	6.99	0	0		自行采购	0	
5	MXD004-1	材	水		m3	0.301	1.5	4.3	1.29	2.8	0.84		自行采购	0	
6	CD486	商砼	商品混凝土	C30	m3	1.015	385	351	356.27	-34	-34.51	□	自行采购	0	

市价合计：382.88　　价差合计：-33.67

图 6-26　BIM 数据库直接调用信息价

招标人在提供招标文件时，可以将含有工程量清单信息的 BIM 模型同时交给投标人。由于 BIM 模型已赋予各构件工程信息以及项目编码，投标人可直接结合 BIM 模型与二维图纸及招标文件约定的招标范围等信息，核查工程量清单的准确性，之后重点进行报价。E 建筑安装工程有限公司基于企业 BIM 数据库中人工、材料、机械台班消耗量数据，配合 BIM 云端数据平台中的市场价格信息，进行有竞争性的报价策略分析。如图 6-27 所示为从广联达 BIM 云端数据库中调取出的成都 2014 年 7～10 月圆钢 Φ16 HPB300 的市场价格波动情况。经过评标过程，E 建筑安装工程有限公司以排名第一中标，与 A 房地产投资有限公司签订总承包合同。

在招标投标环节，BIM 对工程造价管理的价值体现在能够整合并利用设计阶段已有的 BIM 造价模型，通过自动计量的方式提高造价基础工作的效率，提高工程量清单、招标控制价、投标报价等造价基础性工作的精准性，为价格分析、合同策划以及报价策略等各方的造价管理的核心工作创造了更好的条件。基于 BIM 模型的信息交互，优化了招标人与投标人的信息传递流程，大幅度地提高了招投标阶段各方造价管理的工作能效，为项

212

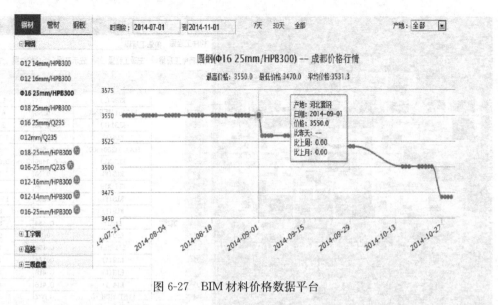

图 6-27　BIM 材料价格数据平台

目的有效开展奠定了良好的基础。

3. 施工阶段

在项目施工阶段，C 造价咨询公司作为 A 房地产投资有限公司委托的成本管理方，利用招投标阶段构建的 BIM 三维模型，根据实际施工进度，周期性（月、季形象进度）调整维护该模型，形成施工阶段 5D 实际成本数据库。

利用广联达 BIM 建模软件建立的结构、钢筋、装饰、水电模型，造价人员根据工程部上报的当月施工计划，对应广联达 BIM 模型中目标完工对象，统计汇总当月计划工程量。在当月施工完毕，施工单位上报工程进度款申请后，C 造价咨询公司根据工程实际完工情况，在广联达 BIM 模型中选中当期完工层数各构件，利用 BIM 框图出量计价功能，统计该月实际进度对应的工程价款。如图 6-28 所示为直接利用 BIM 模型中框图计量统计出的该月已完框架梁混凝土与模板工程量。

广联达 BIM 平台具有快速拆分组合施工各阶段分部分项工程的功能，能够使造价人员快速提取出预算成本、目标成本、实际成本数据，真正有效开展三算对比。在该项目进行过程中，结合合同价、计划造价、实际支付价款，利用广联达 BIM 平台以及 BIM 成本分析软件进行实时偏差分析与纠偏。

工程变作为影响实际工程造价的重要因素，其引起的工程量变化、进度偏差，是项目各方的重点关注对象。以项目实施中 A 公司提出的修改塑钢窗尺寸为例，该变更不仅影响塑钢窗工程量，还导致相关联的砌体工程、保温工程、墙面装饰等工程量的变化。基于 BIM 模型，造价人员只需在广联达 BIM 模型中选中全部 GC0608 塑钢窗，改动参数 GC0606 即可实现模型中塑钢窗变更的实时修改，以及关联构件的相应变化，如图 6-29 所示。因此针对该设计变更，A 公司能够在设计变更发生之前明确该变更引起的造价变化，控制设计变更产生的费用增减对总造价的影响，使得造价控制不仅仅意味着变更发生后的简单测算。

4. 竣工阶段

项目通过竣工验收后，进入竣工结算阶段。在该阶段 A 房地产投资有限公司与 C 造

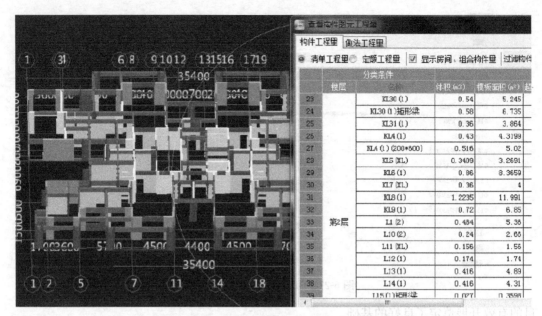

图 6-28　框图计算当月完工混凝土梁工程量

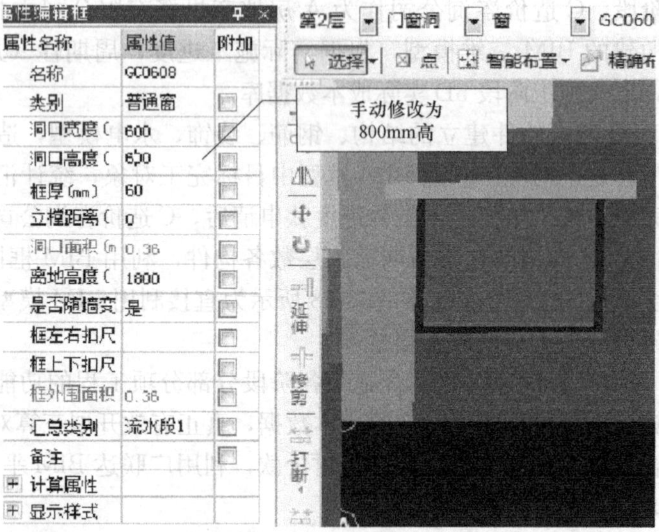

图 6-29　BIM 模型处理涉及变更

价咨询公司需要共同整合 BIM 数据库中从设计阶段到竣工验收前的相关合同文件、签证变更资料、中期付款文件等，BIM 结构化的储存方式避免了文本储存方式下资料不全、信息丢失的问题，图 6-30 为利用广联达 BIM 结算管理软件整理出的 2 号楼相关结算资料。

　　该项目合同规定工程量按照承包人完成合同工程应予计量的工程量确定，因而需要根据竣工情况重复计算全部工程量。引入 BIM 技术后，可以利用招标阶段 BIM 模型，对照竣工完成的项目以及相关签证变更资料，对模型中相关构件信息进行修改；或者直接在施工过程中完善更新后的 BIM 模型中直接计取竣工结算工程量。由于甲方与施工方均以

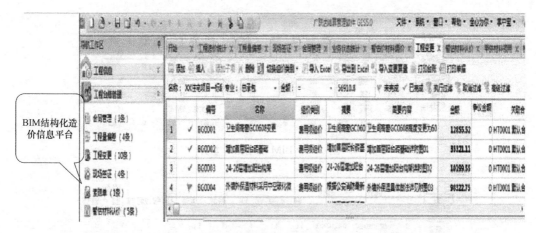

图 6-30　BIM 造价信息平台

BIM 模型为计量工具，在进行对量过程中，可利用 BIM 文件的互用性，将各自的竣工 BIM 工程量模型导入 BIM 对量软件中，如图 6-31 所示，通过空间位置、图元属性进行相应匹配核对。

　　以项目中核对砌体工程量为例，双方工程师将各自 BIM 模型导入广联达对量软件中，经过软件自动对相应空间轴线的构件进行工程量复核，汇总工程量后发现窗工程量有一定差异，如图 6-32 所示。各楼层中差异部分被软件自动识别并标记，可通过 BIM 三维可视效果查看。通过按照楼层、轴线等顺序检查窗工程量计算公式、与窗相关构件信息，找到引起工程量差异的原因在于施工单位没有按照设计变更修改卫生间窗尺寸，如图 6-33 所示。BIM 模型在对量软件中的核对能够有效地提高工程量核对的效率及客观性，减少传统结算下的争执现象。

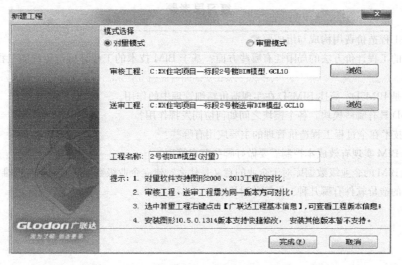

图 6-31　广联达 BIM 对量软件文件导入

　　BIM 技术为工程项目造价精细化管理提供了极大的便利，但是要想实现基于 BIM 技术的造价管理精细化的目标，从 BIM 关键技术来说，仍然存在一些问题，比如 BIM 技术信息互用。尽管类似 IFC 的标准有助于实现众多 BIM 软件的共享与互用，但是对于数量

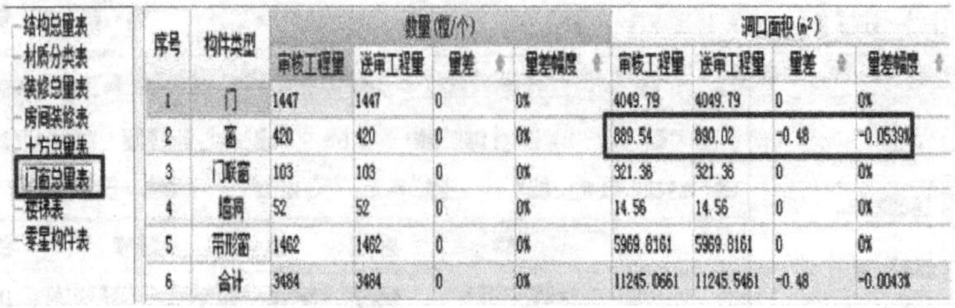

图 6-32　BIM 模型比对差异

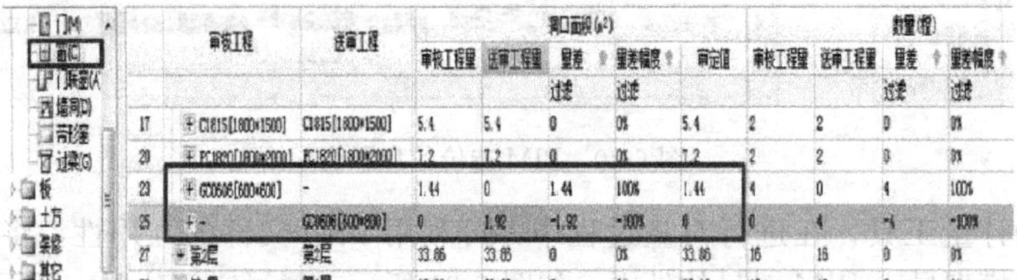

图 6-33　BIM 模型比对差异

庞大的各类应用软件来说，其兼容性仍有待提升与挖掘。

　　同时我国 BIM 技术尚处于初始阶段，尚未完全建立起适应我国建筑业发展特征的 BIM 专用标准，真正实现各专业间的全面协同工作还有很长的道路。尽管现阶段要全面实现基于 BIM 技术的工程造价精细化管理的进程中存在各种难题与挑战，但是放眼全局，仍然要坚信随着 BIM 技术的不断发展与成熟，BIM 将成为建筑业飞跃发展的强大动力，为造价管理精细化的目标创造更大的价值。

复习思考题

　　1. 简述工程造价费用构成与组成要素。

　　2. 传统的工程计价方法的局限性有哪些方面？基于 BIM 技术的工程计价与传统的工程计价相比较有何优势？

　　3. 什么是 BIM5D？简述 BIM5D 在实现造价精细管理中的作用。

　　4. BIM5D 具有哪些模块，各个模块之间如何协同发挥作用？

　　5. BIM 技术在全过程工程造价管理的主要应用有哪些？

　　6. 利用 BIM 实现有效成本控制需要做好哪些节点管理？

　　7. 基于 BIM 的企业级数据库对于企业的意义是什么？建立企业级数据库面临哪些困难？

　　8. 常用的造价软件有哪几种？做简单对比。

第七章　基于 BIM 的施工安全管理

学习要点：

1. 了解基于 BIM 的施工安全管理模式、理论和实践等内容。
2. 了解基于 BIM 的施工安全管理关键技术要点。
3. 了解 BIM 技术在具体工程施工安全管理中的应用方法。

建筑业是我国的经济支柱产业之一，对国民经济的发展起着至关重要的作用。随着近年工业化和城镇化建设速度的加快，建筑业的产值和从业人数都在持续增加。但同时，建筑工程施工的安全问题也日渐突出，给从业人员的生命财产安全带来了巨大的威胁，给企业和社会也带来了负面影响。由于现在大型建筑工程项目施工工艺复杂、建设周期长，且充满了很多不确定性因素，加大了工程施工安全管理难度。在当前工程信息施工技术飞速发展的背景下，传统的安全管理模式已经显得滞后，因此迫切需要探索新的施工安全管理模式。BIM 技术的出现，标志着建筑业进入了信息化时代，这对建筑业的发展起着巨大的推动作用。本章的主要目的是探讨将 BIM 技术引入工程施工安全管理，解决当前工程施工安全管理存在的问题，探索基于 BIM 的工程施工安全管理的理论和实践。

第一节　概　述

近年来，建筑领域安全事故和死亡人数状况不容乐观。2011 年全国共发生安全事故 561 起，导致 707 人死亡；2012 年，全国共发生安全事故 451 起，导致 585 人死亡；2013 年，全国共发生安全事故 524 起，导致 670 人死亡。2012 年，全国安全生产形势稍有好转，事故起数和导致死亡人数都有所下降。但 2013 年，形势又有所恶化，安全事故比去年同期增加了 73 起，上升 16.19%；死亡人数增加了 85 人，上升 14.53%。整体而言，建筑工程施工安全状况依然没有得到有效改善，事故起数依然较多，施工安全事故死亡人数仅次于煤矿业和交通业。

随着工业化和城镇化建设速度加快，建筑业的建设规模也在不断扩大，从业人数也在持续增加。然而，建筑业安全生产问题形势也是非常严峻的，必须予以重视。建筑工程施工安全管理是项目管理的重要目标之一，其他管理目标（如成本、进度、质量等）的实现状况很大程度上取决于安全管理的质量。如果施工安全问题得不到有效控制，将会损害到从业人员的生命财产安全和施工企业形象。影响建筑业可持续的良性健康发展，甚至会影响国民经济的发展和社会的和谐稳定。

建筑工程项目施工安全管理是指制定安全生产组织计划，实施安全生产组织计划的职能和工作内容，并依据产生的效果对计划进行评价和改进。它涵盖建筑工程在施工过程中为保证安全施工的全部管理活动，通过对各生产要素的控制，使施工过程中不安全行为和不安全状态得以减少或控制，达到控制安全风险，消除安全事故，实现施工安全管理的目标。

一、建筑工程安全风险主要影响因素

与其他行业安全问题一样，施工现场突发事件的发生也有其因果关系。国内外学者对施工安全事故进行了大量研究后得知，安全事故的发生主要由人（Man）、物（Material）、工作环境（Medium）、管理因素（Management）四方面因素决定。

（1）人的因素：指在施工作业人员的操作失误或者工作不符合安全管理规定，都可能为事故隐患埋下伏笔或者直接引发安全事故。大部分的施工安全问题都是始于施工作业人员的不安全行为。

（2）物的因素：施工现场所涉及的物包括建筑材料、施工器具、大型设备等，这些物体因自身的固有属性和潜在的破坏能力而具有危险性，是导致事故发生的物质基础。如果施工作业人员对其使用不当，就很可能引发安全事故。

（3）工作环境因素：包括社会环境、自然环境和工作环境。环境因素是人们容易疏忽的不安全因素，如果施工作业人员不按照特定的施工环境来处理问题的话，往往容易导致安全事故发生。

（4）管理因素：大部分事故发生表面上看是人为原因或者客观原因，但究其根源可以看出，很多事故的发生和管理缺陷有着直接或间接关系。由于施工作业人员未受到相关安全教育和培训，不能科学合理地处理问题，进而造成安全隐患或者引发安全事故。

二、传统建筑工程安全管理存在的问题

相对于一般的工业生产，建筑施工生产的特殊性决定了自身属性。现在的建筑结构复杂、体量大，承重受力机制复杂，在结构设计、现场工艺、施工技术等方面的要求被大大提高。加上施工工期长、露天作业多、环境恶劣、工程量大、工序复杂、施工生产的动态性、生产工艺复杂等这些复杂施工因素，为施工现场作业人员的工作埋下了许多安全隐患，见表7-1。

建筑施工安全问题　　　　　　　　　　　　表 7-1

施工特点	安 全 问 题
施工作业场所的固化使安全生产环境受到限制	工程项目坐落在一个固定的位置，项目一旦开始就不可能再进行移动，这就要求施工人员必须在有限的场地和空间集中大量的人、材、机来进行施工，因而容易产生安全事故
施工周期长、露天作业使劳务人员作业条件十分恶劣	由于施工项目体积庞大，从基础、主体到竣工，施工时间长，且大约70%的工作需露天进行，劳动者要忍受不同季节和恶劣环境的变化，工作条件极差，很容易在恶劣天气发生安全事故
施工多为多工种立体作业，人员多且工种复杂	劳务人员大多具有流动性、临时性，没有受过专业的训练，技术水平不高，安全意识不强，施工中由于违反操作而容易引发安全事故
施工生产的流动性要求安全管理举措及时、到位	当一个施工项目完成后，劳务人员转移到新的施工地点，脚手架、施工机械需重新搭接安装，这些流动因素都包括了不安全性
生产工艺的复杂多变	生产工艺的复杂多变要求完善的配套安全技术措施作为保障，且建筑安全技术涉及高危作业、电气、运输、起重、机械加工和防火、防毒、防爆等多工种交叉作业，组织安全技术培训难度大

三、BIM 技术应用于建筑施工安全管理的适用性分析

BIM 技术可以通过建立建筑信息模型，模拟建筑施工过程，提前发现问题或者避免问题的出现，对工程项目施工阶段进行全方位的控制和管理。与此同时，通过实现信息的

集成化和更大程度的共享，保证项目的各参与方能及时得到项目全面精确的信息，避免因信息传输过程中出现错误或者流失而导致决策错误。下面从技术、经济、环境等方面分析BIM应用于建筑施工安全管理的适应性。

（一）技术适用性分析

1. BIM5D＋安全模型的构建。目前很多高校研发团队和BIM工具软件商，建立了基于参数化建模的进度管理和成本管理的BIM5D施工管理系统，例如广联达公司发布了广联达BIM5D施工管理系统等。这为从安全角度建立和分析BIM模型奠定了基础。BIM5D＋安全的模型将一定的安全规范和危险源信息与3D建模技术和进度计划、资源计划、成本计划等相结合，能够提前识别和发现在施工过程中可能会出现的安全问题，并通过优化施工安全计划以及可视化的安全教育培训等，有效地控制安全风险。

2. 基于BIM的全生命周期信息共享和信息沟通。工程项目的信息互用效率一直是个行业难题，建设工程项目的信息具有数量巨大、类型复杂、来源广泛、存储分散等特点。工程项目中的不同参与方都有可能成为信息的提供者，由于这些信息的形式和格式又不尽相同，造成了各方信息共享的难度。在BIM环境下，信息互用和共享的难题能够得到较好的解决，项目的参与各方若采用统一的数据格式，如IFC格式，就能在同一个BIM系统中提取所需信息，从而提高信息利用的效率，避免信息流失和重复劳动。从而，有助于进一步优化设计和施工方案，进一步完善施工安全计划等。

3. BIM的动态施工模拟。在目前的技术条件下，将进度计划和3D参数化模型导入施工模拟软件中，就可以实现4D动态施工模拟，加入成本维度就可以实现所谓的5D施工模拟，加入安全维度就可以实现BIM的6D施工模拟。通过对施工场地、建筑的建造过程的动态模拟，有利于施工单位及时发现原有施工组织设计中存在的问题，尤其是安全问题，进而优化安全控制方案，明确安全教育与培训的关键环节，提高项目的整体效益和安全水平。

（二）经济适用性分析

相比其他建筑软件，BIM软件相对昂贵，这种昂贵不仅体现在软件本身，及其对计算机配置的要求，同时，对企业员工进行BIM培训也会造成成本的增加。尽管如此，建筑工地一旦发生安全事故，并造成人员的伤亡，建筑施工单位就会为此付出巨大的代价，这不仅体现在支付伤者家属或者遇难者家属的医疗费、抚恤金、丧葬费等损失，也有因工期延误造成的违约损失，同时企业的信誉和资质也会面临巨大威胁。

BIM起到的并不仅仅是保险的作用，更重要的是它能带来的巨大效益。据有关统计，BIM能消除预算外造价变化的40％，成本估算精确度在3％以内，成本估计的时间缩减80％，通过冲突检测而节省的合同价值高达10％，缩短项目工期高达7％，给建设项目带来巨大的经济效益。

（三）环境适用性分析

现代化、工业化、信息化是建筑业发展的趋势，而BIM作为实现建筑工程技术和管理信息化的重要载体，随着建设工程项目管理内涵的不断扩展和建筑工程对安全管理的巨大需求，会在安全管理方面发挥巨大的作用。

经过近些年来的发展，BIM在我国取得了一定成果。据2014发布的《中国施工行业信息化发展报告（2014）——BIM应用与发展》显示：在BIM的应用范围和深度方面，超过60％的施工企业正在积极推进BIM的应用，超过30％的企业正在进行项目试点。可见，在整个建筑行业，BIM 正在广泛的推广和使用。

在政府层面，在 BIM 进入到"十一五"国家科技支撑计划重点项目之后，政府大力推广 BIM 技术。我国政府在积极借鉴西方发达国家 BIM 推广和应用经验的情况下，发布了《2011-2015 年建筑业信息化发展纲要》。该纲要指明了我国在"十二五"期间 BIM 发展的方向，为我国 BIM 技术的进一步推广和使用创造了有利的政策条件。

总体来说，基于 BIM 技术的建筑工程施工安全管理，是基于 BIM 技术的一个重要应用，对减少建筑企业施工安全管理成本，提高安全管理的效率，降低事故的发生率，提高企业和社会效益都有着巨大作用。随着行业、市场及政策环境对 BIM 技术的大力支持与推广，BIM 技术在工程施工安全管理的应用将会取得长足的发展。

第二节　基于 BIM 的施工安全管理关键技术

BIM 技术可以应用于建筑行业的全生命周期阶段，项目的各参与方都可以通过 BIM 技术，来提高其工作效率和质量。安全管理作为项目管理的重要组成部分，直接影响项目其他目标的实现程度。将 BIM 技术运用到建筑工程施工安全管理过程中，利用 BIM 建模、虚拟施工、碰撞检测等技术来指导施工，并基于可视化管理平台制定安全应急预案，将会大大提高施工安全管理水平，避免建筑工程安全事故的发生。具体来说，基于 BIM 的施工安全管理关键技术主要有危险源辨识技术、安全计划与优化技术、安全规则检查技术、空间规划技术、施工现场劳务人员疏散技术以及安全教育与培训技术。

一、基于 BIM 的危险源辨识技术

危险源管理的重要任务是对危险源进行辨识和评价，安全检查表法（Safety Check List，SCL）是工程安全管理实践中普遍采用的方法。但是，传统的安全检查表法依赖于对检查列项的打分，一方面通过文字描述的检查项目不够直观，甚至可能出现理解偏差；另一方面，综合评价结论难以对具体检查项目的优化和改进提供帮助。BIM 技术具有的可视化、模拟性、优化性等特点，能够有效解决上述安全检查表法遇到的问题。为此，本书介绍基于 BIM 技术的安全检查表法（简称 SCL-BIM 法），便于改善建筑工程的安全生产状况，提高危险源管理的现代化水平。

（一）建筑工程危险源的数据库建设

现代项目管理越来越注重数字化管理，危险源管理也对数据的管理提出了要求。BIM 技术的优越性表现在其强大的数据管理功能，可以实现数据的自由输入、提取、查看。在危险源管理方面，管理人员可以将危险源辨识的全部信息（例如危险源描述、危险源等级、危险源导致事故的阈值、危险源相关的控制措施）录入数据库中，方便项目人员在模型实时查询，实现数据集中与高效管理。

安全检查表可以看作一个存储数据的二维表，运用 SCL-BIM 法可以把安全检查表的数据以二维表的方式存储到数据库中，将数据库与模型对接，方便数据库进一步的运用。

（二）建筑工程危险源的可视化建模

BIM 技术能够构建建筑的三维模型，帮助管理人员对施工现场进行空间想象，找到项目区别于以往工程的特殊之处，避免漏项。SCL-BIM 法能够运用 BIM 相关软件对建筑工程进行模型的建立。应当明确的是，SCL-BIM 法是对安全检查表法的一种补充，尤其

是安全检查表法中可以具象化的危险源类别，而对于安全制度等管理因素的检查仍然要回归到传统的安全检查表上，运用传统的评价方式对其进行评定。

以《建筑施工安全检查标准》JGJ 59—2011 为例，可以使用 SCL-BIM 法进行危险源管理的危险源类别有：①安全管理中的安全教育、应急救援、安全标志；②文明施工中的现场围挡、封闭管理、施工场地、材料管理、现场办公与住宿、公示标牌、生活设施；③扣件式钢管脚手架中的立杆基础、架体与建筑结构拉结、杆件间距与剪刀撑、脚手板、防护栏杆、横向水平杆设置；④门式脚手架中的架体基础、杆件锁臂、脚手板、架体防护；⑤碗扣式钢管脚手架中的架体基础、架体稳定、杆件锁件、脚手板、架体防护；⑥承插型碗扣式钢管脚手架中的架体基础、架体稳定、杆件设置、脚手板、架体防护、杆件连接；⑦满堂脚手架中的架体基础、架体稳定、杆件锁件、脚手板、架体防护；⑧悬挑式脚手架中的悬挑钢梁、架体稳定、脚手板、架体防护；⑨附着式升降脚手架中的架体构造、附着支座、架体安装；⑩高处作业吊篮中安全装置、悬挂机构、钢丝绳、安全防护；⑪基坑工程中的基坑支护、基坑开挖、坑边荷载、安全防护；⑫模板支架中的支架基础、支架构造、支架稳定；⑬高处作业中的安全网、临边防护、洞口防护、通道口防护、悬空作业、移动式操作平台、悬挑式物料钢平台；⑭施工用电中的配电箱与开关箱、现场照明；⑮物料提升机中的安全装置、防护设施、附墙架、缆风绳、钢丝绳、基础与导轨架；⑯施工升降机中的安全装置、限位装置、防护设施、附墙架、导轨架、基础、电气安全；⑰塔式起重机中的保护装置、多塔作业、附着、基础与轨道、电气安全；⑱起重吊装中的起重机械、钢丝绳与地锚、索具、高处作业；⑲施工机具中的钢筋机械、电焊机、搅拌机、桩工机械。表 7-2 总结了可以在 BIM 模型中体现出来的部分危险源种类。

《建筑施工安全检查标准》中部分 BIM 技术可以识别的检查项目　　　　表 7-2

序号	分类	检查项目	检查项目要求
1	安全管理检查项	安全标志	①现场安全标志图；②设置重大危险源公示牌
		……	……
2	文明施工检查项	现场围挡	按照要求设置封闭围挡，围挡高度满足布置要求
		封闭管理	①施工现场进出口设置人门，设置门卫室；②施工现场出入口设置企业名称或标识；③设置车辆冲洗设施
		施工场地	①施工现场主要道路及材料加工区地面是否进行硬化处理；②施工现场道路是否畅通，路面平整坚实，采取防尘措施
		……	……
3	扣件式钢管脚手架	施工方案	架体搭设高度是否超过了规定高度
		立杆基础	①立杆基础是否不平、不实、不符合专项施工方案要求；②是否按规范要求设置纵横扫地杆，扫地杆的设置和固定是否符合要求
		……	……
4	基坑工程	基坑支护	人工开挖的狭窄基槽，开挖深度较大或存在边坡塌方危险是否采取支护措施
		安全防护	①开挖深度 2m 及以上的基坑周边是否按规范要求设置防护栏杆或栏杆设置是否符合规范要求；②基坑内是否设置供施工人员上下的专用梯道或者梯道设置是否符合规范要求

序号	分类	检查项目	检查项目要求
5	施工升降机	防护设施	①是否设置地面防护围栏或设置是否符合规范要求；②是否安装地面防护围栏门连锁保护装置或保护装置是否灵敏；③停层平台搭设是否符合规范要求
		附墙架	①附墙架的搭设与建筑结构的连接方式、角度是否符合规范要求；②附墙架间距、最高附着点以上导轨架的自由高度是否超过产品说明书要求
		钢丝绳、滑轮与对重	①对重钢丝绳数是否少于 2 根或是否相对独立；②钢丝绳是否磨损、变形、锈蚀达到了报废的标准
		……	……
6	塔式起重机	保护装置	①起重臂根部绞点高度大于 50m 的塔式起重机是否安装风速仪或风速仪是否灵敏；②塔式起重机顶部高度大于 30m 且高于周围建筑物是否安装障碍指示灯
		多塔作业	任意两台塔式起重机之间的最小架设距离是否符合规范要求
		结构设置	①主要结构构件的变形、腐蚀是否符合规范要求；②平台、走道、梯子、护栏的设置是否符合规范要求；③高强螺栓、销轴、紧固件的紧固、连接是否符合规范要求
		……	……

（三）SCL-BIM 法的危险源管理工作流程

根据上述传统的危险源辨识方法的分析，以及 BIM 技术能够实现的功能介绍，图 7-1 为基于 BIM-SCL 法的危险源管理工作流程。

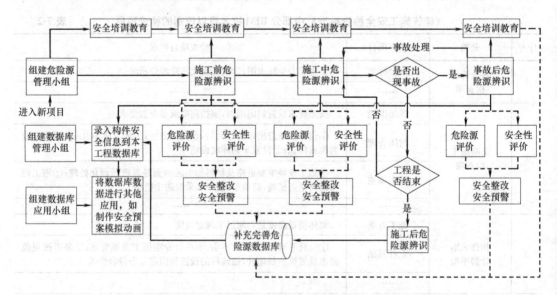

图 7-1 基于 BIM-SCL 法的危险源管理工作流程

上述工作流程涉及危险源管理工作的计划编制、技术交底、现场控制、事故应急和处理模块，能够体现危险源管理的全部工作过程。工作流程提出组建"数据库管理小组"和"数据库应用小组"，两个小组主要负责 BIM 应用于安全管理工作中的"录入构件安全信息"和"数据库中数据的其他应用"。

由于使用 BIM 技术充分体现了 BIM 中的信息这一理念，"数据库管理小组"可以将构件的危险源辨识等与安全有关的信息输入模型中，便于管理者进行查看。"数据库应用小组"是利用安全信息与模型将数据作为其他的应用，比如导出报告，使用 Navisworks 软件制作安全事故应急救援预案的动画，可以帮助施工企业进行安全培训教育等。

本节介绍了运用 BIM 技术结合安全检查标准作为危险源辨识手段的方法。重点介绍了如何结合安全检查标准识别出模型中基本的危险源信息，说明危险源数据库如何与模型关联，如何在模型中添加安全管理中遇到的问题，如何将模型和文本文件建立链接。通过以上介绍和使用可以发现基于 BIM 技术的安全检查表法有以下优点。

（1）危险源的可视化管理。在辨识过程中可以掌握现场的情况，危险源可视化后辨识的效果更佳，同时还可以帮助管理人员进行技术交底，使得人们对于危险源的理解更加深入。

（2）危险源的查漏补缺。辅助管理人员增加空间想象的能力，管理人员对照模型想象现场的实际情况，不容易出现危险源辨识漏项的问题。

（3）数据的集中管理。使用 BIM 技术危险源的管理不再杂乱无章，易于查找和管理，且数据库的存储量很大，满足危险源存储要求。

二、基于 BIM 的安全计划与优化技术

BIM 在建设项目安全计划控制中的应用涵盖了项目实施阶段的全过程，主要通过虚拟施工指导项目安全进度的计划、推进、检查、纠偏和评价。具体的方式为：首先通过三维模拟软件构建各个构件和专业的信息模型；然后根据项目的资源和总工期要求进行详细的进度计划；再通过连接三维模型和进度信息，形成 4D 模型，从时间维度直观展示整个项目的施工进程。

在项目的进行过程中，这一模型也可以通过不同颜色和透明度来表示不同的项目进度安全状态（已建、在建、完工），并与原计划进行对比。通过这种清晰易读的方法使得各管理者能直观地认识工程进行中的安全状态，提高沟通效率，减少沟通信息损失。在此基础上进行安全进度计划的对比和调整。调整过程中可在软件中建立生成立体动态模型，对比新计划安全方案成效，并联合各参与方最终对安全计划进行修改，及时纠偏，保证工程项目的安全。

最后利用进度进展、资料、人员利用等报告，对项目的安全计划进行评价，并存储相关信息，为后期进行安全进度计划和控制提供有借鉴性的信息。通过 BIM 在建设项目安全进度控制中的应用，可以直观、高效、交互的完成安全进度计划的编制、执行、调整和评价。

（一）指导安全进度计划编制

项目安全进度计划是完成任务，提交可交付物，通过里程碑管理最终按时完成项目目标的路线图。基于 BIM 的建设项目安全进度计划，首先要进行工作结构分解，然后对 WBS（Work Break Structure）分解后的工作包和构件 ID 之间进行相互关联，将进度信息与构件的基本信息、三维信息进行结合。同时对相关资源进行配置，每一进度点所需的资源量都应有所计划。当选定相应作业和时间点，即可查看构件的四维信息和资源信息，可以直观地进行安全进度计划的编制。

基于 BIM 的进度计划包括了各工作的最早开始时间、最晚开始时间、本工作持续时间等基本信息，同时明确了各工作的前后搭接顺序。因此计划的安排可以有所弹性，伴随

着项目的进展，为后期进度计划的调整留有一定接口。

利用 BIM 指导进度计划的编制，可以将各参与方集合起来，充分沟通交流后进行安全进度计划的编制，对具体项目的进展、人员、资源和工器具等布置进行安排。并通过可视化的手段对总计划进行验证和调整。同时各专业分包商也以 4D 可视化动态模型和总体进度计划为指导，在充分了解前后工作内容和工作时间的前提下，对本专业的具体工作安排进行详细计划。各方相互协调制定安全进度计划，可以更合理地安排工作面和资源供应量，防止本专业内以及各专业间的不协调现象发生。

（二）实时开展事中安全控制

由于工程项目的复杂性，在工程进行中不可控风险有很多，有可能会使工程无法按照原定计划完成。因此，制定初始项目安全进度计划后，仍然需要在项目实施过程中根据实际进展情况不断对安全计划进行动态调整，通过对安全进度的阶段性计量，比较实际完成工程量与安全计划进度中完成工程量之间的差异，及时发现偏差和问题，并寻找相应措施，以应对各种实际情况的改变，保证按要求完成工作。

安全进度分析主要通过里程碑控制点和关键线路分析，比较实际进度与计划进度之间的差异。基于 BIM 的事中安全控制是通过摄像头、激光扫描仪等工具，加上人工的判断，了解当前工程的进展情况，并将实际安全进度与计划进度进行对比分析，生成进度对比图。管理者可根据具体的计划模型以及预留偏差和实际进展情况之间的关系，结合项目现场资源、人员分配的实际情况，做出是否进行安全计划调整的决定。

当出现安全进度偏差且需要调整时，则在 BIM 控制平台中，参考共同资源中心中的数据，协同各方共同商讨解决对策并达成一致。这样比传统出现偏差后逐级上报反馈的方式更加快捷，大大节约信息传递与处理时间，有助于更加及时地处理项目进度中存在的问题，反应更加灵敏。同时，由于各方同时在一个四维可视化平台上操作，对信息资源共享，因此可以在充分了解项目各方信息状况的前提下，共同交流讨论安全进度中存在的问题，确定问题解决的对策，减少了信息传递过程中产生的信息损耗。

在确定了解决方案后，施工方根据修改方案对具体的安全进度计划和资源计划进行更加细化的调整，并将处理信息上传至 BIM 信息共享平台，生成新的细分进度计划，指导后期的施工与资源人员配置，同时为后期的进度评价提供相关信息资料。

（三）实现安全进度事后评价

在整个项目完成后，可以利用 BIM 软件平台对安全进度计划的实施效果进行综合性的评价。安全进度的事后评价对于一个项目来说是十分重要的，它不仅仅是对项目是否按期完工进行确认，更是对整个项目参与方之间的配合、工作效率、计划制定的正确性、进度控制的合理性等多方面进行全面评价，并为今后的工作提供有价值的经验总结。

安全进度的事后评价可以通过三维模型直观地观察到整个项目的建设过程，并与初始的模型进行对比。在进行事后评价时，BIM 管理平台可以输出相应的表报，如对整个项目中进度计划和实际实施情况的差别比较，对施工过程中出现安全风险后的事后分析，对项目中偏差修改措施的报告和纠偏有效性的分析，对资源数量的分配合理性的分析等。这些评价涉及项目实施的所有参与者，包括其在进度控制中所起的作用和实施过程中所输入和导出的信息等，对参与各方所做的工作、效率以及各方的责任进行更加清晰的分析。

因此，安全进度的事后评价是一个对项目进度实施全过程、全范围、全员的综合性评价，不论对项目进度本身的控制，还对各参与人员的行为约束等都具有极大的意义。

三、基于 BIM 的安全规则检查技术

基于对建筑施工危险源识别，对建筑施工各个工序和环节的模拟和综合分析，用户能够将危险源识别的结果和 BIM 整合，充分发挥 BIM 平台可视化、参数化、信息共享等优势。建立基于 BIM 技术的安全检查模型，目的在于及时发现建筑在施工过程中的安全隐患，并通过外接检查点的方式实现危险源信息、防护措施和 BIM 系统界面的挂接，在此基础上进一步优化施工安全计划，减少或者避免安全事故的发生。

本节介绍以 BIM 为平台，规则检查作为辅助，提出一些方法来解决建筑设计中难以把控的问题，以解决实际问题，提高工作效率为目的，探索基于 BIM 的安全规则检查辅助设计方法。

（一）BIM 安全规则检查设计的工作流程

近年来，碰撞检查的概念开始在 BIM 建筑设计中占有一席之地。为了使建筑设计能够得到更高的完成度，从设计阶段起就进行碰撞检查来辅助设计决策，能够提高设计的准确性。然而，从建筑设计工作流程的层面考虑，常规的人工碰撞检查方式，费时费力，给工作带来了额外的不可预测的工作量，甚至影响项目进度。

得益于 BIM 规则检查高效性、灵活性和协同性的特点，以发挥 BIM 规则检查的技术优势为策略，为寻求各专业之间协同设计的更优配合模式，本书介绍强调过程节点的检查模式（图 7-2），将安全设计验证贯穿整个建筑安全设计的过程，规则检查伴随相关安全信息的出现同步进行，在安全设计过程中的多个时间节点展开安全设计验证的工作。当存在可利用的相关信息时，BIM 模型检查的任务就随即启动；当正确建立这种方式时，在传递错误信息之前，持续的安全控制将会发现潜在的问题；当进行变更的时候，在一项设计移交给其他专业之前就完成变更，各专业设计完成的同时，一切工作圆满完成。

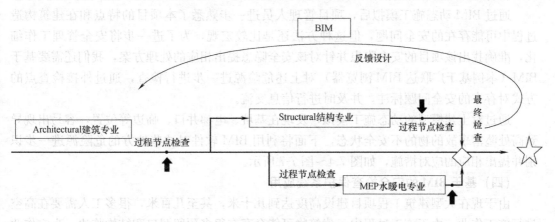

图 7-2　基于 BIM 的安全规则检查流程

基于 BIM 的安全规则检查方式，使得设计验证不是割裂开来的一部分。只要存在可利用的相关信息，碰撞检查工作就会同步进行。与其说是一边做安全设计，一边做安全检查，而事实上，其更像把模型安全检查与安全设计本身看成一个整体。在基于 BIM 的安全规则检查工作流程下，强调过程节点的模型安全检查模式，有能力针对每个专业的工作过程节点进行定期安全检查，让安全设计验证随信息的产生而发生，为项目早期安全检查的设计与优化提供了决策参考。

(二) BIM 安全规则检查设计的技术路线

从软件程序的角度出发，Eastman 以规则解释（规范转译）、建立模型的准备、执行规则以及检查报告生成 4 个最基本的要素，构成框架图来说明 BIM 规则检查最基本的方法论。图 7-3 给出了 BIM 安全检查辅助建筑设计的技术路线。它强调双向反馈的规则检查模式，即在初次检查完成后，立即针对安全检查所采用的规则和建筑信息模型（设计）进行反馈。在调整之后，利用重新完善的规则，再次执行验证，对设计修改后的模型进行安全规则检查，如此循环，周而复始，最终达到预期效果。

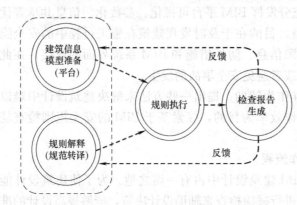

图 7-3 基于 BIM 安全检查辅助建筑设计的技术路线

具体而言，规则解释作为实现后续工作的首要前提，是整个系统的第一步，也是最关键的环节。作为 BIM 规则检查实施的先决条件，BIM 模型的创建对该方法的成功应用和推广具有重要的意义。执行检查系统是实现 BIM 规则检查的技术媒介，具体而言，需要采用一款基于规则或者说规则集的模型检查系统。而检查报告的生成作为传递信息协同交流的方式，对规则和 BIM 模型的调整提供依据。面向建筑设计完善基于 BIM 的规则检查实现途径，以指导实践应用。

(三) 基于 BIM 的安全检查技术应用

通过 BIM 动态施工模拟后，项目管理人员进一步熟悉了本项目的特点和在建筑构造过程中可能存在的安全问题，但这种方法还是比较宏观，为了进一步将安全管理工作细化，准确找出该项目的安全隐患并针对该安全隐患提出相应的处理方案，我们还需要基于BIM（本例基于广联达 BIM 浏览器）对上述危险源进一步进行检查，通过外接检查点的方式对存在的安全问题标注，并及时进行信息交流。

通过对土建模型的动态施工模拟，发现在基坑、电梯井口、临边等位置，容易出现导致高处坠落事故的物的不安全状态，下面将利用 BIM 软件对这些地方的危险源进一步识别并提出相应的应对措施，如图 7-4～图 7-7 所示。

(四) 基于 BIM 的安全检查保护系统应用

由于现在大型建筑工程项目建设高度达到几十米，甚至几百米，很多工人需要在高空进行施工作业。由于施工过程中，建筑物可能会存在很多预留洞口和结构临边，高空作业很容易导致坠落伤害和物体打击等安全事故，高空坠落事故在 2012 年和 2013 年都是建筑工程事故中发生频率最高的。

大型建筑工程项目防坠落管理的难点，主要是很难发现所有需要防护的临边、洞口。传统的管理方法主要是依据二维图纸和施工现场环境巡视监督管理来查找需要防护的四口：楼梯口、电梯口、出入口、预留洞口；五临边：未装栏杆阳台周边、无外架防护屋面周边、框架工程楼层周边、楼梯斜道两侧边、卸料平台外侧边。传统的管理方法工作量大，通过对基坑的安全检查，可以发现基坑的深度超过了5m，工程量较大，施工时间也较长，而工地位于较为繁华的地段，车多人多，交通压力大，所以该区域存在较大的高处坠落安全隐患。针对该安全隐患，主要有以下防范措施：（1）搭设基坑临边的防护栏杆，且应设置三道水平钢管栏杆，立杆的间距应不大于2m，立杆打入地面的深度应大于0.5m，且防护栏杆应用红白相间的油漆涂刷。（2）防护栏杆内侧挂满密目安全网，并悬挂安全警定时示牌，设置夜间警示灯，注意地面的防滑，与此同时，应安排安全管理人员巡视。（3）地面至基坑设置上下安全通道，楼梯两侧的护身栏杆高度为1.2m，且踏步须有防滑设计。（4）加强安全教育培训，提高工人的安全意识，并在入场前认真检查施工作业人员的劳保用品等。

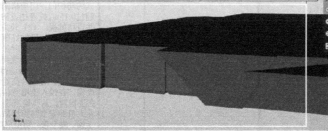

图 7-4　基于 BIM 的基坑安全检查示意图

预留电梯井口各边的边长均超过1.5m，且该地区交叉作业频繁，施工空间拥堵狭窄。南方气候，地面相对湿滑，容易造成高处坠落事故。针对该安全隐患主要有以下防范措施：（1）在洞口四周设防护栏杆，洞口下张挂安全平网，防护栏杆设两道，上杆距地1～1.2m，下杆距地0.5～0.6m。栏杆应用红白相间的油漆涂刷。（2）树立安全警示牌，夜间加设红灯示警，注意地面的防滑，定时派安全管理人员巡视。（3）加强对施工作业人员的安全教育培训，提高安全意识，督促工人按规章操作，在入场前认真检查施工人员的劳保用品。

图 7-5　BIM 的洞口安全检查示意图

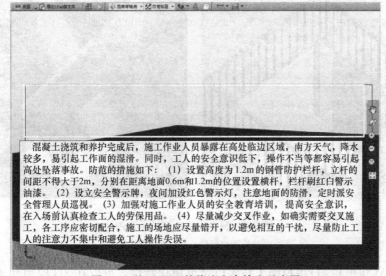

混凝土浇筑和养护完成后，施工作业人员暴露在高处临边区域，南方天气，降水较多，易引起工作面的湿滑。同时，工人的安全意识低下，操作不当等都容易引起高处坠落事故。防范的措施如下：（1）设置高度为1.2m的钢管防护栏杆，立杆的间距不得大于2m，分别在距离地面0.6m和1.2m的位置设置横杆，栏杆刷红白警示油漆。（2）设立安全警示牌，夜间加设红色警示灯，注意地面的防滑，定时派安全管理人员巡视。（3）加强对施工作业人员的安全教育培训，提高安全意识，在入场前认真检查工人的劳保用品。（4）尽量减少交叉作业，如确实需要交叉施工，各工序应密切配合，施工的场地应尽量错开，以避免相互的干扰，尽量防止工人的注意力不集中和避免工人操作失误。

图 7-6　基于 BIM 的临边安全检查示意图

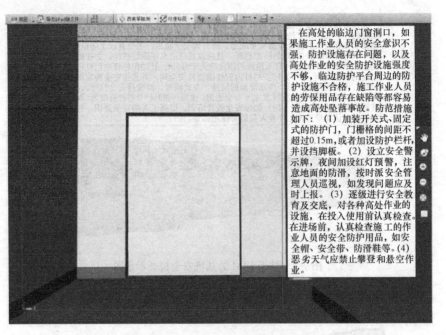

在高处的临边门窗洞口，如果施工作业人员的安全意识不强，防护设施存在问题，以及高处作业的安全防护设施强度不够，临边防护平台周边的防护设施不合格，施工作业人员的劳保用品存在缺陷等都容易造成高处坠落事故。防范措施如下：（1）加装开关式、固定式的防护门，门栅格的间距不超过0.15m，或者加设防护栏杆，并设挡脚板。（2）设立安全警示牌，夜间加设红灯预警，注意地面的防滑，按时派安全管理人员巡视，如发现问题应及时上报。（3）逐级进行安全教育及交底，对各种高处作业的设施，在投入使用前认真检查。在进场前，认真检查施工的作业人员的安全防护用品，如安全帽、安全带、防滑鞋等。（4）恶劣天气应禁止攀登和悬空作业。

图 7-7 基于 BIM 的竖向洞口临边安全检查示意图

效率低，很难发现工程所有的坠落安全隐患并及时制定相应的安全防护措施。利用 BIM 技术为高空作业提供防坠落保护措施，避免坠落伤亡事故，能很大程度降低项目的安全风险。

本书以建筑工程项目中的临边、洞口防坠落保护为例，介绍基于 BIM 的安全检查保护系统应用。如图 7-8 所示，施工过程中容易发生坠落事故的部位主要是洞口和临边。如门窗洞口、电梯井、未安装栏杆的楼梯、结构临边等，这些都是易发生施工人员和物体坠落的部位。如果能够在施工过程中把所有存在安全隐患的洞口和临边，都及时建立如图 7-8 所示的防护栏杆，那么就可以有效地避免坠落伤亡和物体打击等安全事故。

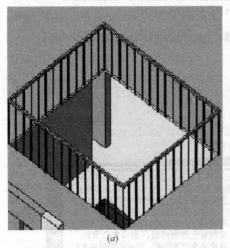

(a)   (b)

图 7-8 洞口、临边保护示意图

(a) 洞口保护；(b) 楼梯保护

利用 BIM 建模和 4D 虚拟施工技术以及可视化特性，可以在 3D 模型和 4D 虚拟施工过程中找出不同施工阶段、不同部位的坠落安全隐患。然后建立防坠落保护模型并导入结构模型中进行监测，以确保防坠落系统不存在安全漏洞，如图 7-9 所示。在模型中可以很容易找出整个项目所有存在坠落安全隐患的临边和洞口，然后把建好的临边和洞口坠落防护模型置于结构模型中，就形成了防坠落保护系统，为管理人员提供可视化管理平台，并且可以加强安全计划的沟通效果。

图 7-9 防坠落保护系统效果图

在实际施工之前，可以观察模拟的施工环境，识别和分析危险源。优化施工方案和现场布局，或者制定应急措施对安全风险进行控制，避免安全事故的发生。在大型复杂的项目中，往往会有很多工人在不同的部位进行施工，而在现场我们很难把握全局，在虚拟施工模型中可以清晰地看到不同部位潜在的危险因素。

由于施工是一个动态的渐进的过程，不同阶段存在洞口和临边的结构位置也会有所不同，防护栏杆也要结合施工进度进行安装和拆除，可以达到循环利用节约成本的效果，图 7-10 为虚拟施工过程中，防坠落保护效果图。这就需要利用 4D 虚拟施工技术对施工过程进行模拟，结合施工进度模拟，确定当前施工阶段防护栏杆的安装或拆除具体的时间和位置。随着工程施工的开展，有些部位的防护栏杆必须拆除，同时也有一些新的部位需要安装防护栏杆，如此不仅起到安全管理的作用，还能使资源利用最大化。

利用 BIM 建模和虚拟施工技术结合主体结构的施工进度，建立坠落防护栏杆模型。然后将建好的坠落防护栏杆模型置于结构的 BIM 模型当中，通过叠加后的模型，管理人员可以通过 3D 视图轻松发现潜在的坠落安全风险，用于指导优化防坠落保护方案。防坠落保护模型置于结构模型中会被构件分割为不同的区域和层，例如楼梯井和天窗的周围防护栏杆模型，然后把被分割出来的防护栏杆模型导入 Navisworks 用来做 4D 模拟，模拟不同阶段防护栏杆所发挥的作用，管理人员可以根据模拟结果准确判断此区域何时需要安装防护栏杆，何时可以拆除。

四、基于 BIM 的空间规划技术

对于建设工程来说，空间是一种有限资源，在工程建设过程中，空间冲突是造成生产效率损失主要的原因之一。每一工序在进行时需要足够的活动空间，如机械臂长旋转半径，以及人员活动半径，若两者在空间上发生冲突易造成生产效率下降，财产损失，甚至人员伤害。因此，在项目开工前根据施工方案进行动态施工模拟找出可能存在的问题，以便设计最优机械行进路线和人员活动范围，减少伤害及可能造成的损失。

（一）时空冲突分析

建筑工程施工过程中，在有限的施工场地和空间里会存在很多立体交叉作业。如果规划不合理，在施工过程中将会存在很多安全隐患。而且施工现场环境会随着施工的进度而不断变化，需要对施工场地和空间进行动态的安全管理。项目的实施过程是一个复杂的动

(a)   *(b)*

图 7-10　虚拟施工过程中防坠落保护效果图
（*a*）防坠落保护 1；（*b*）防坠落保护 2

态的过程，存在很多立体交叉作业，而在施工过程中常常会出现由于设计的不合理或施工现场时间安排和空间布局的冲突而引起的构件、设备、机械的碰撞等不安全状态。利用 BIM 技术不仅可以建立可视化三维模型，还可以进行 4D 施工模拟，在此基础上对施工不同阶段进行施工安全管理，可以在实际施工之前发现安全隐患，然后通过优化施工方案或者制定安全应急措施来控制安全风险。图 7-11 给出了基于 Navisworks 的碰撞冲突检测与优化流程。

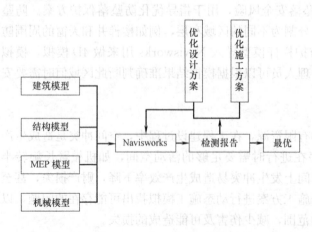

图 7-11　基于 Navisworks 的碰撞冲突检测与优化流程

进行空间冲突检测之前需要对每一构件以及每一工序的空间占用情况进行描述，即其实体完整的几何特征，采用边界法描述 BIM 实体外形。其中，对于一些特殊的实体，不能简单地以其外形表现等同于其空间占用情况。例如，图 7-12 反映了挖掘机不能仅用某一时刻该实体的外形 3D 描述反映其工作时的空间占有，需要考虑其回转半径，因此，将其可旋转的部分经过旋转后所形成的整体模型，作为其空间需求的完整边界描述。机械的行为主要表现为前进、后退、旋转等，进行施工模拟时机械活动范围模型跟随施工机械一起活动，查找与周边构件可能发生的碰撞。

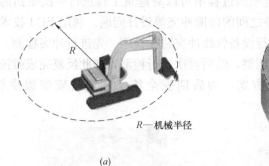

R—机械半径

(a)

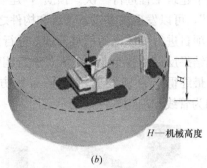

H—机械高度

(b)

图 7-12　机械活动空间三维描述

(*a*) 水平活动空间；(*b*) 竖直活动空间

　　时空冲突分析不仅要探测空间冲突，还要分类空间冲突，并判别其产生的后果。例如判断运输路线中堆放有材料，物料叠放、室内装修工程材料堆放影响人员通行及物料搬运、施工隧道同时有多辆车辆进出等情况。机械开挖与人工钢支撑架设在同一区段同时进行、挖土机回转半径之内人工活动、龙门吊调运以下空间有人工架设支撑，或者机电设备机房有人员靠近等情况，都可能导致活动中的机械设备与人员的工作空间发生安全事故。因此，有必要根据冲突产生的事故类型确定处理的优先级。

　　在传统的工程进度计划上附加 3D 模型，从视觉上展现每一施工活动的空间需求，因此预先将设计施工方案通过可视化技术进行模拟，可以通过空间冲突检查发现原施工方案的许多空间组织安排上的问题。按照上述 4D 模拟示例进行空间冲突检查，挖掘机穿过柱间时与正在施工的横撑发生碰撞，导出施工冲突报告，如图 7-13 所示。

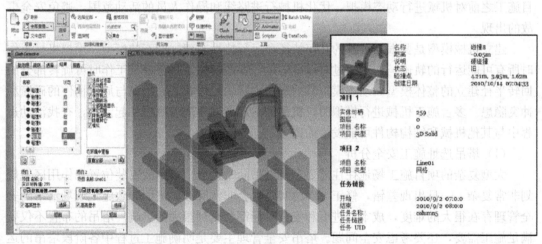

图 7-13　空间冲突检查设置以及报告

（二）碰撞检测类型

1. 设备管线冲突和碰撞检测

　　大型建筑工程项目的设备管线繁多，布置复杂，管线之间、管线与设备、管线与结构构件之间出现空间冲突和碰撞的情况并不罕见。这给施工带来了很多不必要的麻烦和安全隐患。如果采用 BIM 技术进行三维管线综合设计可以有效地改变这一状况。BIM 模型可以对整个建筑工程进行一次"预演"，建模的过程中可以对建筑工程进行一次全面的"三维校审"，可以发现许多设备管线和构件之间的碰撞冲突等设计问题。利用BIM技术可以对整个项目进行一体化的信息管理，进行设备管线冲突碰撞检测。先进行冲突检测，然后把检测结果反馈给各专业设计人员进行调整，然后再次进行检测，如此反复完成碰撞冲突检测，最终得出合理的管线设备布置方案，为后期安全施工和设备安装提供指导。图7-14为管线和结构构件冲突示意图。

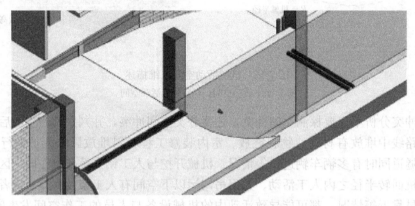

图 7-14　管线和结构构件冲突示意图

2. 机械冲突和碰撞检测

大型建筑工程项目施工过程中通常会用到很多的大型机械，而机械在运行时必须有足够的运行空间，作业人员有足够的操作空间。即在运行时避免机械之间，机械和建筑物之间碰撞。如果发生以上情况往往会带来重大的安全事故或严重的经济损失。因此可以在项目施工之前对机械进行动态模拟，优化机械行进路线和操作人员的活动范围，避免安全事故的出现。

建立机械模型是要根据机械的几何特征和运行特性来建立动态的模型，模拟机械工作时所有可能运行的轨迹。比如通过对塔吊的运行特性模拟，是考虑其工作时可旋转部分的回转半径建立的整体模型，动态模拟其前进和旋转的工作状态。检测与周边构件的碰撞和冲突隐患。多台施工机械进行模拟时，机械的活动范围要随着机械一起活动，查找活动过程中与其他机械和结构构件可能发生的碰撞。

（1）塔吊选址施工安全分析

大型复杂的项目施工场地往往需要多台塔吊同时运行，塔吊的安装位置和作用区域规划非常复杂，一旦出现差错，修正方案的实施也会非常麻烦，进而导致施工现场塔吊的安全管理存在很大的难度，成本、进度和安全目标都会受到很大的影响。塔吊的布置不仅要满足施工需要，还要考虑安全问题。塔吊安全管理主要是明确施工过程中各阶段塔吊的运行轨迹和回转半径，确保塔吊运行过程中塔吊之间、塔吊和建筑结构之间的距离满足安全需要，避免碰撞事故的发生。通过对塔吊活动范围进行模拟，确定塔吊的回转半径和影响区域以及摆动臂在某个施工段可能到达的范围。结合施工进度和塔吊爬升高度实时进行碰撞检测，根据检测结果，在实际施工之前就需要明确塔吊的活动范围。管理人员根据结果制定下阶段的塔吊安全管理计划，并及时和施工现场作业人员进行沟通，降低了由于施工人员不能及时得到塔吊的运行信息而带来的安全风险。

图 7-15 为两台塔吊工作时，吊臂施工运行模拟图。通过对塔吊的运行 4D 模拟，合理规划塔吊的工作区域：一是满足施工要求；二是避免两台台塔吊之间出现作用和安全区域的冲突。利用 4D 虚拟施工和碰撞检测技术对塔吊运行轨迹进行模拟，找出两台塔吊之间的冲突和碰撞范围，通过合理规划塔吊的高度和吊臂运行轨迹来提高塔吊的工作效率，避免塔吊之间的安全冲突。

(a)　　　　　　　　　　　　　　(b)

图 7-15　吊臂运行轨迹模拟示意图
(a) 运行轨迹 1；(b) 运行轨迹 2

（2）施工机械之间的碰撞

塔吊的几何尺寸较大，活动范围广，在施工的过程中最容易发生碰撞，发生安全事故，所以塔吊的位置和运行轨迹必须严格控制。例如某工程在施工过程中采用 2 台塔吊，为了满足施工需要，两台塔吊位置如图 7-16 所示。在对这 2 台塔吊进行碰撞模拟分析时，发现在运行过程中可能造成碰撞，为了保证工程施工安全需要，根据模拟分析的结果对施工方提出建议，在塔吊可能发生碰撞的区域严格控制塔吊的活动，根据施工需要，两台塔吊分时段在重叠区域活动。

图 7-16　塔吊之间的碰撞检测

（3）施工机械与建筑结构之间的碰撞

随着施工的进展，建筑结构的高度不断增加，如果塔吊不能根据进度及时调整高度，则有可能在塔臂旋转的过程中和建筑结构发生碰撞，导致安全事故。因此，有必要编制防碰撞措施和应急预案。利用 BIM 技术结合施工进度对机械活动范围进行模拟，通过塔吊运行半径进行碰撞检测，根据碰撞检测结果，制定塔吊爬升进度的安排，安全管理的效果将会大大提高，避免安全事故的发生。图 7-17 为塔吊与建筑结构之间的碰撞检测示意图。

图 7-17　塔吊与建筑结构之间的碰撞检测

五、基于 BIM 的施工现场劳务人员疏散技术

BIM 技术能够很好应用于建筑寿命周期中的各个阶段，尤其是在施工阶段，BIM 不仅建立了真实的施工现场环境，其 4D 虚拟施工技术还能够动态地展现整个施工过程，这正是模拟劳务人员疏散所需的模型环境。将建立好的施工场景导入疏散软件中作为疏散场景，通过参数的设定进行疏散模拟分析。从另一个角度考虑，BIM 技术建立的施工动态场景正是进行动态疏散模拟的最佳环境，如果在 BIM 软件中进行二次开发，附加安全疏散模拟分析模块，将疏散仿真软件中的分析功能添加进去，就能以最真实的场景进行疏散模拟分析，其结果更加准确，极大地发挥了 BIM 技术优势。具体仿真疏散框架设计如图 7-18 所示。

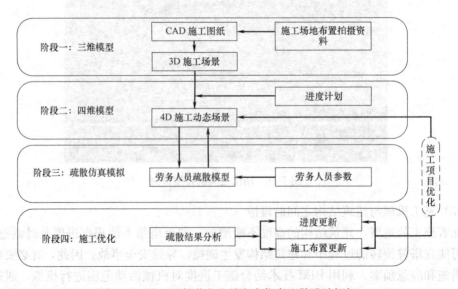

图 7-18　施工现场劳务人员安全仿真疏散设计框架

本书所述施工现场劳务人员安全疏散，是将某个施工阶段的场景从 BIM 动态模型中抽离出来，导入疏散软件中进行模拟分析。首先依据施工 CAD 图纸建立施工现场的三维静态 BIM 模型，其次链接该工程的项目进度计划建立四维动态施工场景，将不同施工阶段的施工场景从 BIM 模型中抽离出来，作为疏散环境进行疏散仿真模拟分析。

（一）BIM 技术用于安全疏散中的可行性与优势分析

在原有的疏散软件中所建立的疏散环境是比较单一的，并且建筑信息不完整，而通过 BIM 软件可以很容易建立起三维可视化模型，能够直接提供疏散过程中所需的施工环境，包括施工项目内部的设施部署、管道设备的安放位置、起火点及周围环境、楼梯及安全通道的位置等，能够在真实的环境中进行三维模拟，验证疏散的可行性。

1. 多维参数化模型。最初的二维图纸是由点、线、面组成的平面几何图形，目前我国大部分工程仍沿用传统的平面设计图纸和施工图纸。而 BIM 技术主要是基于 BIM 软件实现的，在建立工程对象的模型时，通过参数化的方式对 3D 几何模型进行描述，将传统的图形转变为参数模型，其次，BIM 技术改变了二维的工程视角，可在三维建筑模型的基础上增加进度、成本维度，从多维角度进行模型的审查。

2. 智能仿真模拟。BIM 模型不仅能够提供可视化的施工环境，还能通过 BIM 技术进行动态模拟，让人们快速了解施工环境，熟悉施工现场塔吊、钢筋、脚手架等构件在不同阶段的布置情况，方便人们疏散时快速逃离。通过 Naviswork 软件能进行施工过程的动态模拟，直观了解不同施工阶段的施工环境，包括劳动力人数、工作位置等信息，这样能够根据施工进度进行安全疏散预案的实时调整。

3. 模拟实时性。BIM 是一种实时模型，能够利用与其他设备的关联随时提供建筑物当时的动态信息，还能监控人群流动、障碍物位置等。如果发生突发事件，BIM 平台能够不断收集现场数据，更新信息，报告潜在的危险源和人员流动信息，以便于劳务人员及时撤离，合理疏散。

4. 信息完备性。BIM 模型中包含施工阶段的全部信息，便于施工管理和进度管理，在 BIM 软件对施工过程进行动态模拟的过程中，如果将设定好的疏散模型导入动态的施工环境中，能够真实地模拟不同施工阶段的疏散情况和不同劳务人员所处位置的疏散路径，使劳务人员提前了解自己所处环境的危险程度，做好预防措施，以防突发事件的发生。目前疏散模型还不能够直接导入 BIM 软件中，还需要后期的二次开发，相信不久的将来 BIM 技术能够支持多平台的信息传递，能够实现两者的完美结合。

（二）基于 BIM 和 Pathfinder 的施工劳务人员安全疏散技术

1. 基于 BIM 和 Pathfinder 的施工疏散环境的构建

（1）疏散场景的搭建

施工场景的 BIM 模型建立完成后，本书采用 Pathfinder 疏散仿真软件进行疏散模拟，为了实现两者的兼容性，将抽离的施工场景片段以 DXF 格式文件完成模型格式转换，导入 Pathfinder 软件中。当 BIM 模型导入疏散仿真软件中，并不能直接应用于疏散模拟，需要对其中的承载平面（楼板）、高低差通道（楼梯）、安全出口（门）进行识别。本书以某施工现场劳务人员疏散模拟为例进行叙述，施工场景 BIM 模型导入 Pathfinder 之后的疏散模型如图 7-19 所示。

（2）疏散人员的设定

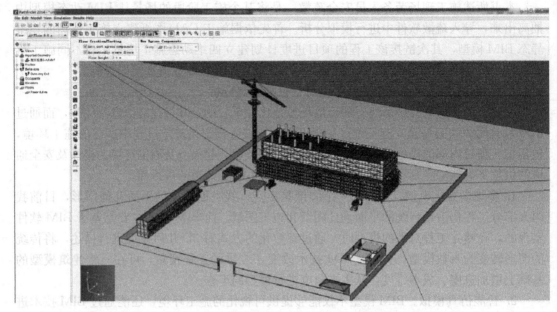

图 7-19　施工场景 BIM 模型导入 Pathfinder 之后的疏散模型

在疏散场景中添加智能体作为劳务人员，疏散人员数量依据不同施工阶段所需劳动力计划来进行设置，人员分布以其工作实际位置设定，疏散人员的特性依据调查结果进行体征、速度、行为的设定。

（3）障碍物的设置

由于施工作业是一个动态变化的过程，每个阶段场景不同、交通平面也不同，因此对劳务人员的疏散速度、疏散路径会产生影响，本书依据不同阶段的现实状态进行堆料、器具等障碍物的设置。

至此，疏散模型建立完毕。

2. 疏散模拟结果分析

该实例工程中，由于施工阶段在支模板、绑扎钢筋时，劳务人员的工作面凹凸不平，疏散速度会大大降低，因此选择第五层绑扎钢筋的施工场景导入疏散软件中进行模拟分析，根据进度计划和施工人数为 40 人的劳动力安排。假设第五层正在施工，突然发生火灾，劳务人员开始迅速疏散，图 7-20 为第五层钢筋绑扎施工的 BIM 施工模型，由于钢筋无法在 BIM 模型中独立存在，因此，模型中以黄色和红色表示钢筋绑扎平面。

基于 BIM 的施工现场劳务人员疏散技术的优势在于其具有可视化性，并且能够了解各个阶段的施工现场状况，微观仿真模型的优势在于其考虑了个人的不同疏散行为，将 BIM 动态施工场景和基于多智能体的微观仿真模型相结合，真实地模拟了施工现场劳务人员疏散的状况，将模拟的结果进行分析，反馈到施工管理层进行施工优化，对施工进度管理和施工安全管理有很大的参考价值。在施工场景的疏散模型中要考虑到不同疏散主体、不同疏散环境等对疏散的影响，其中疏散主体为劳务人员，由于个体特征不同、人的主观意识和心理特征也不同，这些因素都会反应在疏散行为中，对疏散产生影响。因此在进行疏散模拟的过程中要尽可能考虑这些因素，这样得到的模拟结果才能够对施工项目管理的优化更具指导意义。

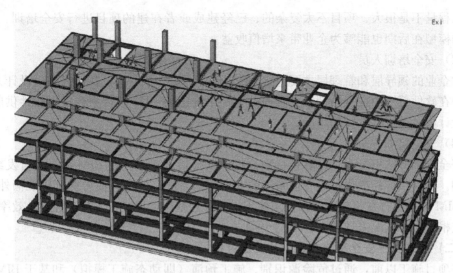

图 7-20　基于 BIM 模型的三维动态疏散

六、基于 BIM 的安全教育与培训技术

(一) 安全教育与安全培训

对员工进行安全教育和安全培训是建筑企业应用 BIM 技术必不可少的环节。安全教育和安全培训并不是同一个性质的。安全教育是从 BIM 概念、应用、优势上对员工进行介绍，主要目的是加强对 BIM 技术的理解，对 BIM 应用流程有正确的判断。安全培训则是教育的具体实践，通过实际项目让所有参与人员熟悉 BIM 的工作流程。

1. 安全教育

安全教育是为了帮助企业成员更好地了解 BIM 以及应用 BIM 技术，安全教育旨在为员工介绍 BIM 技术及其应用能力，主要应该了解以下内容：

① BIM 的概念及优势；

② 企业应用 BIM 的目标及范围；

③ BIM 对企业内部业务、工作流程的影响；

④ BIM 对员工工作内容和职责的要求；

⑤ 学习 BIM 的方法。

建筑企业 BIM 安全教育中，对管理层进行 BIM 安全教育需要介绍应用 BIM 技术能为企业带来的优势，对实施层进行 BIM 安全教育的侧重点则在于介绍 BIM 的应用及 BIM 软件的选择与操作上。对企业员工进行 BIM 安全教育有两种方式：①BIM 咨询公司或者软件供应商为企业提供安全教育课程；②由企业的 BIM 领导者组织开展 BIM 安全教育课程。

2. 安全培训

建筑企业在进行 BIM 安全培训之前，首先应该制定一个安全培训计划，这个计划应该包含以下三个方面的内容：

(1) 安全培训项目

在对企业人员进行安全培训时，项目的选择尤为重要，如果直接选取正在设计的项目来练习，会对设计流程和设计周期等造成一定的影响。在企业应用 BIM 初期，建议选取一些工程量不是很大、项目不太复杂的、已经建成或者在建的项目进行安全培训。同时，建好的模型在后期也能够为企业带来增值收益。

（2）安全培训人员

对企业的领导层和管理层主要进行 BIM 流程、BIM 管理的教育，但是对设计人员主要集中在软件系统的安全培训上。首先选择一个合适的 BIM 软件平台，由软件供应商负责对设计人员进行软件操作培训。

（3）安全培训方法

安全培训方法可分为：①软件供应商提供安全培训；②企业 BIM 领导者自发组织安全培训。软件供应商提供的是专业系统的安全培训方法，但是有些可能会收取额外费用。企业 BIM 领导者自发组织安全培训虽然不需要额外费用，但是由于缺乏经验，效率较低，企业应根据自身情况来选择 BIM 安全培训方法。

（二）BIM 用于安全教育与培训的实施过程

在项目施工以前，通过危险源识别、施工预演（即动态施工模拟）和基于 BIM 的安全检查，能较为详细地了解建设项目施工阶段的安全状况，将这些安全情况以动画的形式对施工作业人员进行深入和具体的安全教育是非常必要的。

应用 BIM 进行数字化培训能体现安全培训的现场感，促进施工人员对培训内容的认知，使他们在短时间内快速理解如何进行安全操作，因此，这样会提高安全教育培训的效果，减少培训师的工作压力，并减少不必要的成本。图 7-21 为某工种施工人员的动态漫游示意图。

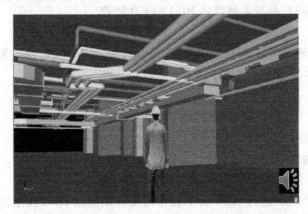

图 7-21 某工程现场工作人员的动态漫游示意图

由于 BIM 具有信息完备性和可视化的特点，将 BIM 当作数字化安全培训的数据库，这种基于 BIM 的数字化培训就可以达到更好的效果。对施工现场不熟悉的新工人在了解现场工作环境前都有较高的遭受伤害的风险，BIM 能帮助他们更快和更好地了解现场的工作环境。不同于传统的安全培训，利用 BIM 的可视化和与实际现场相似度很高的特点，可以让工人更直观和准确地了解到现场的状况，他们将了解到会从事哪些工作以及哪些地方容易出现危险等，从而制定相应的安全工作策略，对于复杂的现场施工，其效果尤为显著。

如果通过对文化素质总体偏低的基层工作人员（如农民工）采用书本学习的方式来实现安全教育培训，往往比较困难，且效果不佳。但是，以动画为载体，将项目中仿真的影像呈现出来，使其感到身临其境，并意识到工作危险的存在，则更能够达到预期效果。针对上述易发生安全事故的部位做动态的 3D 漫游，在动画播放的过程中，安全人员向进场施工的作业人员介绍该项目存在的安全隐患，指出他们应该注意的地方。图 7-22（a）显示了某工程水平洞口部位的动态漫游示意图，图 7-22（b）显示了某工程竖直洞口部位动态漫游示意图。

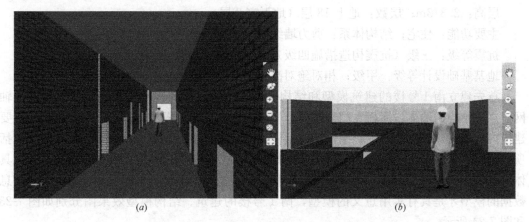

图 7-22　某工程水平洞口部位动态漫游示意图

(a) 水平洞口；(b) 竖直洞口

在动态漫游过程中，伴随着人体模型的行进，发现了竖向的洞口和水平预留洞口，安全培训人员在播放动画的同时，向工人详细讲解在动画中出现的安全隐患以及作为施工作业人员应该注意的问题。用 BIM 平台对施工作业人员进行安全培训最大的一个优点在于仿真的场景，像是把施工作业人员带到了施工现场，如同身临其境，安全隐患的类型、尺寸、位置等一目了然，再配合相应的安全建议，将极大地提高安全管理的效率和质量。

第三节　典型案例：基于 BIM 和 Eworks 技术的建筑施工安全管理

Eworks 是运用网络技术将施工进程集成到电子或数码媒体，能够冲破地域、时间和经济的阻碍，减少人为失误和提高效率，是基于网络的可用于跟踪监视施工现场评估和进度的创新性倡议。基于此的实用技术有：移动设备、无线射频技术（RFID）、红外感应器、全球定位系统、激光扫描器等。这些技术能够实现施工现场数据的实时采集，并且可以通过数据库链接到 BIM 模型。

为了分析 BIM 在施工安全管理方面的运用，本书以 BIM 与 Eworks 技术在建设工程项目安全管理中的运用为例，详细地介绍基于 BIM 技术和 Android 平台的质量安全事故预防系统，并进行测试分析和应用。本例基于 BIM4D 整合分析软件 Autodesk Navisworks Manage 的数据库链接功能，实现构件数据库信息与实时信息的对比，基于 Android 平台的信息采集末端平台移动应用程序数据库，实现与 BIM 模型的链接，构建简单的工程事故预防系统。选择 Autodesk Revit 2014 系统进行 BIM 模型的建立，辅助使用 Autodesk Navisworks Manage 4D 整合分析软件，以及 Microsoft Office Access 2010 数据库软件，创建基于 BIM 技术和 Android 平台的简易质量安全事故预防系统。

一、项目概况

某项目依山而建，地势东高西低、北高南低，属于综合性的居住小区，整个小区除住宅外，配套有幼儿园、会所、商业、停车场等设施，总用地面积 141821m²，总建筑面积 317072m²，选取在建的某小区南 1 号楼作为案例来探讨基于 BIM 与 Eworks 技术的建筑工程事故预防系统的应用。南1号楼的具体工程概况如下。

层高：2.8/3m；层数：地上18层（地下室2层）；

主要功能：住宅；结构体系：剪力墙结构；

抗震等级：三级（抗震构造措施四级）；结构安全等级：二级；

地基基础设计等级：甲级；相对绝对高程：60.300m。

首先建立南1号楼的建筑模型和结构模型。建筑模型的建模内容包括建筑标高、轴网、主体结构的墙体、屋面、门窗构件、楼板、楼梯、其他零星构件等，结构模型的主要建模内容则是建筑主要的围护结构，包括柱、剪力墙、梁、楼板、钢筋等构件，需要包括项目各构件完整的信息描述，包括工艺参数、空间参数、设计参数，甚至是时间参数，具体就是构件的位置、尺寸、构件类型、材料性能等完整的信息，只有包含完整、真实信息数据的模型才是具有实用意义的模型，南1号楼的建筑、结构模型效果图分别如图7-23和图7-24所示。

(a)　　　　　　　　　　　　(b)

图7-23　某区南1号楼建筑模型图
(a) 真实材质状态视图；(b) 隐藏线状态视图

二、系统应用

(一) 项目安全信息模型创建

在建筑、结构模型的基础上，拓展建立包含相关安全构件完整信息的综合安全信息模型，本例主要结合《建筑施工安全检查规范》JGJ 59—2011来进行相关安全构件的建立与危险源的辨识，主要从文明施工、基坑工程、施工升降机、塔式起重机以及脚手架等部分来构建南1号楼安全信息模型。主要包括构件类型、材质、尺寸、性能等工艺参数以及设计参数等信息，然后整合到Navisworks软件中，并添加关键的时间参数信息。

建立安全信息模型的过程，实际上也是提前辨识危险源的过程。至于现场安全文明施工部分，BIM模型将创建危险源构件，并围绕现场围挡、封闭管理和施工现场展开。

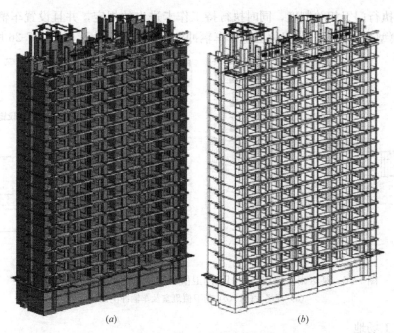

图 7-24　某区南 1 号楼结构模型视图

(a) 真实材质状态视图；(b) 隐藏线状态视图

(1) 现场围挡

JGJ 59—2011 规定，若项目在主要路段进行施工，工地要设置高度不能小于 2.5m 的封闭围挡，由于南 1 号楼地处徐州市南郊龙腰山西侧，并非主要路段施工，所以封闭的围挡需不低于 1.8m。设置围挡的材料使用金属板材、砌体等硬性的材质。为了维护工地的文明形象，同时为了防止工地的施工对外界造成安全损害，对于此危险源在 BIM 模型中有具体的体现，在工地占地位置设置一圈 1.8m 的封闭围挡，材质为银色阳极电镀的铝板，如图 7-25 所示。

图 7-25　某区南 1 号楼建设项目南区施工现场围挡

(2) 封闭管理

JGJ 59—2011 规定，施工现场进出口的位置应该设置大门，同时在门口设置门卫值班室，严格执行门卫相关制度，同时执行持工作卡进出的规定，并且设置车辆冲洗设施。运用 BIM 模型模拟大门、门卫值班室、车辆冲洗设施的三维位置，如图 7-26 所示。

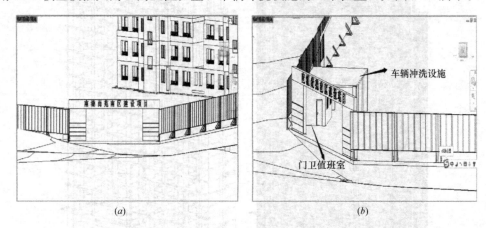

图 7-26　某区南一楼现场大门、门卫值班室及车辆冲洗设施三维位置图
(a) 现场大门；(b) 门卫值班室及车辆冲洗设施

（3）施工场地

JGJ 59—2011 规定，南 1 号楼南区施工现场主要的道路以及南区材料加工区的地面要进行硬化处理。现场施工的主要道路必须使用碎石、混凝土或者其他硬质材料，对于硬化道路的道路宽度虽无定量要求，但要满足相关的施工和消防行车要求，只有在满足要求的情况下才能消除安全隐患以及控制危险。施工道路硬化采用 C20 的商品混凝土，道路宽度定为 6m。运用 BIM 模型模拟道路的布置情况，如图 7-27 所示。

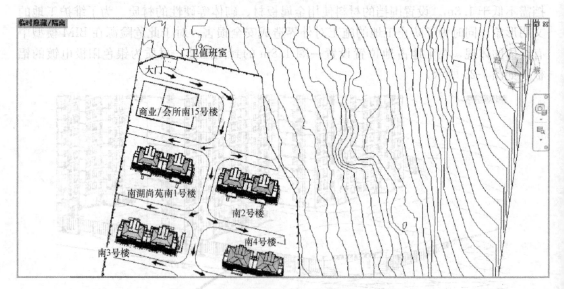

图 7-27　某区南 1 号楼南区道路硬化布置图

（二）安全计划与控制

在 JGJ 59—2011 中对于深基坑的安全措施也有一些要求需要执行，同时还应结合《建筑基坑工程监测技术规范》GB 50497、《建筑基坑支护技术规程》JGJ 120 和

《建筑施工土石方工程安全技术规范》JGJ 180 的相关规定，设计工程安全计划与控制方案。

（1）施工方案

南1号楼的基坑深度达到了 5.6m，按照基坑开挖超过 3m 就要编制专项施工方案的规定，南1号楼需要编制专项施工方案；另一方面，按照基坑开挖超过 5m 就要组织专家论证的规定。南1号楼的基坑开挖方案还应该组织专家论证，论证通过后才能实施。

（2）降排水

工程部提供的《住宅小区南区（地质勘探）报告》中对降排水提出了建议，建议基坑开挖时可以采用集水明排处理。按照 JGJ 59—2011 标准的要求，基坑开挖深度达到了地下水位以下，应该采取有效的降排水措施。

降排水是基坑工程的一个危险源，如果做不好基坑的降排水，将会导致基坑不稳定的状态，造成基坑的坍塌，不但会威胁南1号楼的建设安全，还有可能威胁到周边的建筑安全。

（3）基坑开挖

基坑的开挖要按照施工方案进行，开挖的错误同样可能会带来安全隐患，造成安全事故，所以对于这一危险源应该引起高度的重视。由于南1号楼的基坑开挖深度达到 5.6m，在开挖时应该根据基坑开挖方案实行分层、分段、均衡开挖；另一方面，要在达到支护强度后，再进行下一步的开挖，禁止提前开挖、超挖。这也是为了保证土体受力均匀，保持结构的稳定性。

根据图纸要求，需要放坡开挖深度达到 5.6m 的基坑。根据要求，基坑深度超过 5m 时，无论边坡土质情况和周边荷载如何，都需要进行支护，并要有详细的基坑支护计算，报请专家组到施工现场组织考察论证。根据地勘报告，南1号楼位置的土质为黏土，按照表 7-3 的要求，选择放坡的坡度为 1：0.50。

某小区南1号楼基坑（槽）管沟边坡的最陡坡度　　　　　　　　　　表 7-3

土的类别	边坡坡度(高：宽)		
	坡顶无荷载	坡顶有静荷载	坡顶有动荷载
硬塑的粉质黏土、黏土	1：0.33	1：0.50	1：0.67

通过以上的分析，南1号楼的基坑可以按照 1：0.50 的坡度进行开挖，如图 7-28 所示。图中的蓝色遮罩区域为深基坑的内部，蓝色线条为深基坑的边缘线，右侧为隐藏线模式下基坑俯视图的示意图，图中对于需要挖掉的土体进行了标示。

（4）安全防护

根据 JGJ 59—2011 的要求，如果基坑的深度超过了 2m，基坑的周围要设置一圈防护栏杆，并且应该设置专用的梯道。标准中同时规定防护栏杆在符合设置要求的同时也要符合质量的要求。由于南1号楼的基坑深度达到了 5.6m，属于高处作业的范围，所以栏杆的设置应该参照《施工高处作业安全技术规范》JGJ 80—2016 的要求。

JGJ 80—2016 中第 4.1.1 条要求"临边高处作业（基坑周边），必须设置防护设施"。该标准的第 4.2.1 条对防护栏杆的栏杆规格提出了要求，南1号楼基坑的防护栏杆拟采用钢管材质，所以符合"钢管横杆及栏杆柱均采用 Φ48×（2.75～3.5）mm 的管材，以扣件

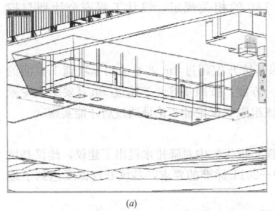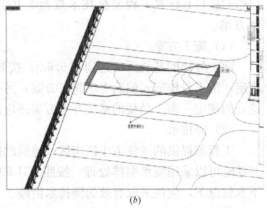

图 7-28　某区南 1 号楼的深基坑模型示意图
(a) 普通视图下基坑俯视图；(b) 隐藏线模式下基坑俯视图

或电焊固定"的要求。图 7-29 是防护栏杆相交位置处设置的十字扣细节图，严格按照要

图 7-29　某区南 1 号楼防护栏十字扣细节效果图

求用扣件进行固定。防护栏杆是由上、下两个横杆及栏杆柱组成，上横杆离地高度为 1.2m（标准中要求为 1.0～1.2m），下横杆离地高度为 0.6m（标准中要求为 0.5～0.6m），防护栏杆自上而下用安全立网进行了封闭。

载入"防护栏杆族"到南 1 号楼项目，在基坑的周边设置一圈防护栏杆。图 7-30（a）是为了实现基坑安全而设置的防护栏杆整体的效果图，图 7-30（b）是将安全网暂时隐藏的效果图。

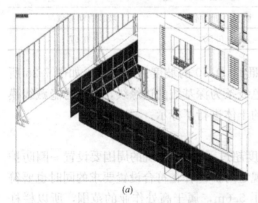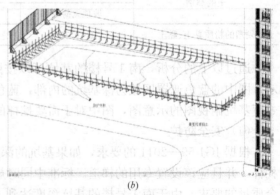

图 7-30　某区南 1 号楼深基坑设置防护栏杆的整体效果图
(a) 设置防护栏杆的整体效果图；(b) 安全网暂时隐藏的效果图

施工升降机在建筑工地上又称建筑用施工电梯或工地提升吊笼等。施工升降机是建筑工地中经常使用的载人载货施工机械，它通常是配合塔吊一起使用的机械。在南 1 号楼建

筑的南侧 17 轴的位置设置一部施工升降机。图 7-31 是在该工地上设置的施工升降机效果图，该施工升降机由标准节、轿厢、附墙架、地面防护栏等部件组成。需要创建施工升降机并进行危险源的辨识。

1) 防护设施

根据 JGJ 59—2011 的要求，"吊笼和对重升降通道的地面周围应该设置安装地面防护围栏"，围栏的高度、强度都要符合相关的要求。就围栏高度而言，不应该低于 1.8m，图中的围栏高度为 1.8m。在图中的围栏门上要安装机电连锁装置，并且该装置须具有灵敏可靠的特性。

图 7-31 施工升降机设置效果图

施工提升机的停层平台由于对外无保护措施，属于工地的临边，应该设置一定的防护措施，根据要求在停层平台设置防护栏杆和挡脚板。如图 7-32 所示，可以看到在每一层的停层平台上都设置了防护栏杆以及高度在 200mm 的挡脚板（不应低于 180mm）。

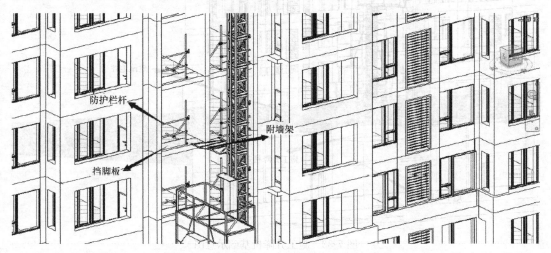

图 7-32 防护栏杆、挡脚板、附墙架示意图

2) 附墙架

如图 7-32 所示，图中为附墙架的位置及形式，根据 JGJ 59—2011 的要求，附墙架的间距、与建筑结构的连接方式、角度等都要符合产品说明书的相关要求。在标准配置的附墙架产品不满足要求的情况下，应对附墙架另行设计，并且应该进行验算，使其符合安全要求。

附墙架对于结构安全的稳定性起着重要的作用，如果设计安装不能够达到规范要求，会造成安全事故，它是一个必须重视和控制的危险源。

3) 导轨架

245

南 1 号楼所安装的施工升降机是垂直的，对于垂直安装的施工升降机的导轨架垂直度应该有一定的要求，要满足垂直偏差度的要求。表 7-4 是施工升降机安装垂直度偏差的要求表，由于南 1 号楼的施工升降机导轨架高度在 50m，所以偏差要小于或等于 50mm。

施工升降机安装垂直度偏差　　　　　　　　　　　　表 7-4

导轨架架设高度 h（m）	$h \leqslant 70$	$70 < h \leqslant 100$	$100 < h \leqslant 150$	$150 < h \leqslant 200$	$h > 200$
垂直度偏差(mm)	不大于导轨架设高度的 1‰	$\leqslant 70$	$\leqslant 90$	$\leqslant 110$	$\leqslant 130$

同时，对于施工升降机的安装还要注意标准节之间的连接螺栓的问题，要符合相关规范，螺杆在下、螺母在上，对于连接要不定期地检查，螺母脱落，必须马上采取措施，防止发生事故。对于此危险源要时刻关注，防微杜渐。

4）基础

如图 7-33 所示，施工升降机的基础可以设置在地下室顶板上，由于南 1 号楼地下与南区的地下车库 4 相连，这个施工升降机可以直接安装在南 1 号楼的建筑周围，地下车库 4 上。同时施工升降机的基础要设置排水设施，还要对它的支承结构进行验算。

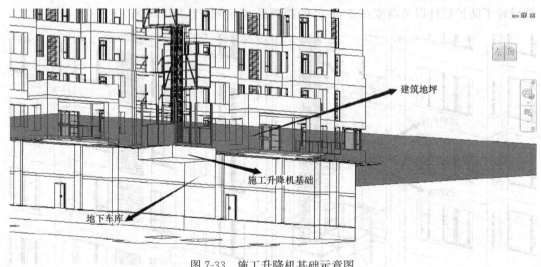

图 7-33　施工升降机基础示意图

塔式起重机又称为塔吊、塔机等，由金属结构、工作机构和电气系统三部分组成。在南 1 号楼项目中将会使用 QTZ5008 型的塔吊，QTZ5008 型号的塔吊适用于建筑高度在 100m 以内的小高层。该塔吊的相关尺寸等规格可以参见表 7-5。

QTZ5008 型号塔吊的相关尺寸　　　　　　　　　　　　表 7-5

型号				QTZ5008	
起重机类型	塔式起重机	操作形式	液压自升式	结构形式	塔式
跨度	50m	有效起升高度	120m	额定起重量	4t
额定起重力矩	500kN·m	最大回转速度		0.72r/min	

（三）空间规划与控制

该区建筑高度在 QTZ5008 塔吊最高高度内，符合相关的要求，由于塔吊回转半径要尽量将建筑全部包括在塔吊工作范围内，所以安装两台 QTZ5008 型号的塔吊，可以将南 1 号至南 4 号楼全部包括在塔吊的工作范围内。如图 7-34 所示是两台塔吊的平面布置图，图 7-35 为塔吊的三维效果图。

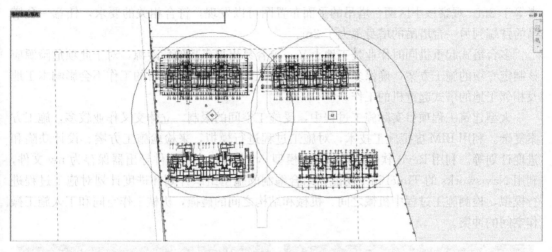

图 7-34　两台塔吊平面布置图

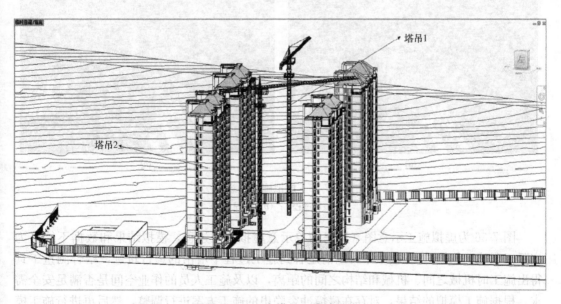

图 7-35　两台塔吊三维效果图

（1）载荷限制装置

南区的塔吊都应该安装起重量限制器，并且该限制器应该符合相关规范要求，且灵敏可靠。当起重量大于相应档位的额定值数，并且小于该额定值数的 110％时，系统应该自动切断上升方向的电源，但机构可以做下降方向的运动。同样，塔吊也要安装起重力矩限制器，当重力矩大于重力矩额定值同时小于重力矩额定值 110％时，系统就要切断上升和幅度增加向的电源，但此时塔吊机构仍然可以进行下降和减小幅度方向的工作运动。

（2）多塔作业模拟

根据设计需要，在南1号和南3号楼之间，南2号和南4号楼之间分别安装一台QTZ5008型号的塔吊，两台塔吊在施工的过程中会发生同时作业的情况。

低位塔吊的起重臂端部与同时工作的另一台塔吊的塔身之间水平方向的距离要大于或者等于2m。观察该小区两台塔吊的平面布置图可以发现，符合相关的要求，任意一台塔吊的臂端到另一台塔吊的塔身都大于2m。

多台塔式起重机同时作业是工地上又一个容易出现事故的危险源，对于此项危险源应该制定专项的施工方案，确保多台塔式起重机工作时能够保证各自的工作不会影响本工地及相邻工地的塔式起重机的工作。

大型建筑工程项目实际施工过程中，受施工空间的限制，立体交叉作业较多，施工方案复杂。利用BIM虚拟施工技术，对施工过程进行模拟，来检验施工方案、设计缺陷和进度计划等。利用Revit软件建立的三维模型rvt文件，通过文件导出器保存为nw文件，利用Navisworks的TimeLiner功能，结合编制的施工组织计划和进度计划对施工过程进行模拟，检测施工过程中机械之间、机械和结构之间的碰撞，机械工作空间和工人施工操作空间的冲突。

图 7-36　虚拟施工示意图
(*a*) 过程 1；(*b*) 过程 2

图 7-36为虚拟施工示意图（用来简单示意虚拟施工过程，模拟结果和数据不能作为实际工程施工依据）。在模型中可以清楚看到施工过程中塔吊的运行轨迹，结合测量工具得出施工时机械之间、机械和结构之间的距离，以及施工人员的作业空间是否满足安全需求。根据施工模拟的结果，对存在碰撞冲突隐患的施工方案进行调整，然后再进行施工模拟，如此反复优化施工方案直至满足安全施工要求。3D模型和4D施工模拟提供的可视化现场模拟效果让管理者在计算机前就可以掌握项目的全部信息，便于工程管理人员优化施工方案和分析施工过程中可能出现的不安全因素以及可视化的信息交流沟通。

（四）危险源辨识与控制

BIM安全信息模型中的构件只是在模型中集成了相关安全构件的类型、尺寸、材质、位置等基本信息，而对于这些危险构件的一些参数化的警限值、安全防护、控制措施等信息都是不全面的。通过链接外部基于此类安全构件的危险源数据库来完善 BIM 模型集成的危险源信息，以预防事故的发生，结合该小区南 1 号楼建模的实际情况，创建实际需要字段的危险源数据库。部分危险源信息如图 7-37 所示。

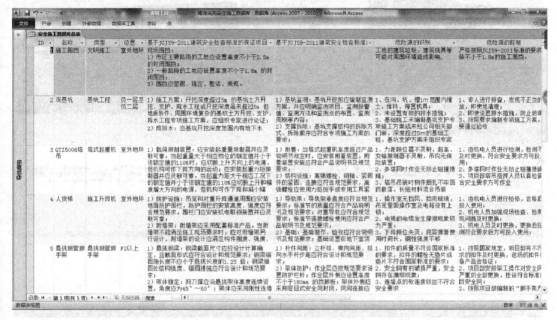

图 7-37　创建南 1 号楼的危险源信息数据库

通过在 Autodesk Navisworks Manage 软件的 "Data Tools" 工具中的 ODBC 链接下的 "Micorsoft Access Driver" 驱动的功能，将危险源数据库与 BIM 模型针对构件进行链接，可以在 BIM 安全信息模型的安全相关构件中展现危险源其他信息。有两种方式可以展现，一种是通过点击相关构件，在软件下方特性信息中显示安全信息选项卡来查看相关危险源信息，如图 7-38 所示；另一种方式则是通过提前设置快捷特性，当鼠标移动到相应构件则会自动弹出信息标签快速显示相关信息，如图 7-39 所示。这样实际上是通过 BIM 模型集成了相对完善的信息和全面且可视化的危险源信息中心数据库。

（五）项目安全检查与控制

用户在施工现场进行安全检查或者巡视时，一旦发现有质量安全隐患，可通过开发的移动应用——施工现场质量安全隐患信息采集末端平台，实时进行信息的采集图输入，如图 7-40、图 7-41 所示。

以其中一项事故隐患为例进行叙述：项目名称：某小区南 1 号楼。隐患位置：基础堆土。拟采取措施：增加堆土场地。隐患描述：基础开挖附近堆土偏高。通过 Autodesk Navisworks Managa 软件可以查看到项目的 BIM 模型，该模型与收集末端平台信息数据库进行了对接，数据信息上传后可以在模型中查看，图 7-42 是隐患信息在模型中显示的示意图，通过查看模型可以更加直观形象地发现存在事故隐患的构件具体位置，也可看到相同构件提前链接的危险信息数据库。

此时通过人工干预进行现场实时上传的事故隐患信息与 BIM 安全信息模型预先集成的构件参数化信息、警限值、措施等信息的对比分析，一旦发现处于危险的状态，立刻进

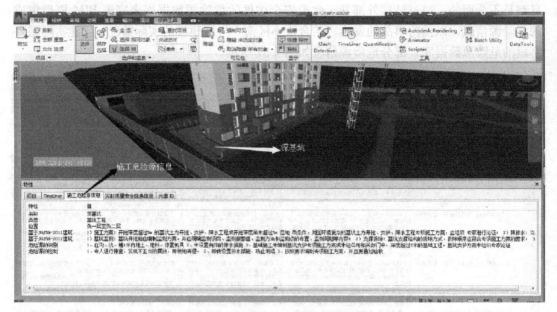

图 7-38　深基坑构件危险源相关信息

图 7-39　快速显示危险源信息示意图

行警告以及实现手机信息采集平台末端相应措施信息的推送，此时及时通知责任人，用户可通过待处理事项查看（图 7-40b）并及时整改。

整个过程形成一个动态及时的事故预防系统。

三、应用总结

本书通过具体的案例对系统进行验证，首先建立某小区南 1 号楼的建筑结构模型，在

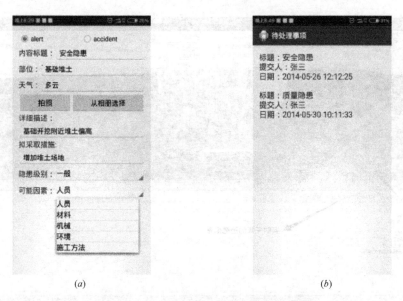

图 7-40　隐患信息输入及待处理事项界面

(a) 隐患信息输入界面；(b) 待处理事项界面

图 7-41　数据库的质量安全检查实时隐患数据信息

此基础上结合《建筑施工安全检查规范》JGJ 59—2011，从文明施工、基坑工程、施工升降机、塔式起重机以及脚手架等部分建立南 1 号楼安全信息模型，并进行事故危险源的辨识与危险源数据库链接 BIM 综合信息模型的创建，完善模型安全信息，针对施工现场利用第六章开发的基于 Android 平台的质量安全隐患信息采集末端移动应用，来实时采集隐患信息并实现与 BIM 模型中嵌入的规范标准信息进行对比分析，排查是否处于不安全状态以进行事故的预防，对整个系统应用流程进行验证。

由于建筑工程施工环境复杂，建设周期较长，需要在有限的施工场地和空间内组织人、材、机来进行大量复杂的施工活动，所以施工过程中存在较多的空间上和时间上的交叉作业活动，施工安全管理难度大，进而导致施工过程中存在很多安全隐患，给从业人员的生命财产安全带来了巨大的威胁。因此需要加强施工过程中的安全管理，降低项目的安全风险。把 BIM 技术运用在建筑工程项目施工安全管理中可以为项目安全管理提供更多的思路、方法和技术支持，进而提高项目安全管理水平。基于 BIM 的安全管理模式的改善可以避免或者减少项目实施过程中的安全事故及其带来的损失，进而促进建筑行业良好的发展，为社会带来经济效益。

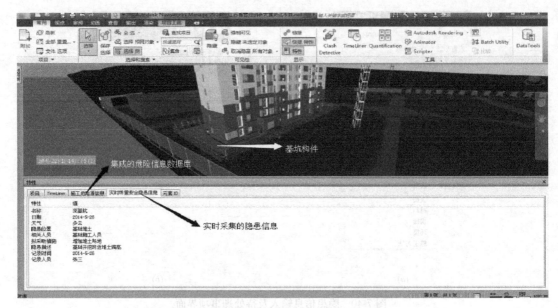

图 7-42　模型中隐患位置及实时隐患与集成信息对比

复习思考题

1. 传统的建筑安全管理存在哪些问题？BIM 技术应用于建筑施工安全管理中有何优势？
2. 如何将 BIM 技术和传统的危险源辨识技术结合，其有何优势？
3. 将 BIM 技术运用于建筑施工安全计划和优化的具体步骤是什么？
4. 基于 BIM 的安全规则检查技术需要注意的问题是什么？
5. 基于 BIM 冲突检查的类型大致有哪些？请举例说明。
6. 基于 BIM 施工现场安全监控系统的目的、意义和具体操作方法是什么？
7. 施工现场劳务人员疏散安全的特点是什么？如何采用 BIM 技术分析施工现场劳务人员疏散安全？
8. 基于 BIM 的安全教育培训目的和方法分别是什么？
9. Eworks 技术指的是什么，将其与 BIM 技术结合有何好处？

第八章 基于 BIM 的工程信息管理

学习要点：

1. 了解 BIM 工程信息管理体系与架构。
2. 理解基于 IFC 的 BIM 结构及其信息描述与扩展机制。
3. 理解 BIM 三维几何模型及模型共享以及信息提取与集成。
4. 了解 BIM 数据的存储与访问。

第一节 概 述

工程信息管理自工程诞生以来就在不断改进更新，传统的信息管理的核心在于对纸质档案的管理。当前来说，大多数信息化的应用局限于参与建设工程的单方，且在某个专业方向。即完整阶段的集成信息化数量少，多方信息交流量十分有限，对于整体的全过程信息化的应用就更是少见了。这主要是由于当代信息化多基于软件使用而产生，而软件应用多集中于单方专业，例如设计阶段 CAD 软件、施工管理阶段概预算软件等。它们在单方专业上的使用效果十分突出，但同时其高专业性也间接导致了多方信息共享和交流的障碍。在工程项目实施的各个阶段所使用的计算机系统都是相互孤立，自成体系，信息往往需要重复录入，致使数据冗余，造成资源浪费，无法共享信息，形成"信息孤岛"现象。

深层次挖掘信息的潜力和价值，是目前信息技术发展总的趋势，要解决"信息孤岛"现象，防止信息流失，同时还要能基于完整信息提升各方的决策能力。我国建设领域原有的信息基础已经不能满足这种需求。普遍存在的信息断层问题，极大限制了信息化总体效果和发展水平。基于 BIM 的信息管理技术的提出，为实现建设项目全生命期的信息交换与共享，从根本上为解决项目建设各阶段的信息断层和使用维护阶段的信息流失问题提供了途径。

第二节 基于 BIM 的工程信息管理体系与架构

一、建筑工程信息流

1. 建筑工程信息流及其特点

面对传统信息管理体系的"信息孤岛"与"信息流失"问题，必须从建筑工程信息流的特点进行研究。从建筑工程信息流的产生主体来看，工程项目过程参与单位多，组织关系和合同关系复杂，主要可以分为 6 个主要的信息流产生主体，包括业主方、咨询方、设计方、施工方、运营方、其他方。从建筑工程信息流的产生阶段来看，其涵盖了建筑工程的整个生命期，包括决策、设计、施工及运维等阶段。

由于工程项目的主体繁多，项目周期的阶段划分复杂，众多建筑参与方创建、使用、维护信息，导致信息的存储和交换格式各异。同时，伴随着工程的进展，信息不断累积，从前一阶段向后一阶段传递。在这个过程中，由于信息传递方式的局限性，信息的传递过程会造成信息丢失。建筑工程的不同阶段、不同主体之间对目标的追求不同，导致了其产生的信息与对信息的要求也不同，这样就使得一部分信息带有鲜明的阶段性或主体性。同时，也有一部分信息从被创造开始就贯穿整个建筑工程项目周期，被参与建筑工程的各方反复利用，这样的信息具有全局性，如图 8-1 所示。

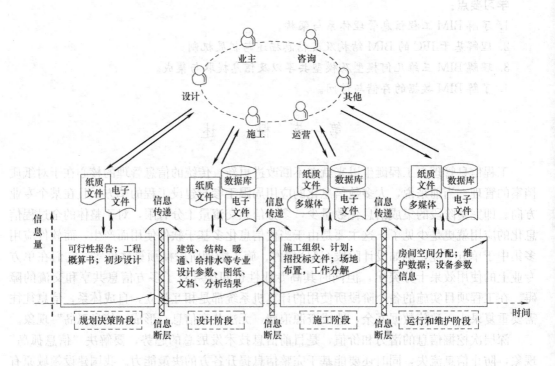

图 8-1　建筑工程信息流

通过观察不同阶段的建筑工程信息可以发现，建筑工程不同阶段、不同参与方之间存在信息交换与共享需求，具有如下特点：

（1）数量庞大。工程信息量巨大，伴随着工程的进展信息呈递增趋势。

（2）类型复杂。工程信息大致可以划分为两类，一类是结构化信息，此类信息通过存储在数据库中便于管理；另一类是非结构化或半结构化信息，涵盖投标文件、CAD 设计文件、声音、图片等多媒体文件。

（3）信息源多，存储分散。由于建设过程中，各参与方根据自己的角色产生信息，并且这些项目参与方分布在各地。产生的信息具有信息源多，存储分散的特点。

（4）动态性。在项目推进过程中，大量的不确定因素的存在使得工程项目信息处在持续变化当中。

2. 建筑工程信息流发展趋势

针对上述问题与特点，面向建设项目全生命期管理是工程信息管理的发展趋势。具体来说，首先，从根本上解决项目规划、设计、施工以及维护管理等各阶段应用系统之间的信息断层，实现全过程的工程信息管理。其次，充分研究如何深层次利用这些信息，对建设项目生命期各阶段的工程性能进行预测，进而对各阶段的质量、安全、费用，以及生命期投资和成本进行分析和控制。

建筑生命期管理（BLM，Building Lifecycle Management）是在建筑工程生命期利用信息技术、过程和人力来集中管理建筑工程项目信息的策略。这种策略起源于制造业的计算机集成管理理念，美国约瑟夫·哈林顿（Joseph Harrington）博士在 1973 年首次提出 CIM（Computer Integrated Manufacturing）理念。此后 BLM 又历经 CIMS（Computer Integrated Manufacturing System）、采办与生命期支持（CALS，Continuous Acquisition Life-Cycle Support）等发展阶段，于 20 世纪 90 年代引入建筑业。1995 年美国政府制定了针对房屋建筑的生命周期成本手册（Life-cycle Costing Manual）。同期，英国、日本等国家也开展了相关方面的研究和实践。

在国内，当前建筑生命期管理仍处于起步阶段，对于全生命期管理的思想及体系建设仍存在较大发展空间，用以支持建筑生命期管理的技术仍需研究推动、政策扶持、规范管理，并在专业领域和信息平台的集成共享等方面需要进一步提升。

建立 BIM 建筑信息模型，是为了实现建设项目生命期管理最高效的方式。它作为一个智能化的建筑 3D 模型，能够实现建筑生命期各阶段的数据、管理、资源链接，能够完成对工程对象最全面的描述，建筑参与的各方都能通过这个智能模型来完成各自承担的工作，从而协助建设工程的效率与质量的提升。

BIM 不仅能解决"信息孤岛"现象，防止信息流失，同时还能基于完整信息提升各方的决策能力。为了达到这个目的，就需要建设一个面向建设项目生命期的工程信息集成管理平台，建立基于工程信息交换标准的信息模型，对项目各阶段相关的工程信息进行有机的集成、共享和管理，支持项目各参与方工作流程定义，从而实现项目生命期工程信息的集成管理。

在建筑商业软件领域，主流的软件开发商已经提出了一些有关 BIM 的商业应用软件。例如，匈牙利 Graphisoft 公司提出虚拟建筑（VB，Virtual Building）的理念，并应用于建筑设计软件 Archi CAD 中。美国 Bentley 公司基于全信息建筑模型（SBM，Single Building Model），推出了 Micro Station Architecture。这些商业应用软件主要面向部分专业领域，针对 BIM 信息的创建提供软件工具，对于如何实现 BIM 信息的集成和共享，目前仍缺少成熟的解决方案。实现建筑生命期的信息交换和共享，在技术上、规范上、理念上都还需要深入研究、系统设计和统筹管理。

二、基于 BIM 的工程信息管理

1. 基于 BIM 的工程信息管理体系框架

基于 BIM 的工程信息管理的重要理念是建筑生命期中各要素的集成，包括四个关键要素，即组织、应用、过程、集成，这四个要素相互关联，形成建筑生命期管理体系的四面体模型。图 8-2 显示了基于 BIM 的工程信息管理体系框架。

（1）组织要素

组织要素涵盖工程项目总承包、Partnering、全生命集成化管理组织、网络/虚拟组织等四种主流的实现建筑生命期管理体系的模式，以及在组织内的成员角色。在建筑工程中，人员按照组织结构获得各类组织角色，承担相应的职责和完成规定的任务。因此，在 BIM 体系框架中包括对组织要素的描述，建立组织视图模型。组织视图模型描述各类角色对建筑工程信息的需求、获取方式和操作权限等。

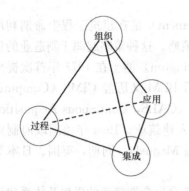

图 8-2 基于 BIM 的工程信
息管理体系框架

（2）应用要素

应用要素是指支持 BIM 信息创建的专业软件系统。随着计算机技术在建筑工程领域的普及和应用，各类工程参与人员通过各种计算机信息系统完成各种事务的处理。因此，BIM 的体系框架包括创建 BIM 信息的专业应用系统。建筑产品信息是 BIM 建模和管理的核心，这些信息按照多种格式编码和存储，通常包括非结构化的 Office 文件、CAD 文件、多媒体文件以及结构化的工程数据。

（3）过程要素

过程要素是指在建筑生产过程中的工作流和信息流。传统的建设过程及其相应工作过程被认为是彼此分裂和顺序进行的，一直无法从全局的角度进行优化，严重影响了工程建设的有效性和效率。建筑生命期管理（BLM）的实现，需要对过程进行改造，从而形成支持建筑生命周期的过程管理模式。

（4）集成要素

集成要素是指将不同阶段不同应用产生的 BIM 信息进行集成，形成面向建筑生命期的 BIM 信息。由于建筑生产过程产生的数据众多、格式多样，如何将这些信息有效的集成和共享，需要 BIM 信息集成平台的支持。

与传统的工程信息管理相比，基于 BIM 的工程信息管理体系框架更加强调了组织、应用、过程、集成这四个要素之间的联系。这四个要素之间相互关联，互相影响，构成四面体模型中的 6 条棱边（图 8-2）。例如，在基于 BIM 的工程信息管理中，应用软件的选用需考虑与所采用的集成平台是否兼容；应用软件输出的数据是否满足特定的过程（子模型）要求；集成平台是否支持过程的定义（子模型视图）等。这些关联在传统的工程信息管理中不突出，主要因为传统的工程信息管理以文档为数据交换的主要载体，而基于 BIM 的工程信息管理以信息模型为数据交换的主要载体。

2. 基于 BIM 的工程信息管理流程

传统的工程信息管理的信息交换过程涉及多个参与方，是一种多点到多点的信息交换过程。而基于 BIM 的工程信息管理改变了传统的信息传递方式，工程信息被有效地集中管理起来。BIM 信息管理流程与组织模型密切相关。

无论哪种组织形式，业主在建筑生命期管理（BLM）中都发挥着重要作用，业主是 BIM 信息的拥有者，同样是建筑生命期管理（BLM）应用的推动者。业主直接或通过委托代理人实现对 BIM 信息的管理。总体来讲，建筑生命期管理（BLM）的信息管理主要由以下步骤组成。

（1）确定组织模式。组织模式的确定应当充分体现建筑生命期管理（BLM）的理念，发挥 BIM 信息集成的优势，改变传统的线性信息流为并行信息流，从而提高建筑生产效率，发挥集成优势。

（2）制定相应的过程管理规章制度。信息的传递和交换，需要由规章和制度进行规范和约束，包括信息的创建、修改、维护、访问等。

（3）确定相应的专业软件平台。基于 BIM 的专业软件能够充分发挥信息集成的优势，因此需要对建筑生命期不同阶段及不同专业的软件进行选型，需考虑对数据标准的支持、对数据格式的兼容性、专业软件间的交互性等问题。

（4）选取 BIM 信息集成软硬件平台。BIM 信息集成平台是实现异构系统间数据集成的关键，需要满足与工程建设规模及要求相适应的 BIM 信息集成平台，例如数据的存储规模、网络支持、对数据集成标准的支持等。

3. 基于 BIM 的工程信息管理主体架构

基于 BIM 信息的管理流程，构建一个以 BIM 子信息模型为核心的面向阶段和应用的 BIM 信息的创建方法，其基本思路是随着工程项目的进展和需要分阶段创建 BIM 信息。即从项目规划到设计、施工、运营不同阶段，针对不同的应用建立相应的子模型数据。各子信息模型能够自动演化，可以通过对上一阶段模型数据的提取、扩展和集成，形成本阶段信息模型，也可针对某一应用集成模型数据，生成应用子模型，随着工程进展最终形成面向建筑生命期的完整信息模型。BIM 信息的创建贯穿于建设工程的全生命期，是对建筑生命期工程数据的积累、扩展、集成和应用过程，是为建筑生命期信息管理而服务的。

由规划、设计到施工阶段，再到运营阶段，工程信息逐步集成，最终形成完整描述建筑生命期的工程信息集合。每个阶段软件系统根据自身的信息交换需求，定义该阶段和面向特定应用的信息交换子模型。应用系统通过提取和集成子模型实现数据的集成与共享。例如规划阶段主要产生各种文档数据，这些数据以文件的形式进行存储。设计阶段则根据规划阶段的信息进行建筑设计、结构设计、给水排水设计、暖通设计，产生大量的几何数据。同时，建筑与结构专业、建筑与给排水专业、建筑与暖通专业之间存在着数据协同访问的需求。这些需求通过不同的子信息模型与整体 BIM 模型进行交互与共享。施工阶段则可以根据需求提取规划和设计阶段的部分信息，供施工阶段的应用软件使用，例如 4D 施工进度管理、5D 成本概算分析等。这些应用软件会产生新的信息并集成到整体 BIM 模型中。到运营维护阶段，BIM 模型集成了规划阶段、设计阶段、施工阶段的工程信息，供运营维护应用系统调用，例如基于 BIM 的应用系统可以通过子模型方便地提取建筑构件信息、房屋空间信息、建筑设备信息等。BIM 的应用使得各阶段的工程信息得以集成和保存，从而解决信息流失和信息断层等问题。

综合上述特点，构建 BIM 的集成框架应当包括数据层、模型层、网络层和应用层，如图 8-3 所示。

（1）数据层

面向建筑生命期的工程数据总体上可以分为结构化的 BIM 数据和非结构化的文档数据。对于结构化的 BIM 数据利用数据库存储和管理。为了应付企业级系统庞大的数据量和较高的性能要求，底层数据库通常需要选用 Oracle、SQL Sever、Sybase 等大型数据库。由于 IFC 的信息描述是基于对象模型的，而关系型数据库则建立在关系模型之上，用二维表的数据结构记录和存储数据。通过建立 IFC 对象数据模型与关系型数据模式的映射关系，实现从对象模型到关系型数据表格之间的转换，从而进行 BIM 数据的存储和管理。对于非结构化的文档数据采用文件元数据库及文件库，通过在 IFC 模型和文档之间建立关联实现存储。

（2）模型层

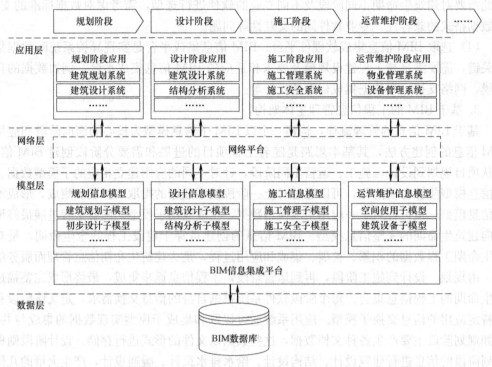

图 8-3　BIM 信息集成平台的基本架构

　　数据模型层通过 BIM 信息集成平台，实现 IFC 模型数据的读取、保存、提取、集成、验证，针对建筑生命期不同阶段和应用，生成相应的子信息模型。这些子信息模型可以是面向阶段层面的策划子信息模型、设计子信息模型、施工子信息模型以及运营子信息模型等，也可以是针对某个应用主题的子信息模型，如建筑成本信息模型、施工安全信息模型、物业管理信息模型。另外，模型层提供了一些底层操作的模块，封装了基本数据访问、子模型操作功能的一组应用程序，能够完成一定功能的功能模块。如工程数据库管理模块，就是由数据库创建、维护、备份等工具组成的模块。

　　（3）网络层

　　网络通信层基于网络及通信协议搭建，实现局域网和广域网的数据访问和交互支持，支持项目各参与方分布式的工作模式。

　　（4）应用层

　　应用层由来自建设不同阶段的应用软件组成，这些软件包括规划设计软件、建筑设计软件、结构设计软件、施工管理软件、物业管理软件等。在该 BIM 基本架构（图 8-3）中，BIM 的建立实际上是对建筑生命期工程数据的积累、扩展、集成和应用过程。分阶段或面向应用创建子信息模型，为 BIM 的实现提供了可行的途径，BIM 信息集成平台和BIM 数据库及其相应的数据保存、跟踪和扩充机制，有效解决了 BIM 数据的存储和分布异构数据的一致、协调和共享问题。在基于此架构的 BIM 专业应用软件的开发及应用中，应注重体现以建筑工程生命期为视角的大系统思想，充分考虑和重用已有工程数据，从而实现随着工程的进展工程数据的不断演化。

第三节 基于 IFC 的 BIM 结构及其信息描述与扩展机制

一、基于 IFC 的 BIM 体系结构

1. IFC 模型的结构

一个完整的 IFC 模型由类型定义、函数、规则及预定义属性集组成。其中，类型定义是 IFC 模型的主要组成部分，包括定义类型（Defined Types）、枚举类型（Enumeration Types）、选择类型（Select Types）和实体类型（Entity Types）。其中，实体类型采用面向对象的方式构建，与面向对象中类的概念对应。实体的实例是信息交换与共享的载体，而定义类型、枚举类型、选择类型以及实体实例的引用作为属性值出现在实体实例中。IFC 模型对常用的属性集进行了定义，称为预定义属性集。另外，IFC 模型中的函数及规则用于计算实体的属性值，控制实体属性值需满足的约束条件，以及用于验证模型的正确性等。

IFC 模型可以划分为四个功能层次，即资源层、核心层、交互层和领域层。资源层定义了用于信息描述的基本元素，包括全部分布在该层的定义类型、主要分布在该层的选择类型及函数、半数以上的实体类型。资源层内的实体不能独立使用，需依赖于上层实体而存在。核心层、交互层及领域层中的非抽象实体则直接用于信息交换，这些实体均由 Ifc Root 继承。

Ifc Root 是核心层及以上层次中全部实体类型的抽象类型。图 8-4 描述了 Ifc Root 的主要派生关系。Ifc Root 的 Global Id 属性极为特殊，用于存储一个 GUID 值。GUID 通过一种特殊的算法生成，可以保证在计算机运算过程中值的唯一性。因此，Ifc Root 派生类通过 Global Id 属性便具有了全局标识特性，可以在信息交换过程中独立使用。处于资源层的实体由于不是 Ifc Root 的派生类，不继承 Global Id 属性，在信息交换过程中无法唯一的标识自己，不能独立用于信息交换。这类实体通常作为上层实体的属性值存在。

Ifc Root 派生了三个主要类型，分别是 Ifc Object Definition、Ifc Property Definition 及 Ifc Relationship，如图 8-4 中的 A 部分。这三个实体类型及其部分派生类构成了 IFC 模型的核心结构，分布在核心层。其他类型则由核心层中的实体继续派生，形成面向不同领域和专业的实体类型，分布在交互层和领域层。

Ifc Object 派生类描述具体的事务及过程信息，派生了 Ifc Actor、Ifc Control、Ifc Group、Ifc Process、Ifc Product、Ifc Resource 及 Ifc Project 七个子类型，如图 8-4 中的 B 部分。这七个类型及其派生类型构成 IFC 模型信息交换的核心，包括 Ifc Beam、Ifc Column、Ifc Flow Segment、Ifc Task、Ifc Asset 等实体。Ifc Type Object 派生类提供了类型信息的定义机制，例如 Ifc Type Object 的派生类 Ifc Door Style 用于描述某类门的特性，该特性由若干属性和属性集组成，与 Ifc Door 实体配合使用。

Ifc Property Definition 派生类定义了常用的属性信息，并提供动态扩展信息的机制，是为 Ifc Object 派生类附加属性信息的方式之一。其中特定的派生类与相关的 Ifc Object 派生类关联。

Ifc Relationship 派生类实现了 IFC 对象模型五种对象化的关联关系，分别是 Ifc Rel Assigns、Ifc Rel Connects、Ifc Rel Decomposes、Ifc Rel Associates 和 Ifc Rel Defines，

如图 8-4 中的 C 部分。通过这些关系类及其派生类可实现实体与实体、实体与属性间各种复杂关系的定义。对象化的关系类将实体引用保存在自身实例中,这些引用关系在实体中表示为反向属性(Inverse Attribute)。

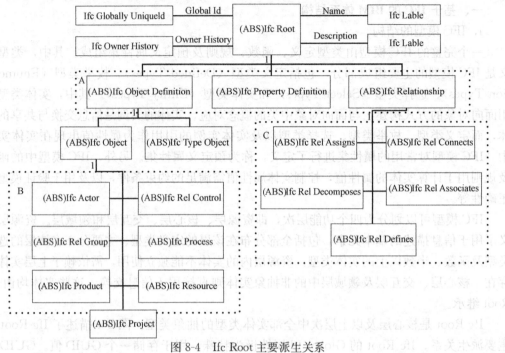

图 8-4 Ifc Root 主要派生关系

2. IFC 实体的分类

IFC 规范将实体按照功能和领域进行了划分,如图 8-5 所示。其中与主体实体相关的功能和领域分类包括:

(1)领域层:建筑领域、建筑控制领域、结构构件领域、结构分析领域、施工管理领域、物业管理领域、电气领域、管道及消防领域、暖通空调领域;

(2)共享层:共享的建筑服务实体、共享的构件实体、共享的建筑构件实体、共享的管理实体、共享的设施实体;

(3)核心层:核心、控制扩展、产品扩展、过程扩展;

(4)资源层:材料、成本等资源。

这些分类信息是构成 BIM 元数据模型的重要组成部分,有助于根据分类信息快速定位所需的实体。

二、信息描述与关联机制

1. 基于属性集的信息描述与关联机制

属性集,顾名思义是属性的集合,对事物及概念的描述可以通过将属性存放于属性集中来实现。属性集提供了一种扩展信息描述的灵活方式。属性是构成属性集的基本单位,可以分为简单属性和复杂属性两类。其中,简单属性又可根据描述对象的特性分为多种类型。这些不同的属性类型均继承于抽象的基类型 Ifc Property,如图 8-6 所示。Ifc Property 的 Name 及 Description 存储属性的名称及说明,而属性的具体值则存储在 Ifc Property 的子类型中。

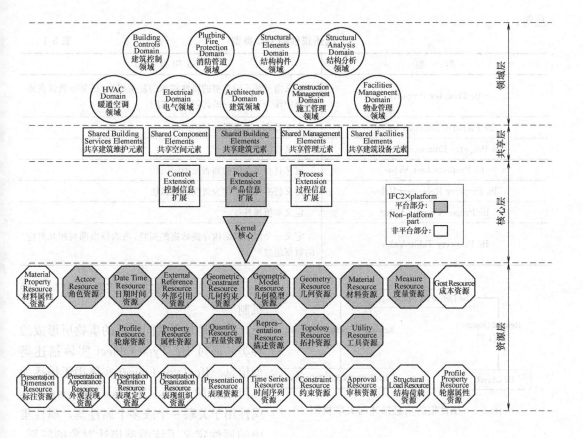

图 8-5　IFC 主要模型架构

Ifc Property 的子类型及适用范围
见表 8-1。

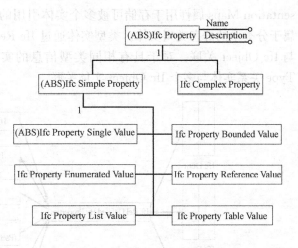

图 8-6　Ifc Property 派生类图

属性集通过 Ifc Rel Defined By
Properties 关系实体将 Ifc Property Set
Definition 描述的信息与 Ifc Object 关
联，如图 8-7 所示。对于具有相同属性
的实体可以通过同一个 Ifc Rel Defined
By Properties 实体与多个 Ifc Object 实
体关联。

以门（Ifc Door）实体为例，Ifc
Door 实体通过不同类型的属性集实现
工程信息的扩展描述，如图 8-8 所示。
其中，Ifc Door Lining Properties、Ifc
Door Panel Properties 分别描述门框信息、门面板信息，属于静态属性集。Pset _ Door
Common、Pset _ Door Window Glazing Type、Pset _ Door Window Shading Type 分别描
述门的基本信息、玻璃窗类型信息、遮阳篷类型信息，属于动态属性集中的预定义属性
集。另外，用户根据自身需求可以任意定义属性集，例如为门添加制造商信息、成本信

息等。

类　　型	适 用 范 围
Ifc Complex Property	定义由多种不同类型的属性构成的复杂属性，该复杂属性在属性集中作为一个单一的访问入口访问
Ifc Property Bounded Value	定义具有上下边界区间的属性
Ifc Property Enumerated Value	定义枚举型的属性
Ifc Property List Value	定义具有多个值的列表类型的属性
Ifc Property Reference Value	定义将实体引用作为属性值的属性
Ifc Property Single Value	定义单值属性
Ifc Property Table Value	定义一个以表格结构存储数据的属性，该表格由两列相互对应的数据组成

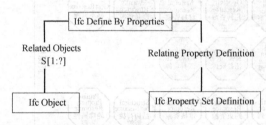

图 8-7　属性集的信息描述与关联机制

2. 基于类型实体的信息描述与关联机制

类型是具有共同特征的事物所形成的种类，通过 Ifc Type Object 实体描述类型信息。Ifc Type Object 实体用于描述无几何数据的类型，其 Has Property Sets 属性用于关联一个或多个属性集，属性集中的属性定义了该类型描述对象的特征。

Ifc Type Product 由 Ifc Type Object 继承，用于描述包含几何数据的类型信息，其 Representation Maps 属性用于存储可被多个实体引用的几何数据。Ifc Type Product 派生实体属于分类中的静态类型实体。类型实体通过 Ifc Rel Defines By Type 关系实体将类型信息与 Ifc Object 关联。对于具有相同类型信息的实体可以通过同一个 Ifc Rel Defines By Type 关系实体与多个 Ifc Object 实体关联。

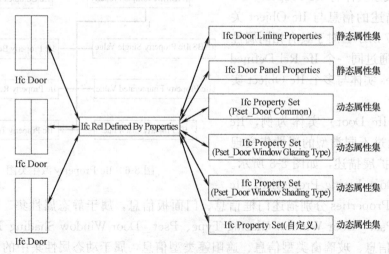

图 8-8　基于属性集的 Ifc Door 实体的信息描述与关联

以门（Ifc Door）实体为例，Ifc Door 实体通过类型实体定义，而类型信息则由一个或多个属性集描述，如图 8-9 所示。其中，Ifc Door Style 具有相同类型的门的信息，对类型信息的描述通过多个属性集实现。Ifc Door 与 Ifc Door Style 通过 Ifc Rel Defines By Type 集成信息。

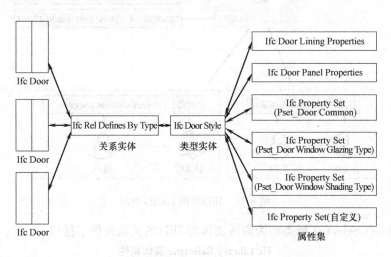

图 8-9　基于类型实体的 Ifc Door 实体的信息描述与关联机制

3. 基于 IFD 库的信息描述与关联机制

基于属性集的信息描述与关联机制具有易冲突、不易识别的缺点，其根源是属性集采用字符串（通过 Name 属性）作为标识。字符串是语义信息的表达，在描述同一概念时具有不确定性。例如，同一概念既可由英文又可由中文表达，即使使用同一种语言表达，各地方的习惯用法也不尽相同，另外还存在全称、简称、俗语等多种表达方式。由计算机处理属性集信息时，首先要通过属性集的名称识别属性集。由于属性集名称的不确定性，会出现即使属性集存在，计算机也无法确定的困境，进而影响计算机的自动化处理，造成数据的丢失、冲突。

IFD 库是在国际标准框架下对建筑工程术语、属性集的标准化描述。术语和属性集由 GUID 标识，存储在全局服务器中，提供给项目各参与方访问。如图 8-10 所示，GUID 作为术语及属性集的唯一标识符，在同一概念的不同形式的字符串表达间建立了桥梁。计算机在识别概念的语义信息时，忽略字符串描述，通过 GUID 识别。

IFD 库信息的描述与关联涉及两个方面：一是 IFD 库中概念的引用；二是将 IFD 库中的概念与 BIM 模型进行关联。IFD 库对于 IFC 模型是一个外部参考，对 IFD 库中概念的引用使用 Ifc Library Reference 和 Ifc Library Information 实体。其中，Ifc Library Reference 实体描述概念的条目信息，其实体属性见表 8-2。Ifc Library Information 实体描述 IFD 库的具体信息，其实体属性见表 8-3。

关联 IFD 信息有两种方式，其中一种用于将可独立交换实体与 IFD 关联。这种方式通过 Ifc Rel Associates Library 关系类实现。通过 Related Objects 属性可以将同一个 IFD 概念与多个可独立交换实体关联。另一种机制用于将资源实体与 IFD 关联。这种方式通过 Ifc Resource Object Association Relationship 关系类实现。IFC2x4 版本中增加的 Ifc

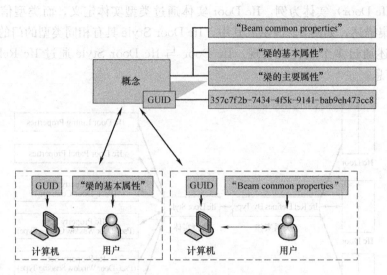

"Beam common properties"

"梁的基本属性"

"梁的主要属性"

概念

GUID 357c7f2b-7434-4f5k-9141-bab9eh473cc8

GUID "梁的基本属性" GUID "Beam common properties"

计算机 用户   计算机 用户

图 8-10 IFD 库的 GUID 机制

Resource Object Select 选择类型为资源实体与 IFD 的关联提供了接口。

Ifc Library Reference 实体属性 表 8-2

属　　性	说　　明
Location	IFD 库中当前概念的 URL 地址
Item Reference	概念的 GUID 值
Name	当前语言下的名称
Language	标准的语言代码
Referenced Library	IFD 库的信息

Ifc Library Information 实体属性 表 8-3

属　　性	说　　明
Name	IFD 库名称
Version	IFD 库的版本号
Publisher	IFD 库的发布组织
Version Date	版本日期
Ifc URL Reference	IFD 库的 URL 地址

三、信息模型的扩展机制

1. 扩展机制

IFC 模型提供的实体类型有限，当这些实体类型无法满足信息交换需求的时候，需要对实体描述进行扩展。将对信息模型扩展的机制分为以下两类：

（1）基于 Ifc Proxy 实体的扩展机制。该机制采用 Ifc Proxy 实体对实体描述进行扩展。Ifc Proxy 实体处于 IFC 模型的核心层，是一个可实例化的实体类型。通过实例化该实体，并结合属性集和可选的几何信息描述实现自定义类型的信息交换。如图 8-11 所示，Ifc Proxy 继承于 Ifc Product，增加了 Proxy Type 和 Tag 属性。其中 Proxy Type 属性为

Ifc Object Type Enum 枚举类型，用于标识 Ifc Proxy 实体所代表的主体实体类型，包括 PRODUCT、PROCESS、CONTROL、RESOURCE、ACTOR、GROUP、PROJECT 及 NOTDEFINED。当 Proxy Type 属性为 PRODUCT 时表示建筑产品，其实例可以定义几何数据。当 Proxy Type 属性为 PROCESS、CONTROL、RESOURCE、ACTOR、GROUP、PROJECT 时，分别表示过程、控制、资源、人、组、项目等概念。Ifc Proxy 实例通过上文所述的三种信息描述与集成机制实现对信息的表达。

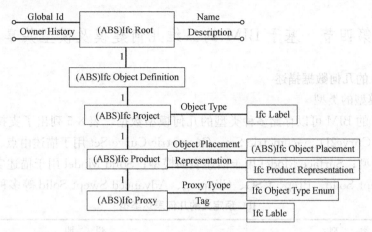

图 8-11　Ifc Proxy 继承关系图

（2）通过增加实体定义的扩展机制。与基于 Ifc Proxy 实体的扩展机制不同，该机制的实现超出了 IFC 模型框架，是对 IFC 模型本身定义的更新。IFC 模型的每一次版本升级便采用该方式。

2. 适用范围及特点

上述两种对实体描述的扩展机制，具有不同特点，见表 8-4。

扩展机制的比较　　　　　　　　　　　　　　　　　表 8-4

项目	基于 Ifc Proxy 实体扩展	通过增加实体定义扩展
易用性	容易	困难
版本兼容性	好	不宜保证
类型安全	类型不安全	采用早联编方式可以提供类型安全
工具箱支持	多数工具箱支持	少数工具箱支持
运行效率	略低	高

（1）易用性反映最终用户实现的难易程度，对于 Ifc Proxy 扩展方式，仅需像对待 Ifc Object 大部分子类实例一样为 Ifc Proxy 关联属性集及类型对象，比较容易实现。而采用增加实体定义扩展模式的方式，通常需要由专业的建模团队完成。

（2）采用 Ifc Proxy 扩展方式，实现自定义实体的过程是 Ifc Proxy 实例化的过程，兼容性由 Ifc Proxy 提供和保证，而模式扩展方式需要兼顾版本向前和向后兼容性问题。

（3）类型安全是指在编写基于 IFC 的应用程序时，是否能够由编译器提供类型检查。由于用户定义的类型在运行时以字符串方式存储在 Ifc Proxy 的 Object Type 属性中，编译器无法进行类型检查。而模式扩展方式若采用早联编的方式，可以实现类型安全。

（4）由于 Ifc Proxy 是 IFC 模型本身的实体类型，大部分 IFC 工具箱可以提供基于 Ifc Proxy 的实体扩展方式。而对于模式扩展方式，只有支持晚联编的 IFC 工具箱可以支持。

（5）由于采用更新 IFC 模式方式扩展的实体，将实体常用的属性定义在实体本身，可以直接访问数据库，具有较高效率。Ifc Proxy 通过属性或类型对象，对于最终用户应首先选用 Ifc Proxy 对实体类型进行扩展。扩展的实体类型如果具有适用性和一般性，可以作为标准建议提交给相关组织。

第四节　基于 BIM 的三维几何建模及模型共享

一、BIM 的几何数据描述

1. 几何模型的类型

基于 IFC 的 BIM 可以存储多种类型的几何模型数据，表 8-5 列出了支持的几何模型类型。其中，Curve2D、Geometric Set、Geometric Curve Set 用于描述由点、线、面基本图元组成的模型；Surface Model 用于描述表面模型；Solid Model 用于描述实体模型，又可细分为 Swept Solid、Brep、CSG、Clipping、Advanced Swept Solid 等多种类型。

IFC 预定义的几何表达类型　　　　　　　　　　　　　　　表 8-5

类　　型	说　　明
Curve2D	二维曲线
Geometric Set	点、曲线、表面(二维或三维)集合
Geometric Curve Set	点、曲线(二维或三维)集合
Surface Model	表面模型
Solid Model	实体模型
Swept Solid	通过拉伸或旋转形成的扫描实体
Brep	边界描述实体
CSG	通过布尔运算生成的几何构造实体
Clipping	通过布尔运算生成的几何构造实体(特指通过差运算得到的实体)
Advance Swept Solid	沿基线扫描生成的扫描实体

2. 几何模型与建筑构件的集成

建筑产品，包括建筑构件、配电构件、家具等，均由 Ifc Product 实体派生。Ifc Product 是一个抽象基类型，定义了与几何表达相关的属性，如图 8-12 所示。

Ifc Product 实体的 Object Placement 属性定义坐标信息，坐标信息既可以采用世界坐标、相对坐标，也可采用相对于轴线网格的方式描述。通过坐标变换矩阵进行坐标变换，可以得到建筑产品在世界坐标系的最终位置。

Ifc Product 实体的 Representation 属性用于定义建筑产品的几何模型，包括建筑产品的几何描述和材料定义的几何描述。Ifc Product Representation 实体的 Representations 属性为列表类型，可以为同一个建筑产品存储多个几何模型数据，例如描述同一个建筑产品的实体模型、线框模型和表面模型。每个几何模型对应一个 Ifc Representation 实体的实例，模型的类型为表 8-5 中所列类型，存储在 Representation Type 属性中。

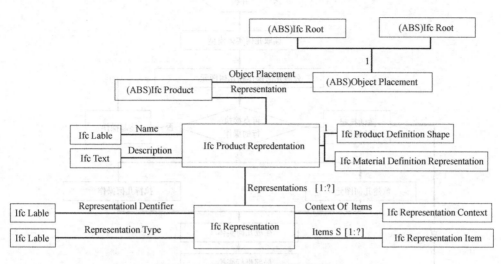

图 8-12　建筑构件与几何模型的集成

二、几何实体模型的重建

1. 基于 AutoCAD 图形引擎的实现

AutoCAD 是广泛使用的 CAD 软件，具有强大的二次开发接口，可以将 AutoCAD 作为三维几何图形引擎使用。随着 .Net 技术的不断成熟，对于 AutoCAD 的二次开发不仅可以使用传统的 ObjectARX 函数库，也可以使用基于 .Net 的 AutoCAD 托管函数库。此处，以 AutoCAD2007 平台为例，讲解使用 .Net 托管函数库采用 C♯语言实现重建几何实体模型和将三角形网格数据转化为表面模型数据的步骤，以及使用 ObjectARX 中的 Acbr 函数库处理实体模型的三角形网格划分步骤。

2. BIM 几何实体模型重建流程

重建几何实体模型的流程如图 8-13 所示。

为了更加清楚的说明问题，以一个 Ifc Product 派生类实例的几何实体模型重建作为研究对象，由于建模方法对于任何 Ifc Product 派生类实例是通用的，因此，通过遍历全部实例便可以实现对整个 BIM 模型的几何数据处理。

首先，读取几何实体模型数据。数据可以来自 IFC 文件，也可以来自 BIM 数据库。由于二叉树具有多层嵌套关系，对于一个上层的几何操作可能需要首先调用底层的几何操作，将其返回的结果作为输入参数进行运算。因此，判断当前几何操作是否为可直接执行的操作，如果为"否"则继续执行分解几何操作和几何图元步骤，如果为"是"则重建几何图元并执行几何操作。AutoCAD 托管函数库提供了与 BIM 几何图元对应的几何类，见表 8-6，通过实例化对应的 AutoCAD 几何类实现几何图元的重建。实体的几何操作通过调用相应的成员函数实现，表 8-7 列出了与 IFC 实体对应的 AutoCAD 成员函数。这两步执行完便生成了局部的几何模型。

此时，需要根据 BIM 实体的坐标信息描述，对生成的局部实体模型进行坐标变换。然后，判断是否得到了最终的几何模型，如果"是"则按照上述方法执行整体坐标变换，如果"否"则将局部的几何模型返回，激活挂起的操作，继续流程图中的步骤。

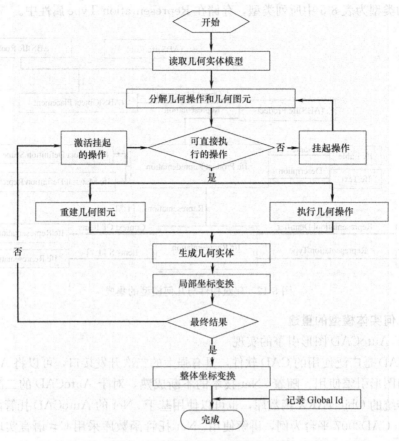

图 8-13 重建几何实体模型的流程

BIM 的几何图元与 AutoCAD 几何类   表 8-6

IFC 几何图元	AutoCAD 几何类
Ifc Cartesian Point	Point 3d
Ifc Line	Xline
Ifc Circle	Circle
Ifc Plane	Plane
Ifc Polyline	DB Object Collection
Ifc Arbitrary Closed Profile Def	Region
Ifc Extrude Area Solid	Solid 3d

BIM 几何操作与 AutoCAD 类的成员函数   表 8-7

BIM 几何操作	AutoCAD 类的成员函数
Ifc Extruded Area Solid	Solid 3d［∶∶］Extrude Along Path();
Ifc Boolean Clipping Result	Solid3d［∶∶］Boolean Operation();

上述几何流程可以对任意的 IFC 几何实体模型进行重建，在图形引擎中生成相应的对象。然而，若需要基于创建的几何实体模型生成 BIM 表面模型，则在建立最终的几何

模型后需要记录当前生成的几何模型所属 Ifc Product 实例的 Global Id 值，以便将生成的表面模型集成到 BIM 模型中。在 AutoCAD 中可通过 AutoCAD 组（Group）记录 Global Id 值，即建立与 Global Id 值对应的 AutoCAD 组，并将已建立的实体模型添加到该 AutoCAD 组中，从而实现对 Global Id 的追踪。

三、BIM 表面模型的生成

1. BIM 表面模型生成流程

BIM 表面模型建模是通过读取 BIM 模型中已有的实体模型数据，在三维几何图形引擎中处理，最终将生成的表面模型数据集成到 BIM 模型中的过程，如图 8-14 所示。建筑产品的几何模型通常在设计阶段创建，与实体属性、工程信息等一并集成在 BIM 模型中。几何模型的描述应用了 IFC 模型的资源实体，这些实体不能独立的用于信息交换。将实体模型交换到三维几何图形引擎进行处理的过程需要追踪 Global Id 值。这样当返回处理结果时，可以通过该 Global Id 值定位到对应的建筑产品实体实例，然后将新创建的表面模型集成到 BIM 模型中。

表面模型的创建分为三个主要步骤：首先，进行上一节介绍的几何实体重建流程；然后，对建立的实体模型进行三角形网格划分；最后，将三角形网格数据转换为表面模型数据重新集成到 BIM 模型中。

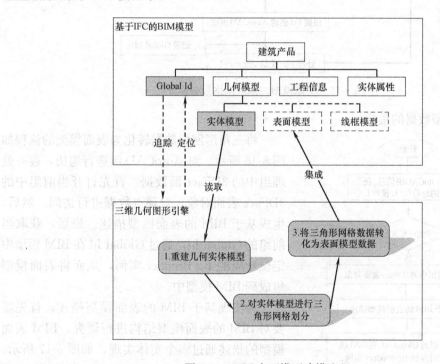

图 8-14　BIM 表面模型建模流程

2. 实体模型的三角形网格划分

对实体模型的三角形网格划分通过调用 AutoCAD Acbr 函数库（该函数库位于 Object ARXSDK \ utils \ brep 目录中）实现，流程如图 8-15 所示。对上节中建立的 AutoCAD 组进行遍历，逐一处理组中的几何实体模型。

首先，打开组中的几何实体，使其处于可读取状态。然后，调用 Acbr 函数对实体进行三角形网格划分，形成由三角形顶点数据组成的顶点集合 Pts。这一过程通过调用 Get3d Solid Mesh Vertices 函数实现。该函数以表示实体模型的 obj Id 为输入参数，将计算生成的三角形网格数据以点数组的形式返回给参数 Pts。然后，根据 Pts 数据在 Auto-CAD 中创建 3DFace 三角形面对象。最后，为了记录 Global Id，将这些三角形面对象添加到与 Global Id 对应的 AutoCAD 组中。

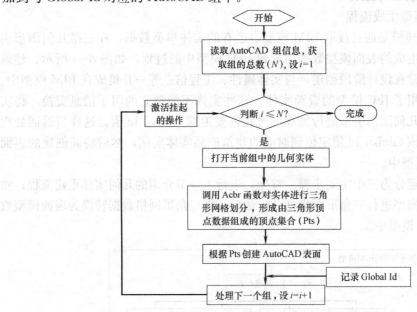

图 8-15　实体模型三角形网络划分流程

3. 表面模型数据的集成

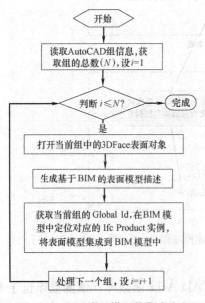

图 8-16　BIM 表面模型的集成流程

将三角形网格数据转化为表面模型的流程如图 8-16 所示。对 AutoCAD 组进行遍历，逐一处理组中的 3DFace 面数据。首先打开当前组中的 3DFace 表面对象，对顶点数据进行访问。然后，生成基于 BIM 的表面模型描述。最后，获取当前组的 Global Id，通过 Global Id 在 BIM 模型中定位对应的 Ifc Product 实例，从而将表面模型集成到 BIM 模型中。

为实现基于 BIM 的表面模型描述，首先需要对 BIM 的表面模型结构进行研究。BIM 表面模型的描述通过多个实体实现，如图 8-17 所示。Ifc Face Based Surface Model 用于描述表面模型。表面模型的数据按照层次关系组成，分别是面集合（Ifc Connected Face Set）、面（Ifc Face）、面的边（Ifc Face Bound）、多边形（Ifc Poly Loop）、点（Ifc Cartesian Point）。这些所需的数据已经在上个步骤中准备好，需要按照上述层子结构转化为 BIM 表面模型的格式。

最后将 Ifc Face Based Surface Model 实例赋值给 Ifc Shape Representation 实例并集成到
BIM 模型中，为了标识所创建的几何模型类型为表面模型，将其 Representation Identifier
属性设置为 "Face Body"，Representation Type 属性设置为 "Surface Model"。

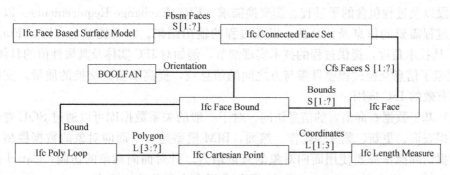

图 8-17　表面模型描述涉及的主要实体

4. 举例说明

使用基于 BIM 的建筑设计软件 Revit 作为建筑实体模型的建模软件。在软件中建立
了包含多种建筑构件在内的建筑模型，用 BIM 表面模型创建方法创建表面模型，并将新
创建的表面模型集成到原 BIM 模型中。图 8-18 为 Revit 中建立的几何实体模型，图 8-19
为创建的表面模型。表面模型能够比较完整地定义三维立体的表面，生成逼真的彩色图
像，以便直观地进行产品的外形设计，也可以用作有限元法分析中网格的划分。由 BIM
三维几何实体模型创建三维几何表面模型的方法，克服了传统用户界面交互性不佳、转换
后的模型数据可重用性差、实现方法不具通用性等缺点。

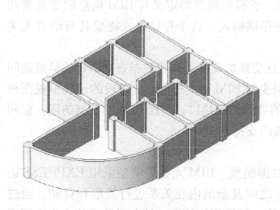

图 8-18　Revit 建筑实体模型

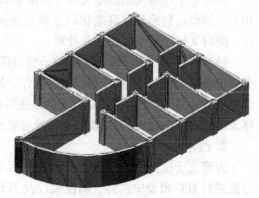

图 8-19　BIM 表面模型

第五节　面向 BIM 模型的信息提取与集成

一、BIM 信息提取与集成概述

1. 现状及存在问题

目前，针对面向 BIM 模型的信息提取与集成主要集中在以下几个方面：

（1）由 IAI 组织提出的 IDM 过程控制流程。IDM（Information Delivery Manual）的概念是 IAI 组织于 2006 年提出的，用于描述信息交换的过程信息。IDM 由 3 个部分组成：①过程图（PM，Process Map）：对过程的概述，包括实现过程的目的，与之相关的项目阶段以及过程包含的子过程。②交换需求（ER，Exchange Requirement）：以自然语言描述过程需要的信息及信息源，以及过程的输出结果。③功能单元（FP，Functional Part）：从技术角度，提供过程的技术实现细节，例如对 IFC 实体及其属性值的具体要求。IDM 规范了信息交换过程项目参与方之间的信息流，提高了信息交换的质量，支持更加可靠和有效的 IFC 应用。

（2）基于数据查询语言的信息访问。对于一般的关系数据库可以通过 SQL 查询语言进行数据查询、更新、删除等操作。然而，BIM 模型是一个面向对象的数据模型，对其进行数据访问操作需要使用面向对象的查询语言。针对面向对象的访问，Cattel 提出了 OQL，Melton 提出了 SQL-3，Adachi 提出了 PMQL 数据查询语言。

（3）基于标准数据访问接口的信息访问。SDAI 是 STEP 标准的一部分（ISO 10303—22），定义了数据访问的标准接口，通过 SDAI 可以进行 BIM 数据的访问。

目前面向 BIM 模型的信息提取与集成中，存在的主要问题体现在以下几个方面：

首先，对于子模型视图的定义实现复杂。IDM 提供了子模型视图的定义方法，这种方法通过自然语言和图标描述表达信息交换信息。然而，由于 BIM 模型本身的复杂性，使得这种方法仅限于对 BIM 模型有深入理解的建模专家使用，普通的用户难以掌握。尤其 IDM 中的功能单元部分，涉及许多 BIM 模型的细节，需要对 BIM 模型有较深入的理解。例如，用户无法通过简单的方式获知需要交互的数据是否在 BIM 模型中已有描述，是否需要定义新的属性集等。

其次，子模型视图的定义缺少标准格式。子模型视图的定义与 BIM 信息的交互密切相关，然而，目前没有规范化的子模型视图存储格式。这个存储格式需要具有语言无关性，同时又便于计算机识别和处理。

最后，缺少基于子模型视图的子模型信息交换的支持。基于数据查询语言的信息访问类似于 SQL 语言，侧重于对数据的操作，缺少对 BIM 面向过程、分阶段的子模型视图概念的支持。另外，SDAI 接口定义的是底层的数据访问接口，实现 BIM 的数据访问，但同样无法提供面向过程的 BIM 信息交换与集成的支持。

2. 改进技术

为简化子模型视图的定义提出 BIM 元数据模型。BIM 元数据模型采用 EXPRESS 语言描述对 IFC 模型中实体、属性集以及 IFD 之间复杂的内在关系进行提取和存储，通过访问少量的主体实体便可获得与之相关的实体、属性集等信息。结合互动式的应用程序界面，可以简化子模型视图的定义过程。另外，基于 BIM 元数据模型提出了子模型视图的定义过程，并针对子模型视图缺少标准的描述格式的问题，通过 XML 语言定义了子模型视图 XML schema，XML 格式可以方便地被计算机读取和处理。最后，针对 BIM 子模型视图的信息交换与集成进行研究，解决了长事务访问、并发访问、数据一致性等问题。改进技术路线图如图 8-20 所示。

二、BIM 元数据模型

1. BIM 元数据模型的构成

BIM 元数据模型（BMM，BIM Metadata Model）是指用于组织管理 BIM 模型中实体的分类信息、实体与实体间的继承关系、实体与属性集间的关系以及实体与 IFD 关系的数据模型，旨在为子模型定义提供全面的、上下文关联的信息，从而更加有效地实现基于子模型的信息交换。简言之，BMM 是在对 BIM 模型深入分析的基础上建立的模型，是对 BIM 及相关知识提取和总结的结果，使得 BIM 模型更易理解及应用。

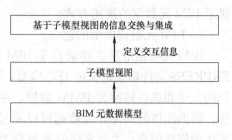

图 8-20　改进技术路线图

BMM 由 4 个部分组成，如图 8-21 所示。其中，主体实体部分是定义子模型的入口。该部分存储 Ifc Object 派生类的元数据，具体包括实体的名称、属性、用法说明、继承关系、领域分类信息、IFC 规范的网页链接等信息。辅助实体部分由 3 个子部分组成，分别是由 Ifc Type Object 派生的类型实体、由 Ifc Property Definition 派生的属性集实体以及由 Ifc Relationship 派生的关系实体。辅助实体部分的元数据包括实体的名称、属性、用法说明、继承关系、领域分类信息、IFC 规范的网页链接等信息，同时增加了适用的实体类型信息，该信息在主体实体和辅助实体间建立了联系。实现通过查询主体实体，定位与之相关的辅助实体的功能。预定义属性集部分的元数据包括属性集名称、属性集定义、IFC 规范的网页链接以及适用的实体类型信息，从而实现了通过主体实体查询相关的属性集定义的功能。将 IFD 集成到 BMM 中可以实现通过多种自然语言查询 IFC 实体，例如可以通过输入中文"梁"查询到 Ifc Beam 实体，以及在 IFD 库中为主体实体获取更多的已定义属性集。

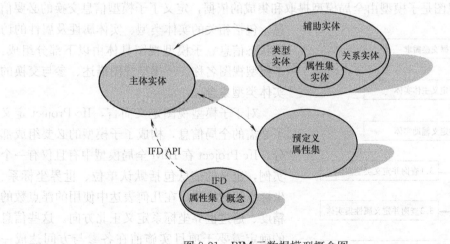

图 8-21　BIM 元数据模型概念图

2. BIM 元数据模型 Schema

为了让 BMM 与 BIM 模型兼容，可以采用 EXPRESS-G 定义 BMM Schema。BMM Schema 由多个实体组成，其中 Bmm Primary Entity、Bmm Auxiliary Entity、Bmm Property Set、Bmm IFD Property Set、Bmm IFD Concept 分别对应主体实体、辅助实体、预定义属性集、IFD 属性集、IFD 概念。这些实体间通过关系实体链接。BMM Schema 提

供了 BIM 元数据的描述方式。

3. BIM 元数据模型的建立

BIM 元数据信息主要来自于 BIM 模型本身，包括以自然语言描述的 IFC 规范及以 EXPRESS 文件格式定义的 IFC 模型，还包括由 IFD 库提取的相关信息。这些信息通过不同的方法和途径转换为 BMM 数据，主要方法有：主体实体、辅助实体元数据，主体实体、辅助实体的大部分元数据可以通过提取 EXP 文件获得，包括完整的实体继承关系、实体的属性信息；主体实体的领域分类信息按照 IFC 规范输入；主体实体和辅助实体的依赖关系通过分析 IFC 规范得到；预定义属性集的提取。预定义属性集信息可以直接从 IFC 标准中提取，提取的信息由 Bmm Property Set、Bmm Property 描述；IFD 库中的概念元数据，通过标准的 API 函数访问 IFD 库，获得与当前概念对应的多种语言的解释；IFD 库中的属性集元数据，IFD 中定义了大量的属性集，这些属性集同样可以通过 API 函数获取，并将这些信息通过 Bmm IFD Property Set、Bmm Property 描述。通过上述步骤可以实现 BMM 的创建。BMM 依赖于具体的 IFC 版本，应针对不同的 IFC 版本建立对应的 BMM。

三、基于子模型视图的信息提取与集成

1. 子模型与子模型视图

BIM 子模型是相对于 BIM 全局模型而言的子集，是按照子模型视图由 BIM 全局模型提取，或由应用软件生成的 BIM 局部模型。在实际应用中，子模型通常通过 STEP 文件或 ifcXML 文件进行交换。子模型是面向过程的 BIM 信息提取与集成的基础，建筑生命期的应用软件通过子模型由 BIM 全局模型提取数据，并将生成的结果通过子模型与 BIM 全局模型集成。

子模型视图是子模型由全局模型提取和集成的依据，定义了子模型信息交换的必要信息，包括相关的实体类型、实体属性及属性的访问状态信息。子模型视图具体由以下部分组成：子模型视图名称、子模型视图描述、参与交换的实体类型集合。

对于子模型视图定义而言，Ifc Project 定义了必需的全局信息，构成了子模型的必要组成部分。Ifc Project 在 BIM 全局模型中有且仅有一个实例，定义的信息包括默认单位、世界坐标系、坐标空间的维数、在几何表达中使用的浮点数的精度、通过世界坐标系定义正北方向。这些信息的确定需要于项目实施前在各参与方间达成一致，一经创建便应尽量保持只读状态，从而避免由于单位、世界坐标系的不同导致数据的不一致与冲突。

子模型视图的定义流程如图 8-22 所示，分为 5 个主要步骤。

步骤 1：数据接收者根据应用软件的输入确

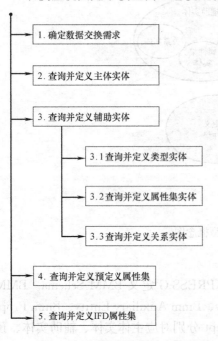

图 8-22 子模型视图的定义流程

定信息交换需求，这些交换需求以自然语言描述。

步骤 2：根据信息交换需求确定主体实体。通过 BMM 可以按照领域信息和关键字检索主体实体。以 4D 施工管理应用为例，4D 施工管理需要获得与建筑构件相关的信息，这些信息可以在共享的建筑构件领域中获得，例如 Ifc Beam、Ifc Column、Ifc Slab、Ifc Door 等实体。然后为实体设定过滤条件，并为显示属性设定读写方式。

步骤 3～步骤 5：通过 BMM 获取与主体实体关联的辅助实体、预定义属性集及 IFD 的相关信息。并根据信息交换需求选择其中的部分或全部参与子模型的信息交换。

2. 子模型数据的提取

子模型数据的提取需要与全局模型数据分离，其分离通过两种不同的机制实现。一种是通过实体的反向属性分离，另一种是通过子模型视图中实体属性的访问表示进行分离。

子模型视图存储了用于信息交换的实体类型，由主体实体和辅助实体构成，均为可独立交换的实体。而对于某一实体其属性值对应的实体类型，既可为可独立交换的实体又可为资源实体。在实体数据的提取过程中，依次提取实体的显示属性（Explicit Attribute），若显示属性为引用类型则按照递归的方式继续调用提取实体的算法。递归调用的终止条件有两个，满足其一便可终止递归调用过程返回临时结果，这两个条件是：①属性值为非引用类型；②模型视图中访问属性为 Ignore。

由于 IFC 模型实体间存在着复杂的关联关系，一个实体实例可能被多个实体实例引用。为了避免实体提取过程中出现重复提取，进而造成数据的不一致和冲突，在实体的提取过程中，将成功提取的实体存储在一个以 GUID 为关键字的字典结构中。每次提取实

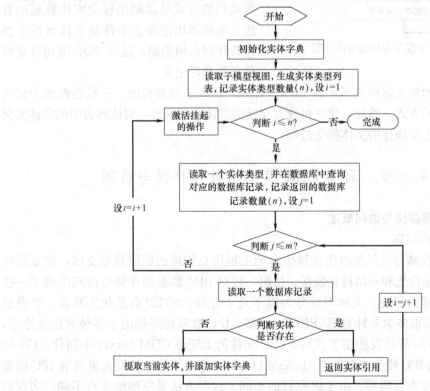

图 8-23　子模型数据的提取流程

体前首先在该字典中检索实体是否已被提取，若已被提取则直接由实体字典获取实体引用，若未被提取则调用上述的实体提取算法。

子模型数据的提取流程如图 8-23 所示。

首先初始化实体字典结构，并读取子模型视图，生成实体类型列表。然后对实体列表中的每一个类型进行遍历，并根据实体类型在数据库中查询对应的数据库记录。对数据库记录集进行遍历，每一条记录对应一个实体实例，并由一个 GUID 作为主键。由于 IFC 模型的复杂引用关系，当前的实体可能在之前的过程中已经建立。因此根据 GUID 在实体字典中查询实体是否存在，若存在则处理下一条记录，若不存在则应用上节中的方法提取实体，并将成功提取的实体添加到数据字典中。数据的提取过程不删除数据库中的记录，在提取的同时为相应的数据记录标记实体的访问方式。

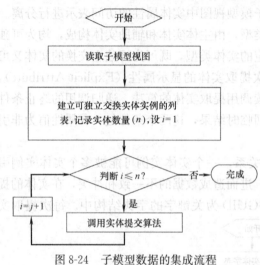

图 8-24　子模型数据的集成流程

3. 子模型数据的集成

子模型数据的集成过程需要根据子模型数据和子模型视图对数据库执行添加、更新和删除操作。这些操作首先要根据子模型中的实体数据对数据库中的实体记录进行定位。然后，在实体数据的提交过程中，依次提交实体的显式属性（Explicit Attribute），若显示属性为引用类型，则按照递归的方式继续调用提交实体数据的算法。递归调用的终止条件是实体属性不再包含任何引用类型，通过 SQL 语句可直接更新数据库记录。

子模型数据的集成流程如图 8-24 所示。首先，读取子模型视图，子模型视图中记录着实体属性的访问方式。然后，建立可独立交换的实体实例列表，对该列表中的实体实例进行遍历并执行上节描述的实体提交过程。

第六节　面向 BIM 模型的数据存储与访问

一、BIM 数据存储与访问概述

1. 现状及存在问题

BIM 数据的存储与访问是面向建筑生命期工程信息管理的底层数据支撑，需要同时处理结构化、半结构化和非结构化数据。目前，针对 BIM 数据的存储与访问出现了一些商品化工具箱和相关研究，大体可以分为以下几个方面：STEP 商品化工具箱、免费的 IFC 工具箱，以及很多学者针对 EXPRESS 模型、IFC 数据访问提出了多种方法及原型，例如，Antti Karola 等开发的用于读写 STEP 文件的 BSPro COM Server 中间件，Chang feng Fu 等开发的 IFC 模型查看器，Abidemi Owolabi 等为了辅助开发人员理解 IFC 模型而开发的 IFC 类库查看器等。由于研究目的不同，这些方法及原型侧重点不同，实现的功能各异。

目前，BIM 数据的存储与访问中存在的主要问题体现在以下几个方面：

（1）工具箱源代码不开放，无法对功能进行扩展和定制。BIM 技术的应用仍处于一个初级阶段，仍有许多问题需要研究和探索。作为 BIM 数据描述核心的 IFC 模型同样需要不断的扩展和完善。许多学者针对不同领域扩展了 IFC 模型 Schema，然而，由于商业工具箱源代码不开放，新增加的实体定义无法通过已有工具箱实现，造成研究工作的不便。

（2）仅能处理特定版本的 IFC 模型。上面提到的工具箱与 IFC 模型的版本紧密绑定，因此只能处理对应版本的 IFC 数据。IFC 模型发布新版本后，通常没有及时的更新。

（3）仅支持特定的开发语言和开发平台。随着计算机技术的不断进步，尤其是 Microsoft. Net 框架的提出使得编程语言和操作系统不再相互依赖。通过 . Net 平台可以使用多种程序语言开发跨平台的应用程序。早期的商业解决方案大多只提供了非 . Net 框架下的 Java、C、C++工具箱，最近的一些研究中部分学者提出了基于 . Net 的 EXPRESS 联编方式。然而，目前仍缺少在 . Net 框架下具有接口友好、功能完整、容易实现的工具箱。

（4）工具箱的用户接口不够友好。这里工具箱的用户接口是将工具箱作为软件开发的组件，面向程序员提供的开发接口。通常采用晚联编方式的工具箱，其类型信息以文本方式表达，通过程序实现代码复杂、类型不安全、不能支持编译器的智能感知功能。

（5）仅针对结构化的 IFC 数据进行处理，忽略了半结构化和非结构化的工程数据。而建筑工程信息管理会长期出现结构化、半结构化和非结构化数据共存的现象，目前的工具箱对半结构化和非结构化数据的处理能力较弱。

2. 改进技术

基于源代码自动生成技术的 BIM 数据访问工具箱的创建方法降低了工具箱开发的难度，使得研究学者及开发人员可以快速地按需开发、定制及扩展工具箱的各种功能，例如扩展新的实体定义、针对新的 IFC 版本开发工具箱。采用 Microsoft. Net 框架进行开发，使得工具箱具有了 . Net 框架支持多种程序语言，例如 VB. Net、C♯、C++、Java 语言，及多种平台的特性。工具箱采用早联编方式，克服了晚联编方式用户接口不够友好的缺点。另外，通过建立文件元数据库和文件服务器，实现了半结构化及非结构化数据与结构化的 IFC 模型的集成。具体的改进内容如图 8-25 所示。

图中右侧描述包含了存储层、访问层和用户界面层的 BIM 数据存储与访问工具箱，最终用户通过调用界面层提供的接口实现 BIM 数据的存储与访问。其中，STEP 物理文件和 ifcXML 文件为 IFC 数据的两种重要的文件存储格式，而 ifcXML 文件访问的实现可以参考 STEP 文件访问的实现方法和思路。

图中左侧虚线指示的内容与源代码生成相关。通过读取 EXPRESS 定义的 IFC 模型，结合代码逻辑，可以快速生成供编译环境编译的源程序代码，创建基于源代码自动生成技术的 BIM 数据访问工具箱的方法。其主要思想是将重复的工作交由代码生成器处理。用于代码生成器生成代码的代码逻辑则需要根据具体的事务处理逻辑来确定。

二、BIM 数据访问工具箱

1. 工具箱的构成及接口定义

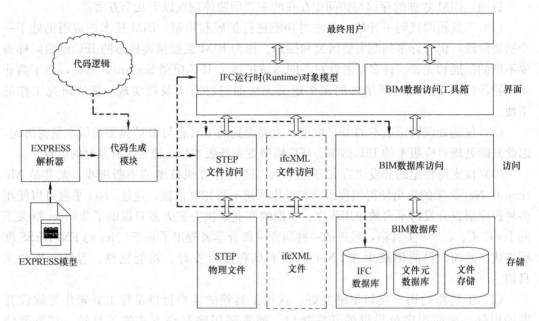

图 8-25　BIM 数据的存储与访问逻辑结构

BIM 数据访问工具箱是一个由基于 . Net 框架采用 C♯语言开发的可重用的一组动态链接库，为基于 BIM 的应用程序开发提供了 IFC 文件、数据库的访问功能。工具箱采用面向对象的方式开发，其主要类的组成如图 8-26 所示。

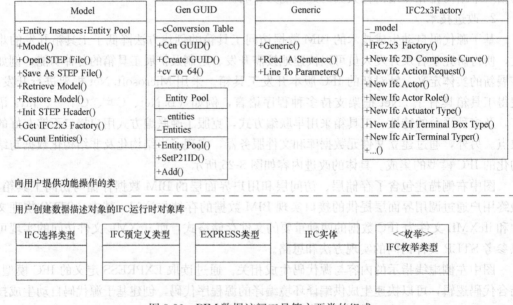

图 8-26　BIM 数据访问工具箱主要类的组成

其中，Model 类、Gen GUID 类、Entity Pool 类、Generic 类、IFC2x3Factory 类为向用户提供功能操作的类。Model 类提供了打开、保存 STEP 文件，由数据库提取、集成子模型等功能。Gen GUID 类用于创建符合 IFC 要求的 Global Id。Generic 类负责处理文

278

本分析、参数转换等任务。IFC2x3Factory 用于创建 IFC 的各种可实例化的实体类型，并将成功创建的实体类型添加到 Model 实例的 Entity Instances 中。

2. 源代码自动生成技术

源代码自动生成技术是一种计算机编程技术，可以用于动态生成程序源代码、数据库模式等。使用源代码自动生成技术可以减少枯燥的重复工作，将具有统一处理模式的程序源代码生成工作交由代码生成器完成。.NET Framework 中包含一个名为"代码文档对象模型"（Code DOM）的机制，该机制使编写源代码程序的开发人员可以在运行时，根据表示所呈现代码的单一模型，用多种编程语言生成源代码。

经过代码生成器生成的源代码可即刻被编译器编译，及早发现编译错误，通过修改代码生成逻辑可以快速地修正大部分编译错误。对于一些特例或处于优化代码的目的，可以手动修改或将特例转化为代码逻辑的一部分，由代码生成器自动处理特例。例如通常情况预定义类型的底层类型为简单类型，而 Ifc Compound Plane Angle Measure 的底层类型为列表类型（属于聚合类型），其初始化方法和解析方法与其他的预定义类型均不同，因此可以在代码生成器中将其作为特例处理。

3. EXPRESS 解析器

IAI 发布每一个版本的 IFC 模型时会同时给出便于阅读的网页版本和用于计算机处理的 EXPRESS 文件（.exp 文件），它们是同一模型的不同表达方式。为了能够让计算机自动处理 EXPRESS 文件，需要建立对应的数据结构及处理程序。

EXPRESS 文件采用纯文本编码方式。以 IFC2X3_Final.exp 文件为例，文件由注释段和 SCHEMA 段组成，SCHEMA 段中包含了对类型的定义，包括定义类型、枚举类型、选择类型、实体类型、函数及规则的具体定义。根据数据类型的特点和源代码生成器的需求，针对定义类型、枚举类型、选择类型和实体类型定义下列数据结构。这些数据结构可以在计算机内存中完整的表达以 EXPRESS 文件定义的类型。

EXPRESS 文件的读取流程如图 8-27 所示。读取实体类型的过程中需要进一步识别对应的关键字，从而获取属性、反向属性、派生属性以及类型之间的继承关系，其原理与方法与流程图中的过程相似，不再详述。读取后的信息存储在计算机内存相应的数据结构中。

4. IFC 运行时（Runtime）对象模型

（1）简单类型

简单类型包括 REAL、NUMBER、INTEGER、BOOLEAN、LOGICAL、STRING 及 BINARY。C#语言提供了两种机制定义新的数据类型，即通过结构体（struct）定义新的数据类型或通过类（class）定义新的数据类型。这两种机制的主要区别在于：①结构体在堆（heap）中分配内存，类在栈（stack）中分配内存，结构体具有更高的执行效率；②结构体属于值类型（参考 C++中的传值引用），类属于引用类型（参考 C++中的传址引用）；③结构体不支持继承，类支持继承。由于在 IFC 对象模型的语言联编过程中，EXPRESS 值类型的实现主要用于类型表达，需要具有良好的继承特性，不需要考虑堆栈的执行效率问题。

（2）定义类型

IFC 模型定义了 117 个定义类型。定义类型采用关键字 TYPE 定义，通过实现底层

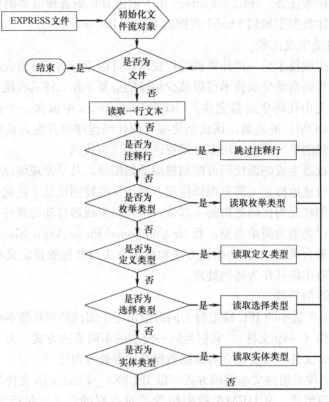

图 8-27　EXPRESS 文件读取流程

类型的派生类实现定义类型，并利用面向对象的特性，重载对应的构造函数及隐式运算符，对于定义类型有少数情况需要由聚合类型派生。

（3）枚举类型

IFC 模型定义了 164 枚举类型，其概念与程序语言中的枚举类型非常相似。枚举类型采用关键字 TYPE…ENUMERATION 定义。为了能够区分未设定的枚举变量值，为每一个枚举类型添加"UNSET"枚举值，即枚举变量在未赋值的情况下返回 UNSET。

（4）选择类型

IFC 模型定义了 46 个选择类型。选择类型采用关键字 TYPE…SELECT 定义。与其他类型相比，选择类型较为特殊。实际上，选择类型的类型列表列出了该选择类型可以接受的类型，选择类型仅接受类型列表中出现的类型实例的值或其引用（实体类型实例的引用）。

（5）实体类型

IFC 模型定义了 653 个实体类型，是 IFC 模型的核心。实体类型采用关键字 ENTI-TY 描述，同时包含多个子句，IFC 模型中实体的概念与面向对象程序语言中类的概念相对应，且实体间采用单继承关系。在 IFC 数据的存储过程中，实体中只有属性被保存。因此在程序实现时为每一个属性建立字段，并按照 EXPRESS 定义保持类之间的继承关系。

（6）聚合类型

EXPRESS 语言有 4 种聚合类型，分别是 ARRAY、BAG、LIST、SET，聚合类型是一个容器，可以容纳其他类型的实例。采用 C♯ 中的泛型能够实现聚合类。

5. STEP 文件结构

STEP 文件是 IFC 数据存储的重要文件格式之一。STEP 文件以 "ISO-10303-21;" 标识符开始，以 "END-ISO-10303-21;" 标识符结束，在两个标识符之间包含头部段和数据段两个段落。头部段以 "HEADER;" 标识符开始，以 "ENDSEC;" 标识符结束，数据段以 "DATA;" 标识符开始，以 "ENDSEC;" 标识符结束。

三、BIM 数据库的创建与访问

1. BIM 数据库的构成

BIM 工程数据库的建立需要满足结构化的 IFC 模型数据和非结构化的数据文档（如 CAD 模型、技术文档、工程分析结果、招投标文件等）数据的存储要求。为此可以借鉴应用于制造领域的电子仓库（Electronic Data Vault，EDV）的概念。电子仓库通常建立在通用的数据库系统的基础上，是 PDM 系统中实现某种特定数据存储机制的元数据库及其管理系统。它保存所有与产品相关的物理数据和物理文件的元数据，以及指向物理数据和物理文件的指针。将电子仓库的概念应用于 BIM 工程数据库，则与物理数据对应的便是 IFC 数据库，与物理文件对应的便是工程建设过程中出现的各种非结构化的文档。BIM 工程数据库的构成如图 8-28 所示。其中，IFC 数据库用于存储 IFC 对象模型数据，文件数据库用于组织和管理各种类型的非结构化文档。文件元数据库用于存储非结构化文档的元数据。IFC 数据库与文件元数据库通过 IFC 关系实体 Ifc Rel Associates Document 建立关联。

2. 文件元数据库的创建

文件元数据库用于存储文件的元数据，是连接文件与 IFC 数据库的桥梁。通常文件元数据库根据文件的不同类型建立不同的数据表记录文件的元数据，例如针对文本文件的数据表字段包括文件名、创建者、创建日期、修改者、修改日期以及用于标识该文件的 GUID，对于视频文件除了上述信息外还包括视频长度、视频文件类型等信息。除了记录文件元数据外，文件元数据库可以根据

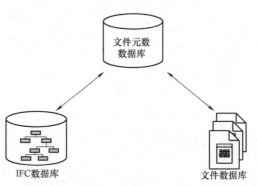

图 8-28　BIM 数据库的构成

不同的需求建立虚拟文件夹，虚拟文件夹提供了灵活的分类机制，将相关的文件组织在同一虚拟文件夹下，然后将该虚拟文件夹与 IFC 数据库中的实体相关联从而形成完整的 BIM 数据存储。

3. IFC 数据库的创建及访问

数据库是 IFC 数据存储的另一种重要载体。与基于文件的存储不同，数据库存储更适合处理具有大量数据的完整的 IFC 模型，通过基于网络的接口为项目的不同参与方提供更强大的信息交换能力。数据库按照类型可以分为关系数据库和面向对象数据库。本节以关系数据库为例进行讲解。关系数据库采用传统的二维关系表存储数据，IFC 对象模型的存储首先要针对不同类型建立数据库模式。

4. IFC 数据库访问的代码逻辑

实现数据库的数据存储与读取需要使用 SQL 语言在 IFC 模型的各种数据类型与数据库字段间相互转换，并通过执行转换后的 SQL 语句实现数据库的存储与读取。为实现该目的，按照 IFC 对象模型中的不同类型添加处理和转换 SQL 语言的功能函数。

复习思考题

1. 传统的工程信息管理存在哪些问题？BIM 技术应用于工程信息管理中带来的改变有哪些？
2. 基于 BIM 技术的信息管理结构是什么？
3. IFC 与信息描述以及扩展机制之间的关系是什么？
4. 如何将 BIM 技术和信息共享结合？
5. 请自行制作一个 BIM 表面模型。
6. 面向 BIM 模型的信息提取需要哪些基础？
7. 如何实现 BIM 数据的存储与访问？
8. BIM 信息集成平台开发的步骤是什么？
9. BIM 技术在工程信息管理的领域内还可以如何拓展使用？请举例说明。

第九章　项目运营阶段的 BIM 应用

学习要点：

1. 了解 BIM 技术在房屋设施管理中的应用与实践。
2. 了解 BIM 技术在建筑设备运行维护中的可视化管理与实践。
3. 了解 BIM 技术在既有建筑改造中的应用管理与实践。

第一节　BIM 技术在设施管理中的应用

一、设施管理概述

1. 设施管理的定义

设施管理（Facility Management，FM）是一门新兴的交叉学科。按照国际设施管理协会（IFMA）和美国国会图书馆的定义，设施管理是以保持业务空间高品质的生活和提高投资效益为目的，以最新的技术对人类有效的生活环境进行规划、整理和维护管理的工作。设施管理综合利用管理科学、建筑科学、行为科学和工程技术等多种学科理论，将人、空间与流程相结合，对人类工作和生活环境进行有效的规划和控制，保持高品质的活动空间，提高投资效益，满足各类企事业单位、政府部门战略目标和业务计划的要求。

在国际上，各个协会对于设施管理的定义都有自己的认识，表 9-1 代表了几个主流协会对设施管理的定义。

主流协会对设施管理的定义　　　　　　　　　　　　　　　　　　表 9-1

协　　会	定　　义
国际设施管理协会（IFMA）和美国国会图书馆	设施管理以保持业务空间高质量的生活和提高投资效益为目的，以最新的技术对人类有效的生活环境进行规划、整理和维护管理的工作
英国设施管理协会（BIFM）	设施管理是通过整合组织流程来支持和发展其协议服务，来支持组织和提高其基本活动的有效性
澳大利亚设施管理协会（FMA）	设施管理是一种商业实践，它通过优化人资产和工作环境来实现企业的商业目标
香港设施管理学会（HKIFM）	设施管理是一个机构将其人力、运作及资产整合以达到预期战略性目标的过程，从而提升企业的竞争能力

2. 设施管理的内容

设施管理的内容非常广泛，涉及人类生活的各个方面。国际设施管理协会（IFMA）所定义的设施管理最初主要包括以下 8 个方面：不动产、规划、预算、空间管理、室内规划、室内安装、建筑工程服务、建筑物的维护和运作。还有一些学者提出了更加详细、具体的设施管理内容。比较典型的有 Quah 给出的设施管理内容，如图 9-1 所示。

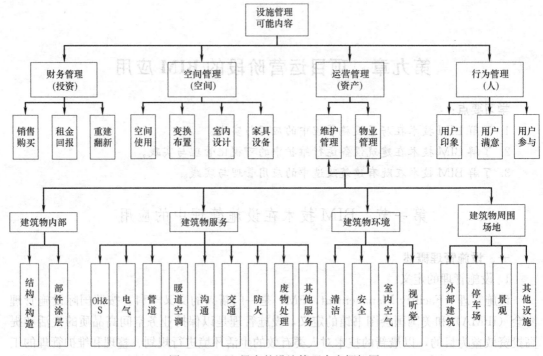

图 9-1　Quah 界定的设施管理内容框架图

二、设施运营管理的信息化

1. 设施运营管理信息的内容及特点

设施运营管理处于项目的运维阶段，这是项目的最后一个阶段。它的信息量相当大，不仅需要本阶段的信息还需要包括全寿命周期中其他各阶段的信息，如设施管理的信息包括竣工阶段的竣工图纸、竣工验收资料、设备初始信息和运行记录等。设施运营管理的信息框架用结构图的形式表达，如图 9-2 所示。

设施运营管理信息的特点有以下四点：

（1）信息数量庞大

设施管理信息不仅包含设计阶段的设计图纸信息，还包含施工阶段的签证信息、各种修改信息、竣工阶段的竣工图信息，以及设备本身的信息等，信息量相当庞大。加上各种信息的格式不一样，使得现在的信息技术不能有效的集成。因此，设施管理人员在设施管理实践中不能快速查找到所需的信息，造成管理效果低下。

（2）信息源多，存储分散

建设项目信息来自全寿命周期各个阶段的各个参与方的各种不同专业，各个阶段的各个参与方都会产生自己的信息，信息来源很多。而且各个参与方都将自己的信息储存在自己的系统中，使信息处于极度分散的状态。同时各个参与方使用的信息储存软件也不尽相同，致使信息格式不同，不能实现信息共享。

（3）信息类型复杂，不利于保存和提取

按照不同的分类标准，建设项目信息可以分为不同的类型。按照项目划分，有决策信息、设计信息、施工信息、运营信息等。按管理的目标划分，有投资信息、质量信息、进度信息、安全信息等。按存储形式划分，主要有两种形式：一类是结构化信息，这类信息

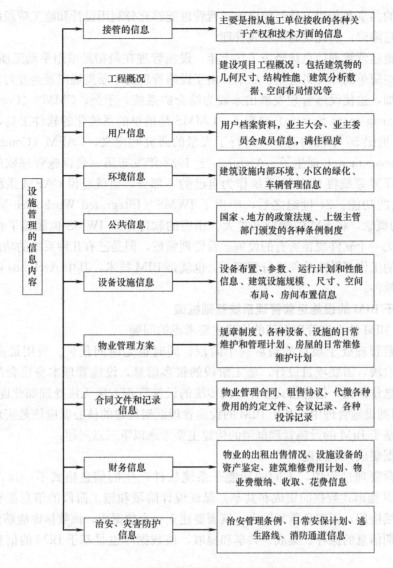

图 9-2　设施管理的信息内容框架图

是数字型信息，是确定的；另一类是半结构化或非结构化信息，主要是指工程上的照片、图像、文字等多媒体数据。信息类型的复杂，使信息不利于保存和提取。

（4）信息的动态性

一个建设项目从开始立项到竣工完成、运行，少的要花费几个月的时间，多的要几年甚至十几年的时间。每个时间点都会产生新的信息，信息始终处于不断变化之中。信息的这种动态性使得对信息的有效管理是必不可少的，但也相应地增加了信息管理的难度。

2. 设施运营管理信息化的重要性

最近几年，信息化技术日新月异，可以说每个国家、每个行业都需要先进的信息技术来满足其发展需求。建筑业作为国民经济的支柱产业，更需要先进的信息技术。设施运营管理处于整个工程项目生命周期的最后一个阶段，也是最长的一个阶段，即运维阶段，更需要信息化技术来进行有效管理。设施运营管理信息化可以促进设计和施工阶段的信息在设施管理中的共享和利用，从而使设施运营管理能够充分利用设计和施工阶段的资料和数据，减少信息障碍，实现设施的有效管理。

我国设施运营管理信息化经历了几十年，设施管理在最初是采用手动纸质管理方式，然后有了一些简单的计算机应用。后来，由于设施管理的不断发展以及企业对设施管理要求的不断增加，迫使设施管理发展出来较为综合的系统，于是，CMMS（Computer Maintenance Management System）出现了。CMMS 是最早的系统化的软件工具，后来随着 IFMA 在 20 世纪 80 年代初对 FM 进行了大量的研究和定义，CAFM（Computer Aided Facilities Management）诞生了。Archibus 于 1982 年发布第一套设施管理软件。在这次演化中，CAFM 系统将 CMMS 系统作为自己的一部分，也就是说 CAFM 系统里面包含 CMMS 系统的功能。21 世纪之后，产生了 IWMS（Integrated Workplace Management Systems）的概念，将 FM 的领域又扩大。相应的软件系统 IWMS 也涵盖了相当多的领域，虽然尚无一个软件覆盖所有的设施运营管理领域，但是已有几种系统的功能基本上把能够信息化的工作都做成软件进行管理了，也就是 BIM 技术，其中 Archibus 就是功能比较多的一种软件。

三、基于 BIM 的设施运营管理系统基础框架

1. 基于 BIM 的设施管理框架的构建主要考虑的问题

设施运营管理处于项目的最后一个阶段，同时也是时间最长、费用最高的一个阶段——运维阶段，需要项目设计、施工阶段的很多信息，设施管理本身也会产生很多信息，因此信息量巨大，信息格式多样，而传统的设施管理方法无法处理如此庞大的信息。将 BIM 运用到设施管理中，基于 BIM 的设施管理框架构建的核心就应该是实现信息的集成和共享。基于 BIM 的设施管理框架的构建主要考虑以下三点问题：

（1）数据集成共享问题

设施运营管理过程中，不同的功能子系统软件产生的信息格式不一样，如何实现 BIM 数据和其他形式数据的集成和共享，保证设计阶段和施工阶段的信息能够在设施运营管理中持续应用，而避免重复输入，就需要建立一个数据库，该数据库能够保证建设项目全寿命周期信息的保存、集成、共享和提取，该数据库也是基于 BIM 的信息管理框架的基础。

（2）系统功能实现问题

对信息进行存储和管理的最终目的就是有效地把信息应用到设施运营管理的各个系统中，因此，在管理框架的中间层为系统应用层，该应用层的建立是为了实现设施管理的各个系统的应用功能以及各系统的集成。

（3）客户端权限问题

客户端主要的目的是通过权限控制保证信息安全。在设施运营管理过程中，确保数据的安全是非常重要的，不同的用户允许访问的数据是不一样的。BIM 技术可以实现完善的文件授权机制，满足用户对数据访问控制的需要。

2. 基于 BIM 的设施管理框架的构建

目前相关技术在设施运营管理中的应用是孤立的，虽然单独应用某项技术给设施管理带来了很大好处，但远远低于技术间集成应用的效益。BIM 技术及其相关技术的出现为设施运营管理带来极大的价值和便利，尤其是项目全生命周期内信息的创建、共享和传

递，能够保证信息的有效沟通。只有将相关信息技术进行集成，并构建基于 BIM 的设施运营管理体系，才能消除传统信息创建、管理和共享的弊端，更好地实现设施运营管理信息化，从而提升设施运营管理的效率。结合 BIM 技术的特点，将其自身优势加入到设施管理中。基于 BIM 技术的设施运营管理框架体系包括三个层次：数据共享层、系统运营层、客户端。图 9-3 显示了基于 BIM 技术的设施运营管理框架体系。

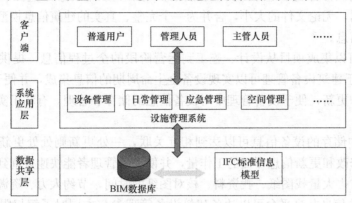

图 9-3　基于 BIM 的设施运营管理框架体系

（1）数据共享层：其主体是一个 BIM 数据库，该层的关键是实现数据的集成共享。设施运营管理信息不仅包含设计阶段和施工阶段的信息，还包含设施管理过程中所产生的信息，庞大的信息需要通过一个 BIM 数据库进行统一的存储和管理。

（2）系统功能层：是在数据共享层的基础上搭建的，其目的是面向不同的应用需求，采用不同的管理系统，反映了设施运营管理各方面的应用需求，其内容包括设备管理、日常管理、应急管理、空间管理和资产管理等，系统功能层的关键是实现各子系统的集成。

（3）客户端：在整体框架的最上层，其目的是允许不同等级的用户或管理人员查看不同级别的数据信息或进行不同级别的管理操作。

四、BIM 技术在设施运营管理中的应用

1. 设备管理

（1）功能作用

运营阶段的设施管理大部分的工作是对设备的管理，随着智能建筑的不断涌现，设备的成本在设施管理中占的比例越来越大，在设施管理中必须注重设备的管理。通过将 BIM 技术运用到设施管理系统中，使系统包含设施所有的基本信息，也可以实现三维动态的观察设施的实时状态，从而使设施管理人员了解设备的使用状况，也可以根据设备的状态提前预测设备将要发生的故障，从而在设备发生故障前就对设备进行维护，降低维护费用。基于 BIM 的设备管理包括：设备数据实时显示、设备监控报警、历史数据记录、设备故障预警预报、专家知识库等。

（2）技术支持

设备管理的技术支持有 RFID 技术和 Navisworks 技术。RFID 技术应用到设备管理中，主要功能是提供信息收集。RFID 是一种自动射频识别技术，利用无线电信号来捕获和传输数据，它作为电子标签和数据收集系统，在设备现场为每个设施设备分配一个指定的 RFID 电子标签，在进行设备定位查看时，使用智能终端设备获取现场设备的各种信息。

Navisworks 是 Autodesk 公司的一款 3D/4D 协助设计检视软件，它可以实现三维模型的实时漫游，目前大量的 3D 软件实现的是路径漫游，无法实现实时漫游，它可以轻松的对一个超大模型进行平滑的漫游，为设备的定位和检查提供方便、可靠的方法。将 Navisworks 应用到设备管理中，可以实现设备的实时的、三维动态的监控，还可以将多种格式的三维数据，无论文件的大小，合并为一个完整、真实的建筑信息模型，以便查看与分析所有数据信息。

BIM 模型可以集成项目从设计、施工到运营阶段的全过程信息，提供数字化管理平台。将 BIM 用于建筑设备管理可以实现设备全生命周期的信息集成，并便于修改和添加，可以不断完善和更新，便于设备管理中对设备信息的储存和管理，有利于实现可持续的设备管理。

BIM 模型中储存的设备信息可以达到相互关联，一处更新则处处更新，减少设备维护管理人员在修改和更新信息方面的工作量，并使设备管理者能快速查询到所需设备的全套相关信息，省去大量找图纸、找资料、核对图纸的时间，节约人力、资源和时间耗费。

BIM 提供的信息共享平台可以让各建筑设备管理参与方同时了解权限范围内的建筑设备信息，实现各参与方的无障碍交流，避免信息孤岛、信息错误、信息不及时等情况发生，能够使建筑设备信息进行无损传递，对设备管理工作的顺利开展有极大的促进作用。

BIM 还可以提供可视化的操作平台，使管理人员形象、直观、清楚地掌握建筑设备的相关情况，增加其信息掌握的准确性。并且在建筑设备管理过程中，可视化的管理可以大大降低建筑设备管理的难度，比传统的二维图纸更容易理解。能够快速清楚的了解建筑设备的位置、运行维护状态等信息，能够大大提高设备管理效率。

利用 BIM 模型将建筑及设备以 3D 可视化的形式直观、形象地表现出来，并为所涉及的项目参与者提供相应的添加、查询、更新或修改设备信息和实时访问的可视化操作平台，BIM 的实施有利于实现高效的建筑设备管理。

（3）BIM 建筑与设备模型的建立与信息集成

BIM 模型使用 Autodesk Revit Architecture 进行建筑模型建立。利用 Revit MEP 进行设备模型建立。然后整合建筑与设备模型，将设备模型添加到建筑模型中，并放置到建筑空间相应的安装位置，便可呈现出与实际情况相同的虚拟三维空间效果，进行 3D 可视化展示。

将设备管理信息整合到 BIM 模型中，在模型中输入设备维护相关信息，包括设备基本信息（ID 和设备名称、规格和类型、安装位置、性能等），运行维护管理信息（维护状态、维护历史等），合同信息（供应商、保修期等），成本信息（购置成本、安装成本、维护成本、折旧额等）。自动生成含有设备以上丰富信息集成的 BIM 模型，以便于设备信息的完整保存。并且根据 BIM 集成模型中包含的建筑设备信息，在模型中点选任意一个建筑设备，查看其类型属性，即可显示出该设备的相关属性信息，实现设备信息的快速查询。

（4）建筑设备信息可视化表达

建筑设备的可视化管理需要将管理的对象用形象、醒目的方式来体现，如用规格、材质、色彩、字体、图形、实例等方式来进行具体可视化表达，实现可视化管理的标准化，使任何人都可以方便、简洁的进行管理及操作。

在建筑模型中录入设备相关信息之后，得到信息集成的 BIM 模型，利用 BIM 提供的可视化操作平台，将设备状态信息，包括设备运行维护状态、合同纠纷状态、成本控制状态、处置决策等信息用直观的图形、颜色等方式进行可视化表达，帮助设备管理者一目了然的找出存在问题的设备和需要重点管理的设备，使管理更加具有针对性和及时性，更有效地进行设备管理。以下详细介绍建筑设备各类状态信息的表达方式与实现。

① 设备运行维护状态可视化

对于建筑设备运维状态的可视化表达，主要采用不同颜色来表示设备的运行维护状态。如用白色表示设备正常运行中、蓝色表示设备故障需维修、黄色表示设备维修中或保养中、黑色表示设备停运中。图 9-4 为空调设备运行维护状态可视化展示示例。

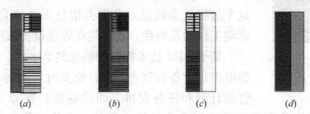

图 9-4　空调设备运行维护状态可视化展示

(*a*) 设备正常；(*b*) 设备故障；(*c*) 设备保养中；(*d*) 设备停运

② 设备成本信息可视化

建筑设备成本信息的可视化主要体现在对成本控制状态的可视化表达。将实际成本数据录入 BIM 模型数据库后，通过与预计成本的对比，分为成本超支、成本警戒（未超支但突破成本警戒线）、成本未超支等情况。对成本超支的设备用红色突出显示，处于成本警戒的设备用橙色预警显示，未超支设备则不做特别显示。图 9-5 为某空调设备处于成本超支状态。

③ 设备合同信息可视化

建筑设备合同信息的可视化主要体现在对合同纠纷状态的可视化表达。分为有合同纠纷和无合同纠纷两种情况。对于有合同纠纷的设备用约定的图案进行表示，如条纹图形。并可结合建筑设备运行维护状态以及成本控制状态进行综合表达，不同颜色的条纹表示有合同纠纷的设备处于不同的运行维护状态。如黄色条纹图案表示设备处于维修或保养中，且存在合同纠纷；红色条纹图案则表示设备维护成本已超支，且存在合同纠纷，如图 9-6 所示。

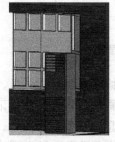

图 9-5　某空调设备成本超支状态图

图 9-6　空调设备成本超支及有合同纠纷可视化展示图

④ 设备处置决策可视化

管理者对于建筑设备的处置决策信息，同样可以采用颜色来进行可视化表达。用不同颜色表示管理者对设备的不同处置决策，主要包括修理（大修）、改造、更新、报废等处置决策。并可结合建筑设备运行维护状态以及成本控制状态进行综合表达，用两种及两种以上的颜色表达设备的多种状态信息，如图 9-7 所示。

图 9-7 空调设备多状态信息可视化表达

（5）基于 BIM 的建筑设备维护管理模式

① 管理实施流程

建筑设备建档完成后，在运行维护阶段，传统方式中设备管理工作人员需要通过人工采集、记录维修信息，再查询大堆的二维图纸、操作手册、维修记录等文件信息来对照，这个过程效率较低，且多类信息无法整合，增加理解难度，影响工作的及时性，尤其是在管理设备数量众多时。

基于 BIM 技术提供的信息共享平台，以及设备运行维护数据库，设备管理者可以轻松及时了解实时设备信息，做出管理计划和任务安排。而设备维护保养及维修人员在工作时也可借助 BIM 可视化模型辅助进行准确的维护保养和维修工作，并可通过在数据库中快速查询维护维修设备的维护维修记录、维修手册、使用手册及图纸资料等信息指导其更好更快速的完成维护维修工作。下面将介绍基于 BIM 的建筑设备运行维护可视化管理模式的运作管理流程，图 9-8 显示了整个建筑设备可视化运维管理的实现架构及操作流程。

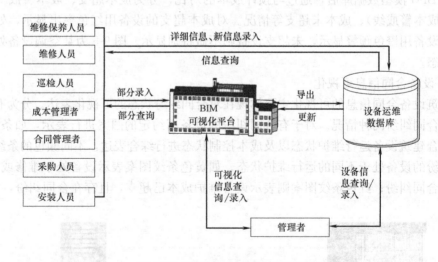

图 9-8 基于 BIM 的建筑设备可视化管理流程图

首先由设备管理各参与方，即日常维护保养人员、设备维修人员、巡检人员、成本管理人员、合同管理人员、设备采购人员、安装人员等将各自负责的日常维护保养记录、维修记录、设备运行维护状态信息、设备成本信息、设备合同信息、设备采购信息、设备安装信息等数据录入 BIM 模型中，然后将 BIM 模型数据库中的信息导出，导入到建筑设备运行维护数据库中，再将不能录入 BIM 模型的设备其他详细信息及合同文档、CAD 图纸、维修手册等资料录入建筑设备运行维护数据库中，并进行持续的信息完善与更新。日常维护保养人员、维修人员、巡检人员等在完成新的设备维护或巡视工作后，再将新的设备维护保养信息、维修信息、维护维修成本、设备运行维护状态等新信息录入设备运行维护数据库中，更新设备运行维护数据库中信息。通过设备运行维护数据库，将更新后的数据导入到 BIM 模型数据库中，从而更新 BIM 模型数据，实现设备数据流的规范流动与数据的可持续更新。在整个设备运行维护管理系统中，设备管理各参与方作为用户，将被赋予相应权限，可在 BIM 模型以及设备运行维护数据库中，对自己负责的和相关的工作内容进行信息录入、信息查询、修改、统计报表等。管理者则具备最高管理权限，可随时查看 BIM 可视化模型、登录设备运行维护数据库进行设备信息查询、录入，管理设备所有信息，并做出相应的设备管理计划，下达设备管理任务等，借助数据库中丰富的设备信息，可辅助管理者进行相关的设备成本控制、经济分析、设备处置、合同纠纷处理等决策，管理者在做出决策后再将信息反馈到 BIM 模型中，更新设备状态，使设备维护人员及时了解管理者的决策及自己将进行的工作任务。

该设备管理模式中具体的工作流程，以建筑设备维修工作为例进行介绍。设备管理者通过查看 BIM 可视化模型中的设备维修状态，将需要进行维修的设备信息导出，形成需要维修的设备清单，该清单中包含设备的编号、名称、性能、安装位置等信息，将任务分配给维修人员。维修人员根据自己的维修任务，通过设备运行维护数据库查看相应设备的维修手册、设备图纸等资料，辅助进行设备维修工作。维修人员在完成维修工作后将形成一个设备维修记录，将维修记录的信息录入到设备运行维护管理数据库中，更新数据库维修信息，再通过数据库更新 BIM 模型中的设备维修状态，以便设备管理者及时了解维修工作完成情况。图 9-9 显示了设备维修工作的开展流程。

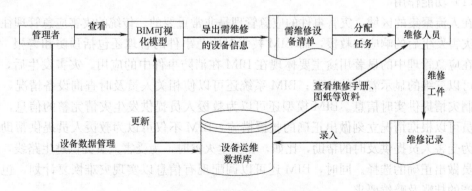

图 9-9　设备维修工作流程图

② 主要参与方及管理内容

基于 BIM 的建筑设备运行维护管理模式，参与方较多，明确各参与方的工作内容尤为必要，以下介绍设备管理过程中的各主要参与方及其管理内容。

设备采购人员：采购设备，将设备编号、名称、规格、型号、价格、制造商、出厂年月等设备基本信息录入 BIM 模型和设备运行维护数据库中。

安装人员：利用 BIM 可视化平台的设备模型及安装位置建筑空间模型，指导设备安装工作。

日常维护人员：日常巡视及设备维护，录入设备使用时间、运行状态、保养记录、维修状态、维修历史、维修保养费用等信息。

　　巡检人员：根据现场的巡视情况，将建筑设备的运行状态、维修状态、维护保养状态等情况录入 BIM 模型中，并更新到设备运行维护数据库中。

　　维修人员：查看 BIM 模型，根据巡检人员录入的维修状态及派工单进行设备维修，同时可查看设备运维数据库中的维修手册、图纸等资料辅助工作，维修完成后更新 BIM 模型设备维修状态，同时更新到设备运行维护数据库中。

　　成本控制人员：根据采购人员及日常维护人员录入的价格、维修保养费用等信息，进行设备成本控制及测算，对于超出预计成本和超出成本警戒线的设备进行预警显示，进行设备的成本控制及管理。

　　合同管理人员：将设备相关合同信息，包括合同名称、合同价格、签约时间、签约单位、供应商相关信息（联系方式、合作次数、公司信誉等）、付款执行情况、是否存在合同纠纷等信息，录入 BIM 模型和设备运行维护数据库中，若有设备存在合同纠纷则在 BIM 模型中将该设备模型进行特殊图案显示。对设备合同信息进行跟踪和管理。

　　管理者：随时掌握设备所有相关信息，通过 BIM 模型，根据设备状态显示情况制定重点控制方案及对策，进行设备管理及处置决策。对设备运行维护数据库中的数据信息进行综合管理，根据数据库中丰富的设备信息，辅助管理者进行相关的设备成本控制、经济分析、设备处置、合同纠纷处理等决策。管理者做出决策后将信息反馈给相应的工作人员执行决策，执行完成后再重新更新设备信息及状态，从而达到持续的设备信息更新，实现可持续的设备管理。

　　2. 应急管理

　　（1）功能作用

　　在人流聚集的区域，灾害事件的应急管理是非常重要的。传统的灾害应急管理往往只关注灾害发生后的响应和救援，而 BIM 技术对应急事件的管理还包括预防和警报。BIM 技术在应急管理中的显著用途主要体现在 BIM 在消防事件中的应用。灾害发生后，BIM 系统可以三维的显示着火的位置；BIM 系统还可以使相关人员及时查询设备情况，为及时控制灾情提供实时信息。BIM 模型还可以为救援人员提供发生灾情完整的信息，使救援人员可以根据情况立刻做出正确的救援措施。BIM 不仅可以为救援人员提供帮助，还可以为受害人员提供及时的帮助，比如，在发生火灾时，为受害人员提供逃生路线，使受害人员做出正确的选择。同时，BIM 还可以调配现有信息以实现灾难恢复计划，包括遗失资产的挂账及赔偿要求。

　　例如水管爆裂突发事件：在过去，要通过翻阅图纸来找阀门的位置，往往因为不能快速地找到阀门或不能快速找到管道的布置图而使事件得不到有效的控制。但是通过基于 BIM 的设施管理系统，可以迅速定位控制阀门的位置，也可以查看该管道的所有相关信息，从而有效地控制险情。

　　在商城发生火灾时，基于 BIM 技术设施管理系统可以对着火的三维位置和房间进行定位显示；控制中心可以及时查询相应的周围情况和设备情况，为及时疏散和处理提供信息。一旦发现险情，管理人员就可以利用这个系统来指挥安保工作。该系统还可以联合 RFID 技术为消防人员选择最合适的路线，并帮助消防人员做出正确的现场处置，提高应急行动的成效。如图 9-10 所示为某建筑利用 BIM 技术，模拟在火灾情境下的人员应急疏散效果图。

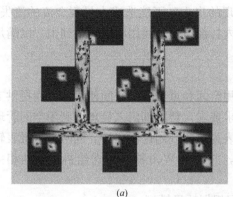

(a)　　　　　　　　　　　　　　　　(b)

图 9-10　基于 BIM 的建筑火灾情境下人员应急疏散模拟图

(a) 建筑平面示意图；(b) 火灾情境下人员疏散图

（2）技术支持

应急管理的技术支持有 ECOTECT 技术和 3d Max 技术。ECOTECT 是一个全面的技术性能分析辅助设计软件，它是基于 BIM 进行应急管理的基础。ECOTECT 提供了一种交互式的分析方法，只要输入一个简单的模型，就可以提供数字化的可视分析图。ECOTECT 可提供许多即时性分析，比如当建筑物能发生火灾时，就可以立刻看到它所引起的室内温度的变化等，还可以进行人们在应急灾害发生时的三维动态模拟动画。

ECOTECT 和 3d Max 有很好的兼容性，3Ds、DXF 格式的文件可以直接导入，为应急灾害的管理提供高效的方法。3D Studio Max，常简称为 3ds Max，是 Discreet 公司（后被 Autodesk 公司合并）开发的基于 PC 系统的三维动画渲染和制作软件。将 3ds Max 技术运用到应急管理中，可以更逼真的模拟人群在发生灾害等应急事件时的反应，使管理人员很好地进行应急预案管理。

3. 空间管理

有效的空间管理不仅优化了空间和相关资产的实际利用率，而且还对在这些空间中工作的人的生产力产生积极的影响。BIM 通过对空间进行规划分析，可以合理整合现有的空间，有效地提高工作场所的利用率。采用 BIM 技术，可以很好地满足企业在空间管理方面的各种分析及管理需求，更好地为企业内部各部门对空间分配的请求做出响应，同时可以高效地处理日常相关事务，准确计算空间相关成本，然后在企业内部进行合理的成本分摊，有效地降低成本，还增强了企业各部门对非经营性成本的控制意识，提高企业收益。

BIM 技术应用于空间管理有以下几点优势：

（1）提升空间利用率，降低费用

有效地利用空间可以降低空间使用费用，进而提升所在机构的收益率。通过集成数据库与可视化图形跟踪大厦空间使用情况，灵活快速收集空间使用信息，以满足生成不同的明细报表的需求。如果进一步使用空间预定管理模块，可以预定安排使用共享的空间资源，从而最大化提升空间资源的使用率。

（2）分析报表需求

精确详细的空间面积使用信息可以满足生成各种报表的需求。如果所在机构是通过第三方出资修建，那么一些评估数据与实际数据出现的出入，可能造成大量现金流的流失。但通过信息系统中的空间分摊功能，可以将机构内各部门空间使用明细详细列出，以满足不同状况需求。

（3）为空间规划提供支持

在空间管理系统中包含多种工具，为添加使用空间和重新分配空间使用等规划提供支持。预先综合人员变动和职能需求等空间面积需求要素，帮助部门人员理解利用空间管理工具对空间使用产生的影响。生成指定的明细报表为空间规划提供支持。同时可将报表转为 Office Word 、Excel 和 Adobe PDF 文档格式，并通过 Web 终端传送给机构其他相关部门。

如图 9-11 所示为某商务中心区 BIM 地下空间规划项目模型。

图 9-11　某商务中心区 BIM 地下空间规划项目模型

4. 其他应用

将 BIM 技术与其他信息技术结合使用，可以更高效地为设施管理服务。目前，主要是将射频识别技术（RFID）、地理信息系统技术（GIS）和楼宇自动化系统（BAS）与 BIM 结合。

（1）BIM 与 RFID 技术相结合

AECOO 行业是高度分散的，因此，各参与者之间高效的信息共享和交换是非常重要的。此外，设施组件的信息管理对参与者的作用也很大。BIM 是一种创建、共享、交换信息的新兴技术，RFID 是一种自动射频识别技术，利用无线电信号来捕获和传输数据，它作为电子标签和数据收集系统，来识别和跟踪设备构件。两种技术都已应用到设施管理中。但是 RFID 技术被分开应用到项目的各个阶段，需要劳动力在不同阶段添加和删除不同的标签，这既增加了成本又使信息不能共享，造成工作重复和资源浪费。但是将两种技术结合起来，就是给所有设备一个永久的 RFID 标签，标签储存着来自 BIM 数据库中关于该设备组件的所有信息，包括组件的基础信息和历史信息，就能很好地发挥 BIM 和 RFID 各自的优点。

为了满足建筑资产运维管理基本应用需求，重点面对建筑物内大量固定资产及设施设备的运维管理，通过集成基于 RFID 等技术的资产管理信息系统，实现对运维 BIM 模型的信息自动完善补充，提供精确定位管理，快速分类查找。通过运用开发集成 RFID 等技术到工程运维管理系统，在设备现场为每个设施设备分配一个指定的 RFID 电子标签。在进行运维定位查看时，使用智能终端设备获取现场设施设备对应的电子标签值。将智能终端设备的标签信息传递回运维管理系统，并在可视化环境下高亮显示对应的 BIM 设备工程模型，可进而查询相应设备的属性、状态以及运维信息。RFID 技术已被广泛用于设施管理中，如组件的跟踪和定位、库存管理、设备监控、设施维护管理等。具体来说，RFID 可以应用在设施运营管理的几个方面：

① 门禁安全系统。通过佩戴带有 RFID 标签的身份牌，可以控制相应的员工或雇员进入特定的建筑设施，从而对整个机构设施的进出进行安全控制。另外，RFID 身份牌还可以被应用在公共设施中，完成对设施内部的员工或其他人员进行精确定位，例如在机场对于尚未登机的旅客进行精确定位，在大型商业中心对走失儿童的定位等。

② 智能货架系统。大型的连锁零售商为了跟踪货物从储运中心到连锁超市的运输分发过程，为了减少物流环节货物的丢失，通常在货物包装上安装 RFID 电子标签，从而增加货物的跟踪能力，增强了整个供应链的管理能力，如图 9-12 所示。

图 9-12　某物流系统的智能货架系统

（2）BIM 与 GIS 技术相结合

目前，我国有越来越多的广泛分散的设施资产，如厂房、道路和一些大型企业的设施资产，这些资产比较分散，在管理上有很大的困难。最近受到资金方面的压力，迫使设施经理减少拥有的总资产成本和简化设施资产管理。

GIS 是指利用空间和地理坐标信息来进行工作的信息系统，地理信息系统既是一个储存着空间数据的数据库系统，也是一系列利用该数据进行操作的工作系统。业主运用 GIS 可以进行可视化管理和分析他们的设施资产，包括捕获、跟踪、维护和管理这些设施资产。

BIM 和 GIS 的主要功能都是创建数字信息模型，而 BIM 主要是应用在新建项目中，而 GIS 则是主要对已有的建筑物进行数字信息建模。相比较而言，BIM 主要是用于微观层面上的建模，如某建筑物、某个房间灯，而 GIS 主要是用于宏观层面上建模，如地形、河流、地块等。将BIM技术与GIS技术相结合，就是将宏观层面和微观层面相结合，比如，两者的结合就将整个城市和城市里的每栋建筑物结合，如图9-13所示。未来设施管理软件应该是更加一体化的，使设施能在整个生命周期内以更全面的方式进行管理，因此，应该尝试着将更多的信息技术整合在一起为设施管理服务。

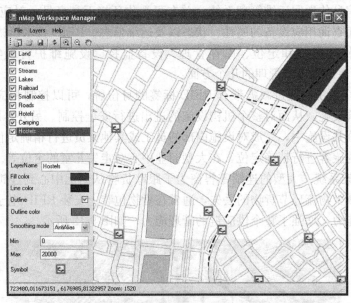

图9-13　BIM与GIS技术相结合的某个地理信息系统

（3）BIM与BAS技术相结合

楼宇内的动力、照明、空调、给水排水、消防、安防、电梯、水池、屋顶、地库、门禁等设备或控制信号，以集中监视、控制和管理为目的而构成的综合系统称为楼宇自动化系统（BAS）。楼宇自动化控制系统是指在楼宇控制系统中有多个子系统，通过标准的通信接口，选择合适的操作系统和应用软件将各个子系统连成一个可流畅通信和协调工作的

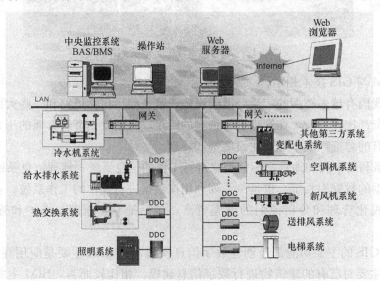

图9-14　可与BIM相结合的楼宇自动化系统（BAS）

大系统。

设施运营管理中将 BIM 和 BAS 结合，既能有效地操作其控制下的各种设备，例如，可以有效地调整外部百叶窗，从而可以增大或减少阳光的照射，也可以在用电高峰时期关闭某些设备等。同时，也可以产生管理报告，以确定高耗能的电器或设备。设施管理既需要 BAS 提供的楼宇自动控制功能，也需要 BIM 提供有关建筑或设备的各种信息，如图 9-14 所示。

第二节　BIM 技术在既有建筑改造中的应用

一、既有建筑改造现状及分析

目前，中国大多数城市都面临着既有建筑改造的重任，其改造规模呈现出不断扩大的趋势，这对旧建筑来说，既是机遇也是挑战。既有建筑改造是一个复杂的系统工程，其涉及改造的各方面，本节将从既有建筑改造的设计过程、设计方法等方面进行论述。

1. 既有建筑改造的设计过程

（1）既有建筑改造设计过程的特点

既有建筑改造与新建项目都归属于当代的建设工程。既有建筑改造设计过程通常可以分为前期准备、方案设计、初步设计和施工图设计等阶段（图 9-15）。具体来看，常规设计过程依据方案的深入程度和完善程度划分为若干明确的设计阶段。这些阶段之间形成一个单向的、线性的递进流程，各阶段之间没有太多的信息交流，这一设计过程的特点是：

① 在应对简单设计的既有建筑改造目标时具有一定优势，其最大的特点就是流线清晰。各设计活动按照一定的顺序有条不紊的开展，阶段性强，每个设计阶段都有所要解决的问题。

② 每一设计阶段既是前一设计阶段的延续与发展，又为后一阶段的设计提供依据与基础。这种按时序组织的常规设计过程在过程组织、任务分配及提高工作效率方面具有优势。

然而，随着既有建筑改造所面临的问题越来越多，改造的内容越来越复杂，上述传统过程的优点反而变成目前既有建筑改造设计过程中的不足。由于既有建筑改造设计信息的递进式传递，且涉及多专业、多学科，改造内容庞杂，使得信息的获取具有明显的滞后性。而当各专业改造设计出现矛盾时，往往已经是前一阶段工作已经完成的情况下，相关设计人员才进行返回查找与协调。从而导致既有建筑改造设计周期被拉长，影响整体的工作效率。除此之外，设计过程过于呆板生硬，不适于兼具特殊性和复杂性的既有建筑改造设计。

（2）参与人员

当前既有建筑改造设计日益复杂，设计过程中参与者的范围也大大增加了，不但涵盖各专业设计人员，建设方、使用方、材料供应商均参与到改造过程中来，在改造设计各个阶段提供决策依据及技术支持等。也正是因为各方的共同参与，原有的仅仅涵盖设计、技术人员的常规流程已经不能作为工作的指导。除此之外，由于参与人员的增加，参与的各方只知道自己是整个过程的一个环节，却并不清楚自己在整个流程中的位置，在当前的既有建筑改造设计过程中出现了角色混乱、分工不明的现象。

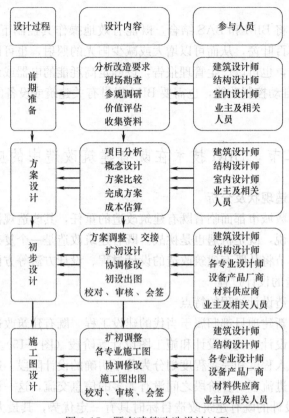

设计过程	设计内容	参与人员
前期准备	分析改造要求 现场勘查 参观调研 价值评估 收集资料	建筑设计师 结构设计师 室内设计师 业主及相关 人员
方案设计	项目分析 概念设计 方案比较 完成方案 成本估算	建筑设计师 结构设计师 室内设计师 业主及相关 人员
初步设计	方案调整、交接 扩初设计 协调修改 初步出图 校对、审核、会签	建筑设计师 结构设计师 各专业设计师 设备产品厂商 材料供应商 业主及相关人员
施工图设计	扩初调整 各专业施工图 协调修改 施工图出图 校对、审核、会签	建筑设计师 结构设计师 各专业设计师 设备产品厂商 材料供应商 业主及相关人员

图 9-15 既有建筑改造设计过程

其原因是参与者（角色）众多，没有明确的角色定位。每个角色不了解自己应该介入的时间、在每一时间段（设计过程）中应该承担的任务和提供的成果。这种角色的混乱、分工与任务的不明又使本已复杂的改造设计过程更加复杂。

改造工作一般会按照专业分工的要求被分解为若干组成部分，相应的设计阶段由本专业负责，每个设计任务参与人员工种单一，与其他专业缺少交流，这种简单的组织建构模式在既有建筑改造设计中存在缺陷。参与方式具有片段性，并且各专业设计师只参与设计过程的某一时段，对于设计过程缺少全局性的把握，这样经常导致设计目标前后不一致，改造设计信息也无法保证统一性。

2. 既有建筑改造的设计方法

计算机作为不同专业设计师的工作工具，主要应用在对设计表达的过程中，它代替了传统设计人员的手工绘制，提高了工作效率与图纸的精确度，但仍占据大比例的工作量。一般来说，计算机对建筑及室内设计师的辅助工作可以分为3种：第1种是二维绘图，包括原始旧建筑图纸的抄绘及各阶段成果图；第2种是三维模型，包括原旧建筑模型的搭建及效果图、渲染图、推敲模型等；第3种是文档管理工作。

（1）二维绘图

随着计算机辅助建筑设计的发展，CAD软件的应用已经在设计行业普及。用CAD软件进行二维建筑制图的基本优势有3个：一是精确性；二是可重复性；三是可修改性。精确性使图形在任何比例下都能完美交接。可重复性则来源于计算机的信息复制能力。然而，CAD 制图并不完全令人满意，它有三个基本弱点：

① 二维绘图的局限性

在计算机辅助建筑设计的过程中，CAD 所呈现的是各类二维平面图，包括建筑物的各个平面与剖面，缺少了三维空间图的层次感，因此在复杂的空间表达中，设计师需要充分发挥空间想象力并集中精力，稍有不慎就可能产生差错。

② 二维图纸由点线构成，不包含建筑或装饰构件信息。

③ 需要大量的专业知识及丰富的设计、施工经验才能熟练读图。

（2）三维绘图

主要有两类：方案的推敲建模类软件，如 3Ds Max、Sketch up 等；商业效果图、动画三维建模类软件。

使用 3D 建模软件来进行既有建筑改造设计，仅仅能创建原始旧建筑的几何模型，无论是墙体、楼板、还是楼梯、门窗，都只是一些简单的几何体的组合。其中无法包含特定建筑构件的属性，例如构件特征、细部构造、门窗参数等。

因而，除了通过 3D 模型传达出来的原始建筑形体信息以外，该模型既无法帮助设计师进行建筑内外物理环境性能各个方面的分析，也无法由设计师传递给结构工程师进行结构计算，或者传递给施工方进行工程量统计和工程进度安排。

（3）工程文档管理

由既有建筑改造设计阶段信息流动的特点可知，由于整个设计阶段性成果较多，草图构思及模型、二维绘图、三维建模之间相互产生隔膜，使得各阶段产生不同类型的文档文件，造成信息繁杂，难以整理。不仅如此，设计人员也浪费了较多时间在查找文件与工作交接上。

3. 当前既有建筑改造存在的问题

（1）存在问题分析

1）信息利用率低

当前，国内传统的建筑设计思维导致设计流程的"串行性"，信息之间的传递是线形结构的。同理，既有建筑改造设计的各个阶段是按照顺序方式进行的，各个阶段都有自己的排列序号。只有当前设计阶段的工作完成后，才开始启动下一个阶段的工作，而当各专业设计人员将完成的施工图转交给施工方后，将不再参与改造施工过程。并且串行设计以图纸手工设计为主，设计表达存在多义性，这种典型的设计过程被称为"抛过墙"式设计，给既有建筑改造设计带来一定的负面影响，信息琐碎，容易缺失。

既有建筑改造每个设计阶段之间都有信息的输入和输出，在这个阶段结合这些信息来完成任务并创建一些新的信息，将其传递到下一个阶段来作为下一个阶段的输入信息，但是在集成信息的过程中，信息繁复琐碎，在使用的过程中难免会忽略某些信息，信息使用的缺失必然会导致成果控制的不足。并且因为旧建筑图纸保存问题而出现的污损、褪色、变形，以及各专业设计师所用的各种符号不规范或尺寸不准使得信息传递失真等，导致设计信息在改造初期就具有极大的不确定性和模糊性，以至于部分信息无法表达出来。信息的琐碎导致了设计阶段之间的信息流失。

2）信息的断层

在各个设计阶段对于信息的使用率低，是信息损失的一个方面，而在各个阶段之间信息的传递也会有损失，形成信息的断层。历经长期的发展，既有建筑改造项目已形成这样一种现状：各个局部环节的工作、相互配合是成熟的，比如在进行既有建筑内部空间改造时，室内设计各专业之间对于空间布局、室内装饰的改造工作是高效的，但多专业之间的交接是低效的。由于在实际改造过程中，设计人员侧重点的不同，在改造的不同阶段，不同的参与方只会关注自身使用信息。所以在项目的不同阶段，信息的建立、丢失、再建立、再丢失是不断重复的，对信息进行重新整理及理解又需要时间，从而导致了信息的损失。而在信息的建立与丢失的过程中绝大部分的信息是重复的，设计师们在接收到这些新信息的时候，不得不花费大量的时间来排除重复的信息。

3）信息传递效率低

信息传递在既有建筑改造设计过程中的重要性不言而喻，并且信息传递的效率直接影响了工作的效率与改造工作的质量。在传统既有建筑改造设计流程中，因为频繁的变更，导致了信息传递的次数随之增加，而此时信息传递效率的重要性就体现出来了。只有更高的信息传递效率，才能避免更多额外的劳动，从而可以更好更快地完成改造任务。

设计变更信息的载体通常有传真、通知书、设计变更单等，这些资料里包含的信息十分重要，需要逐层传递到不同专业的每一个设计人员手中，而传统设计信息传递起来效率较低，造成了改造设计任务完成的延迟。

4）信息孤岛的形成

既有建筑改造设计过程中，信息量大而分散，设计方、施工方、材料供应方等项目参与方掌握着各自的重要信息，团队成员缺乏沟通交流。常规设计过程的组织建构方式决定了设计团队成员之间缺乏知识交流的平台，并且各个行业中各主体间的信息交流还是纸介质，信息之间的传递并不容易，不仅使信息难以直接再利用，而且较易出现缺损甚至是丢失，无法对既有建筑改造设计总体信息进行全面掌握，容易造成信息孤岛，"信息共享"的目标难以实现。

（2）存在问题的原因

1）计算机辅助设计软件的兼容性

在传统的既有建筑改造设计过程中，各专业设计师在不同的阶段采用不同的软件来辅助改造设计，而不同软件之间的兼容性长期困扰着各行各业的设计者们。传统设计软件是针对传统设计的计算机信息平台，其功能也大多只是为了支撑传统设计流程，容易形成信息孤岛和断层。

不同的设计软件产生不同类型的设计文件，这些文件有的不能被其他的软件读取，有的则不能够完全的、正确的读取。即使是同一款软件的不同版本之间，也存在不能被读取或者读取错误的问题，如 AutoCAD 的低版本完全无法读取高版本保存的文件。即使有专门的转换不同文件类型的软件存在，在转换的过程之中也会出现设计信息的失真和丢失。

2）设计平台的分隔

既有建筑改造设计阶段很少能单独由一个人完成，一般是由各专业的设计人员组成项目小组，分工设计，协作完成改造设计任务。根据不同的分工情况，各个专业的设计人员分别承担不同的设计任务，但是由于既有建筑改造的复杂性，设计内容关联度高，即使进行了任务分配也需要相互交流、信息互补来完成整个改造设计。改造过程中，信息需要经常地进行更新、传递。因此创建一个协作平台显得非常必要。在传统设计流程里，设计平台相对独立，而信息利用也较为独立，难以完成信息的高效传递。

为了保证在改造设计过程中任何的设计信息变更都能被其他相关专业的设计者及时了解，既有建筑改造工作应该在同一系统平台下进行，以方便对相关的设计内容进行修改、调整，从而使得改造设计信息能够及时、有效的传递。然而，由于传统的设计软件不具备这样的平台，设计者之间并不能进行协同设计，而是在各自不同的、独立的设计软件上进行工作，语言交流成为最常用的设计信息传递的方式。缺乏一个各行业间通用的设计平台导致了设计过程中部分改造设计信息无法及时传递。

3）信息零散，不易整合

在既有建筑改造的设计过程中，设计信息多而分散，且在传递的过程中，信息的形态趋于多样化，这就造成了管理上的困难。未经整合的信息传递效率很低，而且容易造成信息的丢失。另一方面，根据对现代项目实施现状的统计分析发现，设计师 10%～30% 的时间都用在了寻找合适的信息上，而项目管理人员则将 80% 的时间用在了信息收集和准备上。信息交流与沟通的困难和紊乱，在造成不必要的设计成本的同时，还影响了项目的进度和质量。

二、BIM 技术对既有建筑改造的影响

科学数字化已经成为当今各个领域发展的趋势，BIM 技术作为数字化领域内参数化设计的一项内容，也是科学数字化的产物。BIM 技术主要以建构数字模型为平台，服务建筑各行业。而既有建筑本身具有复杂性，需要理性的数据来分析和梳理，这使得既有建筑改造过程更加系统化、科学化，更具严格性和精确性，而 BIM 完全满足这些技术要求。

既有建筑改造设计由于其特殊性，在改造过程中有很多限制条件，改造处理的问题庞杂无序。在科技飞速发展的当下，传统改造方法已经不适应既有建筑的改造设计，BIM 技术是在最新科学成就的基础上发展起来的，BIM 技术的出现，改变了原有的设计方法和设计理念。BIM 技术就像是一台功能齐全的病情探测仪器（CT），能够诊断出既有建筑内部的缺陷，解决了传统设计方法所存在的诸多问题，因此，BIM 技术的优势正面影响了既有建筑改造的发展趋势。

在 BIM 技术对既有建筑改造的诸多正面影响中，三维激光扫描技术在既有建筑改造前期的作用尤为突出，目前已被广泛应用于工程测量领域。与传统测绘方法相比，其数据具有立体、精准、高密度的特点，同时测量过程高效、安全，测绘数据经处理后可导入BIM 工程设计软件。此外，三维激光扫描技术采用非接触式的激光测量方式，无须反射棱镜，即可采集可见目标表面点云的三维坐标信息。在目标体积过大、扫描环境恶劣、人员无法到达区域的情况下，传统测量技术难以完成。而高精度、高分辨率的三维激光扫描仪能对目标点进行细致的描述，突破了单点测量形式，人们可以通过丰富的点云来快速掌握建筑物体的具体轮廓和外观。因此可以预见，对具有一定复杂度或测量过程具有一定危险性的既有建筑，在改造前使用三维激光扫描技术对其进行测量，将成为工程行业的趋势。

（一）三维激光扫描技术的测量原理

三维激光扫描仪的工作原理是通过扫描仪自带的旋转激光发射头向被测物发射连续的激光束，光束接触到物体后被反射，扫描仪记录每束被反射激光的反射距离，并自动计算和记录反射的方位角度，从而获得被测物上每一个点的定位坐标。最终的测量成果是一组数量庞大的立体数字化点阵（又称"点云"），该点阵可通过与扫描仪配套的专业软件进行编辑和输出。目前的三维激光扫描仪可同时拍摄连续的彩色照片，并将照片色彩赋予点云。

一般应用三维激光扫描仪测量建筑时，要进行多个站点的测量，各站点的测量全部完成后再利用配套软件合成为建筑的全景点云。每个站点的测量一般仅需十几分钟，但如何设站需要操作者事先计划，要做到每个站点视角合理，确保测量工作高效并尽量避免测量死角的出现。

（二）测量设备

1. 扫描仪

国外对三维激光扫描技术的研发始于 20 世纪 60 年代，并在这一过程中推出了较多的设备，最有名的是瑞士 Leica 公司研发的三维激光扫描仪。此外，还有美国 3D DIGITAL 公司、加拿大 OPtech 公司等研发的产品，如图 9-16（a）所示。虽然国内在这方面的研究和应用起步较晚，但近年来有关产品也相继问世，如武汉大学自主研制的 LD 激光自动扫描测量系统，以及在市场中颇受青睐的北京天远三维科技有限公司的天远三维扫描仪。

2. 配套设备

（1）三脚架：属测量仪配套产品，具有找平功能，确保测量仪能够架设于各种凹凸不平的地面。

（2）标靶：多个站点的扫描数据在进行拼接时，每两站数据之间需要选取三个公共点作为拼接约束。为确保公共点定位精准，在进行每站扫描前，需要在场景中设置特质标靶，常用标靶分为金属、纸质两种。金属质标靶有磁性底盘，可吸附在被测建筑物的金属构件上或放置于建筑近旁的地面上，其靶心可任意角度旋转以满足不同扫描角度的需要，如图 9-16（b）所示。纸质标靶通过电子文件打印，使用时一次性粘贴于被测建筑物上或其近旁的物体上。

（3）GPS 定位仪：附设在扫描仪上，属于使用者的选配仪器，可获取扫描仪所在的大地坐标，从而准确确定被测建筑物的定位坐标。

(a)　　　　　　　　　　　　　　　　(b)

图 9-16　三维激光扫描技术的部分测量设备

(a) 徕卡激光扫描仪及脚架；(b) 金属标靶

（4）较高配置的电脑：双核或多核电脑，用于进行数据处理和拼接。

（三）测量步骤

（1）制定测量方案：事先进行现场踏勘，选取不同的分站测量点和标靶设置点，情况复杂时需要绘制设站草图，具体包括每个站点的设置点、标靶编号和设置位置，以及站点和标靶号的对应关系。

（2）进行现场分站测量，期间可根据现场情况适度调整设站方案。

（3）数据导出和拼接：扫描仪自带存储器，对扫描数据进行实时存储，全部扫描结束后使用数据线将其导入电脑，并使用配套软件进行多站数据的拼接。图 9-17 为对某既有建筑群的点云数据拼接成果。

图 9-17　某既有建筑群的点云拼接成果

（4）清理多余点云数据：建筑物周边的树木、行人等点云信息往往占据了较大的数据空间，但本身对既有建筑改造而言并无意义，因此需对其进行定向清除。

（5）点云的编辑：对点云进行水平切片与竖向切片，将其导入 CAD、BIM 软件中，对建筑物进行三维建模或绘制平、立、剖面图。图 9-18 为将点云数据导入 BIM 三维软件后生成的建筑三维立体模型。

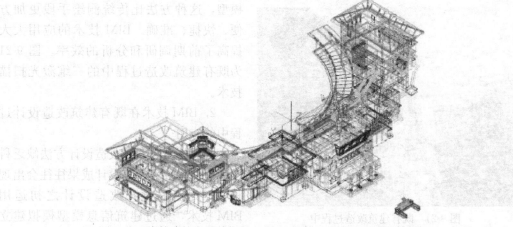

图 9-18　将某建筑点云数据导入 BIM 软件后生成的三维立体模型

三、BIM 技术在既有建筑改造各阶段中的应用

1. BIM 技术在既有建筑改造前期的应用

由于旧建筑前期资料的调研和收集相对新建建筑更为复杂，因此设计者需要对原有的建筑进行深入的调研和分析。首先，旧建筑是经历过几十年甚至上百年风雨的老建筑，因此需要对其结构体系和构造状况进行检测。同时，还需检测旧建筑的材料性能是否还能满足建筑性能的要求。

其次，旧建筑由于年代长久，原始设计缺少能量分析项，但是在既有建筑改造前期必须对原有建筑空间环境进行全面的分析。具体分析内容包括：旧建筑与周边环境的协调关系以及旧建筑的空间环境，包括光环境分析、风环境分析、温度湿度环境分析等，而BIM 技术正是解决能量分析的最好的技术方法之一。通过 BIM 技术分析，结合相应的结论来指导旧建筑功能布局的改造设计，以及立面造型改造设计。图 9-19 为基于 BIM 的建筑日照分析图，图 9-20 为基于 BIM 的建筑风环境模拟分析图。

图 9-19　基于 BIM 的建筑日照分析

图 9-20　基于 BIM 的建筑风环境模拟分析

再者，旧建筑保存的资料不全，只能依赖现场的测量。前期测绘及调研运用传统的方法不仅费时，且容易产生较大的误差。在 BIM 技术的大环境下，将 BIM 技术介入既有建筑改造复杂的设计过程中，不仅提高了前期测绘的效率，也使得前期调研更加客观，准确性也更高。通过三维激光扫描，将既有建筑的信息数据载入电脑，并导入 BIM 软件中，分析旧建筑的性能情况，同时作为改造旧建筑模型的底图，在改造过程中将设计与其进行逆向比较。换句话说，就是通过三维扫描仪记录建筑三维信息，并借助逆向工程手段生成模型，这种方法比传统测绘手段更加方便、快捷、准确。BIM 技术的应用大大提高了前期调研和分析的效率。图 9-21 为既有建筑改造过程中的三维激光扫描技术。

图 9-21　既有建筑改造过程中的三维激光扫描技术

2. BIM 技术在既有建筑改造设计过程中的应用

传统的既有建筑改造设计方法缺乏科学性以及系统性，其设计成果往往会出现种种问题。因此在改造设计之初运用 BIM 技术，通过建筑信息模型模拟建立信息数据作为设计过程的基础，提高了改

造设计的客观性和科学性。

首先，利用旧建筑 BIM 建筑信息模型进行改造设计，借助模型可视化特性，可方便甲方尽早做出修改决策，减少设计的反复。然后通过进一步深化模型以及深化改造设计，逐步完善模型。

其次，BIM 技术提供了统一的数字化模型的表达方式。在设计过程中，充分利用 BIM 模型所含信息进行协同工作，可实现各专业、各改造设计阶段间信息的有效传递。BIM 技术是真正意义上支持多专业团队协同工作、共享信息的并行工作模式。BIM 模型服务于既有建筑改造工程全生命周期，改造设计阶段模型的信息数据涵盖虚拟改建、功能模拟、性能分析、技术经济计算等，可实现 BIM 模型及信息在施工建设以及运维环节中的充分利用。图 9-22 为 BIM 技术下的视觉协同。

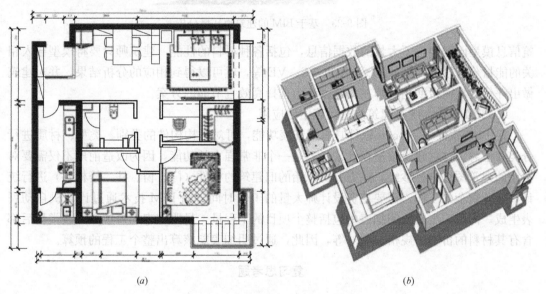

(a) (b)

图 9-22　BIM 技术下的视觉协同
(a) 建筑平面布置图；(b) 建筑三维立体图

最后，应用 BIM 建模技术，将建好的 Revit 模型导入 Navisworks 软件后，进行碰撞检查，可以发现并解决专业间及专业内的冲突问题，比如常见的结构和建筑的冲突、结构和机电的冲突以及水、暖、通风与空调系统等各专业间管线、设备的冲突问题。在优化模型后，可及时出具相应的模型图片与二维图纸，指导现场材料采购、加工和安装，从而能够极大地提高工作效率，更有效地实现精益施工。

因此，BIM 技术在既有建筑改造设计过程中的应用，减少了设计变更，实现了信息模型的共享，确保了整个改造设计过程顺利进行。

3. BIM 技术在既有建筑性能改造设计中的应用

设计师在用传统方法改造旧建筑的时候，往往是仅凭主观经验或简单的设计来判断建筑改造的性能和优劣，因此，其判断往往存在较大的不可确定性甚至错误。在 BIM 技术环境下，通过在既有建筑改造设计中应用 BIM 技术，来模拟分析建筑的性能，比如照明环境分析、太阳能辐射分析、热环境分析、风环境及能耗模拟分析等，可以满足日常建筑的基本功效，如图 9-23 所示。基于 BIM 技术的特性，设计师在改造设计过程中创建的建

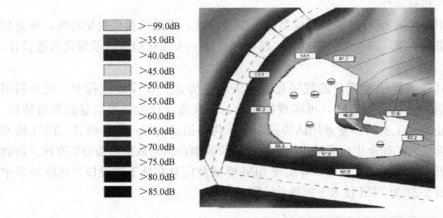

图 9-23　基于 BIM 的建筑声环境分析

筑信息模型已经包含了大量的数据信息，包括各种材料的性能。建筑师只要将模型导入相关的能量分析软件，例如 Ecotect、GBS、VE 等，就可以得到相应的分析结果，并对建筑做出评价，从而帮助建筑师在改造设计中选择高效且节能的方案。

4. BIM 技术在既有建筑改造预算中的应用

在 BIM 软件中，Revit 软件具有明细表功能，可对结构构件的类别、类型、材质进行分类和汇总。这对建筑改造设计来说，是一个非常强大的功能，因为改造前期不仅需要对原始的建筑图纸进行抄绘，还需要对原始的旧建筑的构件（门、窗、柱、楼梯等）进行统计，如此繁杂的工作，需要花费设计师大量的工作时间，而 BIM 技术通过计算机自动列表生成。同时，生成的明细表中包括整个项目的工程量，且明细表的每项类别或类型后都含有其材料的价格、规格、型号等，因此，通过明细表能核算出整个工程的预算。

复习思考题

1. 什么是设施管理？设施管理都有哪些具体的内容？

2. 对设施管理应用 BIM 技术有什么意义？在应用的过程中，要注意哪些问题？

3. 现有建筑设备管理存在哪些问题，如何应用 BIM 技术解决这些问题？

4. 阐述传统设备运营维护管理方式存在的不足，请举例说明。

5. BIM 运用于设备维护可视化有什么优势，包括哪些基本流程？请举例说明。

6. BIM 运用于既有建筑改造中涉及哪些技术，包括哪些基本流程？请举例说明。

7. BIM 技术对既有建筑改造会产生哪些影响？基于 BIM 技术的既有建筑改造的具体实施流程是怎样的？

8. 当前既有建筑改造存在那些问题？BIM 技术在既有建筑改造中的应用具体体现在哪些方面？

第十章 BIM 工具与应用环境

学习要点：

1. 了解 BIM 团队成员结构、团队组成方式及团队组成要点。
2. 了解 BIM 硬件协同网络环境、数据中心及图形工作站。
3. 了解 BIM 软件环境，掌握核心软件与专业软件，了解 BIM 在中国建筑业的定位。

BIM 可以在项目生命周期的全过程或局部阶段进行应用。因此，需要根据项目情况，选择合适的 BIM 工具。由于目前 BIM 工具较多，不同软件公司开发的 BIM 软件工具，其数据格式不尽相同，即使是同一个软件公司开发的不同 BIM 工具，其数据格式也可能不同。因此，应了解不同阶段或相同阶段的不同任务应用时，采取不同 BIM 工具实现数据之间的转换和传递，以实现 BIM 最佳功能。

第一节 BIM 团队

BIM 软件的应用离不开操作人员之间相互沟通配合，BIM 团队成员组建良好，不仅能提高 BIM 应用的效率，而且还能降低 BIM 使用过程中的成本。本节主要介绍 BIM 团队成员结构、BIM 设计团队组建方式以及 BIM 团队建设的关键。

一、BIM 团队成员结构

BIM 的成员组成主要包括：BIM 工程师、BIM 项目经理、BIM 战略总监、BIM 协调员。他们与外部之间的协调是通过 BIM 协调员传递的，具体如图 10-1 所示。

图 10-1　BIM 团队成员构成

（1）BIM 工程师：主要是采用 BIM 技术完成相应岗位的工作，提高工作质量和效率。

（2）BIM 项目经理：对 BIM 项目进行规划、管理和执行，保质保量实现 BIM 应用的效益。

（3）BIM 战略总监：负责企业、部门或专业的 BIM 总体发展战略，包括组建团队、确定技术路线、研究 BIM 对施工企业的质量效益和经济效益。

（4）BIM 协调员：由于 BIM 技术的复杂度相对较高，当项目规模达到一定程度时，则需要一名或者多名的 BIM 协调员担任对内和对外的协调。协调员的主要工作是通过 BIM 技术手段，为对内和对外的沟通提供技术保障。

二、BIM 设计团队组建方式

目前我国建筑设计企业有三种较为有效的 BIM 设计团队组建方式。

第一种：BIM 设计团队主要由 BIM 软件技术人员组成，团队不一定具备丰富的设计经验，但有较强的软件使用能力或开发能力。该类型的团队主要负责配合设计团队完成 BIM 建模，并执行碰撞检测之类的工作。通常建筑设计企业选择这种设计团队与 BIM 技术团队相配合的方法，主要是因为业主对建设工程项目有 BIM 使用的要求，但也对进度有要求，但有经验的设计师在短时间内又无法掌握 BIM 相关软件，所以用这种方法按时完成任务。随着 BIM 项目经验的积累，设计团队与 BIM 技术团队可以相互学习，并逐渐融合。

第二种：BIM 设计团队主要由兼备设计经验和 BIM 软件应用经验的设计师组成。由于人才的稀缺，这种 BIM 团队通常是为了完成建筑设计企业的一些科研项目而组建的。此类项目没有过多的成本、进度要求，但对 BIM 工作的范围和深度都远远超出一般建筑工程设计项目的要求。重视技术研发的建筑设计企业会适当减少这类团队的业务量，并通过研发奖金，激励团队不断创新。通常这类团队的研究成果会领先于业界的平均水平，一旦具体的技术和方法具备了从学术化转向商业化、市场化的条件，则将大大提升企业竞争力。

第三种：BIM 设计团队并不是组建一些小团队，而是对整个建筑设计企业提出 BIM 要求，例如要求设计员工每年的业务中，有一定比例必须是 BIM 工作。这样的做法短时间内会给企业和员工带来较大压力，但从长远发展看，有助于企业建立牢固的 BIM 业务能力的基础。

这三种 BIM 团队形式各有优点，建筑设计企业可以根据自身条件，选择适合自身的 BIM 设计团队建立方式。

三、BIM 团队建设的关键

团队建设过程可以总结出以下几个关键点：

（1）领导层的持续重视。领导对 BIM 技术前景都非常重视，是工作开展的前提。

（2）人才的培养。在完成项目的过程中技术人员始终坚持使用 BIM 技术，逐渐成为该企业 BIM 主要力量。

（3）咨询机构和项目人员的持续沟通机制。BIM 咨询部与项目人员建立长期沟通机制，提前发现问题，在解决问题过程中给予技术支持，使得项目参与人员有信心完成项目。

（4）课题与实际项目相结合。项目为课题提供研究素材和实践对象，课题为项目提供经费和应用方向。同时各方的成果通过课题成果获得一定的社会声誉，为行业发展提供一定的借鉴作用，提高企业的行业影响力。

第二节 BIM 硬件

BIM 硬件是相对 BIM 软件而言，是支持 BIM 软件运行的载体。本节从协同工作网络环境、数据中心和图形工作站三个方面来介绍 BIM 硬件。

一、协同工作网络环境

BIM 应用与传统 CAD 应用，其中一个很大的区别是数据的唯一性，所以数据不再是可以割裂和分别存放，而必须是集中存放和管理，从而实现项目成员协同工作的最基本的，也是最核心的应用要求。不论项目大小，都需要一个协同工作的网络环境。

首先，需要至少 1 台服务器来存放数据。由于目前 BIM 软件的模型数据都是以文件形式组成的，所以，通常以文件服务器的要求去配置，主要以存放和管理数据为核心进行相关的硬件和软件的配置。

其次，通过交换机和网线把项目成员的电脑连接起来，项目成员的电脑通常只安装 BIM 应用软件，不存放项目数据文件，所有项目数据文件都集中存放在文件服务器（或数据中心）上。

由于 BIM 数据比传统 CAD 数据多，而且数据都集中存放在服务器上，在工作过程中，项目成员的电脑需要实时访问网络文件服务器。因此，网络的数据传送量比较大，建议采用同千兆级的交换机、网线和网卡，以满足大量数据的传输要求。

二、数据中心

数据中心也即文件服务器，指的是通过文件服务器来存放项目数据。由于数据中心存放项目数据所涉及的运算不多，数据中心对 CPU、内存和显卡要求不高，只需要重点考虑数据的存储性能和数据安全。

（1）数据存储

数据存储一般需要两个或更多的硬盘，利用 RAID 方式组成冗余存储（也称磁盘阵列），可以直接插入硬盘。通常专业的服务器都具有磁盘阵列的功能，插入两个或更多的硬盘即可使用。

磁盘阵列也是独立的设备，通常有三种方式：直接存储（DAS）、网络直连存储（NAS）和存储区域网络（SAN）。磁盘阵列使用的技术主要是 IT 技术。具备了磁盘阵列的硬件，还需要选择 RAID 方式才能组成冗余存储，RAID 主要包含 RAID0～RAID50 等数种方式。

（2）共享文件权限控制

文件服务器主要是通过共享文件夹的方式，为项目成员提供可访问空间。为了有序安全地管理共享文件，需要设定相应的数据访问权限。可根据实际需要，按项目、岗位和工作性质进行访问权限的设置。权限设置与 BIM 项目管理和 IT 管理密切相关，需要双方共同就项目情况、项目成员情况等具体商定，以确定什么角色的项目成员可以访问哪些数据。

从 BIM 应用管理角度，通常控制如下两方面：

① 共享文件夹：一般情况下只需要控制到哪些文件夹成为共享，除非特别的要求，不建议控制到具体的某个文件，以减少管理的工作量。

② 共享文件夹访问权限：根据项目要求，为共享的文件夹添加成员以及修改成员的访问权限。通常，访问权限可设为"读写"或"只读"两种。

（3）数据安全

BIM 的核心就是数据管理与应用。一旦数据损坏，损失就不可估量。因此，数据安全是 BIM 应用中不可疏忽的、非常重要的环节。上述提到的冗杂存储（磁盘列阵设备）

是从硬件的角度为数据安全提供了基本保障，但这还远远不够。还需要在此基础上，从数据的应用层面考虑数据安全。

上述的文件访问权限对项目成员访问数据做了一些限制和约束，但还要从以下几个方面保障数据的安全：

① 数据备份：冗余存储从物理上解决了数据安全，但无法解决软件发生错误时导致的数据问题，也无法避免项目成员的操作失误，所以，建立和严格执行数据的备份是非常重要的。比较简单的做法就是在存储设备上进行项目文件夹的复制，一旦正在使用的数据内容出现故障，可以通过备份的数据得以恢复。

② 异地容灾：上述数据备份解决了本地的数据安全，但如果万一存放服务器和数据存储设备的房间出现意外，诸如火灾、水淹、房屋坍塌等情况，数据可能就被彻底损坏。所以，异地容灾是应该考虑的。数据量小可以通过移动存储设备进行备份后存放到异地，对于大型数据可以使用磁带机进行备份后存放到异地。有条件的还可以通过异地服务器进行数据备份和同步。

三、图形工作站

BIM 模型是集成了建筑三维几何信息、建筑属性信息等的多维信息模型。首先三维几何信息就比通常的二维图形信息量大，再加上其他的工程属性信息，同样一个项目，二维 CAD 图与 BIM 模型相比，BIM 模型信息量要大很多，通常是二维 CAD 图的 5～10 倍，随着 BIM 模型的应用增多，这个数量还会增大。

此外，BIM 模型在用软件打开和运行时，所占用的计算机资源还远大于上述所说的 5～10 倍的二维 CAD 图信息静态存储量。因为三维的表现要比二维的表现占用的资源也大许多。当 BIM 还有多维的应用时，对计算机的资源需求就变得非常大了。

由于项目数据都集中存放在数据中心（文件服务器）上，项目成员桌面电脑（也称为客户端）负责数据的处理，所以，对电脑的要求主要是数据的运算和显示，所以对 CUP 的运算速度要求比较高。由于 BIM 的数据量比较大，电脑内存容量也有一定的要求。可视化是 BIM 的基础要求，所以，三维显示、实时漫游和渲染对电脑的图形图像视频显示都提出比较高的要求。为了有别于普通的电脑，对于这类图形图像应采用要求配置的高性能电脑，也称为图形工作站。以下是目前图形工作站的主要配置：

① 四核英特尔®至强®处理器，主频 3.0GHz 或以上/同等的 AMD 处理器。

② 1280×1024 真彩色显示器（强烈建议配置 2 台显示器，BIM 应用信息量大，实践证明多屏幕多窗口可极大提高工作效率）。

③ 1GB（或更大）支持 DirectX®9 与 Shader Model 3 的独立显卡。

入门级的设计人员首先面临的问题是电脑配置是否满足 BIM 设计的要求。而这是由项目的规模和具体项目的使用程度决定的，文件级的协同、数据级的协同对硬件的要求差异是不同数量级的。表 10-1 为 Revi2012（Autodesk）的推荐配置。

建筑设计企业的设计成果，需要通过设计工具进行表达，而设计工具主要又以建筑设计企业选择的软件和硬件为主，故软硬件的水平将对建筑工程设计、分析水平起到一定的影响作用。虽然计算机的应用对建筑工程设计水平（特别是绘图水平）的提升起到了较强的促进作用，但随着建设工程项目的复杂程度越来越高，传统的 CAD 设计软件和普通的计算机硬件水平已经很难适应不断提升的设计要求。

Revit2012（Autodesk）的推荐配置　　　　　　　　表 10-1

类别	建议配置
操作系统	Microsoft® windows® 7 64 位，包括企业版、旗舰版、专业版、家庭高级版
CPU	4 核英特尔®至强®处理器(2.50GHz、2X6M L2、1333)或同等的 AMD 处理器
内存	8GB 或更大内存
显卡	1GB(或更大)显存，支持 DirectX®9 与 Shader Model 3
硬盘	5G 可用磁盘空间

考虑到 BIM 规模的大小，建议硬件配置见表 10-2。

建议硬件配置　　　　　　　　表 10-2

模板分类	模板大小	工作站配置		
		CPU	内存	显卡
小模板	＜64M	双核 3G	4G	GTX470 或同等
中等模板	64～300M	4 核 i5	8G	GTX560 或同等
大模板	300～700M	4 核 i7	16G	GTX580 或同等
超大模板	＞700M	8～12 核 Xeon	＞24G	Q5000/6000 或同等

第三节　BIM 软件

BIM 软件是 BIM 理论实例化的必备条件之一，BIM 技术将使用 BIM 软件来支持和实现，因此 BIM 软件在 BIM 理论中起着承上启下的作用。

首先，BIM 软件要解决 BIM 中 information（信息）的传递性，如果信息不存在传递作用，这个软件可以排除在 BIM 之外。

其次，BIM 软件要以 BIM 理论为基础，用软件的方式体现 BIM 中建筑相关信息的定义、利用与管理。所有软件都是拥有以实际需求为目的开发出来的各种功能，除去常规意义上的打开保存等，建筑软件基本上都具有处理建筑相关信息的功能，例如填写建筑相关数据、制作相关建筑图形、提取相关数据、计算相关数据等，实现这些的过程就是在对建筑相关数据进行处理和利用，已成形的建筑软件也都具有处理数据的功能。

一、BIM 软件与 CAD 软件的比较

1. 信息整合化能力不同

在 CAD 软件时代，建设项目各专业如结构、机械、电气、暖通、造价等以 2D 建筑设计图纸为基础各司其职，极易出现设计变更、空间碰撞等情况，修改繁琐费时，整体协调性差。在 BIM 软件时代，BIM 整体参数模型由各专业的 BIM 模型整合而来，作为统筹信息的平台消除了空间碰撞等情况，且其对于设计变更全局更新的特性方便了建设项目的整体协调运作。

2. 软件种类与数量要求不同

CAD 时代基本上一个软件就可以解决问题，而 BIM 时代需要一组软件才可以解决问题。由于 BIM 更加智能化的功能所需，其软件种类较 CAD 拓展到了许多新的领域，如施工 4D 模拟（Navisworks 等）、工程造价（Visual Estimating 等）、施工进度计划（Innovaya 等）软件，且与其具有互用性的软件范围更广。

3."生产工具"与"生产内容"

如图 10-2 所示，CAD 只改变了生产的工具，没有改变生产的内容；而 BIM 既改变了生产的工具，又改变了生产的内容；CAD 成果是静态的、平面的，纸张可以作为承载和传递的媒介；而 BIM 成果是动态的、多维的，必须借助电脑和软件来承载和传递。狭义上讲，CAD 软件提供给工程人员的仅仅是生产的"画板"，并没有改变生产的内容，即静态的、平面的"图纸"。而 BIM 软件提供的生产工具不仅仅是"画板"，而是利于多方协作的 3D 平台，生产内容也从"图纸"变成了模拟实际建设项目动态的、多维的、实时的"参数模型"。

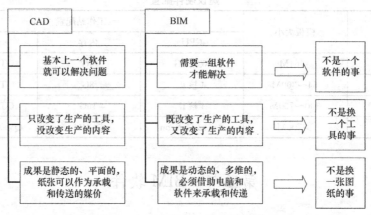

图 10-2 BIM 软件与 CAD 软件的比较

二、BIM 软件环境

BIM 信息量大，需要电脑的物理内存较多，目前大部分电脑操作系统都是使用微软公司的 Windows，主流的是 Windows XP 和 Windows7，分别都提供 32 位和 64 位版本。但 32 位的 Windows 操作系统的寻址能力是 2 的 32 次方，就是约 4GB。从目前的实际情况看，BIM 的许多应用都会超出这个限制。Windows 的 64 位操作系统的寻址能力是 2 的 64 次方，理论上可以使用的内存是 17179869184GB，当然实际可使用的内存与操作系统和硬件有关，目前主流的电脑可以支持 16GB 的内存和 64 位的 CUP。

除了选择 64 位 Windows 操作系统和大于 4GB 的内存，还需要选择相应也是 64 位的 BIM 软件，才能发挥真正的 64 位操作系统和应用软件的作用。

三、BIM 软件的应用

BIM 建模软件又叫"BIM Authoring Software"，是建筑信息模型的基础，同时是建筑师接触到的第一类 BIM 软件。一般 BIM 软件可用于建模以及分析应用，且建模和分析软件应用相互之间存在关联。

（一）BIM 核心建模软件

BIM 核心建模软件（图 10-3），指的是建筑建模过程中对主要工程进行建模的软件，包括建筑与结构设计软件（如 Autodesk Revit 系列、Graphisoft ArchiCAD 等），以及机电与其他各系统的设计软件（如 Autodesk Revit 系列、Design Master 等）。

1. BIM 核心软件分类

BIM 核心建模软件简称 BIM 建模软件，常规 BIM 核心建模软件可以分为四大类，如图 10-4 所示。

（1）Autodesk 公司的 Revit 建筑、结构和机电系列。基于 AutoCAD 的成功，在民用建筑市场反响不错；Autodesk Revit 系列软件构建于 Revit 平台之上，是完整的、针对特定专业的建筑设计和文档系统，支持所有阶段的设计和施工图纸。3D 软件是一款面向土木工程设计与文档编制的建筑信息模型（BIM）解决方案。AutoCAD Civil3D 能够帮助从事交通运输、土地开发和水利项目的土木工程专业人员保持协调一致，更轻松、更高效地探索设计方案，分析

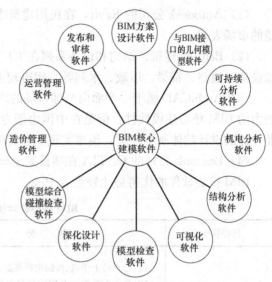

图 10-3　BIM 核心建模软件

项目性能，并提供相互一致、更高质量的文档，一切均在熟悉的 AutoCAD 环境中进行。

（2）Bentley 建筑、结构和设备系列。其产品在两大领域有无可争辩的优势，一是工厂设计，包括石油、电力等，二是基础设施建设，包括道路、市政等。

（3）Graphisoft 公司的 ArchiCAD。ArchiCAD 是由建筑师开发，专门面向建筑设计。从 1995 年开始，ArchiCAD 在全世界 102 个国家发行了 25 种语言版本，是一款面向全世界和具有最早市场影响力的建模软件。ArchiCAD 提供的 BIM 解决方案除了基本的软件工具和环境，还包括能量分析工具 EcoDesigner、BIM 模型浏览器 BIMx、设备专业建模工具 MEP Modeler 等。

（4）Gery Technology 是法国达索公司的产品开发旗舰解决方案，拥有全球机械设计制造类软件的霸主地位，其在航空、航天、汽车等领域拥有最高地位，相比传统的建筑设计软件，对于复杂形体建模或是设计超大规模的建筑来说，其优势巨大，但在工程项目与人员特点的对接问题是其薄弱环节。

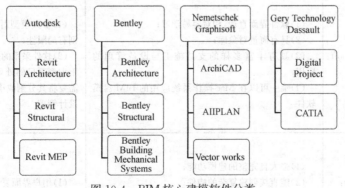

图 10-4　BIM 核心建模软件分类

2. BIM 核心软件优劣势比较

在确定项目或者企业使用何种 BIM 核心建模软件时，各类核心软件各有特色。

（1）Autodesk 公司的 Revit，在民用建筑市场借助 AutoCAD 的天然优势，有相当不错的市场表现。

（2）Bentley 建筑、结构和设备系列在工厂设计（石油、化工、电力、医药等）和基础设施（道路、桥梁、市政、水利等）用得较多，有天然的优势。

（3）ArchiCAD 属于一个面向全球市场的产品，应该可以说是最早的一个具有市场影响力的 BIM 核心建模软件，但是在中国由于专业配套的功能（仅限于建筑专业）与多专业一体的设计院体制不匹配，很难实现业务突破。

（4）Dassault 公司的 CATIA 在项目完全异形、预算比较充裕的可以选择使用。

BIM 核心软件的优劣势比较见表 10-3。

BIM 核心软件优劣势比较 表 10-3

核心软件	优 势	劣 势
Autodesk：Revit Architecture	(1)用户易上手，软件的用户界面友好； (2)具备由第三方开发的海量对象库，方便多用户操作模式； (3)支持信息全局实时更新，提高准确性，从而避免了重复工作； (4)根据路径实现三维漫游，方便项目各参与方交流与协调	Revit 软件的参数规则（Parametric rules）对于由角度变化引起的全局更新有局限性；软件不支持复杂的设计（如曲面设计）等
Bentley：Bentley Architecture	(1)功能强大的 BIM 软件工具，涉及工业设计和建筑与基础设施设计各个方面，包括建筑设计、机电设计、场地规划、地理信息系统管理（GIS）、污水处理模拟与分析等； (2)基于 MicroStation 这一优秀图形平台涵盖了实体、B-Spline 曲线曲面、网格面、拓扑、特征参数化、建筑关系和程序建模等多种 3D 建模方式，完全能替代市面上各种软件的建模功能，满足用户在设计阶段对各种建模方式的需求	(1)软件有大量不同的用户操作界面，不易上手； (2)各分析软件间需要配合工作，其各式各样的功能模型包含了不同的特征行为，很难短时间学习掌握； (3)相比 Revit 软件，其对象库的数量有限； (4)互用性差，各个不同功能的系统只能单独应用
Nemetschek Graphisoft：ArchiCAD	(1)软件界面直观，相对容易学习； (2)具有海量对象库； (3)具有丰富多样的支持施工与设备管理的应用； (4)唯一可以在 Mac 操作系统应用的 BIM 建模软件	(1)参数模型对于全局更新参数规则有局限性； (2)软件采用的是内存记忆系统，对于大型项目的处理会遇到缩放问题，需要将其分割成小型的组件才能进行设计管理
Gery Technology：Digital Project	(1)强大且完整的建模功能； (2)能直接创建复杂的构件； (3)对于大部分细节的建议过程都是直接以 3D 模式进行	(1)用户界面复杂且初期投资高； (2)建筑设计的绘画功能有缺陷

（二）BIM 核心建模软件的应用

BIM 核心软件在专业上的应用，包括机电分析软件、结构分析软件（如 PKPM、SAP2000 等）、可持续分析软件、可视化软件、模型检查软件、造价管理软件、发布和审核软件等。

（1）BIM 机电分析软件

水暖电等设备和电气分析软件：国内有鸿业、博超等，国外有 Design Master、IES Virtual Environment、Trane Trace 等。

（2）BIM 结构分析软件

结构分析软件是目前与 BIM 核心建模软件互用性较高的软件，两者之间可以实现双向信息交换，即结构分析软件可对 BIM 模型进行结构分析，且分析结果对结构的调整可以自动更新到 BIM 模型中。与 BIM 核心建模软件具有互用性的结构分析软件有 ETABS、STAAD、Robot 及 PKPM 等。

（3）BIM 可持续分析软件

基于 BIM 模型信息，可持续发展分析软件可以对项目的日照、风环境、热工、景观可视度、噪声等方面做出分析，主要软件有国外的 Ecotect、IES、Green Building Studio 以及国内的 PKPM 等。

（4）BIM 可视化软件

常用的可视化软件包括 3ds Max、Artlantis、Accu Render 和 Lightscape 等。有了 BIM 模型以后，对可视化软件的使用至少有以下优点：可视化建模的工作量减少了；模型的精度与设计（实务）的吻合度提高了；可以在项目的不同阶段以及各种变化情况下快速产生可视化效果。

（5）BIM 模型综合碰撞检查软件

模型综合碰撞检查软件的基本功能包括集成各种三维软件（包括 BIM 软件、三维工厂设计软件、三维机械设计软件等）创建的模型，进行 3D 协调、4D 计划、可视化、动态模拟等，属于项目评估、审核软件的一种。常见的模型综合碰撞检查软件有 Autodesk Navisworks、Bentley Projectwise Navigator 和 Solibri Model Checker 等。

（6）BIM 造价管理软件

造价管理软件利用 BIM 模型提供的信息进行工程量统计和造价分析，由于 BIM 模型结构化数据的支持，基于 BIM 技术的造价管理软件可以根据工程施工计划动态提供造价管理需要的数据，这就是所谓的 BIM 技术的 5D 应用。国外的 BIM 造价管理有 Innovaya 和 Solibri，鲁班是国内造价管理软件的代表之一。

（7）BIM 发布审核软件

最常见的 BIM 成果发布审核软件包括 Autodesk Design Review、Adobe PDF 和 Adobe 3D PDF，正如这类软件本身的名称所描述的那样，发布审核软件把 BIM 的成果发布成静态的、轻型的、包含大部分智能信息的、不能编辑修改但可以标注审核意见的、更多人可以访问的格式，如 DEF/PDF/3D PDF 等，供项目其他参与方审核或者利用。

四、BIM 软件在建筑全寿命周期中应用

建筑业是一个包含多个专业的综合行业。所以，在建筑全生命周期过程中，需要用到的建筑应用软件也有很多，建筑全生命周期常见的应用软件，见表 10-4。

功能类别	常 用 软 件
建筑绘图/建模软件	Autodesk(AutoCAD、AutoCAD Architecture(原 ADT)、Revit Architecture)、Graphisoft (Architecture)、Bentley(MicroStation、Bentley Architecture)、天正建筑(TArch)
结构设计与绘图软件	Tekla Structures(Xsteel)、Autodesk Revit Structure、Bentley Structural、Design Data SDS/2、Graitec Advance Steel、AceCadStruCad、PKPM 系列、探索者(TSSD)、天正结构 (TAsd)、理正结构(QCAD)
给水排水设计软件	鸿业给排水(HYGPS)、天正给排水(TWT)、PKPM 给排水(WPM)、Autodesk Revit MEP、Bentley Building Mechanical Systems
暖通(HVAC)设计软件	Airpark、鸿业暖通空调(HYACS)、天正暖通(THvac)、PKPM 暖通(CPM)、Autodesk Revit MEP、Bentley Building Mechanical Systems、CATIA-HVAC
电气设计软件	博超电气(ESS)、鸿业电气(HY-EDS)、PKPM 电气(EPM)、天正电气(TElec)、Au-todesk Revit MEP、Bentley Building Eletrical Systems
景观、园林设计软件	图圣园林(TSCAD-GD)、PKPM 园林
市政规划设计软件	天正市政(T-SZ)、鸿业市政系列(HY-SZ)
概预算软件	鲁班系列、广联达系列、清华斯维尔系列

复习思考题

1. 简述 BIM 团队组建的关键点。请用图形表示 BIM 团队之间的关系。
2. 如何理解 BIM 硬件中网络环境的作用？
3. BIM 的核心建模软件有哪些，各自的优势与劣势有哪些，分别适合在什么情况下使用？
4. 请说明 BIM 核心建模软件在其他领域的应用。
5. 简述 BIM 软件在全寿命周期中的应用。
6. 简述 BIM 软件与 CAD 软件的区别。

参 考 文 献

[1] 丁烈云主编. BIM 应用·施工 [M]. 上海：同济大学出版社，2015.3.

[2] 葛文兰主编. BIM 第二维度——项目不同参与方的 BIM 应用 [M]. 北京：中国建筑工业出版社，2011.

[3] 李建成主编. BIM 应用·导论 [M]. 上海：同济大学出版社，2015.

[4] 郭俊礼，滕佳颖，吴贤国等. 基于 BIM 的 IPD 建设项目协同管理方法研究 [J]. 施工技术. 2012 (22).

[5] 寿文池. BIM 环境下的工程项目管理协同机制研究 [D]. 硕士学位论文. 重庆大学，2014.

[6] 陈沙龙. 基于 BIM 的建设项目 IPD 模式应用研究 [D]. 硕士学位论文. 重庆大学，2013.

[7] 李红. 基于 BIM 技术的 IPD 模式研究 [D]. 硕士学位论文. 南京林业大学，2015.

[8] 牛博生. BIM 技术在工程项目进度管理中的应用研究. [D]. 硕士学位论文. 重庆大学，2012.

[9] 曹毅. BIM 标准的现状及其发展 [J]. 科技创新与应用，2012，8：256.

[10] 谢晓晨. 论我国建筑业 BIM 应用现状和发展 [J]. 土木建筑工程信息技术，2014 (6)：90-101.

[11] 孙中梁，马海贤，胡伟. 基于 BIM 可视化技术的施工进度管理 [J]. 铁路技术创新，2016，(03)：27-30.

[12] 岳丽飞. 基于 BIM 的施工进度管理系统可靠性控制研究 [D]. 硕士学位论文. 河北工程大学，2016.

[13] 韩琪. 基于 BIM 技术的施工进度管理方法研究 [J]. 建材与装饰，2016 (04)：163.

[14] 韩东. 里程碑支付模式下 BIM 5D 现金流动态管理 [D]. 硕士学位论文. 东北财经大学，2016.

[15] 孙润润. 基于 BIM 的城市轨道交通项目进度管理研究 [D]. 硕士学位论文. 中国矿业大学，2015.

[16] 周鹏超. 基于 4D-BIM 技术的工程项目进度管理研究 [D]. 硕士学位论文. 江西理工大学，2015.

[17] 熊焕军. 基于 BIM 的大型施工项目管理技术研究 [D]. 硕士学位论文. 西安建筑科技大学，2014.

[18] 王磊. 基于 BIM 的工程项目进度预警研究 [D]. 硕士学位论文. 江西理工大学，2015.

[19] 甘露. BIM 技术在施工项目进度管理中的应用研究 [D]. 硕士学位论文. 大连理工大学，2014.

[20] 李勇. 建设工程施工进度 BIM 预测方法研究 [D]. 博士学位论文. 武汉理工大学，2014.

[21] 何晨琛. 基于 BIM 技术的建设项目进度控制方法研究 [D]. 硕士学位论文. 武汉理工大学，2013.

[22] 刘欣. 基于 BIM 的大型建设项目进度计划与控制体系研究 [D]. 硕士学位论文. 山东建筑大学，2013.

[23] 牛博生. BIM 技术在工程项目进度管理中的应用研究 [D]. 硕士学位论文. 重庆大学，2012.

[24] 方后春. 基于 BIM 的全过程造价管理研究 [D]. 硕士学位论文. 大连理工大学，2012.

[25] 王友群. BIM 技术在工程项目三大目标管理中的应用 [D]. 硕士学位论文. 重庆大学，2012.

[26] 董士波. 全生命周期工程造价管理研究 [D]. 硕士学位论文. 哈尔滨工程大学，2003.

[27] 刘畅. 基于 BIM 的建设工程全过程造价管理研究 [D]. 硕士学位论文. 重庆大学，2014.

[28] 朱芳琳. 基于 BIM 技术的工程造价精细化管理研究 [D]. 硕士学位论文. 西华大学，2015.

[29] 肖莉萍. 基于 BIM 的施工资源动态管理与优化 [D]. 硕士学位论文. 南昌航空大学，2015.

[30] 王英杰. IPD 模式下基于 BIM 的施工成本管理研究 [D]. 硕士学位论文. 重庆大学，2015.

[31] 葛艳平. 基于 BIM 技术的房地产开发项目成本控制 [D]. 硕士学位论文. 长安大学，2014.

[32] 清华大学 BIM 课题组. 设计企业 BIM 实施标准指南 [M]. 北京：中国建筑工业出版社，2013.

[33] 张建平，马智亮，任爱珠等. 信息化土木工程设计：Autodesk Civil 3D [M]. 北京：中国建筑工业出版社，2005.

[34] 陈训. 建筑工程全寿命信息管理 (BLM) 思想和应用的研究 [D]. 硕士学位论文. 同济大学，2006.

[35] 李永奎. 建筑工程生命周期信息管理 (BLM) 的理论与实现方法研究：组织、过程、信息与系统集成 [D]. 博士学位论文. 同济大学，2007.

[36] 张和明，熊光楞. 制造企业的产品生命周期管理 [M]. 北京：清华大学出版社，2006.

[37] 熊光楞，张玉云，李伯虎. 863/CIMS 关键技术攻关项目"并行工程"简介 [J]. 计算机集成制造系统，1996，3.

[38] 曲怀海，陈充君. 土木 CAD 的信息化管理 [J]. 山东交通科技，2005 (2)：113-114.

[39] Marshall-Ponting A J, Aouad G. An nD modelling approach to improve communication processes for construction [J]. Automation in Construction, 2005, 14 (3): 311-321.

[40] Fu Changfeng, Aouad G, Marshall-Ponting A J, et al. IFC implementation in lifecycle costing [J]. Harbin Institute of Technology, 2004, 11 (4): 42-54.

[41] Mc Kinney K, Kim J, Fischer M, et al. Interactive 4D-CAD [C] // Proceedings of the Third Congress held in conjunction with A/E/C Systems. California, USA, 1996: 383-389.

[42] Collier E, Fischer M. Visual-Based Scheduling: 4D Modeling on the San Mateo County Health Center [C] // Proceedings of the Third Congress held in conjunction with A/E/C Systems. California, USA, 1996: 800-805.

[43] Adjei-Kumi T, Retik A. A Library-Based 4D Visualization of Construction Processed [C] // Proceedings of the IEEE Conference on Information Visualisation. London, 1997: 315-321.

[44] Rad H N, Khosrowshahi F. Visualization of Building Maintenance Through Time [C] // Proceedings of the IEEE Conference on Information Visualisation. London, 1997: 308-314.

[45] 张建平, 王洪钧. 建筑施工 4D++模型与 4D 项目管理系统的研究 [J]. 土木工程学报, 2003, 36 (3): 70-78.

[46] 张建平, 曹铭, 张洋. 基于 IFC 标准和工程信息模型的建筑施工 4D 管理系统 [J]. 工程力学, 2005, 22 (Sup): 220-227.

[47] 张建平, 郭杰, 王盛卫等. 基于 IFC 标准和建筑设备集成的智能物业管理系统 [J]. 清华大学学报, 2008, 48 (6): 940-946.

[48] National Institute of Building Sciences. United States National Building Information Modeling Standard Version 1-Part 1: Overview, Principles and Methodologies [S/OL]. [2009-4-13].

[49] 秦亮. 建筑工程项目信息交换标准研究 [M]. 北京: 清华大学出版社, 2004.

[50] 马智亮, 罗小春, 李志新. 基于万维网的工程项目管理系统综述 [J]. 土木工程学报, 2006, 39 (10): 117-126.

[51] TC 184/SC 4. ISO 10303: 1994 - Industrial Automation Systems and Integration-Product Data Representation and Exchange [S]. USA: ISO, 1994.

[52] Gielingh W. An Assessment of the Current State of Product Data Technologies [J]. Computer-Aided Design, 2008, 40 (7): 750-759.

[53] International alliance for Interoperability. Industry Foundation Classes [S/OL]. [2009-4-13]. http: //www. buildingsmart. com/.

[54] TC 184/SC 4. Industry Foundation Classes, Release 2x, Platform Specification (IFC2x Platform) [S]. USA: ISO, 2008.

[55] 丁士昭. 建筑工程信息化导论 [M]. 北京: 中国建筑工业出版社, 2005.

[56] 马智亮, 丘亮新. 施工企业信息化 [M]. 北京: 中国建筑工业出版社, 2006.

[57] 张洋. 基于 BIM 的建筑工程信息集成与管理研究 [D]. 博士学位论文. 清华大学, 2009.